产品设计理论及其创新表现研究

CHANPIN SHEJI LILUN
JIQI CHUANGXIN BIAOXIAN YANJIU

主　编　傅一笑　王荣军　田　甜
副主编　于明刚　马　乐　李星熠　赵　萌

上海交通大学出版社
SHANGHAI JIAO TONG UNIVERSITY PRESS

内容提要

本书以产品设计为研究对象，针对产品设计中的理论要素与创新表现进行研究与分析，主要包括产品设计创新的因素分析、产品功能的设定与品质的改良创新、产品的结构与造型创新设计。另外，产品设计中的人体工程学、产品的形态设计与创新、产品设计的效果图与模型表现三方面也是本书的重点。总体上来说，本书着眼于产品设计的理论与创新表现，分析了许多经典的设计案例，是一本较为全面，有条理、有重点的产品设计理论作品。

图书在版编目(CIP)数据

产品设计理论及其创新表现研究 / 傅一笑，王荣军，田甜主编 . -- 上海 : 上海交通大学出版社，2018

ISBN 978-7-313-20145-4

Ⅰ . ①产… Ⅱ . ①傅… ②王… ③田… Ⅲ . ①产品设计—研究 Ⅳ . ① TB472

中国版本图书馆 CIP 数据核字(2018)第 206913 号

产品设计理论及其创新表现研究

主　　编：傅一笑　王荣军　田　甜
出版发行：上海交通大学出版社　　地　　址：上海市番禺路 951 号
邮政编码：200030　　电　　话：021-64071208
出 版 人：谈　毅
印　　制：北京亚吉飞数码科技有限公司　　经　　销：全国新华书店
开　　本：787mm×1092mm 1/16　　印　　张：21.5
字　　数：550 千字
版　　次：2019 年 3 月第 1 版　　印　　次：2024 年 9 月第 2 次印刷
书　　号：ISBN 978-7-313-20145-4/TB
定　　价：86.00 元

前言

产品的设计是产品质量的“灵魂”，产品设计对产品的质量、制造成本、生产周期以及产品的售后服务等都会产生重要的影响。而产品设计的创新是指采用新技术原理、新设计构思而开发生产出全新型产品，或应用新技术原理、新设计构思，在结构、功能、材料、工艺等各方面对老产品进行重大改型，并显著提高原有老产品的性能或扩大功能而得到改型新产品的过程。

人类社会已进入知识经济时代，产品的设计理论与方法随着时代的发展也会发生相应的重大变化。目前，产品的设计已从传统设计模式转向现代设计模式。假如产品的研究、开发及设计还采用传统的设计模式与方法，所设计出的产品自然是落后的，必然不能适应时代发展的需要。当今的产品更新换代大大加快，新产品研制周期大幅度缩短，产品开发的过程也越来越趋向于并行开发。这就要求在项目开始时就应对产品相关的各方面工作通盘考虑，齐头并进。本书即针对产品设计的理论以及创新设计的表现进行细致的研究与分析。

全书共分为十章。第一章是对产品设计进行一个整体的概述，主要包括产品设计的内涵、发展、流派、原则、程序、特征以及评估等方面。第二章到第四章针对产品创新进行论述，主要分析了影响产品设计创新的因素、产品功能的设定与品质的改良创新、产品的结构与造型创新设计三大方面。第五章到第七章是对产品设计的理论基础进行分析，主要论述了产品设计中的人体工程学、产品的形态设计与创新、产品设计的效果图与模型表现三方面。第八章是针对计算机辅助产品设计的技术与实践研究进行阐述，介绍了计算机辅助设计技术。第九章是产品设计的思维创新，针对创造性思维进行了一定程度的分析。第十章则对产品创新设计案例进行解析，主要分析了公交车收费装置设计、贝尔塔·美杜莎耳机设计、众德迪克机器人、手动叉车稳定性改良设计、多人使用救生圈设计、纹居拼接家具设计等经典产品创新设计案例。

本书在编写的过程中，始终着眼于产品设计的理论与创新表现，尽量在细致的论述中做到全面且深入。尤其是本书每一章论述角度的选择，编者都经过了仔细的选择，并且分析了许多经典的设计案例。

编者在编写本书时，得益于许多同仁前辈的研究成果，既受益匪浅，也深感自身所存在的不足。编者希望读者阅读本书之后，可以对本书提出更多的批评建议，也希望有更多的研究学者可以继续对产品设计进行研究，以促进产品设计的理论发展。

目 录

第一章 产品设计概述

第一节 产品设计及其内涵分析

一、产品设计的概念

(一)产品的释义

就产品而言,对大多数人来说并不陌生,因为它存在于人们生活的各个环节中。比如,人们所坐的椅子、所用的电脑、所居住的房子、所驾的车子、所依赖的因特网、所陶醉的游戏、所接受的服务、所接受的消费新概念、所体验的生活新方式……这一切的一切都可以称为"产品"。

由此可见,"产品"就是那些人们熟悉得不能再熟悉的,能够被人们所消费和使用的,并且能够满足人们特定需求的任何事物,它包括有形的物品、无形的服务,或者它们结合而成的复合系统。因此,一切在人的意识控制之下,由人直接或间接生产制造和经营提供的,用来满足消费对象需求(欲望)的,有形或无形的,具有物性和人性功能的物和事,都可以称为产品。而产品的核心价值主要体现在被人们的消费和使用中,也就是产品的商品化概念。离开消费和使用,产品就失去了存在的基本意义。例如,曾经流行一时的电子管收音机、BP 机、胶片相机、背投电视机、有线广播服务等,现已淡出了大众的消费视野,就是由于它们的产品价值已不复存在了。也许它们的价值只能转向于收藏和发烧友的视野,已失去产品的意义。

(二)产品设计的释义

产品设计的核心是为满足消费者的需求所提供的产品创新方案,其基础是以商业化手段为相关受益人创造价值,其目标是建立一个人与自然和谐发展的产品世界,其意义是推动人类物质文明和精神文明发展。

产品设计的工作对象是各类"产品",其中包括硬件和软件产品;而服务对象是"人"!这里的人不是指一般意义中的"人",而是指产品投资商、产品消费者(购买者和使用者)、产品制造者以及相关服务者(产品工程技术人员、生产职工、市场推销和物流职员、维修护理人员)。

（三）产品设计核心概念

1. 产品设计以消费者为中心

产品设计必须以消费者为中心，为导向。成功的产品设计师一定要学会生活在消费者的思想中：每一次的新决定和新方向应该使产品更靠近消费者的梦想，需要，愿望，突发兴致和偏好。

创造一种新产品从来就不是一件容易的事。要改变消费者的购买习惯，一定要有一个非常好的理由。新的产品必须要有别于现存的产品，而且要有明显的消费者认同的附加价值。只要这样，这种新产品的成功率将会比那些勉强附加产品价值的新产品高过数倍。

因此，以消费者为中心，为导向是产品开发设计的重中之重。

2. 产品设计是解决难题的活动

产品设计是多元化、多因素的问题，成功或失败取决于许多因素。举例来说，对消费者的吸引，零售商的接受率，工程的可行性，产品的耐久性和可信度。同时这些问题也是模糊的，在新产品设计开发早期其问题的定义不完整。因此，有效的产品设计方法对新产品的成功至关重要。

3. 设计程序是为深入细致抓好设计各阶段的问题

产品设计是一个从设计创意演化为新产品生产指令的程序。只有在推进的过程中抓住产品设计发展的每个环节，才能有效地完成产品的开发设计工作。在进入产品细部设计之前必须确定设计概念在原理层面上的可行性。

4. 设计纲要是产品成功的依据

为了产品在商业上的成功，首先应该明确以下问题：该产品能做什么（要求）？

该产品应该能做什么（希望）？

确定产品设计纲要（要求），应得到公司各方的一直到认可（销售，设计和制造）。在设计程序的每个阶段，要用产品设计纲要认真细致地检查所有可能的解决方案，及选择出的最佳方案。比较它们接近设计纲要的程度。一旦发现它们不能够符合设计要求，立即终止。

5. 产品设计是低投资高回报

在新产品开发设计的所有阶段中，最重要的是设计环节。当产品概念形成时，产品的商业机会，技术目标就已被确立，产品的行为及功效已经开始定型。产品概念到了设计阶段，产品的特征开始被塑造，产品运作费用开始被确认。

产品的设计费比起产品开发的整个费用而言是微不足道的。因为，产品研究大都是桌面研究，而且设计工作（效果图，电脑 3D 模型及产品原型）都是相对便宜的。但通过设计程序的风险管理，产品成功后的回报是可观的。图 1–1 显示了在产品开发过程中不同阶段的投资回报比。设计阶段的回报率最大。因此，产品成功的关键在于企业是否重点投资设计阶段。

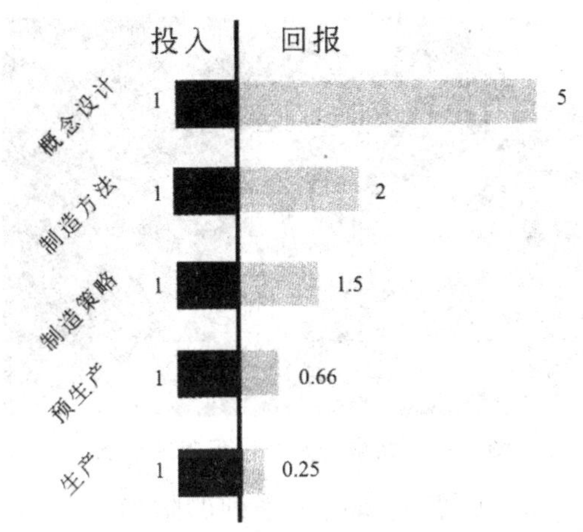

图 1-1　产品开发过程中不同阶段的投资回报比

设计阶段的任何一个决定都会直接影响到后期的投资费用。例如，是决定生产一辆豪华轿车还是生产一辆普通轿车，其后期投资是有天壤之别的。如果一旦决策错误，其投资者的代价是惊人的。因此，在设计阶段发现错误，修改设计是非常简单的事，只要在电脑里修改即可。而由于对设计阶段没有足够的重视，在产品开发的后期发现问题，那造成直接经济损失将是惨重的。因为越到后期修改方案的难度就越大，涉及的经济损失也越大。因此，重点投资设计阶段是产品商业成功的核心，不可掉以轻心。

二、产品设计的内涵

产品设计的内涵主要体现在三个层次上，即产品核心、产品形式、产品延伸。

（1）“产品核心”是指为消费者（购买者和使用者）提供直接利益和效用的产品本身。如图 1-2 所示可用于代步的英国设计的 A—bike 折叠自行车。

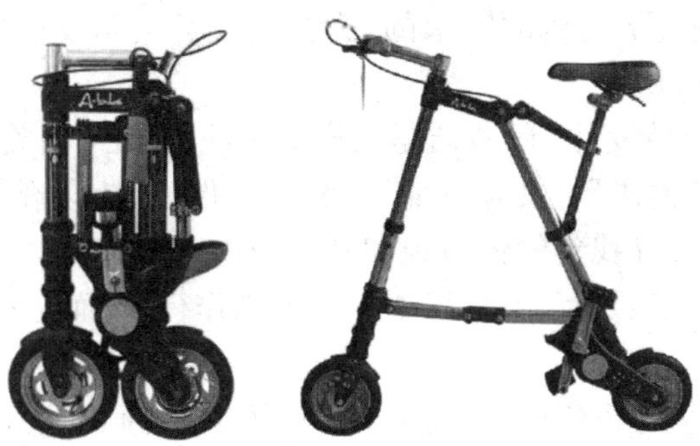

图 1-2　英国设计 A-bike 折叠自行车

（2）“产品形式”是指在市场流通领域出现的产品的物质或非物质的形态，包括产品的品质、特征、造型、品牌、理念、系统、包装和存在方式等。例如图 1-3 可用于代步的北京公共自行车服务系统。

图 1–3 北京公共自行车服务系统

（3）“产品延伸” 是指产品给顾客提供的一系列的附加利益，包括物流、安装、维修、品质保证、上门服务、以旧换新等在消费过程中给予消费者的更多好处和便利。如图 1–4 中国政府 2009 年推行的家电下乡，以旧换新的服务。

图 1–4 家电下乡插图

综上所述，“产品设计” 是一种与生产、销售、消费密切相关的，为满足人类不同时期、不同环境、不同文化、不同人群、不同目的需求的，为推动人类文明发展的，创造人与自然和谐的，富于创造性的产品开发活动。

从本质特征来看，“产品设计” 的本质是以产品为载体，在 “相关的人” “人为事物” “生产方式” “商业模式” “消费需求” “文化现象” “技术条件” “社会现状……人与自然” 等方面，建立新的关系链和平衡点，寻找新的价值观和利润增长点。

从行为特征来看，“产品设计” 不是简单的个人创作行为，而是一种人类跨专业、跨行业的集体合作行为。

因此，产品设计师必须与投资商、制造商，销售商、广告商、消费者、执政者和哲学家紧密结合，共同协作，把生活中那些尚未发现的，或尚未表述清晰的，潜在的，合理的需求和愿望，通过大胆的想象，将其变成真实的，有价值的消费需求，从而在创造经济价值的基础上，创造更文明、更健康、与自然更和谐的生活方式。

产品设计反映的是一个时代的经济、技术水平，同时更重要的是反映了一个时代的文化和思想境界。

第二节　产品设计的发展历程与主要流派

一、产品设计的历史概说

“设计”成为一门与产品相关的专业起源于19世纪末20世纪初，是工业革命后，艺术、工业生产和商业消费相融合的产物。而人类的产品设计行为却是与人类同源。也就是说，当人类第一次针对某个特定的需求，选择适当的材料，创造工具和器物时，产品设计就开始了。

人类广义的产品设计历程可分为四个主要阶段：史前时期、农业社会、工业社会和信息社会。

（一）史前时期的产品设计

史前时期，人类针对自己的生活、劳作和信仰等方面的原始需要开始了制造各类产品（器具）的活动。例如用于狩猎的弓箭、用于砍砸的石斧、用于烹饪的陶罐、用于祭祀的图腾、用于装扮自己的挂饰等。

这个时期产品设计的特征是设计者、制造者和使用者几乎是同一个人，或少数的同族人群。

其主要原因是由于当时的制作工艺和技术条件的限制，几乎每件产品都是自制的孤品，不存在商业交换的目的性。因此，此时的产品设计还处在“自用性”的产品设计原始阶段。不过，这个时期所创造的产品为日后的产品功能、产品文化、产品分类和产品商业化等方面的发展奠定了重要基础。

（二）农业社会的产品设计

农业社会，人类的设计行为和文化意识得到了较大的发展，同时伴随手工艺技艺的不断提高，已开始趋于专业化，产品的品质有了长足的提升，为产品的交易创造了条件。

因此，这个时期的产品设计特征是设计者、制造者和使用者开始分离，产品开始进入流通渠道，产品的商业性开始形成。

由此可见，从农业社会开始，具有当今意义的产品设计概念已经初见轮廓。该时期的主要流通的产品有农具、家具、陶瓷器皿等日常用品。

在农业社会，为了保证产品质量，产品的样式设计和制作工艺是以师父带徒弟的方式代代传承，其服务特点是直接面对用户，直接根据用户所提出的需求，有针对性地设计制作产品。因此，这个时期的产品大多具有明显的用户参与的定制性特征，产品的选材讲究、工艺性强，价格也相对较高。

（三）工业社会的产品设计

随着蒸汽机的发明和工业革命的开始，产品设计进入了工业社会时期。批量化、大工业制造的产品开始出现，这类的产品套上了工业的外衣，给人类的日常生活和社会发展带来了革命性变化。

这个时期的产品与早期的手工制品相比，有了本质性的变化。产品可以批量化、规模化重复生产，产品价格也因为量能和产能的增加而大幅度下降。产品的商业性和流通性得到空前放大。此时真正意义上的产品设计概念开始形成。例如，工业社会的铁木家具，塑料制品与农业社会的手工木质家具就有本质上的区别。

首先，在对用户需求的认知方面，工业时代的设计师和制造商不可能像在农业时代的工匠那样直接与用户接触，共同谋划产品功能特征和精神特征，也不能在用户的直接关注和监督下精心制作。同质化是工业化产品的常态。因此，产品缺乏个性和容易流于粗制滥造是工业大批量生产的软肋。

其次，由于生产的批量化和用户大众化，产品制造过程的专业化分工是必然选择。因此，产品设计和产品制作已不再是个人或小作坊行为，从产品定位、产品创意、产品工程、产品生产，以及到产品流通等形成了一系列既相互关联，又相互独立的行为单元。要保证产品的总体质量，要让产品准确地服务于广大用户，这要比早期的手工制品复杂得多。在工业社会产品设计成了一个专业，成为一门重要的学科也就不足为奇了。

1851 年，伦敦水晶宫博览会代表了早期产品设计的重大聚会，是“产品设计专业概念”形成的重要催化剂，一批著名先驱人物的产品设计作品在该博览会展出，产生了巨大的社会影响，树立了“产品设计”的专业形象。

例如，奥地利设计师米西尔·思耐特(Michael Thonet)，他用自己研发的蒸汽曲木工艺创作了史无前例的第一件曲木家具，在伦敦水晶宫博览会上首次亮相时，其独特的产品形态，彻底颠覆了传统手工艺家具的固有形象，成功地引起了社会的普遍关注。

在工业社会初期，以制造工艺为导向的简约设计代表了早期产品设计的主要风格，其特点是大胆研究和运用新工艺，并努力尝试将其与产品功能有机结合，刻意回避传统的表现手法，勇于创造新的产品形象。

如图 1–5 所示的工业社会用具图片，是 1855 年奥地利米西尔·思耐特设计的曲木椅。

图 1–5　曲木椅

回顾产品设计的发展历程，从 1851 年伦敦水晶宫博览会到现在，产品设计专业化的发展已有 150 多年，产品设计也从最初单一的手工业制品逐渐发展到如今具有高科技特征和文化特征的工业品、手工业制品和交叉类产品，甚至具有全新概念的服务类产品。无论是在设计观念上，还是在设计技术上都有了长足的发展。

（四）信息社会的产品设计

随着微电子技术的发明和广泛运用，有关信息的生产、应用和保障得到了飞速的发展。“信息化”的概念在 20 世纪 60 年代初开始提出，是工业社会进入到后工业社会的标志性特征，也就是人们所说的信息社会。

什么是信息社会？信息社会就是指信息技术和信息产业在经济和社会发展中的作用日益加强，并发挥主导作用的动态发展的社会模式。它以信息产业在国民经济中的比重、信息技术在传统产业中的应用程度和信息基础设施建设水平为主要标志。其特征主要表现在以下四个方面：

（1）社会经济的主体由制造业转向以高新科技为核心的第三产业，即信息和知识产业占据主导地位；

（2）劳动力主体不再是机械的操作者，而是信息的生产者和传播者；

（3）交易结算不再主要依靠现金，而是主要依靠信用；

（4）贸易不再主要局限于国内，跨国贸易和全球贸易将成为主流。

由此可见，产品设计进入信息社会后，原先工业时代的产品设计在形式上和内容上遇到了前所未有的挑战。产品设计的形式从原先的以产品外观为设计重点，以“产品形态服从产品功能”的现代观念，转向以用户行为方式为先导，以产品开发、产品系统、服务模式为设计重点，以“产品形态服从当下价值观”为当代观念。典型的案例，如美国苹果电脑公司所推出的整体产品系统，就是从用户行为方式出发，将产品设计的视角从简单的产品外观，扩展到产品交互、系统配套、服务模式方面。完全符合信息社会产品设计的特征需求，因而取得了商业上的极大成功。如图 1-6 所示的美国苹果公司 2017 年推出的智能信息终端——iPad Pro 10.5。新款 iPad Pro 的 Retina 显示屏现在支持 120Hz 的刷新频率。因此，视频看起来宏大震撼，游戏玩起来也流畅自如，毫无令人分心的伪影。你会发现，原来速度也能产生摄动人心的美。而且，无论你是使用手指还是 Apple Pencil 触控显示屏，它的响应都是如此灵敏。

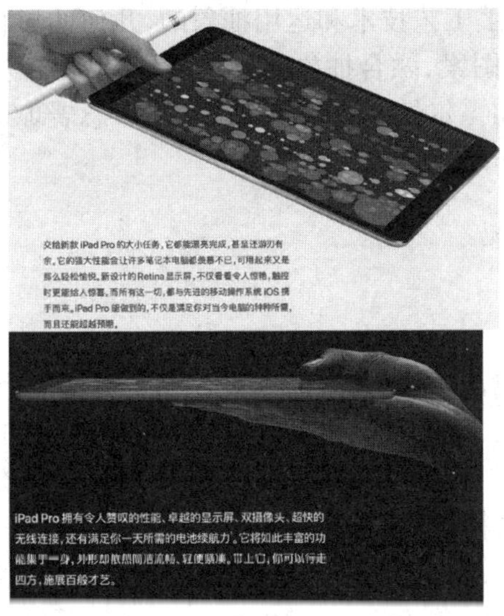

图 1-6　iPad Pro 10.5

二、产品设计的主要流派及其风格特征

(一)工艺美术运动与唯美运动

1. 工艺美术运动

工艺美术运动(1850—1914)发源于英国。该时期设计的主要特征为:在工艺上,普遍采用简化的手工艺形式;在造型语言上,追求平滑、流畅的线型;在创作灵感方面,前期主要来源于自然的植物和动物,后期转向抽象形态、运动形态和神秘生物形态;在装饰形式上,提倡装饰应源于结构,例如把家具中的钉子和卯榫外观化设计。

主要设计思想:认为19世纪初的工业化产品降低了消费者的生活品质和审美标准。但产品完全回到古典也是不可取的。因此,产品设计应倡导采用比较简洁的工业化设计手法与更具民族特征的手工艺表现方式相结合。其共同的信念是基于手工制品优于机械制品。

他们对工业的粗制滥造提出了异议,并将“工业品引发审美标准降低”提高到了人类道德立场的高度。他们坚信优良的艺术与设计能够改革社会,净化灵魂,能改变和提高生产者和消费者的生活质量。

在工艺美术运动期间,行业协会和设计团体被认为是工艺美术最理想的交流模式。因为各个行业协会和设计团体都有各自的风格取向、专业特征和领军人物。

2. 唯美主义运动

唯美主义运动(1870—1900)发源于英国,该时期设计的主要特征包括:追求建议性而非陈述性、追求感观享受、对象征手法的大量应用、追求事物之间的关联感应——即探求语汇、色彩和音乐之间内在的联系。

主要设计思想:像工艺美术运动一样,反对哥特式的过度复兴,但拒绝艺术应该有社会或道德目的的观点。高品质的手工艺技术和运用抽象的,几何的形状,近年又发现日本的设计对该风格有深刻影响。向日葵图案,融合抽象的日本造型,单纯、整齐的线条。混合使用安妮女王风格及前拉菲尔派画家,如霍尔曼·翰特和爱德华·布恩署琼斯的风格,并在文学和诗歌方面,引入奥斯卡·威尔德的作品。

(二)日本风与新艺术运动

1. 日本风

日本风(1872—1941)发源于法国,该时期设计的主要特征为:在装饰题材方面主要以自然为主,如动物、昆虫和植物。装饰风格主要以大量的二维图案和简单的色块为主。

主要设计思想:日本的格子结构给20世纪的欧洲现代主义提供了一些重要理念,使设计向日本的审美格调方向发展,精致、细腻和内敛。

2. 新艺术运动

新艺术运动(1880—1910)发源于法国。主要设计特征为:在形态语言上比较强调有机的曲线形态,特别是螺线形、叶状形、几何形等较为复杂的线条。在风格特征上受到东方日本

风的影响，在平面设计中尤为明显。

主要设计思想：抛弃历史主义，提倡设计要引入新的形式，在大工业生产的前提下，注重把自然作为创作的灵感来源。

（三）现代主义运动与美术派

1. 现代主义运动

现代主义运动（1880—1940）发源于欧洲。设计特征为：在形态语言上关注开发新材料新技术的运用。不装饰，追求形式服从功能。

主要设计思想：现代主义认为设计可以是民主的工具，能够用来改变社会。把过度的装饰与社会堕落联系起来，强调理想、简朴的美。

2. 美术派

美术派（1885—1920）发源于法国，设计特征为：严谨对称的外观、宏伟的造型和华丽的装饰，结合文艺复兴时代的理念，营造出兼容并蓄的新古典风格。

主要设计思想：美术派风格融合了带有文艺复兴思想的古希腊、古罗马的建筑风格。巴黎美术学院认为自己是创造这种建筑风格的唯一学校。该运动的拥护者认为美是对社会进行控制的有效工具。用石材完成的宏大建筑；纪念碑式的古典手法；巨大的楼梯；大拱门是这种风格的典型代表。

（四）青年风格与布道院风格

1. 青年风格

青年风格（1890—1910）发源于德国。设计特征为：提倡几何的，自然的形状，不加装饰的表面设计形式，强调从科学和技术进步中得到灵感，设计充满活力。

主要设计思想：德国和斯堪的纳维亚半岛是该风格的主要发源地，他们对新艺术运动的理解受到本国民族艺术审美观念的影响，具有简洁性和令人吃惊的现代感。提倡使用自然的造型作为改革设计，乃至社会的手段。当时的应用艺术工场普遍致力于通过制作本国民族特色的产品来提供实用的家居用品。

2. 布道院风格

布道院风格（1890—1920）发源于美国。大胆的直线设计，暴露的木工细部，简朴的形式是该流派的主要特征。

主要设计思想：受到英国工艺美术运动的启发，对手工艺技术倍加重视。

（五）分离派与维也纳工作同盟

1. 分离派

分离派（1897—1920）发源于维也纳。设计特征为：其重视功能的思想、几何形式与有机形式相结合的造型和装饰设计，表现出与欧美各国的新艺术运动相一致的时代特征而又独具特色。但其反对新艺术运动对花形图案的过度使用，更强调运用几何形状，特别是正方形和矩形。

主要设计思想：维也纳分离派拒绝接受官方艺术学院的保守标准，选择追求自己创造性的见解，从而形成一个独立的组织。主要设计思想是把建筑和装饰艺术结合起来，早期的作品以新艺术运动风格创作为主，后期该组织的设计师们选择了更多的直线外形和几何的抽象图形为装饰元素。

2. 维也纳工作同盟

维也纳工作同盟（1903—1932）起源于维也纳。设计特征为：产品造型呈几何形态，很少装饰，力求艺术与技术完美结合，体现产品的实用性。"一战"前主要是以抽象造型和几何形态为主题。"一战"后，采用更多的装饰，形式上受到17世纪巴洛克风格的影响，追求富贵华丽感。

主要设计思想：以提升设计师和工匠之间的平等关系为中心，设计师和工匠对一般作坊制作的作品感到厌烦，致力于共同提高设计的品质。他们超越了分离派，维也纳工作同盟作为"维也纳艺术和工艺组织"的主导改革者，拒绝为降低价格在质量上进行妥协，因此限制了该运动的设计作品潜在的巨大吸引力。

（六）德意志制造同盟与未来主义

1. 德意志制造同盟

德意志制造同盟（1907—1934）发源于德国。设计特征为：以朴素、不加装饰的表面注重功能的设计。

主要设计思想：坚守道德和审美对设计的重要性，该运动被标准化与个人主义之间的争论所分裂。在德国设计艺术界大力宣传和主张功能主义，承认并接受现代工业化，设计中反对任何形式的装饰。主张艺术、工业、手工业相结合，其思想对后来的现代主义包豪斯学派影响颇深。

2. 未来主义

未来主义（1909—1944），发源于意大利。设计特征为：未来主义从反对传统艺术出发，进而反对文化遗产和博物馆。他们反对一切和谐和高雅的趣味，否定艺术批评的作用。他们以文字的形式大声疾呼，传统艺术已经死亡，要创造与新的生活条件相适应的新的艺术。所谓与新的生活条件相适应的新艺术，就是表现速度的艺术。未来主义者以极大的热情来描绘现代都市生活，以充满动态感的画面来赞美现代工业文明。

主要设计思想：未来主义是首次把艺术像商业活动般的运作和管理。思想上他们欢迎技术进步，开启创作潜能，增进设计活力提倡创新意识。例如，具有很大影响力的马里内蒂印刷样式抛弃了传统的语法、标点符号和字体，创造了一种生动的、图画式的版式设计。该运动受到战争机械装置的启发，导致其作品对战争的美化。

（七）装饰艺术运动与捷克立体主义

1. 装饰艺术运动

装饰艺术运动（1910—1939）发源于法国、美国。设计特征为：装饰艺术运动受到服装设计和时尚的影响，崇尚旅行、速度和带鲜活色彩的，形态平滑的或有棱有角的奢侈品。装饰风格受阿兹克人、埃及人和几何外形的影响，追求明亮的颜色、锋利的边线、圆滑的棱角、昂贵的材料等。材料有瓷釉、象牙、铜和磨光的石头。

主要设计思想：装饰艺术追求时代感，同时也强调以新鲜、奇异的设计，满足大众多样化的消费需求。总体上，这种风格或多或少地带有商业艺术特有的夸张、矫揉造作的特点，但大众把这种装饰风格视为现代的东西，而乐于接受。20 世纪 30 年代晚期，这种风格转向对现代流线型的偏好，各种产品设计为符合空气动力学原理的纤长、流畅和对称的外形。

2. 捷克立体主义

捷克立体主义（1911—1915）发源于布拉格。设计特征为：对物体进行特殊的处理，对同一对象进行不同视点的呈现，根据不同空间里或不同环境中产生的变化来将其拆分、分解，再把它们的各个部分重新包装、重组、连接起来，使之看上去呈现出一种与众不同的艺术效果。尖形、断面和晶体表面是这种独特的、前卫风格的标志。

主要设计思想：捷克立体主义是新艺术运动对现代艺术运动的影响在布拉格的表现形式。尤其是当地的一群建筑师和设计师受到分离派作品和立体派雕塑、绘画的启发，形成了一种虽然短暂，但很重要的，名为捷克立体主义的运动。

（八）旋涡主义与达达主义

1. 旋涡主义

旋涡主义（1912—1915）发源于英国。设计特征为：通过表现旋转运动的曲线或者断裂的线条的放射状以别于英国的未来主义和立体主义。

主要设计思想：旋涡主义运动被认为是英国唯一的一个对欧洲现代主义运动有独特贡献的前卫运动。旋涡主义对版面设计的大胆创新被认为是 20 世纪 20 年代到 30 年代在图形改革方面的主要先驱运动之一。旋涡主义运动主要是对垂死的，沉闷的，维多利亚风格的不断抵制，发展了一种新的几何抽象造型。旋涡主义始终处在对机器主义既害怕又崇敬的矛盾中。

2. 达达主义

达达主义（1916—1923）发源地于苏黎世。设计特征为：注重新材料、新观念和新一代新型人类。主要影响在于图形设计方面，尤其是在印刷样式上废弃形式的观点。努力从社会或美学的规范中解放出来，强调文字和图画之间的密切关系，使用多种类型的字体和粗细线的组合手法和蒙太奇效果。

主要设计思想：基本主张就是认为艺术就是非艺术。达达派不仅仅是艺术流派或艺术思潮，而且是更广泛的社会思潮。实际上，他们是一群否定一切、口吐狂言、愤世嫉俗的乌合之众。他们的主张充满了内在矛盾：既蔑视功名，又自我炫耀；既思想激进，又活动消极；既打倒一切，又肯定自己；既反对艺术，又创造艺术。

（九）风格派与包豪斯

1. 风格派

风格派（1917—1931）发源于荷兰。设计特征为：排除自然的外形和主题，赞成几何抽象主义,拥护简介的风格、强调结构和功能的逻辑性。

主要设计思想:画风带有显著的表现主义特点,并以抽象形式语言传达万物有灵的神秘精神现实。这种精神现实就是存在的永恒结构,自然内部的普遍真实。这种纯造型的艺术,能够最集中地表达自然的“普遍之美”。

2. 包豪斯

包豪斯(1919—1933)发源于德国。设计特征为:注重解决当代房屋设计、城市规划及高品质实用产品开发中遇到的实际问题,教师都属于艺术家、工艺家、工业设计家的复合类型。在“总体建筑”观念之下,包豪斯的学生和教师从事彩色玻璃、家具、灯具、纺织品、陶器、金属制品、广告乃至书籍设计。

主要设计思想:“包豪斯”一词在德语中是由“包”(意指建造)和“豪斯”(意指房子)两个词结合而成的新词,从中不难看出其中的用心和建筑文脉。“包豪斯”是以训练艺术家向工业产品设计和建筑设计方向转变为目的。包豪斯学院是由德国艺术学院和魏玛实用艺术学校合并而成。

“包豪斯”认为艺术得益于技巧和技术的统一。其教育思想激进,许多人把它看作一次具有社会主义思想的政治化运动。“包豪斯”倡导进步的、实验性的科研和创新的教学实践。反对装饰主义而崇尚实用主义。在建筑设计中多采用钢材和混凝土。在设计理念上强调形式服从功能。

(十)现代派与构成主义

1. 现代派

现代派(1920—1940)发源于美国。设计特征为:其符号特征以流线型和几何造型为主,材料上多使用玻璃和铬合金。

主要设计思想:现代派是指20世纪20年代到30年代的一种装饰艺术风格形式。其特征是采用机器化美学符号来掩藏产品实际的功能和制作方式,夸大和强调机器装饰性外表。现代派和现代主义具有本质性区别。现代派只是一种装饰风格,是符号化“美国梦”的象征。

图1-7和图1-8所示为现代派典型作品,Well Coates 1934设计的Ekco AD65收音机和怀特·多文·蒂古1936年设计的柯达Bantam Special相机。

图1-7　Ekco AD65收音机

图1-8　柯达Bantam Special相机

2. 构成主义

构成主义(1921—1932)发源于苏联。设计特征为: 形式上,提倡使用平面的、直线的造型; 动态的构图; 运动的元素; 空间的最小化。材料上,提倡使用现代的材料: 玻璃、钢材、塑料。

主要设计思想: 构成主义也被称为苏联构成主义和生产力派。构成主义认为艺术和设计应该适应和便于工业生产。因此,在作品中采用几何的、精确的,几乎数学的方式。他们认为,艺术家是产品的创作者,应对新的设计和具有实用性的物品负责。他们相信艺术在人类生活中扮演着重要的角色,是人类不可缺少的表达方式。

(十一)超现实主义与理性主义

1. 超现实主义

超现实主义(1924—1930)发源于法国。设计特征为: 超现实主义的发展被分为两个分支及两种风格,一种是以米罗为代表的有机超现实主义,也叫绝对超现实主(Absolute Surrealism); 另一种是以达利为代表的自然主义的超现实主义(Super-realism),或者叫超级现实主义。同有机的绝对超现实主义追求艺术本质的精神不一样的是,它更倾向于表面世界下的、更加广阔的现实。它包含潜意识下无逻辑的意象或物质。超级现实主义者认为潜意识状态的意识高于真实现实中的理性思维,它才是最真实的反映。梦幻般的描绘,用现有物精心构造新颖的组合。

主要代表思想: 从达达主义的无政府主义观点发展而成,并替代它。受到弗洛伊德理论的启发,建立在相信潜意识是美学或道德规范的自由表达的基础上,政治是该运动固有的一部分。

图 1-9 所示为超现实主义典型作品,西班牙艺术家萨尔瓦多 · 达利的唇椅设计。

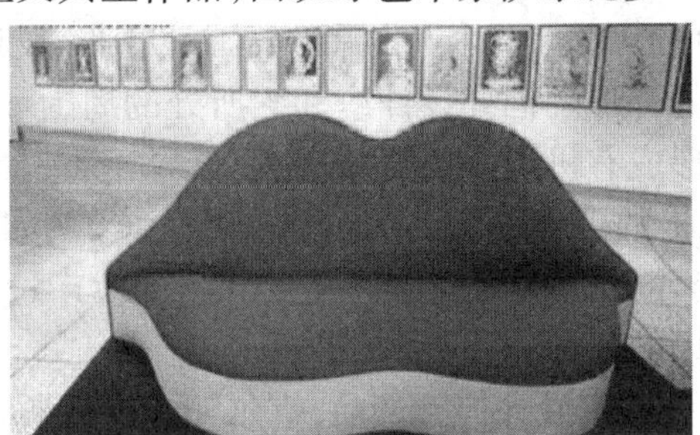

图 1-9　唇椅设计

2. 理性主义

理性主义(1926—1945)发源于意大利。设计特征为: 形式上,采用锐利的几何外形和具有现代感的艺术材料,如管状的铬合金金属。

主要设计思想: 理性主义运动基本上是属于一场建筑领域的运动。其思想特征是崇尚逻辑性和实用性,排除任何不必要的装饰。把简洁化上升为新意大利的象征。他们通过在建筑物中采用观景窗来构成独特的建筑元素。

（十二）流线型风格与有机设计

1. 流线型风格

流线型风格（1930—1950）发源地于美国。设计特征为：为空气动力的外形；圆角、平滑的表面和水滴形态。

主要设计思想：当实用主义致力于把物体拆开的时候，流线型的整体无缝的特点成了最好的选择，这就是流线型风格的思想基础。作为进步的象征，该风格吸引了公众的注意力，并对美国制造工业产生了重要的影响，使得美国制造业推出了一年一度的改变风格项目，鼓励缩短产品风格的延续时间，起到了崇尚设计，拉动消费的作用。如图 1-10 和图 1-11 所示的流线型风格典型作品，美国设计大师雷蒙德·罗威设计的火车头和削笔刀。

图 1-10　火车头

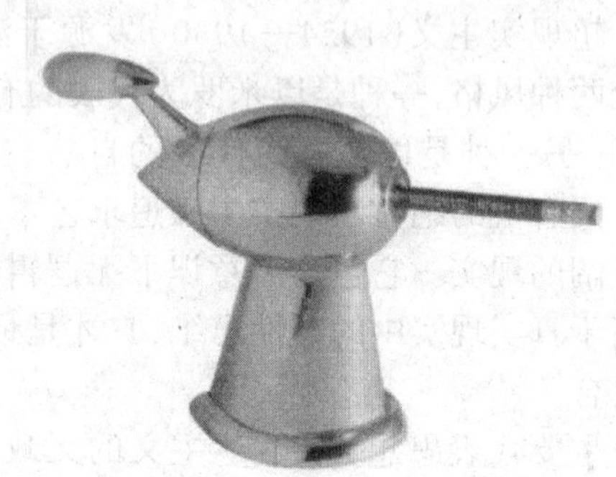

图 1-11　削笔刀

2. 有机设计

有机设计（1930—1960；1990 年至今）发源于美国、欧洲。设计特征为：形式特征是采用柔和、流畅的线条和雕塑般的外形。倡导设计应和它所处的周围环境相协调，使用自然的材料和人工合成材料，例如容易形成有机形状的塑料。

主要设计思想：这种风格的中心理念认为个体产品元素，例如家具，应该在视觉和功能上与它们所处的室内环境和整个建筑融为一体。在受到新的生产过程、新材料和电脑辅助设计进步的启发下，提倡寻求外形的精妙。

图 1-12 和图 1-13 所示为有机设计典型产品，查尔斯·伊姆斯设计的 TLC19 Charles Lounge chair 查尔斯弯木躺椅和 TA106 DAR Chair DAR 餐椅。

图 1-12　查尔斯弯木躺椅

图 1- 13　餐椅

（十三）国际主义风格与生态主义

1. 国际主义风格

国际主义风格（1933—1980）发源于美国。设计特征为：倡导简朴的、实用主义的、不加装饰的设计；崇尚雕塑般的外形。善于运用工业材料：如钢和玻璃。

主要设计思想："国际风格"一词是指前包豪斯学派的设计师们在美国发展而产生的设计风格，保留了实用主义的核心内容。在产品的设计与形式，在现代技术和现代主义美学原则上进行了良好的结合。国际主义风格几乎成了"优秀设计"的同义词。

如图 1-14 所示，国际主义风格典型产品，密斯·凡德罗的巴塞罗那系列家具和柯布西耶皮革钢管椅。

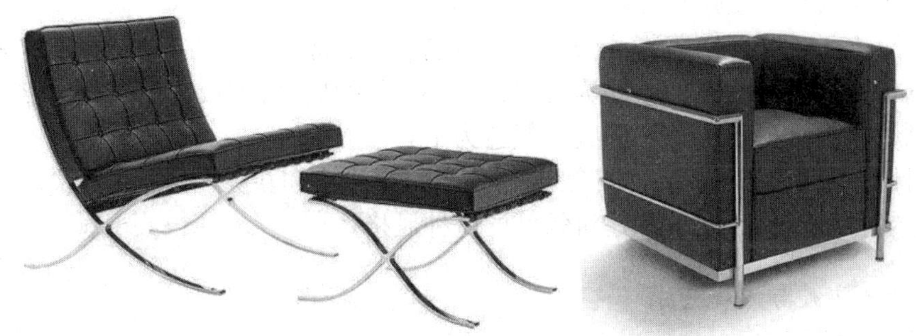

图 1-14　巴塞罗那系列家具和柯布西耶皮革钢管椅

2. 生态主义

生态主义（1935—1955）发源于欧洲。在形式上采用自然形态和高科技材料相结合，热衷于拉长的植物外形、不对称的有机图形和自然元素的彼此融合。

主要设计思想：生态主义被认为是在制造和生产技术方面与机器美学相一致的设计风格。最初被装饰艺术运动和现代主义运动所掩盖，在 20 世纪 40 年代因克兰布鲁克艺术学院而复兴。该风格主要以关注地域生态环境和支持城市绿化为目标，提倡生态主义的美学。

（十四）斯堪的纳维亚现代派与当代风格

1. 斯堪的纳维亚现代派

斯堪的纳维亚现代派（1936 年至今）发源于丹麦、芬兰。设计特征为：其主要特征表现在对自然材料的热爱和尊重，例如木材尤其是白桦树、山毛榉树、柚木和皮料。斯堪的纳维亚风格在形式上主要善于运用金色的木材、清晰的线条，简朴的、雕塑般的造型。

主要设计思想：斯堪的纳维亚风格又称为瑞典现代风格或丹麦现代风格。斯堪的纳维亚风格作为主导的室内设计风格在斯堪的纳维亚半岛和世界延续至今。在纺织品和家具方面，更具有冒险精神的芬兰设计师表现得尤为突出，他们采用风格强烈的丝网印刷样式和颜色。

如图 1-15 所示的斯堪的纳维亚现代派典型的由约瑟夫·弗兰克（Josef Frank）家具产品。

图 1–15　弗兰克家具产品

2. 当代风格

当代风格（1945—1960）发源于英国。设计特征为：常常表现在轻便的、富有表现力的家具中，以轻薄的金属管和浅色的木材为特点，三维的科学结构模型成为该风格的缩影。形式上以有机的形状、大钉子似的形状和明亮的颜色为主。

主要设计思想：当代风格又名展会风格、南方海岸风格和新英国风格。当代风格是“二战”后出现在英国的涉及设计、艺术和建筑领域的一种风格。

（十五）瑞士学派与波普艺术

1. 瑞士学派

瑞士学派（1950—1970）发源于瑞士、德国。设计特征为：在格子结构上进行不对称设计，以得到视觉统一的效果。提倡信息以清晰、真实的方式呈现。信息传达以清楚有序为最高目标。形式上善于使用蒙太奇照片、无饰线字体、白色空间和直观的摄影。

主要设计思想：瑞士风格是 20 世纪 50 年代出现在瑞士和德国的一个设计运动，更确切地说叫国际主义平面设计风格。设计被认为是对社会有用的重要活动，个人化的表达和怪异的方案遭到拒绝。赞成用更普遍的科学方式来设计解决问题的方案，相信解决设计问题的途径应该是来自其设计的内容。

2. 波普艺术

波普艺术（1958—1972）发源于美国、英国。设计特征为：明亮的彩虹色；大胆的形式；使用廉价的塑料材质。

主要设计思想：波普艺术受到大众消费主义和流行文化的影响，公开质疑所谓的优良设计规则，反对现代主义及其价值观。强调乐趣、变化、多样性、轻松感和任意性。不排除便宜的和低质量的产品，只要喜欢就行。对消耗性的注重胜过耐久性。波普艺术家运用各种美国社会形象，如广告标志、超级市场出售的商品、连环漫画中的人物形象、好莱坞明星，甚至还有各国政客议员。这样崭新的、令人激动的艺术形式展现的是社会新面貌，其塑造的人物形象是新时代下的人文精神。

图 1–16 所示为波普艺术典型设计图片。

图 1–16　波普艺术典型设计图片

（十六）太空时代设计与欧普艺术

1. 太空时代设计

太空时代设计（1960—1969）发源于美国。设计特征为：形式上热衷于使用白色和银色、反光的表面、豆荚形状和未来派的造型。

主要设计思想：太空时代设计产生于 20 世纪 60 年代初期，认为设计不再仅仅关注功能性和可靠性，风格元素也同样重要。风格是以太空元素为主，是对苏联和美国之间的太空竞赛的反映。

图 1–17 所示为太空时代设计典型艾洛 · 阿尼奥的设计作品。

图 1–17　艾洛 · 阿尼奥的气泡吊椅设计

2. 欧普艺术

欧普艺术（1965—1973）发源于美国、欧洲。设计特征为：欧普艺术的作品往往是以抽象的结构呈现。这种艺术是从抽象的几何图形和视觉幻觉出发进行创作的，它会给人一种眩晕、凹凸的视觉幻觉效果。

主要设计思想：欧普艺术也叫光效绘画，涉及的领域非常广，包括幻觉、视觉，是将色彩原理和心理反应两者综合，从而达到视知觉的效果。可以说，这是一种视觉错觉的幻象艺术。欧普艺术所关注的是光效幻觉，其艺术特征主要是表现观者看见欧普绘画之后产生的一系列视觉、心理反应。

欧普艺术善于使用简化的几何外形来模仿物体的运动。作为波普艺术的竞争对手，欧普艺术在20世纪60年代的图形和室内装潢设计方面有重大影响,从家具到墙纸的一切东西上都有欧普艺术风格的影子,如拥有波纹的图案,使用黑白对比色,同心的圆圈。

图1–18所示为欧普艺术风格座椅。

图1–18　欧普艺术风格座椅

（十七）反设计运动与极少主义

1. 反设计运动

反设计运动(1966—1980)发源于意大利。设计特征为:形式上采用强烈的色彩,夸张的比例,讽刺的手法和粗劣的作品来破坏物体的功能性。

主要设计思想:反设计运动倡导关注整体环境而不是单个的物体,反对意大利新现代主义的形式主义价值观,并致力于更新设计扮演的文化和政治角色。通过破坏设计的功能性来质疑品味和所谓的"优良设计"的理念。

图1–19所示为反设计运动典型产品图片亚历山大·蒙蒂尼(Alessandro Mendini)设计的沙发。

图1–19　Alessandro Mendini设计的沙发

2. 极少主义

极少主义(1967—1978)发源于纽约。设计特征为:艺术上采用几何外形和明确的色块,以格子为基础的构图。建筑设计上采用极简单和整齐匀称的简洁外形,善于应用灯光。

主要设计思想:极少主义主张各自组成部分的平等关系,减少表现性的媒体和空间的价值。建筑方面探索空间、灯光和材料等基本要素,同时避免怪异的风格。

图 1–20 所示为极少主义的几何艺术——水槽设计。

图 1–20　水槽设计

（十八）高科技派与后工业主义

1. 高科技派

高科技派（1972—1985）发源于美国、英国。设计特征为：以简朴、简约的外形，采用工业材料，其设计具有高科技的强烈特征。

主要设计思想：高科技派是后现代主义设计语言的一部分，在非工业环境里采用工业材料，遵循“功能决定形式”的格言。

图 1–21 所示为高科技派代表人物诺曼·福斯特和他的设计作品——伦敦市政厅建筑。

图 1–21　伦敦市政厅建筑

2. 后工业主义

后工业主义（1978—1984）发源于英国。设计特征为：以绝版，限量版的设计，定量生产。善于使用未加工的、未完成的、再利用的工业产品之外的现存品。

主要设计思想：后工业主义是指后现代主义的设计方式，它出现在福特主义和大批量工业化生产结束后的英国。产品多为特定的市场或个人进行定量生产，不害怕评论和批评，强调独特设计，赞美他们的后工业时代思想，反对现代主义的没有精神内涵的秩序和组织。

图 1–22 所示为后工业主义典型产品罗恩·阿拉德作品。

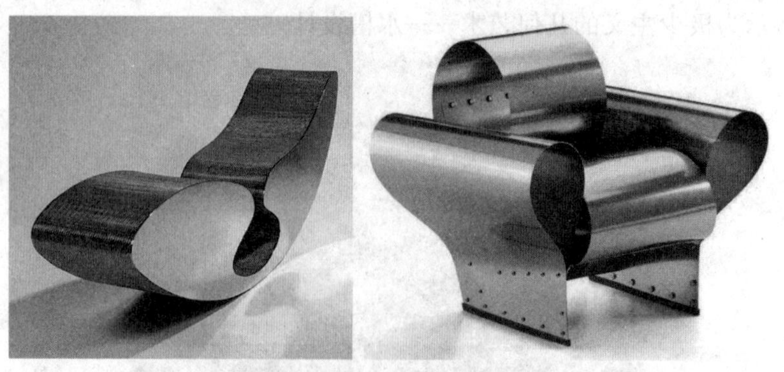

图 1–22　罗恩·阿拉德作品

（十九）后现代主义与加州新浪潮

1. 后现代主义

后现代主义（1978 年至今）发源于意大利。设计特征为：提倡美术与大众化，高雅品位与平民艺术的融合，重视象征性和消费者心理上的精神需求。形式上努力打破人们习惯性的视觉思维。

主要设计思想：后现代主义运动是指反对现代主义设计中的理性主义而出现的一种风格。其主要思想是质疑现代主义运动中强调的逻辑性、简洁性和秩序性。

2. 加州新浪潮

加州新浪潮（1979 年至今）发源于意大利。设计特征为：普遍使用美国苹果电脑和相关软件来进行设计。主要特征是多图层的、分解的构图、使用拼贴般的、叠加和过滤感觉的图形。

主要设计思想：美国加州新浪潮指的是 20 世纪 70 年代末期出现的平面设计上的后现代主义风格。灵感来自电子媒体的新形式，采用分解的构图形式，使信息设计效果达到一种图层叠加和过滤的感觉。

图 1–23 所示为新浪潮设计师之尊——Philips Stark 设计的作品。

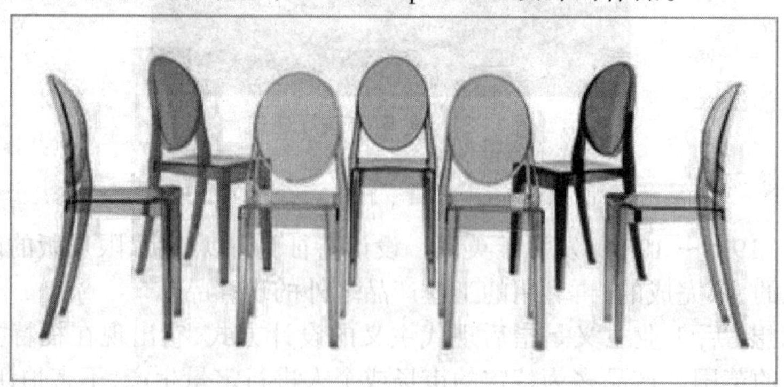

图 1–23　Philips Stark 设计的作品

（二十）孟菲斯派与解构主义

1. 孟菲斯派

孟菲斯派（1981—1988）发源于米兰。设计特征为：孟菲斯派是融合了过去和现在的各种设计风格，彩色大胆，造型粗犷。

主要设计思想：孟菲斯派指的是一群以米兰为基地的家具和工业产品设计师形成的流派，他们对含糊不清的后现代主义理论给出了清楚的定义。20 世纪 80 年代早期，他们的作品在国际设计界处于主导地位。

图 1-24 所示为米凯莱·卢基设计的作品。

图 1-24　米凯莱·卢基设计作品

2. 解构主义

解构主义（1988 年至今）发源于法国。设计特征为：解构主义致力于挑战理性的观念，拒绝历史主义和装饰风格，使用多层次的类别和图形来暗示各种理解。善于使用破坏的、参差不齐的形式；善于使用多层次的、扭曲的几何形状；反对装饰。

主要设计思想：解构主义出现在 20 世纪 80 年代，与其说它是一场运动，不如说它是建筑和室内设计的一种指导原则。解构主义的核心理论是对于结构本身的反感，认为符号本身已能反映真实。

图 1-25 所示为 Apical Reform 设计团队设计的解构主义产品——桦木椅。这把椅子由形状渐变的桦木板拼接而成，解构主义流体美学和人体工程学的应用，使得桦木椅稳定舒适，且兼备蜿蜒的结构美感。

图 1-25　桦木椅

三、产品设计的发展趋势

（一）计算机辅助产品设计的发展

产品设计有着明显的时代性特征，而时代进程的主要推动力是科学技术的发展。新的技术将会带来社会生产力的飞跃，导致生产状态的变化，例如蒸汽机、收音机、电视机、汽车、飞机的出现，塑料和新材料的出现，计算机辅助设计、人工智能、虚拟现实等的出现，都使得人们的生活方式与精神面貌发生了巨大变化。计算机辅助进行产品设计，是以计算机技术为基础的产物，和以往的产品设计相比，计算机辅助产品设计，在设计方法、过程、质量和效率等各方面都发生变化，把产品的创新性、外观造型、人机工程等设计提升到一个新的高度。产品设计模式也将朝着数字化、网络化、集成化、智能化的方向发展。

计算机在设计领域的应用可分为两个阶段：第一阶段是20世纪90年代之前的计算机辅助设计阶段。这个阶段的计算机辅助设计代替传统的纸、尺、笔的时代，但结果和传统方法的结果一样，用二维平面设计图纸表达立体造型；第二阶段是20世纪90年代后至今，随着计算机硬件和软件的发展和完善，人类设计活动进入了虚拟现实阶段。电子通信、微处理器和人工智能计算机等高新技术的发展，成为科技进步的核心，如图1–26所示，高分辨率的彩色喷墨打印机的效果大大超越了传统的印刷技术。

现代产品设计已成为效益化中极为突出的产业，一系列崭新的、功能强大的设计专业软件的问世和迅速发展，不仅缩短了手工设计耗费的时间，而且还开拓出利用电脑从事创意设计的新天地。例如电脑能够灵活地拼合图像，创造出摄影无法达到的超现实环境（见图1–27）。

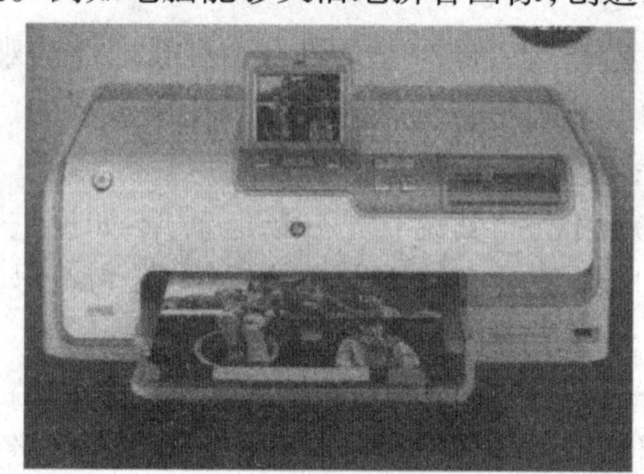

图1–26　彩色喷墨打印机

图1–27　电脑图像拼合

产品设计的根本是创新，而计算机辅助产品设计在产品开发创新上表现出极大的优越性和便利性。例如，一个新产品可以有多个切入点进行创新，而创新切入点都可以利用先进的计算机技术，进行预演、模拟和优化，使产品创新能在规定的时间内准确、有效地得以实现。计算机辅助造型方面能塑造出任何可能的形态，例如自由曲面设计、草图设计等，并且产品特征造型和参数化设计，使实体模型向产品模型转化的可能。

（二）家族化系列产品设计的发展

一般情况下，人们把相互关联的成组、成套的产品称为系列产品。系列产品的形式主要有四种，分别是成套系列、组合系列、家族系列和单元系列。这些产品在功能上有关联性、独立性、组合性、互换性等特征。成套系列产品是由功能独立的产品构成，如图 1–28 所示是设计师设计的厨房小用品系列，它们的功能各不相同。家族系列中的产品通常是功能相同，但在形态、色彩、材质、规格上会有所不同，如图 1–29 所示，这是设计的小垃圾箱系列，它们的功能都是装垃圾的，但它们的外形和色彩却有所区别。家族系列产品在商业竞争中更具有选择性和更能产生品牌效应。

图 1–28　厨房小用品系列

图 1–29　小垃圾箱系列

随着社会经济的发展，消费者的消费行为也变得更有选择性，而且对产品的要求也越来越高。在不断地追求高品质产品的同时，市场需求的发展方向也越来越向个性化、多样化发展。人们对产品的高要求，主要体现在产品的功能、形态、色彩、规格等综合需求质量的提高上。家族系列产品可以满足人们的需求，它以多变的功能和灵活的组合方式，丰富了产品的内涵，提升了产品的附加价值，同时又为不同喜好的消费者提供了选择的空间，如图 1–30 所示抱枕的系列设计，就充分体现了这点。

图 1–30　抱枕系列设计

（三）绿色设计

绿色设计体现了设计师的道德和社会责任心的回归，它是人们对现代技术所引起的环境及生态系统破坏的反思。20世纪80年代,绿色设计的理念正式在世界范围内被提出,并迅速在现代设计领域得到重视和实施。这种理念设计方法就是在设计中充分考虑产品原料的特性和产品各部分零件容易拆卸,使产品废弃时能将其材料或未损坏的零部件进行回收、再循环或再利用。简而言之,就是绿色设计在设计阶段,将生态环境的观念运用到产品设计中,并将其作为产品设计目标的重要组成因素,力求使产品对环境的影响最小。它的内容主要包括:产品制造材料选择和管理、产品的可拆卸性和可回收性设计。它所涉及的领域非常广泛,不仅是现今的设计领域国际流行趋势,也将成为今后工业设计发展的主要趋势之一,例如在交通工具、家用电器、家具等的设计上,通常都会采用绿色设计的方法。像废弃物回收再利用就是典型的绿色设计方法,图1–31是法国设计师用自行车废旧零件设计的茶几,图1–32是利用废弃的旧报纸做灯装饰品。

图1–31　废物回收再利用(一)

图1–32　废物回收再利用(二)

(四)仿生设计

仿生设计和绿色设计一样,也是当今国际上的流行设计趋势。它作为一种人类进行设计创作活动与自然界的契合点,不仅是人类的生存环境与自然达到高度统一,而且还为人们日常生活和工作带来了便利和美感。仿生设计是把研究生物的某种原理作为设计灵感的重要手段,它可以打破常规思维,获得意想不到的创新结果。在大自然生物中存在着许多丰富多彩的外形、巧妙的机构,而这些正好为产品形态设计提供了灵感,很值得设计师去探索和研究。在产品形态创造过程中,设计师通过观察、提炼和变通,把生物的优点特征转为设计所用,这就是仿生设计的目的,同时仿生设计突破了对自然界生物外形的纯粹模仿,它深入对产品功能、结构、材料等设计的运用,如图1–33所示的仿生座椅和茶壶,给人的感觉亲切、宜人、充满生机。仿生设计是一种理想的产品形态创造方法,当今流行的主观化设计理念就是在仿生设计的趋势发展下的一种演变。

1. 产品设计中的形态仿生

在大自然中生物本身的造型、动态、图案、颜色,都将成为产品设计师进行设计创造的源动力,比如飞机的造型就是源于模仿飞鸟,潜水艇的造型就是模仿游鱼,还有许多家具的设计也是利用形态仿生原理进行设计的(图1–32)。所以仿生的内容涉及的范围很广泛,既有自然界的生物体,又有自然界中的物质存在的外部形态及其象征寓意。如图1–34所示,这例仿生设计是以大自然中的豆荚为主题，进行首饰产品的创意设计，模仿了豆荚鲜嫩翠绿的色彩和半裂显露豆粒的形态，将黄金嵌入翡翠中制成首饰，使整个造型形象玲珑剔透，充满生机和活力。如图 1–35 所示的是由日本设计师对家具的仿生设计，一款通过花为主题设计的椅子，这款花形椅子凝练了大自然之美和时尚之美，并创造出生动的产品形象。

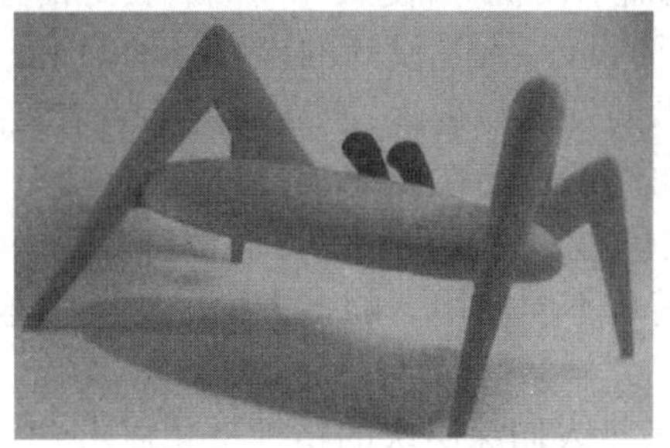

图 1–33　形态仿生设计(一)

图 1–34　形态仿生设计(二)

图 1–35　形态仿生设计(二)

2. 产品设计中的结构仿生

每种自然形态都拥有自身巧妙而独特的结构，许多的动植物在进化和演变中，会形成一种实用而合理的、完整的形态结构和功能。在设计中就有很多的设计灵感是来源于对这些动植物形态结构的模仿，例如悬索桥的结构就是源于蜘蛛结网，钢结构的建筑仿制蜂巢，鸡蛋形的薄壳结构建筑家具等。家居设计中的结构仿生是将自然生物的结构原型转换成独特的造型元素，运用创造性的思维和巧妙的工艺相结合，以夸张的手法，舒适的造型形态，创作出具有现代时尚的原创之美和不失原始自然形态结构的共性之美的优秀作品(见图 1–36)。

图 1–36　结构仿生设计

（五）人性化产品设计的发展

人性化设计是当代流行的一种注重人性需求的设计，又称为人本主义设计。在设计中，最先要考虑的是人的因素，比如人机关系、消费者的需求动机等，使人和商品有良好的互动关系。人性化的产品最主要的特点就是以人文本，为人而设计，人是设计的出发点和归宿，人性化产品是人与物完美结合的设计。随着社会科学技术的发展与进步，产品随着生活节奏的加快而不断地更新，让人们在享受物质生活的同时，更加注重产品在便捷、舒适、可靠、安全和效率等方面的评价。人性化设计要求产品在造型、质地、色彩、结构、尺寸等方面都符合使用环境和社会需求，要符合使用者的生理和心理特点，并能满足不同使用者的多方面的审美情趣，尤其要注重为儿童、老年人、残障者进行优先的考虑。

人性化设计是追求产品的趣味性和娱乐性，满足人们深层次的精神文化需求，追求更适合人体结构的造型形式。在人性化设计中一个最重要的方面就是舒适性设计，这主要是指注重使人感到生活舒适的设计。舒适性设计不仅只限于产品的表面形式，更重视精神的舒适性。例如在设计时，使地面平缓无台阶，在浴室和洗手间安装扶手，修建能使轮椅自由通往各处的走廊通道等（见图 1–37）。

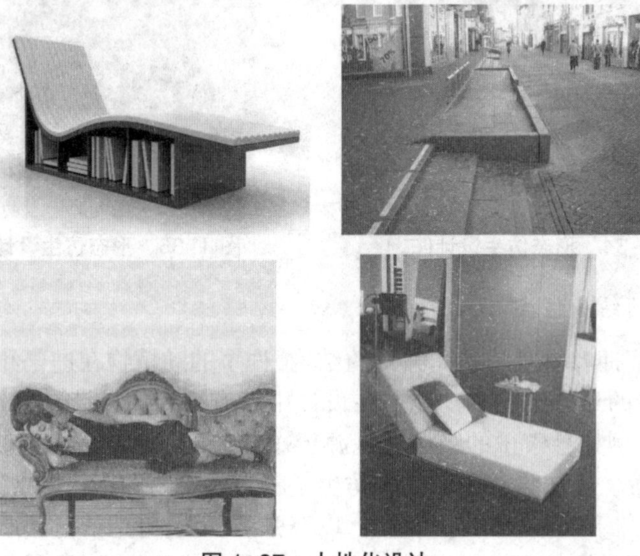

图 1–37　人性化设计

人性化产品所涉及的内容很广泛，就从工业设计来看，人性化产品大至宇航系统、城市规划、建筑设施、机械设备、交通工具，小至家具、服装、生活用具等各种生产与生活所创造的“物”，并在设计和制造时都必须把“人的因素”作为一个重要的条件来考虑。对于产品设计要求，人们现在已不只停留在功能的层面上，而是要求其满足感官上的享受，也就是满足受众的心理需求。所以说人性化设计是更高层次的设计，它不仅有使用功能和审美功能，同时还反映了人文关怀、民族传统、宗教文化等层面。人性化作为一种设计模式，在设计和服务的环节上都要符合具体消费者的理想状态，甚至要求在风格、品位、个性化等方面也要满足每一个消费者的偏爱。人性化设计具有明显的人情味与亲和力，是一个理想的现代设计方向。

第三节　产品设计的原则

一、市场契机原则

市场契机是产品设计的基本原则之一。很明显，市场契机和消费者的价值观决定了产品能否在商业上取得成功。产品设计是一种商业行为，其价值是建立在获得商业性成功之上。如果产品没有市场，也就是不具备商业性，即使产品的功能完好无缺，对于市场来说，对消费者而言，它们就是废品。企业家们十分清楚，卖不掉的库存是无产品价值可言。因此，为了避免这种情况的出现，明晰市场契机，认清消费者的期待，就显得尤为重要。

根据调查研究的综合数据表明，市场契机与消费者诉求息息相关。那么什么是消费者所诉求的产品？什么是消费者期待的产品？他们有哪些特征呢？

（1）产品品质必须优于现有竞争对手的产品。

（2）产品的款风必须符合当下消费者的口味，要显得更“派”更“酷”更“炫”更“潮”更“给力”。

（3）产品要更显得“物有所值”“物超所值”。

调查显示，如果新产品能达到这三点，产品成功的概率将增高 5.3 倍。不难看出，在产品设计过程中，做好市场契机的分析是必需的，是产品设计的重要基本原则。

如果在市场契机分析中，你发现你想要设计的产品概念只比竞争产品微微好一点，那你应该毫不犹豫地放弃它。因为原则告诉人们，市场契机不达标的产品，出现市场滞销和造成商业失败。

二、早期评估与市场定位原则

研究数据表明：在新产品设计前，对新产品概念进行早期的全面评估与市场定位是产品设计的基本原则之一。

对新产品概念进行早期的全面评估，其成功率要比没有进行评估的要高出 2.4 倍。由此可见，对新产品的早期评估是相当重要的。

与此同时，在产品设计前对新产品进行过市场定位的，其成功率要比没有经过市场定位的高出 3.3 倍。也就是说，在新产品设计前所做的“早期评估与市场定位”往往能起到事半功倍的效果。

三、针对用户需求进行创新设计

在对产品设计之前，对用户人群进行调研，聆听消费者的心声，捕捉使用者的情感，已成为现代设计方法的趋势。其原因在于随着现代人们生活水平的提高与思想的不断进步，只是注重功能和形式上的设计手法已经无法满足人们对产品的情感需求，消费者在选择商品时所希望获得的是符合自身需求，并能体现自身品味价值的产品，它应该是富有情感的，充分考虑用户生理与心理需求的设计。图1-38所示为苹果新发布的Macbook Pro,它纤薄如刃,轻盈如羽,却又比以往速度更快、性能更强大。它为你展现的,是迄今最明亮、最多彩的Mac笔记本显示屏。它更配备了Multi-Touch Bar,一个内置于键盘的玻璃面多点触控条,让你能在需要时快速取用各种工具。Macbook Pro是对我们突破性理念的一场出色演绎,而它也正期待着演绎你的奇思妙想。Multi-Touch Bar取代了以往键盘最上方的功能键,为你带来更多能、更实用的功能。它会根据你当前的操作自动显示不同的样子,呈现给你相关的工具,比如系统控制键里的音量和亮度、互动操作中的调整和内容浏览工具、智能输入功能中的表情符号和文本输入预测等,这些都是你早就运用自如的。此外,Touch ID功能也已登录Mac,让你可以在转瞬之间完成登录等各种操作。

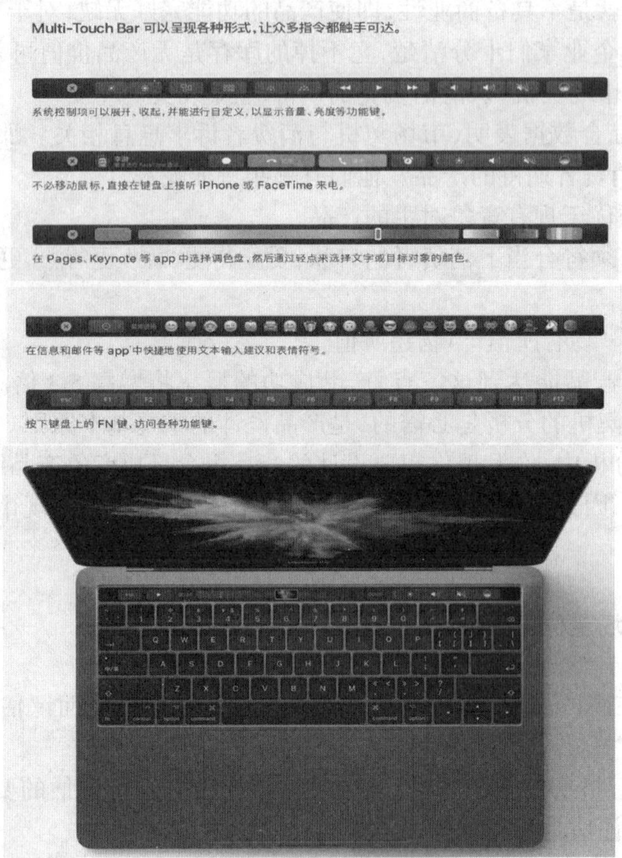

图1-38 Macbook Pro

四、针对企业需求进行创新设计

每一个企业的技术层次并不相同,技术的差异化最终造成了产品的不同。同时,企业发展的程度也并不相同,有些企业经过长期的沉淀和积累,在消费者心中已形成深刻的品牌形象及特色;而有些企业则刚刚处于发展阶段,品牌特色尚未形成。这时就要求设计必须根据企业技术能力,从品牌建立或者发展角度进行考虑。

推动创新的重要因素之一是技术。在产品设计中,如果以技术为切入点,首先需要将新技术体现在外观上，让产品说服消费者，从而激发消费者的购买欲望。例如商业巨头苹果公司，其设计的 iMac 产品受到许多专业人士的青睐。2017 年，该公司发布了一款性能顶尖的 iMac Pro（见图 1–39）。该产品在设计上，不断突破极限，为这款 iMac 集成了 Mac 自诞生以来最强大的工作站级图形处理器、中央处理器、存储设备、内存和 I/O 端口，而机身仍能保持标志性的一体式设计，分毫未增。所以，无论是视频剪辑师、3D 动画师、音乐人、软件开发者还是科研人员，每个人都能以从未想象的方式，各展所长。这就是为你们打造的 iMac Pro，一台精简、凝练、梦想中的强大利器。而配备最多达 18 个核芯的 iMac，全然是一种不同的存在。再加上最高可达 4.5GHz 的 Turbo Boost 速度，让 iMac Pro 拥有充分的能力和灵活性，很好地兼顾超凡的多核处理能力和出色的单线程性能。因此，无论是渲染文件、剪辑 4K 视频、制作实时音频特效，还是编写下一款五星好评的 APP，所有操作都快如闪电。一个个数字背后蕴藏的力量，在 iMac 上再一次得到印证。iMac Pro 可容纳最高达 128GB 的惊人内存容量。因此，你可以视觉化呈现、模拟和渲染大型 3D 模型，搭建多个测试环境进行跨平台开发，让大量 APP 同时保持开启，还可游刃有余地分片处理数据密集型任务。只要是 iMac，几乎不用说，都会配有一块绚丽的显示屏。iMac Pro 自然也不会令人失望。事实上，它的 27 英寸屏幕让我们的屏幕提升到一个新的境界，500 尼特的屏幕亮度，让 1470 万像素中的每一颗都亮丽耀眼。再加上 P3 色域和对超过十亿色彩的支持，iMac Pro 能呈现令人惊叹的逼真图像。总体来说，从品牌理念切入而设计的新产品，也是在情理之中，是容易被消费者认可和接受的。

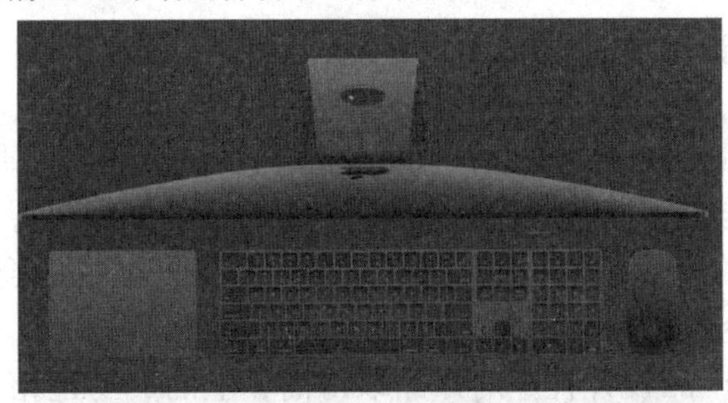

图 1–39 2017 新款 iMac Pro

五、针对社会需求进行创新设计

好的产品创新设计除了要满足用户需求和企业需求，能够准确地传达产品的信息之外，同时也要适应社会的需求，具有更深层的内涵，即“文化”。文化是人类在不同环境条件下，为了生存和发展而逐渐形成的一种生活方式，在人类适应环境、改造环境的过程中，以自身的智慧创造了文化。产品的创新过程正是人类改变生活方式的过程，与其说设计是创造新产品，不如说是创造新的生活方式，设计需要一种文化意念，在逐渐改造生活方式的过程中，适应与改造环境，创造出具有文化色彩、独树一帜，并能融入世界文化主流的民族性设计。设计与各方需求间的关系如图 1-40 所示。

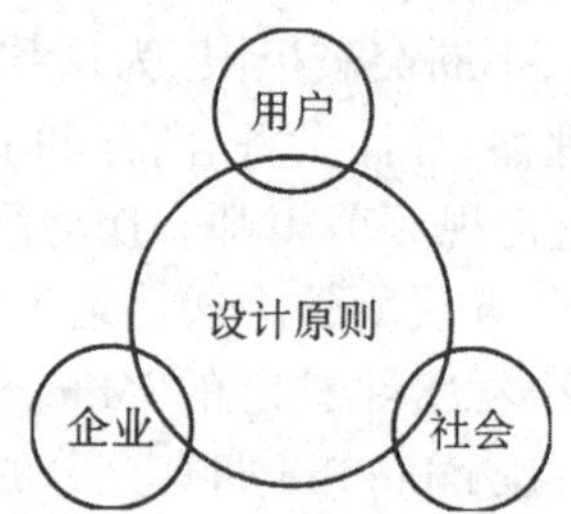

图 1-40 设计与各方需求间的关系

传统文化正是具有显著特点的社会因素。它随着人类的发展而不断地充实和更新，因地域的差异呈现出不同的风格，正如我们经常提到的欧式风格、中东风格等，其中，中国的传统文化在世界文化中扮演着重要角色，它有着独特的魅力和不朽的生命力，设计如果只是纯粹为了展示表现技巧，忽略社会传统内涵，它势必如同无源之水，终将失去生机与活力。同时，作为设计师，要意识到传统是不断发展的，今天的人们也是在为今后的人们创造传统，所以，在我们汲取传统文化应用于设计当中时，也要善于创造新的文化，以新的姿态及综合修养，引领设计方向。

六、高质量的产品设计程序

高质量的产品设计程序能使新产品成功的概率提高 2.5 倍。高质量的设计程序能够合理地调节和控制企业的综合技术资源，更好地加大与新产品的吻合度。高质量的设计程序能够合理地调节和控制企业的市场销售技能，更好地加大与新产品的吻合度。高质量的设计程序能够合理地调节和控制企业中市场销售人员，使其加大与工程技术人员的配合默契度。

由此可见，高质量的产品设计程序对产品取得商业上的成功是相当重要的。

在新产品开发设计的初期，不确定的因素特别高是因为，人们无法预料新产品将会是什么样？无法判断新产品将会采用什么工艺制造更合适？无法确定新产品流通的价格将应该是多少？无法想象消费者将会对新产品如何反应？

因此，高质量的产品设计程序，一方面能够澄清这些未知的问题，把不确定性因素明确化。另一方面，能够最大限度地把新产品开发成本降到最低，并且能够合理地采用有效的、先进的设计手段，避免盲目过大的投资。

据调查结果表明：当新产品的不确定因素偏高时，其风险就大；当不确定性因素降低时，其风险就降低。因此，科学合理的设计程序能使新产品的不确定因素降到最低点。这就是产品设计程序的重要之处。

由经验可知，不是所有的产品设计结果都是肯定的。但无论结果是“肯定的还是否定的”，它所做出决策和降低投资风险的实际价值是相同的。因此，高质量的设计程序不仅是为了单纯地完成设计，而更重要的是为了控制投资风险。

第四节　产品设计的特征举要

一、设计的文化特征

(一)设计的文化特征内容

1. 设计的多元化

当今社会飞速发展,世界的经济、政治也呈现出多元化趋势,这就要求设计也要朝着多元化、个性化的方向发展。从经济市场角度看,不管是何种设计,不但要重视其基本功能与新技术开发,更要重视产品是否能够满足消费者精神需求。从另外一个方面来说,设计对民族文化的追求在一定程度上也能推动民族文化传统的传承与发展,把设计和民族文化真正融合在一起,才会使之发展传承。

2. 设计的民族化

中国具有五千年的历史积淀,设计可以从中开发出灵感和源泉。一方面,我们能够从前人以及过去历史文化中继承传统,用新的方式诠释或创造出新东西来。另一方面,中国的现代设计还要建立在对外来文化科技引进的基础上,做到以传统文化为本,现代观念为用;与此同时,我们还要积极地掌握住新信息技术,为我们的设计提供更多的表现以及实现的可能。

3. 个性风格和文化

设计的灵魂是个性风格以及表达的方式。不管从事哪种设计和创作,个性风格都应该是每个设计师需要追求的核心部分。但是,设计需要在特定的文化背景参与下以及环境的制约下才可以展开并最终完成,是文化的有机构成部分。文化同时也具有时代性、民族性与阶段性,因此,设计的行为与结果也总会在不同的程度上积淀民族历史的某些成分和因素。

(二)设计的文化特征表现

设计文化主要是人类利用艺术的方式创造物品的文化形式。

设计并不是一种单纯的艺术现象,它首先是人类为了自身生存而做出的一种造物活动,是人为了能够实现实用功能价值与审美价值中的物化劳动形态。这些人造物体进一步承载了文化内在和外在的有关内涵,反映出了在特定时空中人们的生活方式、价值观念及社会状况、技术、生产方式等。所以,人类的文化背景都能够深刻地影响到产品设计的行为。

从文化学的视角来看,设计艺术中所说的造物,通常是指具体物态化的产品,造物活动主要是指人们创造性的劳动过程以及文化意义。

文化主要是人类在历史实践中所创造物质财富以及精神财富的总和,设计主要包含了两个方面的内容。可以分成三个重要的层次。首先,设计的物质层面,它主要是指设计的表层,具体是指设计文化要素的物质载体形式,它具有比较明显的物质性、基础性、易变性特征。如各个设计部门与设计产品、交换商品的场所中，消费者在使用产品过程中的一系列消费行为等。其次，设计文化的组织制度层，这一个层次主要是处于设计文化结构的中层，同时也是设计文化表层的具体物化。它有比较强的时代性与连续性特征。其中包括协调设计系统各个要素之间的相互关系，对设计行为起规范作用并进行判断、矫正设计组织制度等。最后，设计文化的观念层。它指的是一种文化的心理状态，因此也能够被认为是一种设计文化的意识层。它处在产品设计的核心与主导位置，是设计系统各个要素所有活动的基础与重要依据。主要表现为生产与生活观念、价值观念、道德伦理观念、民族心理观念等多个方面中。它在人的内心中存在，并因此规定了自己的发展特质，吸收、改造或者排斥异质文化的相关要素，能够左右设计的发展趋势。

从物质和精神两方面来理解文化，对于全面把握文化结构和性质是至关重要的，人类的设计作为造物文化，首先是物质文化的存在，其次是物质文化与精神文化的综合存在，因此，必然要打上时代、民族地域的文化烙印，体现为物质功能及精神追求的各种文化要素的总和（见图1–41）。也就是说文化是人的产物，人也是文化的产物，人创造文化，同样文化也造就人。

图 1–41　产竹子地区的竹杯设计

设计文化所体现的是物质文明与精神文明的综合存在，最能深刻地反映人在文化中的创造性和能动性，设计文化作为人本质力量的对象化，是我们理解人类文化的一个典型范例。

二、设计的艺术特征

艺术史家潘诺夫斯基曾经在20世纪50年代时做出过暗示：17世纪时期的西方科技革命，其根源能够上溯到15世纪时期的“视觉革命”。之后，在20世纪以前的一个相当漫长的历史发展演进过程中，美术和设计长时期都被归于艺术创造的范畴之内。19世纪末，“工艺美术运动”的主要代表人物之一——威廉·莫里斯进一步提出了“艺术和技术相互结合”的原则，主张美术家更多地从事产品设计领域的工作，不仅揭示出了设计和艺术之间存在的必然联系，同时还显示出了设计师们独立的设计姿态。

（一）设计的艺术含量

设计的艺术性质早在康德时期及更早出现的英国经验主义哲学中能够找出相关的理论基础。康德认为，美可以分为两种形式，也就是自由美与依存美，其中，后者包含的对象合乎目的性。对于康德来说，他认为，只有当对象十分吻合它的目的时，它才有可能变为完美的。我们都知道，设计是一种比较特殊的艺术，设计的创造过程往往是需要遵循实用化的求美法则的艺术创造过程。而实用化的求美并不是进行“化妆”，而是要以专用的设计语言加以创造。在西方，工业设计往往会被人们称作工业艺术，广告设计也会被人们称作广告艺术等。设计被人们当作一种艺术活动，是艺术生产十分重要的方面，设计对美的不断追求，也极大地决定了设计过程中不可缺少的艺术含量。

不可否认的一点是，在包豪斯时代，结构主义抽象形式的设计和新造型主义时期的绘画与雕塑设计都存在着十分惊人的相似之处。

在近代时期，现代设计和现代艺术之间所存在的距离日益缩小，新的艺术形式出现也极易促进新的设计观念出现，而新的设计观念的出现往往也能极易成为新艺术形式产生的重要契机，如图 1–42 ~ 图 1–45 所示。

图 1–42　里特维尔德红蓝椅

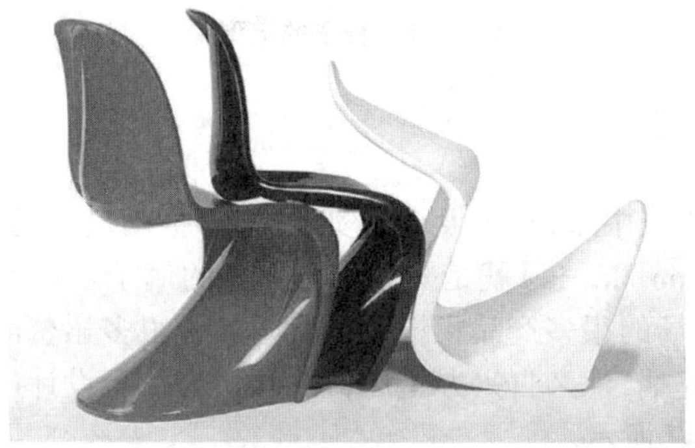

图 1–43　潘顿椅

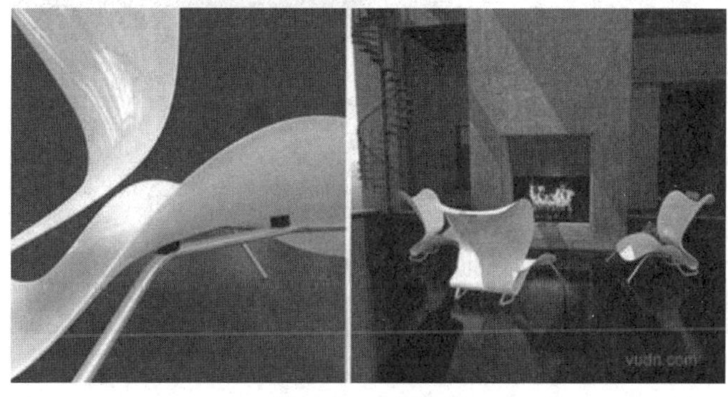

图 1–44　兰花椅

图 1–45 创意椅子

现在,设计不但能够以科学技术作为创作的重要手段,如电脑辅助设计。但是,这并不会造成设计艺术特性的损害,反而会让现代设计具有一种科技含量比较高的艺术特性,如全新材料美、精密的技术美等,如图 1–46 所示。

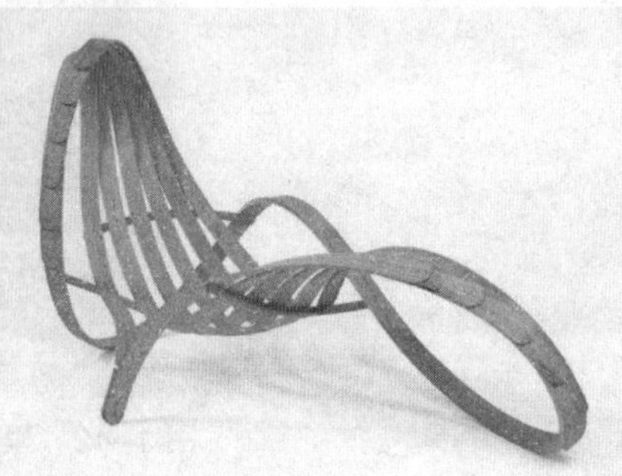

图 1–46 椅子的造型美

(二)艺术推动设计

艺术家参与到设计研究中来,投入设计的实践,能够推动设计的不断进步。“现代设计之父”威廉·莫里斯(William Morris)就是一个十分典型的例子。机器大生产的出现进一步淘汰了手工业作坊,涌进市场的很多产品粗糙、丑陋,附加了很多累赘的装饰。艺术家出身的莫里斯就下决心清除这个弊端,他亲自兴办工厂,开商店,为社会设计出了一大批清新自然的家具、瓷器与书籍,如图 1–47 所示。

图 1–47 莫里斯的产品设计

设计师投入精力关注艺术创造，投入到艺术的研究中来，也能够极大地推动设计的发展进步。布鲁尔用钢管、皮革以及纺织品等作为设计材料，推出大量功能较好、造型现代化的椅子、桌子、茶几等产品，如图 1-48 所示的“瓦西里”椅子，深受人们的欢迎。

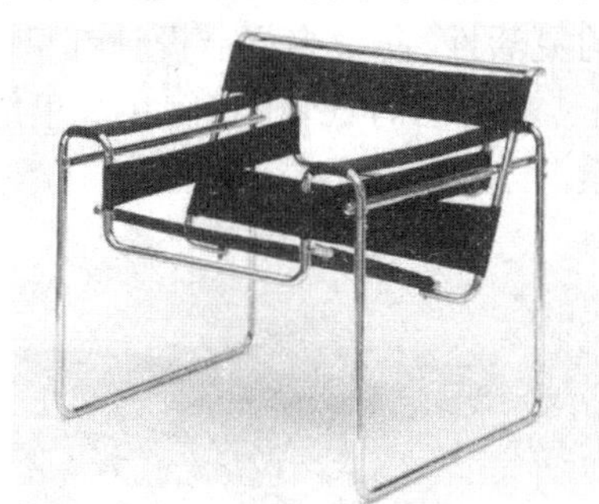

图 1-48　“瓦西里”椅子

三、设计的科技特征

设计的发展总会受到生产技术进步的影响。第一种销售量超过百万件的产品是托内特椅子——一种弯圆形体的产品设计，这种椅子作为小酒店的椅子在 19 世纪中叶出现，是由弯木和塑木新工艺的出现而形成的产物，如图 1-49 所示。

图 1-49　托内特椅子

（一）设计与科技进步

设计是在工业革命发生之后才逐渐开花结果的，这促使我们思考设计和科技间的深刻关系。18 世纪之前，人类大都是依靠自然为动力，如风力、水力、畜力等，自从蒸汽机发明之后，新的动力机器便代替了原始的动力。蒸汽机的应用促使生产技术和社会结构发生了深刻的变化，同时，这个时期的手工生产活动也往往会以行会的形式组织发展起来。设计师能够向很多制造商出售自己的图纸，而担任制造角色的大量体力劳动者——工人，则逐渐变成了设计师实现自身设计意图的工具。

20 世纪初期，美国人创造出了酚醛塑料，由此便拉开了塑料工业发展的序幕。

20 世纪 30 年代，塑料在这个时期就已经树立起了它独特的工业地位，而且被设计师们赋予了社会化的意义，成为“民主的材料”。纳吉以塑料为造型的中介，配上光色，使塑料具有独特的魅力，因此，纳吉在舞台设计与电影设计中都采用了光的表现方式，充分显示出了塑料在美学方面的无限潜力。它们大都受到工业设计师们的青睐，被广泛地应用在各种产品中，如电话机、电吹风、家具、办公用品等，如图 1–50 所示。新型塑料的出现，使其多样化发展成为可能，鲜明的色彩以及成型工艺方面的灵活性，使很多产品设计都呈现出一种极为新颖的形式，到了 20 世纪 60 年代已经被人们称作“塑料的时代”。我们在这里能够看到，新材料的出现总是鼓励设计师们向新的形式持续探索。

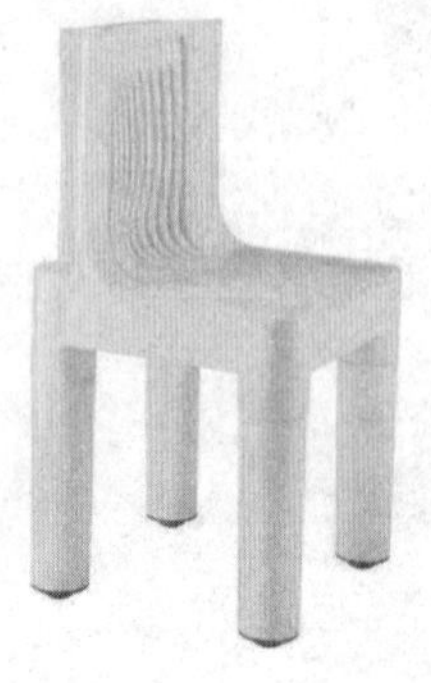

（a）K499 儿童可堆积椅子

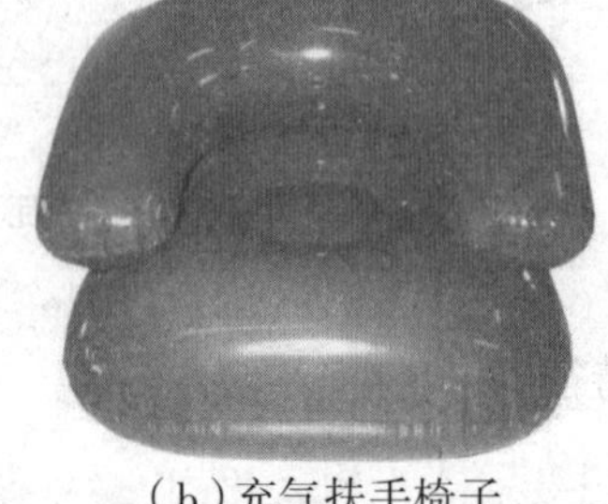

（b）充气扶手椅子

图 1–50　塑料在产品设计中的应用

现代信息技术的发展，引发了设计生产领域以及设计模式划时代发展的重大变革。

信息技术以微电子技术作为重要基础，而微电子技术的发展最先得益于 20 世纪 40 年代末期出现的晶体管的发明，这种发明的出现，使电子装置朝着小型化方向发展变成了可能，同时，小批量的生产为设计的多样化发展提供了可能。

（二）设计是科技商品化的载体

科技是一种战略资源，但是，人类要想享受到这一种巨大的资源，还需要有某种载体作为基础，这种载体就是设计。新的科学技术、现代化的管理、巨额的资本投入等，都要经过这个媒介的转化才能发展成为社会的财富。

设计和技术之间的关系是开发与适用的关系。设计是将现代的技术文明用在日常生活与生产过程中去。实际上，从口红到汽车，从电影到玩具飞机，甚至是坦克的制造，如果缺少了设计者的参与，都是不能得到实现的（见图 1–51）。

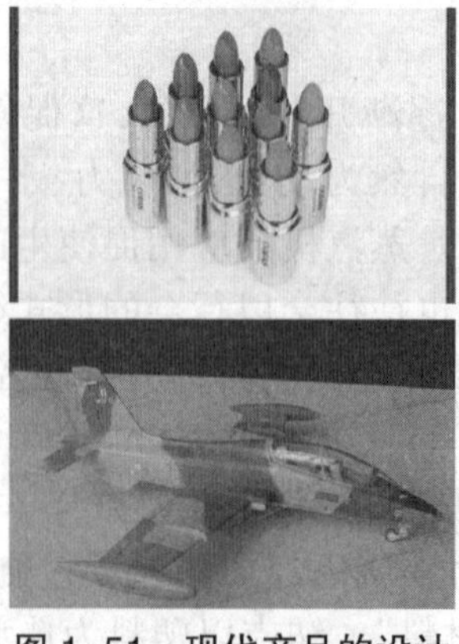

图 1–51　现代产品的设计

四、设计的经济特征

英国前首相撒切尔曾经在分析英国的经济状况以及未来的发展战略时深刻指出，英国的经济发展与振兴一定要依靠设计。

英国的经济发展战略是十分明确的，英国设计以自身高度的逻辑性，对广大消费者愿望的充分理解与销售系统间的完美结合（见图 1–52），为英国赢得了全球市场。20 世纪 80 年代，英国设计界迅速涌现出了大量的百万富翁，如康兰、彼得斯、费奇以及“五角星”集团等。有很多优秀的设计家都是著名的企业家。

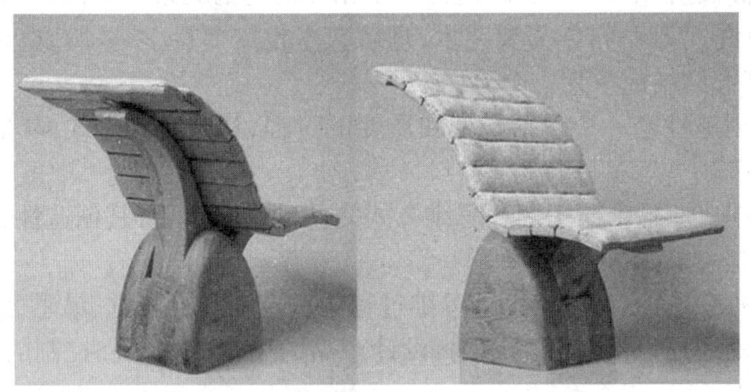

图 1–52　英国产品创意设计

“二战”之后，日本的经济发展百废待兴，日本政府大量引入了现代工业产品设计，将设计视为日本走向强国之路的发展战略，有国际经济界的专家学者们分析认为：“日本经济 = 设计力”，如图 1–53 所示。

图 1–53　日本的产品设计

五、设计的创新特征

设计是科学和艺术相互统一的产物。在思维层次方面也必定包含了科学思维和艺术思维两种比较重要的思维特点，或者说是两种思维方式相互整合的结果。

科学思维也属于逻辑思维，它属于一种锁链式的、环环相扣的、递进式的思维方式。

艺术思维主要是以形象思维作为主要的特征,包括灵感思维(或者直觉)在内。灵感思维是一种非连续性、跳跃性、跨越性的思维方式。通常都会将灵感思维与形象思维一起合称为艺术思维。

科学思维与艺术思维属于人类认识世界过程之中的两种不同思维方式。但是发展的趋向却是不尽一致的。科学的抽象思维表现为对事物间接的、概括的认识,它用抽象的或逻辑的方式进行概括,并用抽象的概念和理论进行思维,所谓“概念是思维的细胞”,概念与逻辑逐渐成为思维的核心所在。而形象思维则应该采用一种典型化、具象化的方式加以概括,用形象思维的方式进行建构、解构,进而寻找与建立起一种表达的完整形式。

在人的实际思维过程中,两种思维通常都是相互沟通的关系。乔治·萨顿在其所著的《科学的生命》一书中说:“理解科学需要艺术,理解艺术也需要科学”。所以,设计的创造性思维具有的基本特征能够归结成下列三个方面。

首先,设计的创造性是一个包括量变和质变的过程,从内容到形式,从形式到内容的多阶段的创见性思维过程。

其次,设计的创造性思维属于多种思维方式之间的综合运用,其创造性也能够充分体现在这种综合中。

最后,从设计的有关特点去看,设计思维过程中一定会包括直觉、灵感、臆想等和外观进行有机的连接,分析的还原以及综合的归纳、设计产品的反馈的利用和控制的运筹等,从而最终完成新设计(见图 1–54)。

图 1–54 创意产品设计

第五节 成功产品设计的评估

从投资者的角度来看,在一个以盈利为目的的企业中,成功的产品开发可以使产品的生产、销售实现盈利,但是盈利能力往往难以迅速、直接地评估。通常,可从五个具体的维度(它们最终都与利润相关)来评估产品开发的绩效。

一、产品质量

产品质量(product quality):开发出的产品有哪些优良特性?它能否满足顾客的需求?

它的稳健性(robust)和可靠性如何？产品质量最终反映在其市场份额和顾客愿意支付的价格上。

二、产品成本

产品成本(product cost)：产品的制造成本是多少？该成本包括固定设备和工艺装备费用，以及为生产每一单位产品所增加的边际成本。产品成本决定了企业以特定的销售量和销售价格所能够获得的利润的多少。

三、开发时间

开发时间(development time)：团队能够以多快的速度完成产品开发工作？开发时间决定了企业如何对外部竞争和技术发展做出响应，以及企业能够多快从团队的努力中获得经济回报。

四、开发成本

开发成本(development cost)：企业在产品开发活动中需要多少花费？通常，在为获得利润而进行的所有投资中，开发成本占有可观的比重。

五、开发能力

开发能力(development capability)：根据以往的产品开发项目经验，团队和企业能够更好地开发未来的产品吗？开发能力是企业的一项重要资产，它使企业可以在未来更高效、更经济地开发新产品。

在这五个维度上的良好表现将最终为企业带来经济上的成功。但是，其他方面的性能标准也很重要。这些标准源自企业中其他利益相关者(包括开发团队的成员、其他员工和制造产品所在的社区)的利益。开发团队的成员可能会对开发一个新、奇、特的产品感兴趣。制造产品所在社区(community)的成员可能更关注该产品所创造就业机会的多少。生产工人和产品使用者都认为开发团队应使产品有高的安全标准，而不管这些标准对于获得基本的利润是否合理。其他与企业或产品没有直接关系的个人可能会从生态的角度，要求产品合理利用资源并产生最少的危险废弃物。

第二章 影响产品设计创新的因素分析

第一节 产品设计基本要素与设计创新

一、以人为本的观念

人是产品设计的最基本要素,也是产品设计的关键所在。因为任何设计都是从人的需要出发,最后到满足人的需要为止,能否满足消费者的显在和潜在的需要才是评价设计优劣的唯一标准。离开了人的要素,设计将失去生命力。犹如植物失去土壤,不但无处着力,更将逐渐走向枯萎。设计中人的要素既包括生理要素同时也包括心理要素,如人的需求、价值观、行为意识、认知行为等。

产品设计以人为核心,具体体现在设计出的产品要满足人们对其功能上的要求。人类有各种各样的需要。这些需要促使产品发生变化,并且影响着人们的生活意识和认知行为。所以在产品设计创新的过程中,要时刻注意人的需求,产品设计是服务于人的,以人为本就要使产品合乎人的需求。

在产品设计过程中,产品的最终用户——消费者是以人为本最重要的依据,产品是让人使用的,消费者满意才是最终的目的。即从产品诞生到消亡的全寿命过程中必然要介入其中的不同角色的“人”的因素。这是隐性的影响因素,我们却不能忽视它,人在生产过程中,贯穿始终的劳动创造着产品应有的价值,也散发着自身的光芒。无论什么产品都必须要有各种不用专业领域许多人的同心协力,才能完成它的整个生命过程。

(一)生产者

生产者是生产流程中的各种角色的“人”。在生产过程中所发挥出来的效率和质量,将关系到产品的成败。站在生产者的角度去考虑设计中的具体问题,就连产品在生产过程中的储运方式也应该加以重视。

(二)营销者

产品生产出来在未进入市场进行流通之前,还不能称为商品。营销活动不仅仅是产品的贩卖,而是自有一套方法系统,并且已逐步发展成为专门的学问。在营销活动中,人的能动性至关重要。设计时要根据营销活动的特点考虑产品与营销者之间的匹配关系。让设计有利于营销者能动地进行发挥。

（三）使用者

产品设计是基于各种适用技术，在广泛的领域里进行创造性的活动，必须凭借科学技术的成果来进行产品制造，最终被人所使用。对于产品设计者，必须在很多方面注意到人的因素。产品的效能只有通过人的使用才能发挥，而人能否适应产品，并正确、有效地使用产品，则取决于产品本身是否与人的身心相匹配。比如摩托车或是三轮车自带遮雨的顶篷（见图 2–1），针对残疾人设计的卫生间（见图 2–2），或是日常生活需要的工具箱、电工需要的五金工具（见图 2–3）等，都需要有针对性。

图 2–1　遮雨三轮车

图 2–2　残疾人卫生间

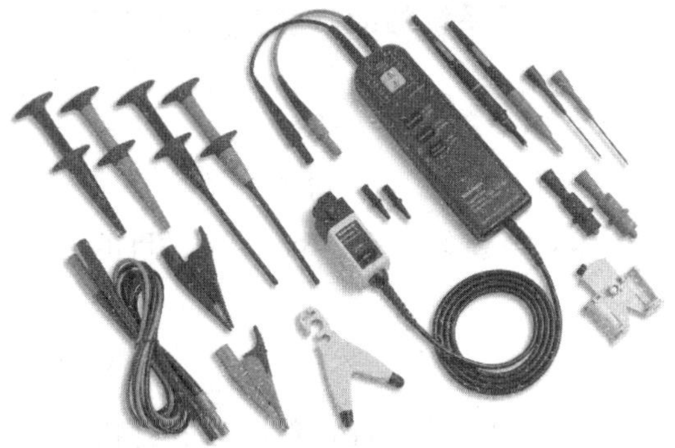

图 2–3　五金工具

二、对新技术的重视和运用

技术要素主要是指产品设计时必须要考虑的生产技术、材料与加工工艺、表面处理手段等各种有关的技术问题,是使产品设计构想变为现实的关键因素。现代科学技术为产品设计师提供了大量的设计新产品的可能条件,产品设计也使无数的高科技成果转化为具体的功能产品,满足人们不断发展的各种需要。

随着科学技术的不断发展,各种新原理、新技术、新材料、新工艺、新结构在产品设计中得到了推广和应用。科技对产品艺术设计有着决定性影响,比如,在上映时轰动一时的3D电影《阿凡达》(见图2-4),在现代技术的支持下,制作出来的电影效果,到今天已经得到大范围的推广。

图2-4 《阿凡达》剧照

三、功能与结构的相互作用

(一)功能

功能是指产品所具有的效用,并被接受的能力,产品只有具备某种特定的功能才有可能进行生产和销售。因此,产品实质上就是功能的载体,实现功能是产品设计的最终目的,而功能的承载者是产品实体结构。在支撑产品系统的诸要素中,功能要素是首要的,因为它决定着产品以及整个系统的意义。

(二)结构

结构可以说是产品系统的内部要素,功能是产品设计的目的,而产品结构决定了功能的实现。

1.外部结构

外部结构包括外观造型,与此相关的整体结构,是通过材料和形式来体现的。是外部形式的承担者,也是内在功能的传达者。不能把外观结构仅仅理解成表面化、形式化的因素,在某些情况下,外观结构不承担核心功能的结构,如电话机、吸尘器、电冰箱等。但是,在另一些情况下，外观结构本身就是核心功能的承担者，如容器、家具（见图 2–5）等，它们的外观就已经决定了它们的功能和用途。自行车是一个典型例子（见图 2–6），其结构具有双重意义。

图 2–5　家具

图 2–6　带有减震功能的自行车

2. 核心结构

核心结构是指由某项技术原理系统形成的具有核心功能的产品结构。核心结构往往涉及复杂的技术问题，而且分属不同的模块。设计就是将其部件作为核心结构，并依据其所具有的核心功能进行外部结构设计，使产品达到一定性能，形成完整产品。核心结构是不可见的，人们只能见到输入和输出部分。如吸尘器中的电机结构和抽吸的原理就是无法看见的核心结构（见图 2–7）。

图 2–7　吸尘器

3. 系统结构

系统结构是指产品与产品之间的关系结构。系统结构是将若干个产品所构成的关系看作一个整体,将其中具有独立功能的产品看作要素。常见的结构关系有分体结构、系列结构以及网络结构。

1)分体结构

分体结构相对于整体结构,即同一目的不同功能的产品关系分离。如电脑由主机、显示器、键盘、鼠标器及外围设备组成完整系统(见图 2-8),而笔记本电脑是以上结构关系的重新设计。

图 2-8　台式电脑

2)系列结构

若干产品构成成套系列、组合系列、家族系列、单元系列等系列化产品,各产品之间是相互依存的关系。

3)网络结构

网络结构由若干具有独立功能的产品相互进行有形或无形的连接,构成具有复合功能的网络系统。如电脑与电脑之间的相互联网,电脑服务器与若干终端的连接以及无线传呼系统等,信息高速公路是最为庞大的网络结构。图 2-9 是 Scada 数据采集监控系统。

图 2-9　scada 数据采集监控系统

4. 空间结构

空间结构是指产品在空间上的构成关系,也是产品与周围环境的相互联系、相互作用的关系。相对于产品实体,空间是“虚无”的存在。对于产品而言,功能不仅仅在于产品的实体,也在于空间本身,实体结构不过是形成空间结构的手段。空间的结构和实体一样,也是一种结构形式。比如运用麻绳的设计，构成的一个室内空间（见图 2-10）。

图 2-10　空间构成

四、环境要素的变化

任何产品都不是独立的，总是存在于一定的环境中，并参与组成该环境系统。

环境要素主要指设计师在进行设计时考量的周围情况和条件，产品设计成功与否不仅取决于设计师的能力、水平，还受到企业和外部环境要素的制约与影响。这些外部环境要素包括的内容众多，如政治环境、经济环境、社会环境、文化环境、科学技术环境、自然环境……这些环境要素对产品设计都有着不同程度和不同方向的影响。

产品总是存在于特定的环境中，只有与特定的环境相结合才会具有真正的生命力。同类产品的设计重点，可能因使用环境的不同而有明显区别。例如，座椅设计、家居环境用椅要温暖舒适；办公用椅要大方简洁，有利于提高工作效率；而快餐厅、公共休憩处为加快人员流速，其用椅往往有意设计成让人坐着方便而不太舒服。

未来的产品设计尤其应该重视与自然环境的协调性。设计的重点将是最大限度地节省资源，减缓环境恶化的速度，降低消耗，满足人类生活需要而不是欲望，提高人类精神生活质量。由此而产生了“生态设计”理念，既考虑满足人类需要，又注重生态环境的保护与可持续发展原则。

五、审美色彩的合理设计

产品设计是一种具有美感体验、使用功能的造型活动，所以产品设计与审美有天然的关联。产品设计之美也要遵循人类基本的审美意趣，我们耳熟能详的一些设计法则，如比例与尺度、均衡与稳定、对比与统一、节奏与韵律等，都可以运用到产品形态设计方面，以达到人们要求视觉审美的目的。当今产品设计中的审美形态，不仅继承了机械的几何时代的构成方法，也继承了新包豪斯学院推出的符号学理论，并且对其中多种风格特征加以修正共生，并引入了对地域文化、人文精神的探讨，形成了一个多彩斑斓的产品审美形态世界。

在人的五感中，以视觉为大。与视觉相关的产品形式中包含着三大要素：形、色、质（材料）。在某些情况下，色的重要性要大于形和质。当然色与形、质是不可分割的整体，甚至相互依存，但色的作用是不可取代的，因为色彩相对于形态和材质，更趋于感性化，它的象征作用和对于人们情感上的影响力，远大于形和质，这在生活中不乏案例。产品一旦进入成熟期时，技术上的竞争力就会激剧下降,而继续维系其优势存在的是形和色。比如,电视机、吸尘器、冰箱之类的家用电器,一旦在技术上趋于成熟后,便竞相在造型上和色彩上求变、求新,以增加产品的附加值和竞争力。相比之下,色的变化比形的变化代价要小得多;款式的变化是有限的(受设计、制造、成本的制约),而色的变化是无限的。即便是同一种产品,通过色彩设计就可以造成完全不同的视觉效果。比如,同一款轿车不同的色彩就可以象征不同的品位。

利用色彩的原理和特性辅助产品功能。色彩同形态一样,也具有类语言功能,也能传达语意。在进行色彩设计时,往往利用人们约定俗成的传统习惯,通过色彩产生联想,或者将色彩与形态一同视为符号,利用这种色彩符号暗示功能,传达意图。在这点上,色较之形要单纯明了,在传达语意上不像形那样带有模糊性。色在表示功能时往往比较明确。

色彩的象征作用是明显的,同时也是非常微妙和复杂的。不同民族、不同地域和文化背景,对色的理解是不一样的。但人类的感性具有共通的一面,对色彩的直观感受也存在很多共性,这也正是色彩产生象征作用的基础。而象征作用产生于联想,不同的色彩感觉会导致不同的联想,因而,也就有不同的象征作用。

六、经济文化的发展

一个国家、一个地区经济基础的好与差,直接影响到产业的发展,影响到科学技术的进步,影响到社会价值观的提升以及人的处世态度、生活品位、生活情趣等,也必然影响到产品设计。

产品设计脱离不了文化,有文化底蕴的设计往往才是最具生力的设计。比如 2008 年北京奥运会火炬的设计(见图 2-11),红色为主,有大量的祥云图案,金镶玉的奖牌设计,吉祥物福娃,等等,都大量使用了中国的传统文化元素,这种中国文化的底蕴穿插在了奥运会全程的各个方面,最终成功举办了一场世界的体育盛会。

图 2-11　2008 年北京奥运会火炬

第二节　产品设计的方法与设计创新

一、产品设计的基本方法

（一）信息

产品设计中，信息的传递是重要环节，信息设计是人们对信息进行处理的技巧和实践，通过信息设计可以提高人们应用信息的效能，通过信息实现受众用户与设计师之间的沟通。

信息产品是指运行在智能手机、平板电脑、PC 等设备上的具有产品形态的各种智能程序和网络应用。随着互联网技术的发展，信息产品已嵌入家电、厨具、汽车等日常产品中，如互联网电视（见图 2-12）、可穿戴设备、智能汽车等，成为全行业发展的强劲动力。

图 2-12　互联网电视

为安全设计的各式转向手套、腕表或背心等都是骑行爱好者的智慧结晶。有一款为骑行爱好者设计的智能头盔体现了良好的人机交互理念和以人为本的安全性考虑。头盔外部的五彩 LED 灯配合内置加速计，可根据佩戴者的动作，如急停、转弯、减速等变幻出五彩斑斓、炫彩夺目的光色，起到了良好的信息传递及警示作用，十分引人注目（见图 2-13）。

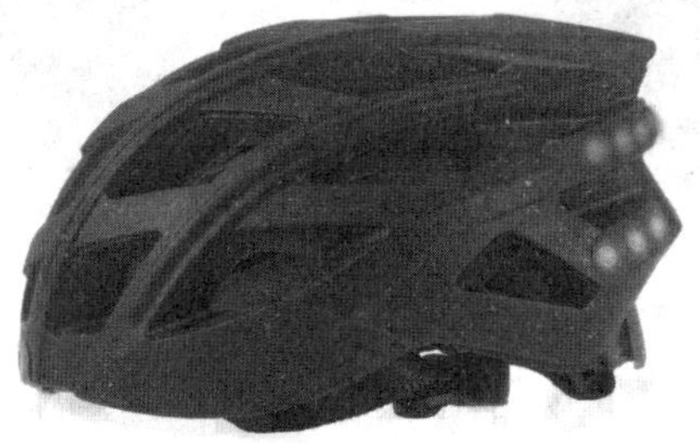

图 2-13　智能头盔

（二）互动

产品设计中，互动设计是一个新的领域。交互体验是审美以及文化、技术和人类科学的融合,人类的生活就是一个互动的生活。从出生开始,我们就和其他人以及我们所处的环境,使用我们的感官、我们的想象、我们的情感以及我们的知识直接进行互动。从用户角度来说,交互设计是一种让产品易用、有效而让人愉悦的技术,它致力于了解目标用户和他们的期望,了解用户在同产品交互时彼此的行为,了解“人”本身的心理和行为特点。同时,还包括了解各种有效的交互方式,并对它们进行增强和扩充。交互设计还涉及多个学科,以及和交互设计领域多背景人员的沟通。

有一项简单、常见的互动设计,自动感应水管,我们伸出手水管就出水,收回手水管就停水,十分神奇的设计,也很节约,同理还有公共空间的感应灯,通过声音来控制,还有触碰感应灯,通过人的触碰调节灯的开关、明暗程度。

现在的智能工具都有重力感应技术,也是一种互动,比如使用智能手机、平板等相关的电子产品,在观看视频时,视频会随着机子的方向调节画面的方向,而在游戏 APP 中也常常会用到重力功能。

互动的设计在我们的生活中随处可见,可能已经习以为常了,忘记这是一种科学的互动,是人类智慧的结晶。

(三)生命

人生无常,世事难料。在现实生活中,许多意外状况常常让我们防不胜防。设计是以人为中心,为生存而设计,为保护生命而设计,例如,救援工具设计。救援工具的改进升级和发明创造,是永无止境的。

设计救助产品是对自己和他人生命的一种珍重。Kingii 号称世界上最小尺寸的救生气囊,它绑在手腕上基本不会阻碍激烈的户外运动,也不会像头盔等捆绑在身上的救生设备那样存在潜在的安全隐患。仅需 1 秒钟,气囊便会膨胀至最大,并提供把手帮助人们把持,在不小心落水后抱住它就好啦! Kingii 救生气囊如图 2–14、图 2–15 所示。

图 2–14 Kingii 救生气囊

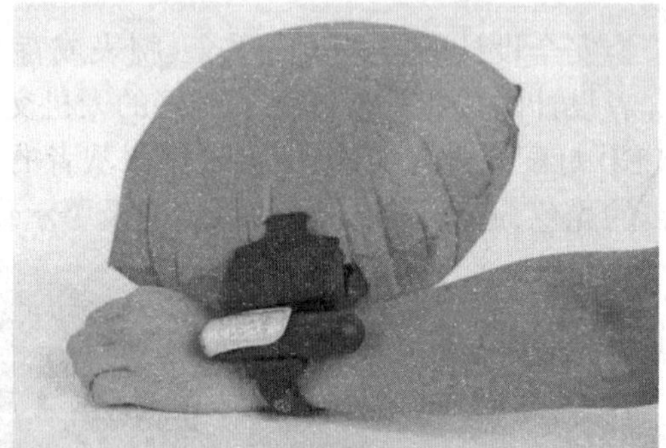

图 2–15 Kingii 救生气囊膨胀后

救生气筏是在救助落水者的时候使用,烫伤的急救包,可以在烫伤后快速冷敷,除此之外还有遇到重大灾难时的救援工具,比如生命探测仪。

(四)方式

消费与设计的关系,是设计与生活方式的关系。方式设计是一种创新思维指导下的设计形式,它以人的生理及心理特质为基础,通过对人的行为方式的研究和再发现,以产品的工作方式或人与产品发生关系的方式为出发点，对产品进行改良或创造全新的产品。

方式设计以发现和改进不合理的生活方式为出发点，使人与产品、人与环境更和谐，进而创造更新、更合理、更美好的生活方式。在方式设计思维中，产品只是实现人的需求的中介，其意义在于更好地服务于人的真正需求，寻找人与产品沟通的最佳方式。

方式设计使同一用途的产品有不同的实现方式，这些方式各有所长，从而给消费者提供更多的选择，为消费者创造了多元化的生活方式。比如在 20 世纪 30 年代，美国著名品牌开博（KEBO）就制造出了可单手操作的开瓶器，这款重新设计的开瓶器可以让您仅用一只手就轻松开启各类酒瓶（见图 2–16）。现在还出现了许多简易的代步工具，像平衡车（见图 2–17）。

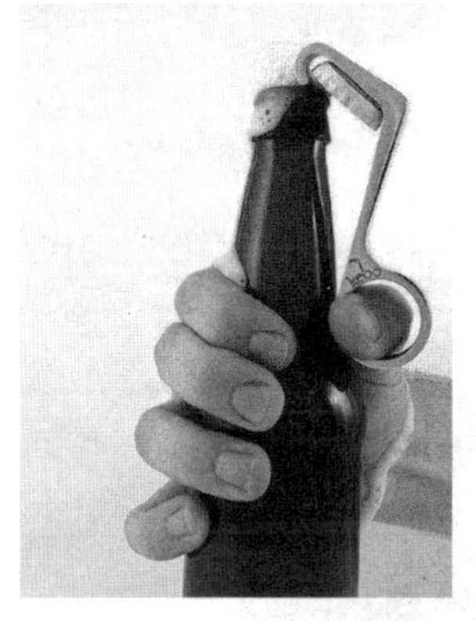

图 2–16 单手开瓶器

图 2–17 平衡车

（五）情景

情景设计将消费者的参与融入情景设计中，力图使消费者在商业活动过程中感受到美好的体验过程。其目的是在设计的产品或服务中融入更多人性化的东西，让用户更方便地使用，使产品或服务更加符合用户的操作习惯。设计者在揣摩消费者的未来体验的同时，也要感受生产者的工作体验，换位思考，更多地为生产者着想。

德国茶商 Halssen & Lyon 的可溶性茶牌日历时刻提醒着人们要注意饮食习惯，坚持规律作息（见图 2–18）。餐具的独特设计也会吸引人们的注意，将刀、叉、勺子的顶端刻上凸起或镂空的小点象征鱼眼，末端形成鱼尾的样子，让人格外的喜爱（见图 2–19）。

图 2–18 茶牌日历

图 2–19 餐具设计

情景设计的核心表现就是抛弃了所有固有的风格，在一个多维的场景里去讲述一个生动的故事。场景性、情绪性和故事性三要素构成了情景设计思想独特的内涵。情景设计让人在空间里感受到的是一幅流动的画面，一幕生动的话剧故事。在生活中情景设计的产品很多，同样需要我们去认真地挖掘。

（六）印象

印象是对一个地方、一个人、一件物品等停留在脑海深处的记忆，在被人提到时就能从记忆中捕捉到。有时复古是另一种时尚的选择，复古的电视（见图 2-20）、复古的收音机、复古的游戏机（见图 2-21）和手柄、复古的汽车（见图 2-22）等，都能唤起我们遥远的记忆，勾起人们的留恋，甚至是一种情怀的寄托。

图 2-20　复古电视

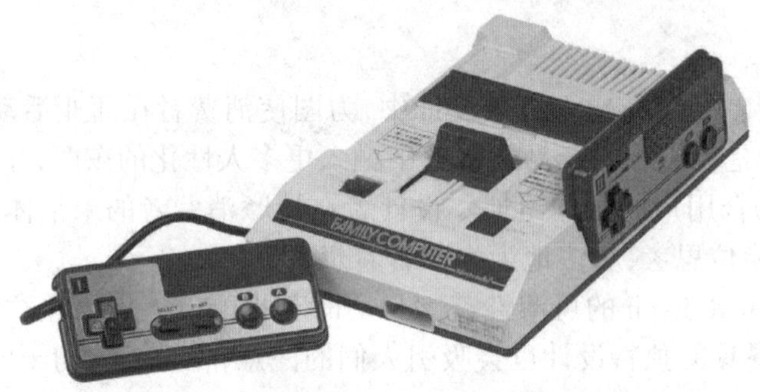

图 2-21　红白游戏机

图 2-22　摩根复古汽车

除了复古的印象，还有将各地的风景呈现在物品上面，进而勾起人们的记忆。比如雕花的镂空制作的超薄书签，纯黑色的框体里框住的是镂空的简单图样的城市著名的建筑物，哪怕不标出景观的名字，人们也能看出是哪里，让人不知不觉沉浸其中(见图 2–23)。

图 2–23　镂空书签

二、产品创新设计的方法

(一)创新变异法

变异创新，即从一个已知的构造方案出发，通过改变属性得到许多新的方案；然后对这些方案中参数的优化得到多个局部最优解；再通过对这些局部解的分析，得到全局的较优解，从而实现构造创新设计。通过变异设计得到的方案越多、覆盖的范围越广泛，得到最优解的可能性就越大。

1. 形态变异

改变构件的轮廓、形状、类型和规格都可以得到不同的创新方案。剪刀和钳子是生活中最常用的工具，一般由两个构件和一个转轴组成，利用两构件的相对运动实现剪切和夹紧功能。通过改变构件的形状，便可以设计成理发用的推剪(见图 2–24)，梳剪头发的梳发剪(见图 2–25)，用于布料平铺在桌面上剪裁而设计成手柄不对称的裁缝剪刀(见图 2–26)，方便修剪树枝的月牙形修枝剪(见图 2–27)，带有棘齿的止血钳(见图 2–28)，修剪篱笆的篱笆剪(见图 2–29)，它们的构造基本原理相同，只是通过改变构件的形状就能达到各种特殊的功能。

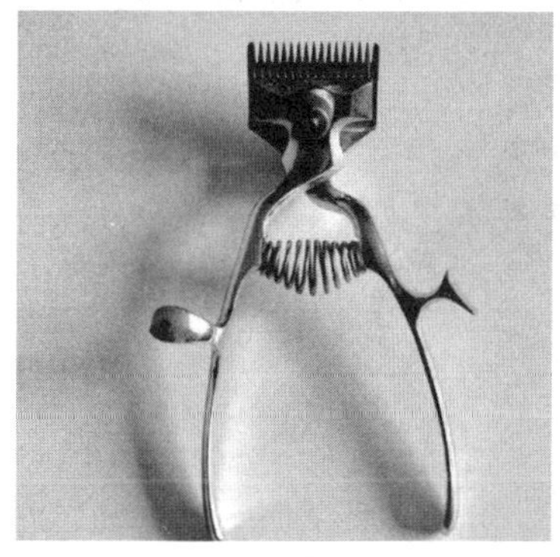

图 2–24　推剪

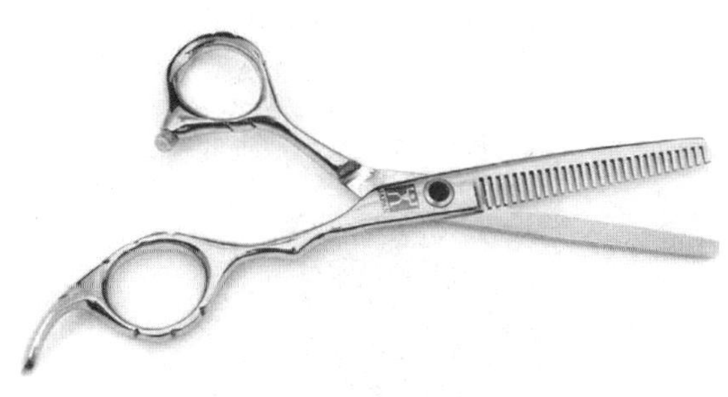

图 2–25　梳发剪

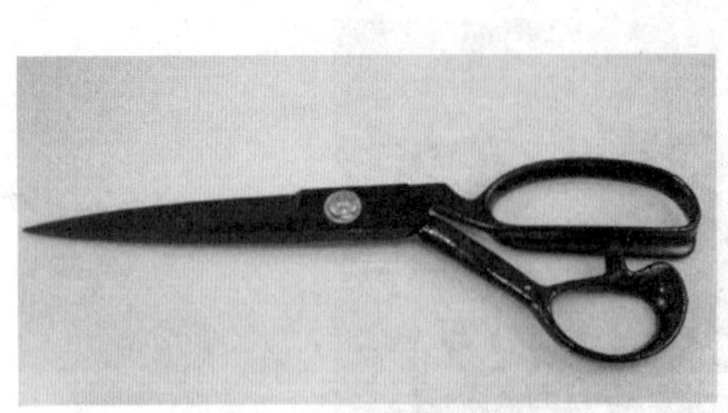
图 2-26　裁缝剪

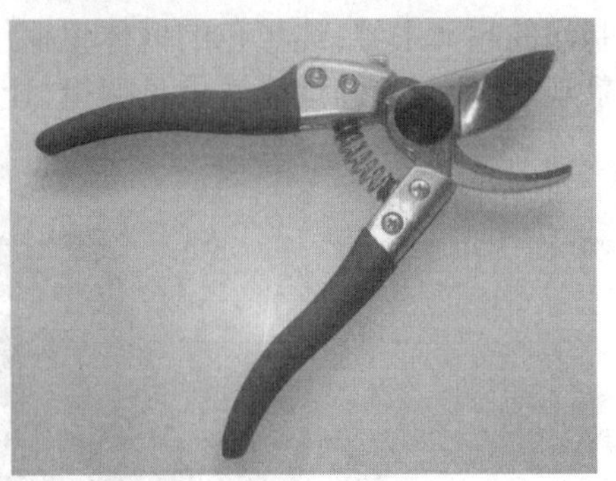
图 2-27　修枝剪

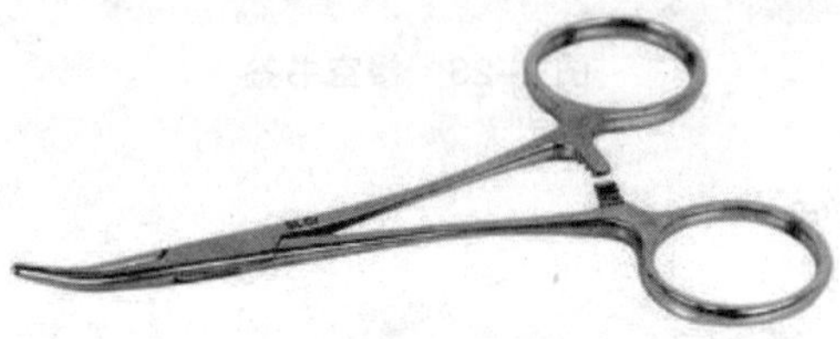
图 2-28　止血钳

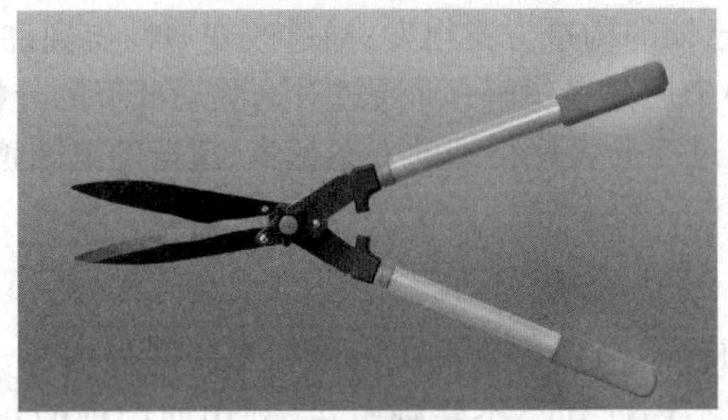
图 2-29　篱笆剪

2. 材料变异

不同的材料往往导致产品构件的尺寸、加工工艺的变化，最终影响整个产品的构成方式。因此，材料的变异可以产生不同的产品构造和产品形态。三种不同材料（木材、塑料、金属）做成的夹子（见图 2-30 ~ 图 2-32）。材料性能的差异导致三种不同形态和功能的夹子。

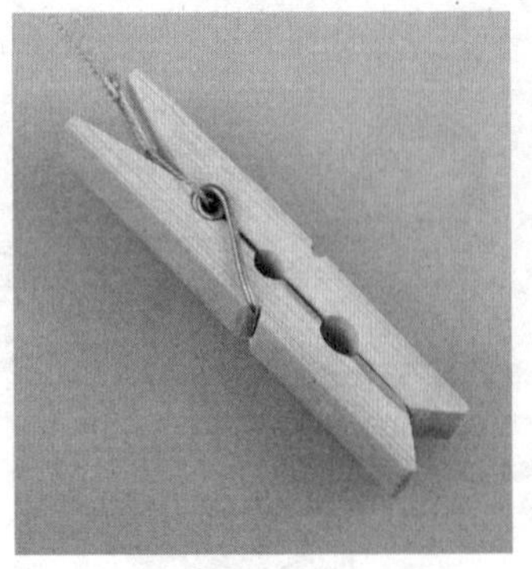
图 2-30　木头夹子

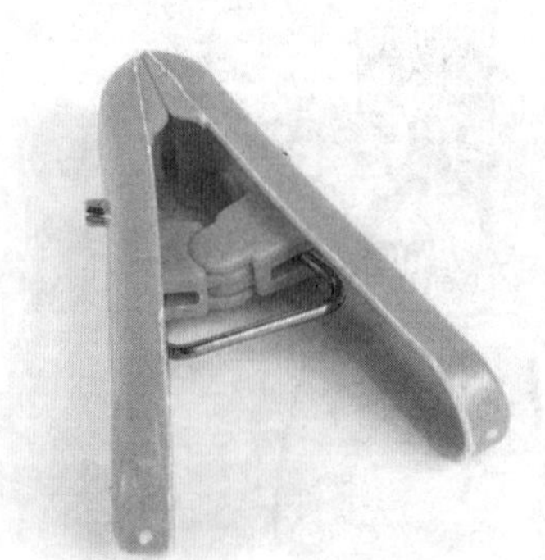
图 2-31　塑料夹子

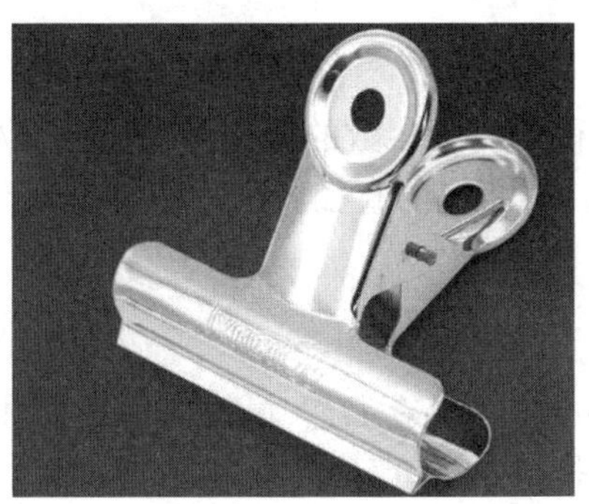

图 2-32　金属夹子

3. 连接变异

连接变异有两层含义：一是连接方式的变化，如螺纹连接、焊接、铆接、胶接等；二是对于每一种连接方式采用不同的连接构造。通过改变连接方式可创造出不同的构造方案（见图 2-33）。

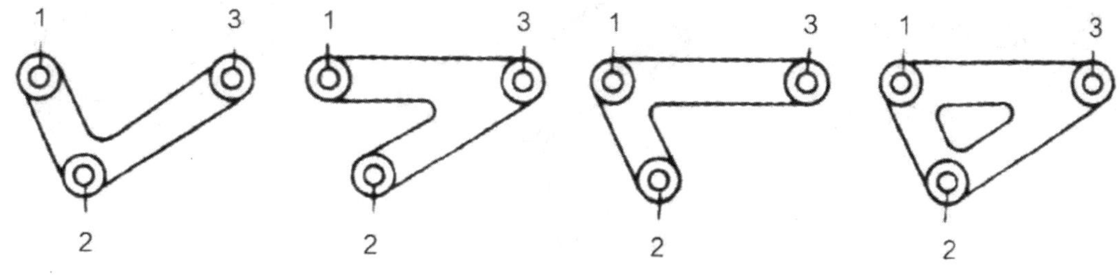

图 2-33　不同连接构造

对于经常需要拆卸的产品，不但要求连接可靠，尽量减少连接构件在使用过程中的磨损，还要求拆卸方便快速。两种连接中的 b 组方案是用塑料或薄钢板等弹性材料制作的连接构造替代了 a 组的螺纹连接方式（见图 2-34）。

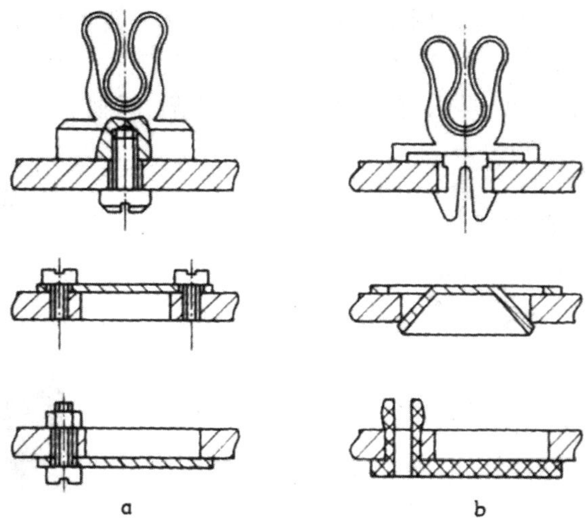

图 2-34　两种不同材料的连接构造

4. 尺寸变异

尺寸变异包括长度、距离和角度等参数的变化。通过改变构件的尺寸可以显著改变产品的构造性能，比如扩大或减小饮料瓶口的直径。尺寸变异是构造设计创新最常用的变量，最适合计算机模拟。

5. 工艺变异

根据不同构造，选择不同的构件制造工艺，最终改变构件和产品的制造成本、质量和性能的设计，称为工艺变异。金属构件的加工工艺的变异，导致不同的构造。a 是铸造工艺；b 是焊接工艺；c 是型材拼装工艺。虽然三种构造有明显的区别，但相对于各自的材料和工艺方法，其构造工艺性都是合理的。使用何种材料和制造工艺取决于产品的力学性能要求、生产批量和生产条件等因素（见图 2-35）。

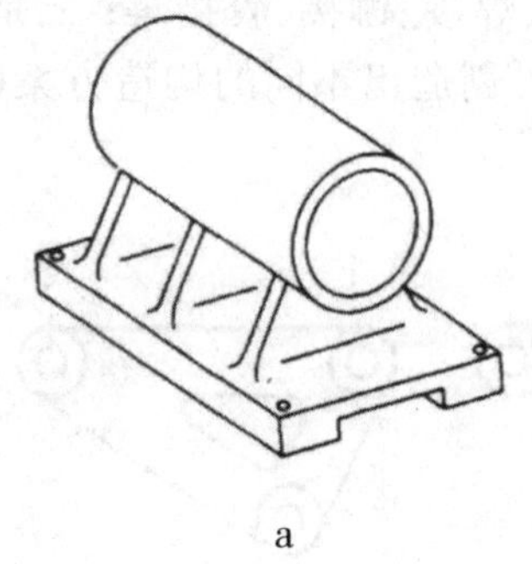
a

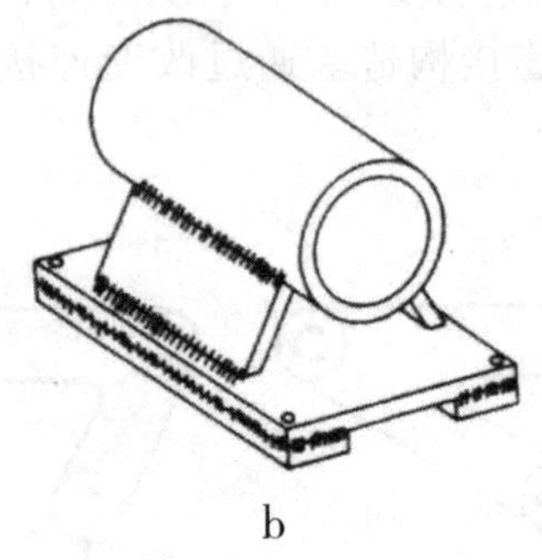
b

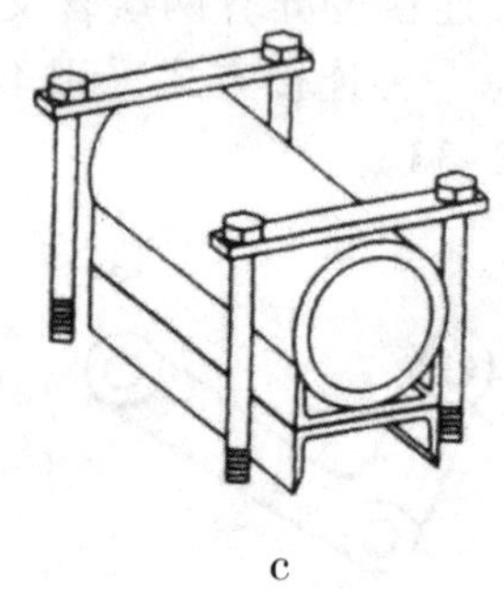
c

图 2-35　三种不同的制造工艺

（二）创新组合法

创新一般分为两种类型：一种是发明或发现全新的技术，称为突破性创新；另一种采用已有的知识或技术进行重组，称为组合性创新。组合性创新相对于突破性创新更容易实现，是一种成功率较高的创新方法。瑞士军刀（见图 2-36）就是定型的创新组合法，将各种刀具放在一个模具中，17 个部件，32 种功能。还有现在比较流行的智能手环也是一种创新组合（见图 2-37），集合了通讯、娱乐、持续心率、运动监测、睡眠监测等多种功能。

图 2-36　瑞士军刀

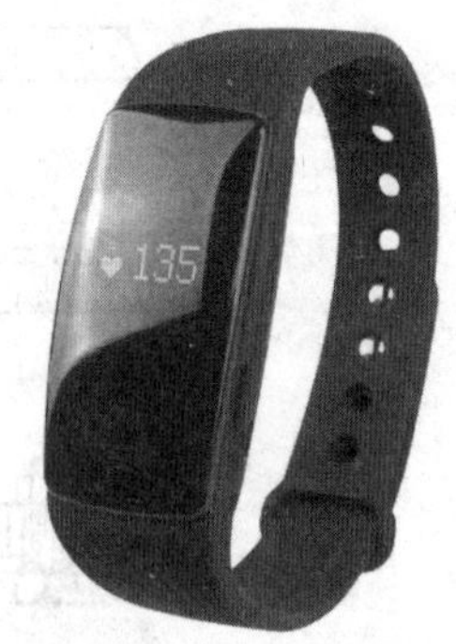

图 2-37　智能手环

（三）创新完满法

完满，即“充分利用”之意。创造学中的缺点列举法、缺点逆用法、希望点列举法等都源于完满原理。有一种可以将煤气罐一类的重物运上楼梯的小车，运用共轭曲面原理将车轮设计如图 2–38 所示构造，小车在上楼梯时车身运动轨迹基本保持倾斜直线，犹如在光滑斜面上运行一样，省力、推力恒定而且噪声小。这种创新构造还可广泛应用于自行车、童车、残疾人车以及货运车上。

图 2–38　爬楼小车

（四）创新人机法

构造设计是为了实现产品的功能，而功能最终是为人服务的，不能因为某种构造本身的“先进性”而忽视使用者——人的因素。在人机环境系统中，人的一切活动的最优化，本质之一就是符合人机工程学的原则。人机工程学原理是构造创新设计的基点。比如入耳式的耳机，就是符合人耳的构造来设计的，有多种样式（见图 2–39、图 2–40）。

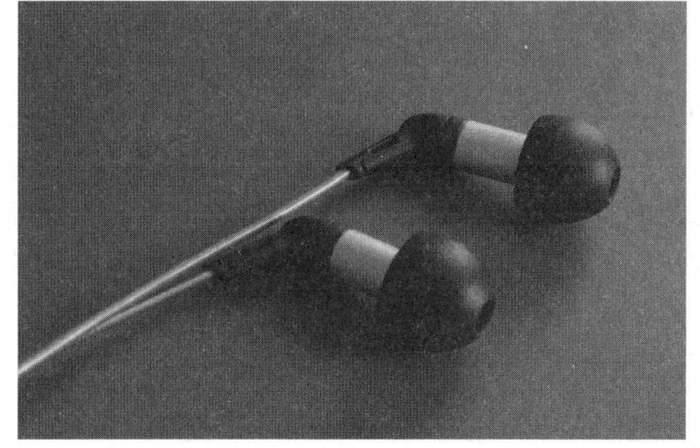

图 2–39　入耳式耳机（一）

图 2–40　入耳式耳机（二）

第三节 产品设计的材料与设计创新

材料是产品造型的物质基础。当代工业产品的先进性不仅体现在它的功能与结构方面，同时也体现在新材料的应用和工艺水平之高低上。材料本身不仅制约着产品的结构形式和尺度大小，还体现材质美的装饰效果，所以合理地、科学地选用材料是造型设计极为重要的组成环节。

一、产品设计中对材料的选择

（一）木材

1. 木材的分类

木材是传统的建筑材料和家具材料。木材中较为常见的则为原木。原木质轻、比强度高，具有天然而美丽的色泽纹理，且热传导率低、电阻大，适合于制作工具和器具的把手等。原木的缺点是抗压、抗弯曲强度弱，易变形、易腐朽、易燃、易受虫蛀等。原木中较为贵重而稀罕的有紫檀、花梨木、红木、楠木、乌木、黄杨等。

此外，还有各种人造木材，如人造板。人造板是利用原木、刨花、木屑、废材以及其他植物纤维为原料，经过机械或化学处理制成的板材。人造板材能够解决天然木材资源不足与缺陷。人造板材具有幅面大，质地均匀，表面平整光滑，变形小，美观耐用，易于加工等优点，被广泛用于家具、建筑、装修等方面。人造板的构造种类很多。最常见的有胶合板、中密度纤维板、刨花板和细木工板等。

2. 木材的处理方式

木材表面处理的方式有表面基本加工处理和表面被覆处理两种类型。

1）木材的表面基本加工处理

木材在经过基本的加工处理之后，就可以使表面变得光滑、美观。一般木材的表面基本加工处理方式有砂磨、染色、填孔、脱色等。其中，砂磨是运用木砂纸顺着木材的表面纹理方向来回研磨的工艺技术，可以有效地去除材料表面上的木刺，使木材变得平滑。砂磨主要有机械砂磨和手工砂磨两种常用手段。染色处理是为了使其获得纹理优美、颜色均匀的木质表面，并且一般木制产品都会需要染色这一处理方式。填孔是将填孔料嵌填于木材表面的裂缝、钉眼、虫眼等位置，使木材表面变得平整。脱色是运用具有氧化和还原作用的化学药剂对木材进行漂白处理，可以使木材的表面色泽获得基本的统一。经过基本加工处理后的木材（见图 2-41），产品最终呈现的设计效果会更具视觉感染力。

图 2-41　经过表面基本加工处理的木制产品

2）木材的表面被覆处理

木材的表面被覆处理是通过覆贴、涂饰、化学镀等手段对材料进行处理，可以有效地改变木材表面的物理化学性质，赋予木质材料新的表面肌理。其中覆贴工艺技术可以有效地增加木制产品的外观装饰效果，一般会用木纹纸、人造革、PVC 膜、薄木等覆贴材料进行被覆处理。涂饰也被称为木材制品的涂装或者是油漆，这种方式可以使涂料的潜在功能转变为实际作用，使木制产品能够得到预期的保护、装饰效果和某些特殊的功能。化学镀主要是指木材的镀铜或镀金，这样的被覆处理不仅可以使木材具备电磁屏蔽的性能，还能有效地显示出木制产品华丽的装饰性，增加木制产品的附加值。如图 2-42 所示，对木制产品经过表面被覆处理之后，既增加了产品的颜色质感，又提升了木材的表面硬度，还可以通过不同的涂饰来表现不同的审美风格。

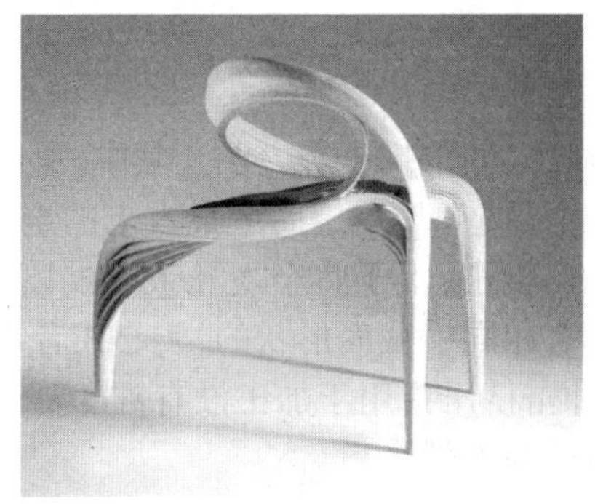

图 2-42　木制产品设计

（二）塑料

塑料是高分子材料，已经广泛地渗透到人们生活的各个领域。它是由合成树脂、增塑剂、稳定剂、着色剂、固化剂、润滑剂、发泡剂、填料等成分组成的。塑料具有优良的综合性能，如质量轻、耐振动、绝缘、耐水、耐腐蚀，多数塑料透明、富有光泽，能着色，能够自由成形，加工简便，是非常理想的艺术设计材料。

塑料的成型工艺有挤塑、吹塑、注塑、压塑等，其装饰技法可用喷花、贴花、印花、电镀等方法。塑料产品现代感强，现代生活用品有不少是塑料产品，而且有一部分强度、刚性都达到标准的工程塑料在汽车、飞机、轮船制造工业和机电工业上获得广泛的应用。

塑料材质的表面装饰处理主要有涂饰、贴膜、热烫印、丝网印刷等方式。

第一,涂饰。涂饰处理是把涂料涂覆到产品或者是物体的表面上,这样的处理方式可以使塑料表面着色,并且获得不同的肌理样式,具有耐蚀性,同时可以防止塑料的老化。例如排球、篮球、足球等就是运用涂饰处理的产品。

第二,贴膜法。贴膜法常用于装饰产品外观或者是传达产品信息。它是将印有花纹和图案的塑料薄膜紧贴在模具上,在加工塑料产品时,依靠其熔融的原料的热量将薄膜融合在产品上的方法。

第三,热烫印法。热烫印法可以美化产品外观,传达产品信息。它是利用压力和热量将压膜上的黏结剂熔化,同时将已经镀到压膜上的金属膜转印到塑料件上的方法。

第四,丝网印刷。塑料的丝网印刷处理方式,可以有效地改善塑料制品的外观装饰效果。它是塑料制品的二次加工中一种常用方式,又称为丝印处理方式。

(三)金属材料

金属材料分黑色金属材料(钢和铸铁)和有色金属材料(除铁以外的其他金属及合金)两大类。金属按其密度可分为:重金属,即密度大于5的金属材料;轻金属,即密度小于5的金属材料。此外,工业上一般把熔点低于700℃的金属或合金称易熔金属或易熔合金。

金属的分子结构决定着金属的刚性和延展性,主要有钢、铁、铜、金、银、铝、钨、稀有金属等,是制造工业产品、家用电器、工具等的良好材料。金属材料具有较高的热传导系数,导电性能好,呈不透明状态,有一定重量,易于成型,而且可以磨光、抛光并且具有较高的光泽。下面简要介绍几种主要的金属材料加工工艺。

1. 塑性成型加工

塑性成型加工方法主要有锻造、轧制、挤压、冲击挤压等方法。其中,锻造指在冷加工或者高温作业的条件下用锤打和挤压的方式给金属造型,是最简单最古老的金属造型工艺之一。轧制指高温金属坯段经过若干连续的圆柱形辊子,辊子将金属轧入型模以获得预设的造型。挤压指一种成本低廉的用于连续加工的,具有相同横截面形状的,实心或者空心金属造型的工艺。既可以高温作业也可以进行冷加工。冲击挤压指用于加工没有锥度要求的小型到中型规格零件的工艺。生产快捷,可以加上各种壁厚的零件。

2. 浇铸(铸铁)

浇铸的主要方法有砂模铸造、熔模铸造(失蜡法铸造)、注铸法、压铸法、旋铸法、定向固化法等。

砂模铸造加工方法成本低、批量小,可以加工复杂造型,但需要大量后处理工序。熔模铸造(失蜡法铸造),这种加工方法具有很高的连续性和精确度,也可以用于加工复杂造型。它在相对低廉的加工成本前提下能够实现非常完美的表面效果,适合大批量生产。注铸法,主要用于加工高精度的复杂造型。由于工艺本身的特点,产品成型不需后处理。然而,只有在大批量生产的情况下才能显出成本低的优势。压铸法,加工成本高,只有在大批量生产的情况下成本才合理。但最终产品成本相对较低而且精度较高。可以用于生产壁厚较薄的零件。旋铸法是加工小型零件的理想方法,通常用于首饰制造。可以使用橡皮模型以降低加工成本。定向固化法,可生产具有优良抗疲劳性能的非常坚固的超耐热合金元件。合金性能稳定,部件之间性能表现均衡。将熔化的超耐热合金浇注到模型里，然后经过严格控制的加温及冷却工序，以消除任何细小的瑕疵。

3. 固体成型加工

固体成形加工的方法主要有施压、弯曲、连续轧制成形、冲压成型、薄片切割、车床加工等。

旋压是一种十分常见的用于生产圆形对称部件的加工方法，加工时，将高速旋转的金属板推近同样高速旋转的、固定在车床上的模型，以获得预设造型。弯曲是一种用于加工任何形式的片状、杆状以及管状的经济型生产工艺。连续轧制成型是将金属片喂入压辊之间，以获得长度连续、横截面一致的金属造型。与挤压工艺类似，但对加工元件的壁厚有限制，只能得到单一壁厚。冲压成型（拉伸）是将金属片置于阴模与阳模之间冲压成型，汽车外壳的制造往往都采用此方法。薄片切割有冲孔、冲切、剪切之分，冲孔是利用特殊工具在金属片上冲剪出一定造型的孔，大、小批量生产均适用，也可用数控冲床加工。冲切与冲孔工艺基本类似，不同之处在于前者利用冲下部分，而后者利用冲切之后金属片剩余部分。剪切是用剪床切割金属片，广泛运用于生活用品、文具等领域。加工成型分为切屑成型、无切屑成型。切屑成型指当对金属进行切割的时候有切屑产生的切割方式统称为切屑成型，包括铣磨、钻孔、车床加工以及磨、锯等工艺。无切屑成型是指利用现有的金属条或者金属片等进行造型，没有切屑产生。这类工艺包括化学加工、酸蚀、放电加工、喷砂加工、激光切割、喷水切割以及热切割等。

（四）陶瓷

陶瓷是经过高温烧结而具有一定强度的固体材料。由于科学技术的发展，现代陶瓷产品的原料已不再局限于黏土、长石、石英等硅酸盐原料，而扩大到非硅酸盐、非氧化物等高纯度原料和人工合成的原料。因而，现代凡是“经高温热处理工艺合成的无机非金属固体材料”都可以称为陶瓷。

陶瓷一般分为普通陶瓷（传统陶瓷）和特种陶瓷两大类。普通陶瓷又包括日用陶瓷、建筑陶瓷、化工陶瓷、多孔陶瓷等；特种陶瓷有高强度陶瓷、高温陶瓷、耐酸陶瓷、耐磨陶瓷、光学陶瓷、磁性陶瓷、生物陶瓷等。陶瓷材料的优点是耐高温、抗氧化、耐腐蚀；缺点是脆性易碎，高温烧制时易变形等。因此，设计师在设计过程中要充分考虑，主要注意以下几点。

第一，要考虑陶瓷材料的性能。无论是日用陶瓷、工业陶瓷或特种陶瓷制品，在造型设计时都需要首先了解不同陶瓷材料本身的特性和成型性能、陶瓷材料的变形、脆性和收缩情况、烧成温度等加工工艺要求，是否符合使用的功能和艺术效果。

第二，要考虑陶瓷造型材料的材质。陶瓷材料分陶和瓷两大类；按应用分为瓷器、陶器、精陶、紫砂和炻器等多种不同的材料。瓷器造型精致、秀丽、典雅；陶器造型自然、粗朴、敦厚；精陶质地疏松，具有一定的韧性；紫砂质地坚硬；炻器釉面光洁等。各类陶瓷制品通过形体塑造，色彩、质地和细部处理，以及相应的工艺制作，都显示出各自不能替代的工艺要求和材质特点，使造型充分体现材料本身的质地美感。

第三，要考虑陶瓷材料的成型工艺要求。陶瓷原料的选择、坯料配方的制定，釉的种类与制釉原料的选择，坯料的制备、成形，坯体的干燥、烧成，以及陶瓷装饰等都要按制作工艺程序进行，这是准确体现设计意图的关键。任何一步出现差错都会影响到造型的功能和艺术效果。

另外,要注意不同坯体成型方法中对坯料的要求以及模具的精确制作。

第四,要考虑陶瓷的装饰。陶瓷装饰的方法主要有雕塑、色釉、色坯及化妆土、釉上彩绘、釉下彩绘、结晶釉、贵金属装饰与砂金釉等。其他还有光泽彩、裂纹釉、无光釉、流釉和照相装潢等。这些都对提高制品的外观质量有着重要的作用。

(五)玻璃

玻璃是一种透明而坚硬的固体物质,它是熔融物冷却凝固所得到的非晶态无机材料,主要成分是二氧化硅。玻璃的隔热性能和耐蚀性能也较好,且具有一定的光学常数以及光谱特性等一系列重要光学性质。

玻璃制品的表面状态对于玻璃的性能有很大的影响,利用玻璃表面处理技术对玻璃的性能进行改善,可以有效地提高产品的附加价值,常用的玻璃表面处理工艺有以下几点。

1. 表面被覆

玻璃的表面被覆处理中最直接的方式就是玻璃画(见图 2-43),这样的效果比完全透明的玻璃更具装饰性。例外,玻璃还可以运用各种物理、化学的镀膜方法来制造出不同特点的玻璃制品,例如镀银、镀铝、镀硅的镜面玻璃、热反射膜镀膜玻璃、低辐射镀膜玻璃等。

图 2-43 玻璃的被覆处理效果

2. 化学处理

玻璃制品通过酸腐蚀会形成一种磨砂效果,进一步的酸性腐蚀还可以形成蚀刻花纹,成功地实现特殊的表面效果形式(见图 2-44)。

图 2-44 玻璃在经过化学处理后形成的磨砂效果

3. 机械加工

玻璃表面的机械加工主要可以运用研磨、抛光、切割、钻孔、砂雕、刻花等手段，来改变玻璃制品的表面物理性能和结构功能，满足不同的需求（见图 2-45）。

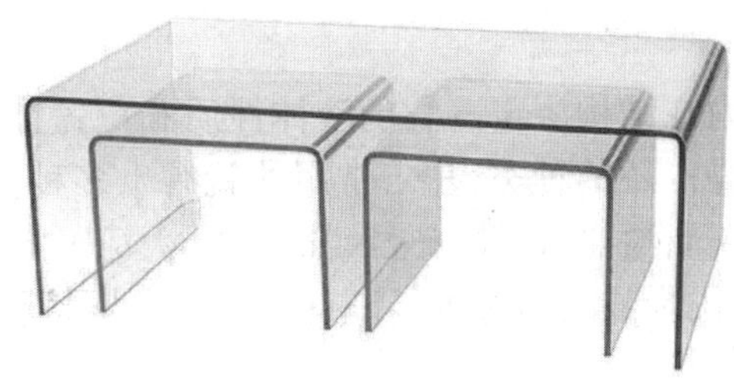

图 2-45　进行机械加工后的玻璃制品

（六）复合材料

复合材料有合金、钢筋混凝土、镀锌钢板、复塑钢板等，它是金属材料、非金属材料、高分子材料三种材料中两者或三者的“复合”。金属材料一般具有较大的硬度，但不耐强酸强碱的腐蚀；非金属材料脆弱，没有金属材料坚硬；高分子材料虽然耐磨，不腐不蛀，但不耐高温。

金属陶瓷（见图 2-46），就是由陶瓷粉和金属碎末混合后经过高温烧成。它既有金属的高强度、高韧性，又有陶瓷的耐高温特点。用金属钴制成的金属陶瓷，能耐极高的温度。玻璃钢是以玻璃纤维为增强剂、以塑料为基体材料复合而成，它具有质量轻、强度高、耐腐蚀性、隔音效果好等优点。

图 2-46　金属陶瓷

（七）染织材料

染织材料包括织物材料和染色材料。

织物材料有毛、丝、棉、麻、人造纤维等，主要用于人们日常生活中服饰和纤维织物设计中。其中天然蚕丝可织成十多种织物，如纺、绸、缎、绉、锦、罗、纱、绢、绫、绡、呢、绒、绨等。这些丝织物的共同特点是光泽好，手感好，透气性能好，穿着舒适、高雅、华丽。除天然织物材料外，还有种类繁多的人造材料，即化学纤维。

染色材料在我国古代有有机植物染料和无机矿物颜料。有机植物染料有靛蓝、茜红等，就是从蓝草和茜草中提取的；无机矿物颜料有朱砂、石绿、土红等。到明清时期，我国的染色材料多达几百种。我国古代染料为天然颜料，到近代化学工业的出现，各种人造颜料就出现铬绿、铬黄、钛白、立德粉、炭黑、铜粉、铝粉、氧化铁红、群青等。

（八）漆

生漆的内在结构决定着它的液体性质和覆盖性。漆的主要成分是漆酸，漆中的含氮物质能使漆液干燥。漆的种类很多，常用的就有十多种。如油脂漆类（清油、厚漆、油性调和漆、防锈漆）、天然树脂漆类（清漆、磁漆、虫胶漆、大漆）、醇酸树脂漆类、氨基树脂漆类、硝基漆类、过氯乙烯漆类、丙烯酸树脂漆类、环氧树脂漆类、聚氨脂漆类等。

（九）编织材料

编织材料主要有竹、草、柳、藤、麻、棕、化学纤维、塑料等。其中，竹材轻便，富有韧性，又易于加工，适于编织，可以做成各种生活用品以及大件的家具。如竹篮、笔筒、竹凳、果盒、凉席、斗笠、屏风、扇子、灯罩、竹桌等。竹子品种有紫金竹、淡竹、斑竹、毛竹、慈竹、黄苦竹等。编织材料有草、柳条、腊条、桑条、槐条、荆条、藤条等(见图 2-47)。编织材料可就地取材，价廉物美。草编工艺主要用麦秸草、琅琊草、山箭草、三棱草、茅草、玉米皮、水草、马兰草、龙须草等，编制草篮、草帽、地毯、门帘、茶垫、坐垫、网袋等生活用品。这些制品造型别致，编织精美，色泽自然，清新爽洁，受到消费者的普遍欢迎。

图 2-47　休闲藤椅

二、产品设计中对新材料的运用

（一）纳米材料

纳米材料是指在三维空间中至少有一维处于纳米尺度范围（1 ~ 100nm）或由它们作为基本单元构成的材料，在这个范围内物质的性质会发生改变，而拥有一种新的、特殊的性能。

从 20 世纪 60 年代人们开始关注、研究纳米材料以来，已经先后研发了纳米磁性材料、纳米陶瓷、纳米半导体、纳米催化材料等，对于产品设计应用也越来越广泛。例如使用表层覆有微小硅丝的聚酯纤维能够制造出即使浸泡在水中仍可保持绝对干燥的布料。这种布料可以用来制造衣服（见图 2-48）、家具等。

图 2-48　纳米材料的衣服

（二）变色材料

变色材料是指在外界条件作用下可以发生颜色变化的材料，它会按照所受的刺激方式不同可分为光致变色材料、电致变色材料、压致变色材料、溶剂致变色材料和热致变色材料等。其应用十分广泛，如光致变色纺织品、光致变色涂料、光致变色镀膜玻璃或眨层玻璃（见图2-49）等。军事领域上有光信息存储材料、光致变色伪装材料、强闪光防护、产宙线防护、辐射计量计等。

图 2-49　光致变色材料的玻璃

光致变是光诱导的可逆的颜色改变。例如太阳镜就是由光致变色材料制成的产品。这种材料在日光或者其他光源照射下，会很快由无色或浅色变成红色、绿色、蓝色、紫色等各种颜色，停止光照或加热又恢复到原来的无色状态，是可逆的变色过程。

此外，目前国际上出现了一类新型功能材料，即有机光致变色材料。该材料不仅已在高科技领域得到应用，而且在民用行业也有运用。例如服装业、塑料制品业、装饰材料业，信息产业、旅游用品、油漆、油墨、印染业、军事隐蔽材料业等。

（三）智能材料

智能材料是一种可以感知外部刺激、判断并可以适当处理且本身可执行的新型功能材料。智能材料有七大功能，即传感功能、反馈功能、信息识别与积累功能、响应功能、自诊断能力、自修复能力和自适应能力。因此，它属于现代高科技新材料发展的重要方向之一。

在产品设计方面，智能材料主要表现为四个方面：情趣的智能、处理的智能、适应的智能、交流的智能。例如我们熟悉的变色太阳镜中就含有智能材料,这种材料可以感知周围的光线强弱,并对光线进行自动调节(见图 2-50)。

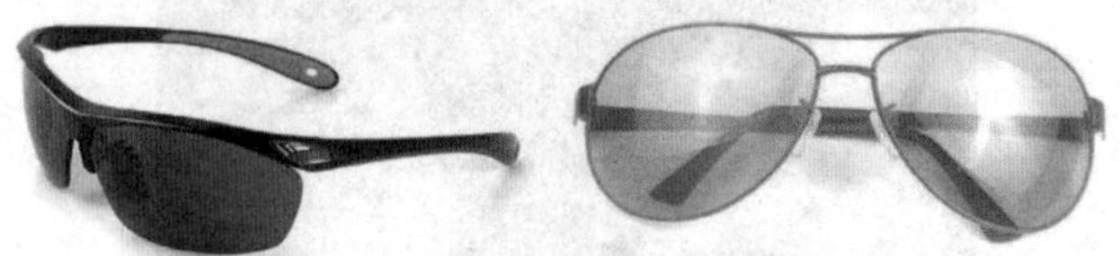

图 2-50 变色太阳镜中含有智能材料

此外,智能材料还有一个重要进展标志就是形状记忆合金,或称记忆合金。这种合金在一定温度下成形后,能记住自己的形状。当温度降到一定值(相变温度)以下时,它的形状会发生变化;当温度再升高到相变温度以上时,它又会自动恢复原来的形状。目前一些国家用记忆合金制成卫星用自展天线。

(四)轻金属材料

1. 镁合金

镁合金是一种绿色、最轻质的金属材料,镁在自然界地壳中分布也比较广,它占据地壳质量的 2.1%,大多都以化合物的形式存在。镁及镁合金应用十分广泛,它是继钢铁、铝之后的第三大金属工程材料。镁及镁合金具有以下几个特点。

第一,比强度高。镁具有一定承载能力,镁合金的比强度次于钛合金,同时它的比强度明显高于铝合金,并且远远高于工程塑料。

第二,重量轻。镁的密度只有铝的 2/3、钛的 2/5、钢的 1/4,镁合金要比铝合金轻 36%、比钢轻 77%。正因为如此,镁被广泛地应用于航空航天、汽车制造等产品设计领域(见图 2-51)。

图 2-51 镁合金材料在飞机、汽车中得到应用

第三,能够抗电磁干扰。镁合金电子器件壳体不做表面处理就能获得很好的屏蔽效果。根据研究表明,镁合金做手机外壳可以吸收 90% 的辐射,因而,镁及其合金是制造电子器件壳体的理想材料。在电子及家用电器产品上具有广阔的应用前景。

第四,弹性模量小。当镁合金受到外力作用时,应力分布将更为均匀,可以有效地避免过高的应力集中。在弹性范围内承受冲击载荷时,所吸收的能量比铝高 50% 左右,并且它的刚性好,抗震力强,长期使用不易变形,尺寸稳定。因此,镁合金适宜制造承受猛烈冲击的零部件及对材料尺寸稳定性要求较高的零部件,例如飞行器。

除此之外，镁及镁合金还具有减震性能强、加工性能好、导热性能好等优点。

2. 铝锂合金

铝锂合金有“飞行金属”之称，是一种具有低密度、高弹性模量、高比强度、高比刚度等优良性能的新型铝合金材料。这种材料还具有极优良的耐蚀性能，是一种理想的航空、航天结构材料，但是这种材料还有塑性及韧性较低、缺口敏感性较大、断裂韧度值较低的缺点。

3. 快速凝固新型铝合金

快速凝固的新型铝合金是指在快速凝固条件下，材料的组织特征发生许多变化，由于快速凝固合金微观组织的改善使合金的强韧性、耐磨、耐腐蚀等得到显著提高，从而更好地满足了实际生产需要。

目前，随着快速凝固技术的不断发展与完善，国内外已成功利用该技术制备出耐热铝合金、耐磨铝硅合金、高强度铝合金及低密度铝锂合金等系列典型的高性能铝合金材料。其中耐磨铝硅合金具有优异耐磨性，低热膨胀系数及优良铸造和焊接性能，属于国内外应用非常广泛的内燃机活塞合金。

由于采用快速凝固技术可明显提高铝合金的比强度、弹性模量、热稳定性、抗腐蚀性及断裂韧性，因此快速凝固铝合金在航空航天及机械工程领域中的应用受到人们的高度重视并且不断发展、扩大。

（五）电磁屏蔽材料

1. 填充复合型屏蔽材料

填充复合型屏蔽材料是采用导电填料与塑料等成型材料填充复合而成的。导电填料一般选用导电性能优良的纤维状、网状、树枝状或片状材料，这类材料常用的有碳纤维、镀金属纤维、金属纤维、超细炭黑、云母片、金属片、金属合金粉等。

例如碳纤维，它是由与钻石同等材质的碳制成，属于一种比铝和铁还要硬的新型材料。碳纤维是铁的比重的四分之一，强度比铁大 10 倍。因此，它具有优越的抗张强度和抗拉模量，同时它在化学组成上非常稳定，具有高抗腐蚀性，碳纤维还包括高强度的 X 射线穿透性和较高的抗化学、抗热、抗低温能力。

目前，碳纤维已被运用于很多产品设计领域，例如高尔夫球棒、鱼竿、飞机元件等。又如应用于医疗设备、压力容器、土木工程、建筑材料、能源以及其他新的工业领域。例如碳纤维在电力车工业的设计中需求量也在不断增长，碳纤维增强塑料制成的车身，重量轻，刚性好，经久耐用（见图 2–52）。

2. 铁磁材料与金属良导体材料

铁磁材料和金属良导体材料都是常用的屏蔽材料。铁磁材料适用于低频（100kHz 以下）磁场的屏蔽，它的作用原理是利用铁磁材料高的磁导率引导磁力线通过高穿透材料并在附近空间降低磁通密度而达到磁屏蔽的目的，常用的铁磁材料有纯铁、硅钢、坡莫合金（铁镍合金）等。

图 2-52　碳纤维 HMK516 电力车设计

3. 导电涂料与屏蔽材料

导电涂料主要有掺和型导电涂料，它一般会通过各种合成树脂为成膜剂，以具有良好导电性能的金属微粉或非金属微粒为导电填料，经混合分散后，制成可施工的涂料，喷涂或刷涂于产品表面，在一定条件下固化成膜。

屏蔽材料有发泡金属屏蔽材料、纳米屏蔽材料。其中，发泡金属屏蔽材料其原理是电磁波在空洞中发生多次反射和吸收损耗，从而达到屏蔽的目的。它是由金属骨架和连通的空洞组成的多孔材料，主要使用的发泡金属有金属镍、镍铜和铝等。而纳米屏蔽材料，借助纳米材料特殊的表面效应和体积效应，与其他材料复合也可望获得新型的屏蔽材料。

4. 表面敷层薄膜屏蔽材料

表面敷层薄膜屏蔽材料是一种通过反射损耗为主的屏蔽材料，常用的制备方法包括化学镀金、真空喷镀、溅射、金属熔射以及贴金属箔等。表面敷层薄膜屏蔽材料是使塑料等绝缘体表面附着一层导电层来达到屏蔽的目的。这类表层导电薄膜屏蔽材料普遍具有导电性能好、屏蔽效果明显等优点，其缺点是表层导电薄膜附着力不高，容易产生剥离，且二次加工性能较差。

（六）超导材料

超导材料是一种具有超导电性的材料。它是某些材料在冷却到一定温度后，电流通过时这些材料会出现零电阻，失去电阻的现象，同时材料内部失去磁通成为完全抗磁性的物质。一般超导材料在电阻消失前的状态称为常导状态，电阻消失后的状态称为超导状态。

超导技术的应用遍及能源、运输、基础科学、资源、信息和医疗等科学技术的广泛领域。例如高温超导体在磁悬浮列车（见图 2-53）、磁分离技术、高能加速器、磁性扫雷技术和磁流体推动技术等方面有重要的应用价值。

图 2-53　超导材料在磁悬浮列车中得到运用

（七）电子纸材料

电子纸又称数码纸、类纸显示器，它的内部装有芯片线路的显示屏，类似一种 IC（集成电路）芯的结构。电子纸完全打破了原有植物纤维纸的结构，又具有与传统纸张相似特点（见图 2-54）。它是具有与纸张一样轻薄又可擦写的电子显示屏，具有双稳态特点，图像保持时并不需耗电，能大大节省能源。

电子纸采用的基本材料主要是聚酯类化合物，纸面上印有硅胶电路，以便能够控制好表面电荷的变化。电子纸具有多层性、细微化和精密型等特征，所采用的材料除了多种塑料外，也有特种玻璃材料、金属材料等。

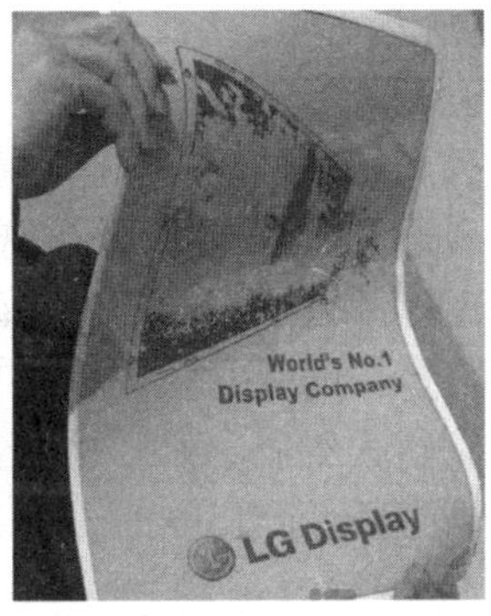

图 2-54　电子纸产品

（八）可降解的高分子材料

可降解的高分子材料是一种新型的绿色高分子材料，它是一种可降解的聚合物材料，可以改善生态环境。

可降解塑料是指一类其制品的各项性能可满足使用要求，在保存和使用期内性能不变，但在使用期后，却能在自然环境条件下降解成对环境无害物质的塑料。可用于包装业购物袋、垃圾袋、堆肥袋、肥料袋、一次性餐盒、方便面碗、化妆品容器、瓶类、标签、包装薄膜等材料中。例如常见可降解性一次饭盒（见图 2-55）。

图 2-55　可降解性一次饭盒

三、材料的不同特性分析

从材料的功能来讲，一般机械工程材料要具有足够的机械强度、刚度、冲击韧性等机械性能。而电气工程材料，除了机械性能外，还需具备导电性、传热性、绝缘性、磁性等特性。但从造型角度来讲，对造型材料要求除了上述材料的物理、机械性能要符合产品功能要求外，还要具备下列特性。

（一）感觉物性

感觉物性是通过人的器官感觉到材料的性能。如冷暖感、重量感、柔软感、光泽纹理、色彩等。

目前所使用的材料品种繁多，一般分为两大类：即天然材料（木材、竹子、石块等）和人工材料（钢材、塑料等），它们分别都有自身的质感和外观特征，给人的感受也不同。

（1）木材会给人一种自然的原有色彩，有雅致、自然、轻松、舒适、温暖的感觉（见图 2–56）。

（2）钢铁是深色，且坚固的，给人深沉、坚硬、沉重、冰冷的感觉（见图 2–57）。

（3）塑料是彩色的、多样的，根据不同的工艺会产生不同的造型，也是我们生活中常用的一种材料，一般情况下它给人细腻、致密、光滑、优雅的感觉（见图 2–58）。

（4）金银在古代是通用的货币，同时也可以打造成各种配饰，它们给人光亮、辉煌、华贵的感觉（见图 2–59）。

（5）呢绒作为一种布料，厚实又柔软，适合制作冬天的衣服，给人温暖、亲近之感（见图 2–60）。

（6）铝材是现代以来常用的材料，看起来白亮、轻快、明丽（见图 2–61）。

（7）有机玻璃同样是现代以来常用的材料，制作工艺简单，在生活中也是常见的一种材料，明澈透亮，视野开阔（见图 2–62）。

图 2–56　木材

图 2–57　钢铁

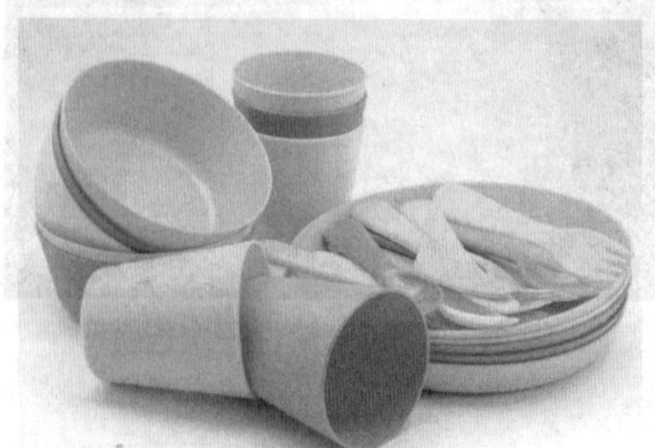

图 2–58　塑料

图 2-59　金银

图 2-60　呢绒

图 2-61　铝材

图 2-62　玻璃

以上这些特性，有的是材料本身固有的，有的是人心理上感应的，有的是人们生活习惯、印象所造成的，有的是人触觉到的，等等。造型设计对材质的选用是根据不同的产品特性和功用，相应地选用满意的造型材料，运用美学的法则科学地把它们组织在一起，使其各自的美感得以表现和深化，以求得外观造型的形、色、质的完美统一。

（二）环境耐受性

指现代造型材料不因外界因素的影响而褪色、粉化、腐朽乃至破坏。

外界因素多种多样，有室外和室内，水和大气，寒带和热带，高空和地上，白天和黑夜等。如室外使用的塑料制品，就不能选用易于老化的 ABS 树脂塑料，而应选用耐受性优良的聚碳酸酯塑料材料（见图 2-63）。

图 2-63　聚碳酸酯塑料材料

（三）加工成型性

产品的成型是通过多种加工而成的，材料的加工成型性是衡量一种选型材料优劣的重要标志之一。

木材是一种优良的造型材料，主要是其加工成型性好。而钢铁之所以是现代工业生产中最重要的造型材料，同样也是因为其具有加工成型性好的特性。钢铁的加工成型方法较多，如铸造、锻压、焊接和各种切削加工，如钻、铣、刨、磨等（见图 2–64）。

图 2–64　长沙橘子洲头钢铁艺术

目前，现代化大生产中，成型性能好的造型材料除钢铁外，还有塑料、玻璃、陶瓷等。

（四）表面工艺性

产品加工成型后，通常对基材进行表面处理，其目的是改变表面特征，提高装饰效果；保护产品基材，延长其使用寿命等。

表面处理的方法很多，常用的有：涂料、电镀、化学镀、钢的发蓝氧化、磷化处理、铝及铝合金的化学氧化和阳极氧化、金属着色等（见图 2–65）。

根据产品的使用功能和使用环境，正确地选用表面处理工艺和面饰材料是提高产品外观质量的重要因素。

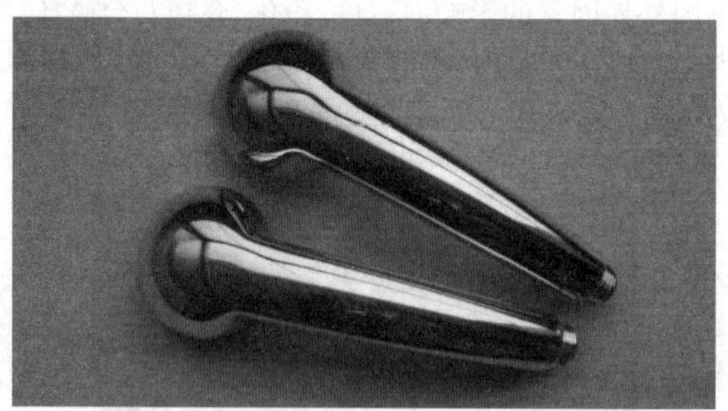

图 2–65　表面工艺处理

四、材料的使用与产品外观

前面谈到，造型材料对产品外观质量有着极为重要的意义。例如，工程塑料产品日益剧增，很重要的原因之一是塑料的加工成型性能好。它几乎可以铸塑成任何形状复杂的形体，为造型者构思产品的艺术形象提供了有利的条件。

目前一般电视机、电脑等的外壳都采用工程塑料，既可使其外壳线形圆滑流畅，又能使内壁提供支撑点，生产率高，成本也低，外观造型效果也好。

由于塑料有铸塑性能好的特点，可变性大，并可电镀和染色，可获得各种鲜艳的色彩和美观的纹理。所以照相机、录像机等的外壳（见图 2-66），大都用塑料制作，其表面一般为黑色或灰色，给人以高贵、含蓄、典雅、亲切的感觉。

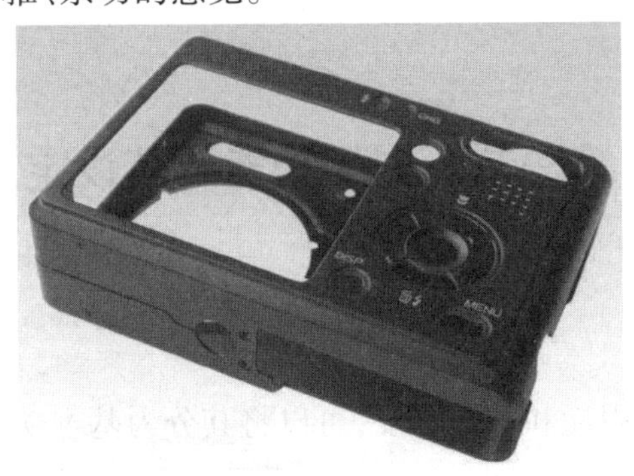

图 2-66　照相机外壳

在产品的造型设计中，由于采用新材料，使产品造型新颖、别致，从而提高了产品的外观质量，并占有市场。因此，造型设计者应及时掌握和熟悉各种新材料的特性，并根据具体条件大胆地用于产品，这一点尤为重要。比如现在的手机大量使用防碎的钢化屏和钢化膜，按照各种品牌的手机型号，生产手机相应的手机贴膜（见图 2-67）。

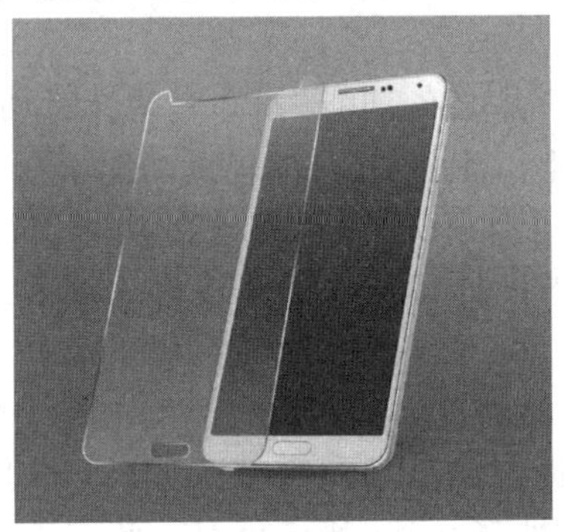

图 2-67　手机屏幕和贴膜

第三章　产品功能的设定与品质的改良创新

第一节　产品功能及其设定

一、产品功能的由来

根据产品功能的性质、用途和重要程度，可以将其分为基本功能、辅助功能、使用功能、表现功能、必要功能和多余功能等。

基本功能即主要功能，是指体现该产品的用途的必不可少的功能，是产品的基本价值所在。

辅助功能是指基本功能以外附加的功能，也叫二次功能。如手机的基本功能是进行通信，但现在手机为适应消费者的需求，往往都附加了媒体播放、摄像、摄影、游戏等辅助功能。

使用功能是指产品的使用价值或实际用途，通过基本功能和辅助功能反映出来。

表现功能是对产品进行美化、起装饰作用的功能，一般通过产品的造型、色彩、材料等方面的设计来实现。

必要功能是指用户要求的产品必备功能，如钟表的计时功能，若无此功能，也就失去了价值。必要功能通常包括基本功能和辅助功能，但辅助功能不一定都是必要功能。

多余功能是指对用户而言可有可无、不甚需要的功能，包括过剩的多余功能。之所以产生产品的多余功能，一般是由于设计师理念的错误和企业在激烈市场竞争中的错误导向而导致的。

在产品改良设计中，对功能的改良必须在与产品的市场定位和预计成本相适应的前提下，以消费者的需求作为出发点来设置产品的功能模型，定义和设计产品的功能结构。利用这种方法，可以使设计者有目的地创造子功能，然后再对这些子功能进行组合。这样，便可以使设计从开始阶段就有一个明确的设计目标，有利于确保最终完成的设计在功能的筛选上符合设计的最初要求。

二、产品功能的分析

美感是人类所特有的一种感觉。科学家们做过种种研究，主观的美感受不同的人、不同的民族、不同爱好的影响（见图 3–1、图 3–2）。

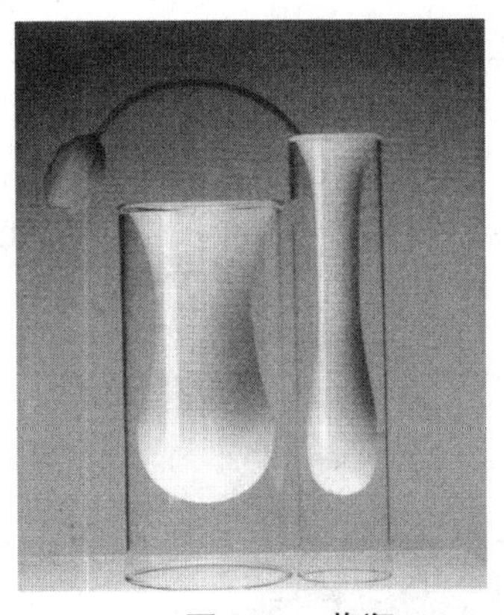

图 3-1　花瓶

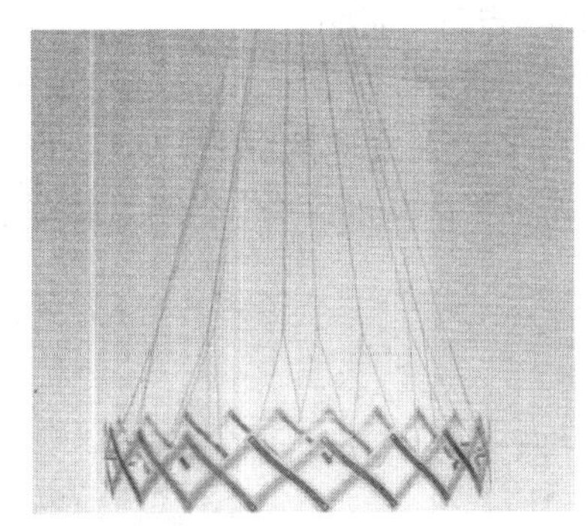

图 3-2　吊灯

例如有的民族以胖为美，有的民族喜欢大红大绿，有的民族则喜欢某种残忍的美（例如把铜环套在脖子上，把脖子拉得很长）（见图 3-3）。

图 3-3　非洲土著

形式美是许多美的形式的概括反映，是各种美的形式所具有的共同特征，它是一种规律，也是指导人们创造形态美的形式法则；而美的形式是有具体内容的，是某个产品实际存在的、各种形式美因素的具体的组合（见图 3-4）。

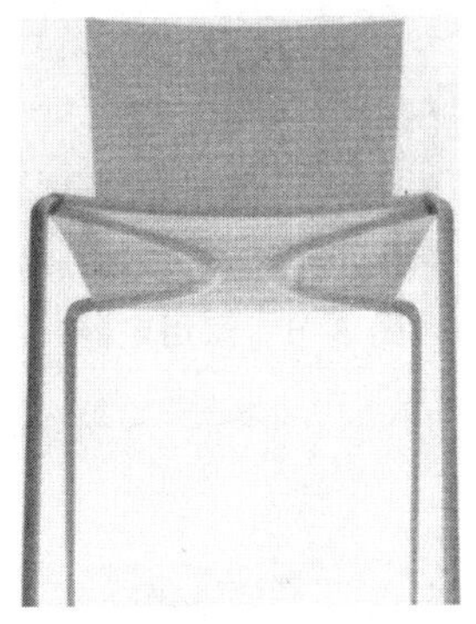

图 3-4　椅子

统一与变化法则是形式美的造型的最根本法则，是统帅一切的法则。统一与变化是对立统一规律在艺术上的体现，是造型设计中比较重要的一个法则。

所谓统一就是要有某种统一的风格、统一的形态、统一的色调和统一的质感。但是绝对统一也不是最好的安排。应该在统一的基础上，在某些局部安排一些变化，使之变得活泼、动感，就像“万绿丛中一点红”那样。

如一辆汽车的色调，如果车头、车身、车尾用反差很大的色彩，将会显得杂乱、没有灵感。统一的色彩是大多数人欢迎的，但是车灯、保险杠、进风栅、车窗、车门和车门把手等的安排，也已经足够造成一些活跃的变化，能使人感受到统一中变化的美感（见图 3-5）。

图 3-5 法拉利跑车

在任何作品中，强调突出某一事物本身的特性称为变化，而集中它们的共性使之更加突出即为统一。从最浅显的角度去理解的话，统一的作用是使形体有条理，趋于一致，有宁静、安定感。

产品的功能在造型中属于主导地位，对产品形象起着决定性的作用。现代工业品复杂多变，品种繁多，基本上都是功能决定形象，内容决定形式。如家用电器设计为了给使用者亲和的感觉，让大家乐意去使用，它们的形态很多都以曲线、圆弧造型为主，使用明度较亮的色彩。反之，兵器是战争工具，为了体现其力量以及战争的冷酷和隐蔽性，很多武器都以直线、尖角为造型的主调，用草绿色、灰色等色起“隐身”作用（见图 3-6、图 3-7）。

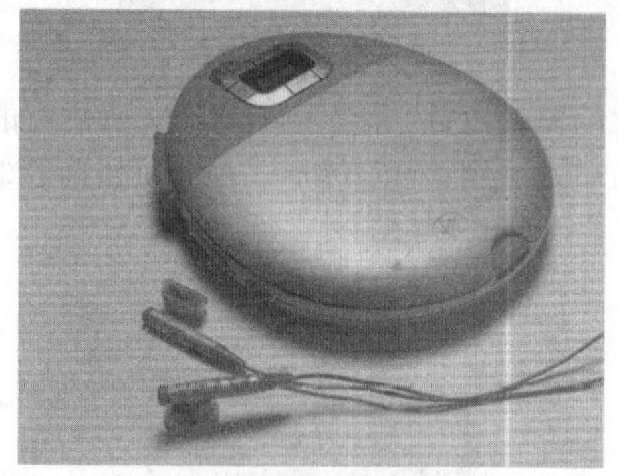

图 3-6 家用电器

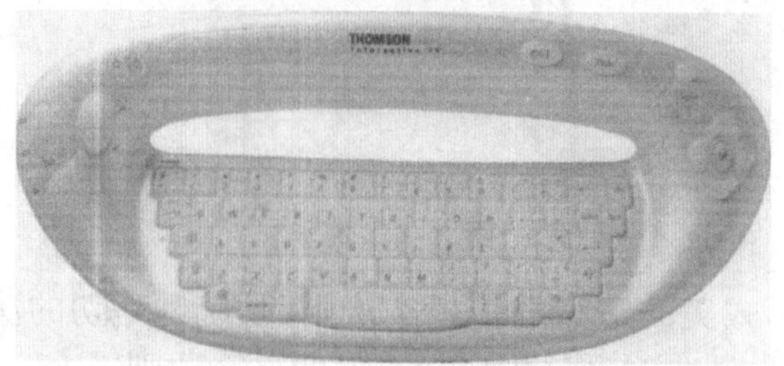

图 3-7 键盘

对比与调和的法则，是造型设计中最常用的一种手法。它是在同质的造型要素（色彩、形体、材质等）间讨论共性或差异性（见图 3-8、图 3-9）。

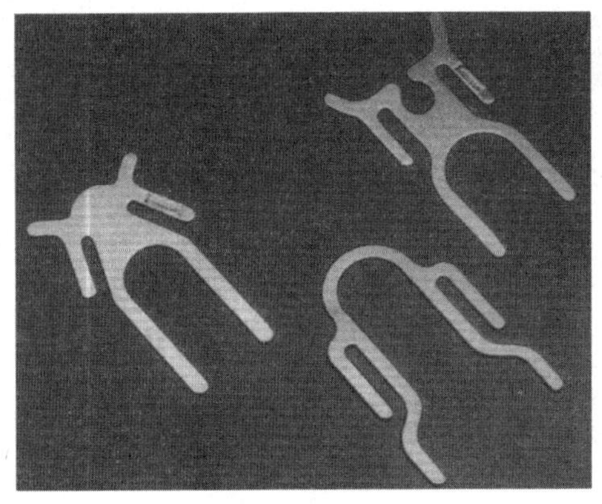

图 3-8　图腾书签

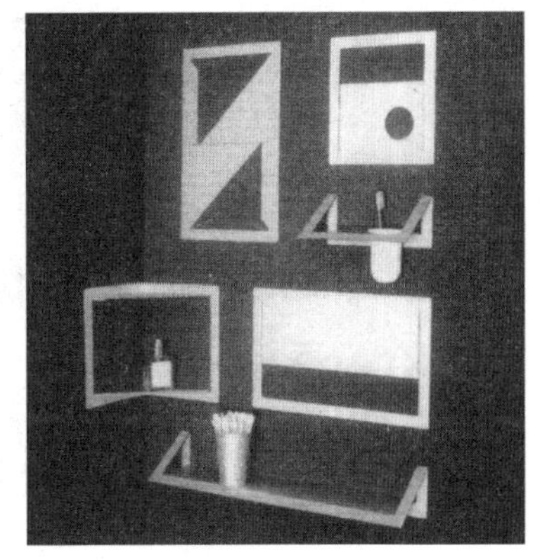

图 3-9　浴室配件

所谓尺度是以人体尺寸作为度量标准的，对产品形体进行相应的衡量，表示造型物体体量的大小，以及与周围环境特点相适应的程度（见图 3-10）。

图 3-10　闹钟

产品造型的均衡形式，主要是指产品由各种造型要素构成的量感，指左右或前后平衡，而且要使人得到均衡的感觉，是通过支点表达出来的秩序和平衡（见图 3-11）。

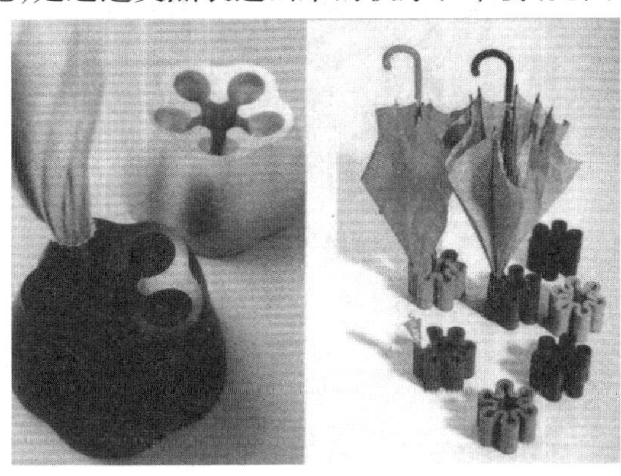

图 3-11　插伞用具

对称的语源是希腊语的“symmetros”，意思是“彼此测量”。在造型秩序中，最古老最普通的内容之一就是左右对称(见图 3-12)。

图 3-12　对称造型

从严格意义上讲，稳定是指上、下体积和重量的分配关系，即尽量使下大上小，下重上轻，给人一种重心稳定的感觉(图 3-13、图 3-14)。

图 3-13　弹性斜倚

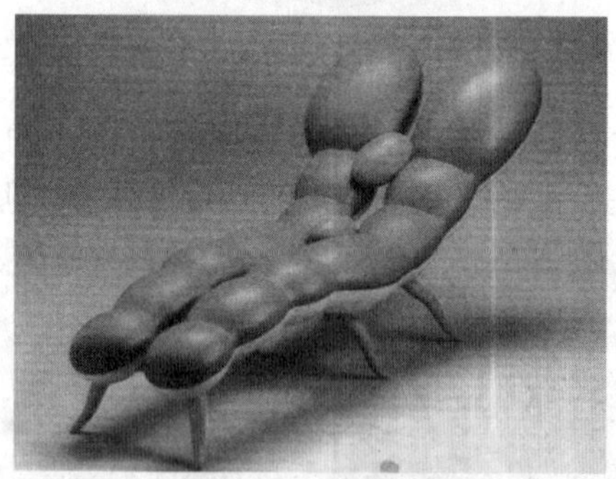

图 3-14　仿生椅

三、产品的功能设定

(一)功能设定的释义

产品设计是一项掺杂着理性和感性的创作活动，其理性因素的表现之一，就是产品的功能构架必然是一个有机的整体。1947 年，美国工程师麦尔斯在进行价值工程研究中得出一个结论："顾客购买的不是产品本身，而是产品所具有的功能"。从那时起，对功能进行设计的思想成为设计学的重要概念，为了与产品设计的整体概念有所区别，我们习惯将功能的设计和构架称为功能设定，是产品定位的重要组成部分。简单地说，功能设定就是对通过调研而取得的需求信息（来自使用者、消费者、生产者、维修者等）进行初步的整理，抽取其中的基本需求和关键需求予以描述和界定，并构建产品的整个功能系统，表现出相关产品的功能本质，从一定程度上来说，功能设定就是对产品的定位。经过设定后的功能系统，其中的每一个部分都可以折射到产品相应的部件、材料、工序或者操作方法上。所以，在功能设定的过程中，既要对产品的总体下定义，也要对相关的部件下定义，并要定位每个部件在整个系统中的位置和关系。

如果将功能设定系统和真实的产品结构相比较，可以发现，功能设定具有抽象性、模糊性和可拓展性等特征，这与真正的产品结构系统有一定的距离，因此，功能设定是一个较为弹性的设计过程，既可无限深入，也可即时归纳。

（二）功能设定的作用

作为产品的核心要素，功能的创新是产品创新的基础。那么，功能设定环节对于完整的产品设计流程的作用是不言而喻的。功能设定可以从根本上突破产品原有实物形态的束缚，分离产品的形式与功能、外在与内涵，揭示产品存在的意义，从而使设计师摆脱惯有思维的限制，围绕用户的需求对产品的本质进行思考。在以功能为本质，而不是为产品而产品的前提下的设计，往往会产生更卓越、更新颖的理念和方案。

1. 定位准确

要明确设计目标，准确定位产品的设计方向。产品设计的目的就是帮助消费者解决生产、生活中的问题，只有在设计目标确立之后，如何达到目的才能成为设计师关注的重点。设计是需要规划和引导的，设计师在设计过程中如果不了解产品最终的使用者是谁；使用者为什么使用、购买产品；使用者对产品有怎样的需求；使用者的需求是否可以被满足、被实现等相关信息，设计师就无法进行设计，也无法保证设计方案的有效性和可行性。在功能设定这个环节，设计师通过对用户需求和功能实现条件进行分析，从而有依据地掌握具体的设计思路；让设计能够有的放矢，有章可循；保证产品的设计方向的正确性，并统领整个设计。

2. 激发创意

激发创意，便于提出富有成效的设计方案。产品的物质形式使人们习惯了接受它的外观存在而忽略了其功能载体的本质。人们对长期使用或看到的事物容易产生惯性思维，认为某类产品就是或只能是现在的样子，而不去思考产品为什么会是这个样子；为了实现同样的目的，产品是否还能够是其他样子；是否有更好的方式来解决问题等。以水杯为例，我们真的了解这种产品吗？我们能够从众多的容器中找到杯子，但并不一定知道我们是如何区分的以及为什么会这样区分。大多数水杯都有把手，这一形象已牢牢地印在了许多学生的脑海中，在初次设计水杯时，他们很习惯就为水杯安上了把手，而忽略了把手之所以存在的原因。水杯之所以有把手，多数情况是为了防止"水杯中的水过热而烫伤使用者的手"，但为了解决这一问题，"把手"不是唯一的办法，如图 3-15 所示，这个陶瓷杯子具有独特的鳍状结构，即便杯中装着温度高达 100℃的饮料，杯子外部的温度也只有 50℃，不会烫手。设计师在设计上删除了传统水杯上的把手，在新产品的杯壁上设计了一圈等距的褶皱，同样起到了防烫的作用。如果设计师一旦形成了对某产品的惯性认识，那么，设计思维就会被现有产品的形体与结构所束缚，创意的空间越走越窄，难以超越现有产品。

图 3–15 Stephenreed 设计的杯子

如图 3–16 提出的问题，种类繁多的交通工具，其目的都是帮助人们从一个地点到达另一个地点。可是，人类本身就具有移动的能力，可以通过双脚的移动从一个地点到达另一个地点，如果我们仅认同或满足于这一种方式的话，设计的思维就会被限制，也就不会产生现在如此种类繁多的交通工具。

图 3–16 从 A 点到 B 点，有多少种办法能实现

3. 引导与约束产品开发设计

功能设定能够帮助设计师系统地掌握新产品设计概念，保证产品设计和开发的完整性。通过对功能系统全面的分析和完整的构建，对产品功能的抽象描述形成了基本的功能系统框架，这个框架帮助设计师确定新产品的基本结构，并使之能够在放开思维的同时又顾全产品的全局设计。通过对功能的具体分析、整理，设计师可从大量的功能中区分出它们之间的层次和归属关系，排列它们，并搞清它们是如何组成与产品结构相应的概念体系的。这个过程已经让设计师对每一个功能支架有了深刻的印象，不会遗漏任何细节的设计，也成就了该设计的全局设计理念（见图 3–17）。

图 3–17 意大利 SOWDEN 公司的户外电话

（三）功能的分析

设计师在充分掌握用户的需求信息，并对用户的需求关系进行分析的情况下，进一步将需求转化为功能，对功能进行深入分析——即如何采用、设计相应的功能来满足用户的需求，是设计师要面对的实质性问题。

如果设计人员负责的只是简单常用的工具、日用类产品的改良设计任务的话，凭借设计经验和生活经验，直接应对需求进行功能设计，在某些项目中是可行的。但是，在面对大型的、机械化、电子化产品的全新开发任务时，仅依靠经验的功能设计往往显得力不从心。而且，基本上所有的产品设计在凭借经验进行功能设计时，都会遇到思路狭窄、遗漏细节等问题，使功能的实现程度受限，或者成为伪功能——无法解决实际问题的功能；还有一种情况是所设计的功能在使用时给用户带来了更多的麻烦。这些问题都使用户的需求得不到真正的满足，使产品设计的成功比率大大降低。因此，对功能进行细致、深入的分析是保证设计成功的关键环节。

事实上，对所有产品开发人员而言，功能分析是前期设计的必要过程。功能分析主要由定义功能、功能分类、功能分解等部分组成。

1. 定义功能的方法

定义功能是概念提取的过程，即在需求的基础上陈述如何解决问题和满足需求，并将这个陈述性语句概括成定义。解决同一个问题可能有很多种方法，但定义功能却需要将这些方法变成某种操作概念并加以确定。定义功能在功能设定的过程中的作用主要是两个部分：一是为产品的整体功能下定义，决定整个产品存在的意义和目的，是设计前期一定要完成的，是不可以改变的；二是为产品的各个子功能下定义，决定各个子功能存在的意义和目的，其定义会随着设计的发展、变化而发生改变。

定义功能以层次性的抽象词汇概括了产品整体或部件的行为，并对其效用加以区分和限定，从而关联了产品的行为和功能。为了做到简明扼要，定义功能一般采用“两词法”，即用动词和宾语构成的词组来定义功能，如“显示时间”“输入电流”等。如果要完整表达定义，则要加上行为的主语，即产品整体或某个部件，如：“手表显示时间”或“指针显示时间刻度”（见图 3-18）。

图 3-18　手表显示时间

只要认清了产品或部件的运作行为及其被作用的对象，就明确了它们的功能，即人们从行为空间到功能空间的映射过程中完成了对功能的理解。

定义功能的目的在于明确揭示产品的本质，尤其是动宾词组式的定义，可以忽略行为实施的主体，使设计师可以将注意力集中到产品的行为功能，从而脱离固定的结构或形式，寻找更多的、更好的功能实现方式。

产品各部件所承担的功能权重不同，实现方式也不尽相同，因此，需要加以分类，以便在做功能分析时区别对待。此外，功能的分类也有助于我们全面了解功能的定义，并掌握不同功能的表达方式，从而可以更有效地利用语言、图表和文字对相关功能进行确切、明了的定义。

由于用户需求的差异性、产品的丰富性，功能分类的立足点是不一样的。

（1）按照用户需求的性质，功能可分为使用功能和精神功能两大类别；

（2）按照用户需求的满意度，功能可分为必要功能和不必要功能；

（3）按照同一产品内功能的重要程度，功能可分为主体功能和附属功能；

（4）按照实现功能的层次，功能可分为总功能、子功能和功能元。

不同的分类方法取决于对产品功能性质的定位，其立足点不同，即有不同的分类方式。在讨论产品的使用价值和审美价值时，很明显，我们应该将客户的需求向使用功能和精神功能两个不同的方向进行映射；当我们的目的在于建立功能之间的结构层次时，就应当将大大小小因需求而产生的功能罗列为总功能、子功能和功能元；当我们需要增加或减少某种功能时，首先就要将必要功能和不必要功能作一个清楚的归类。

2. 功能分类

1）使用功能

使用功能是指产品在使用方面能否满足人们的需要，如产品的操作是否方便，是否高效，维修、运输是否方便、安全等，也可称为实用功能或物质功能。在 Kevin N.Otto 和 Kristin L.Wood 的著作《产品设计》中，使用功能被定义为 8 种基本类型，即通道功能、支持（不支持）、连接、分支（分离）、提供、控制、转换、信号。由于篇幅的限制，这里不展开论述，请读者查阅相关资料。

2）精神功能

精神功能也可以称为心理功能，这种功能能影响使用者的主观意识和心理感受。精神功能带有情感化的特征，并通过其界面语义来传达一定的文化内涵，体现时代感和精神上的价值取向。使用者往往通过产品的样式、造型、质感、色彩等产生不同感觉，如豪华感、现代感、技术感、美感等，这些感觉加深了需求被满足的心理体验。法国著名符号学家皮埃尔·杰罗曾经提出，在很多情况下，人们并不是购买具体的物品，而是在寻求潮流、青春和成功的象征。这就是工业产品设计要兼顾精神功能的原因。

概括来说，精神功能主要包括如下因素。

审美因素：产品的设计美主要考虑功能美、技术美、形态美和材质美等方面，千万不要将产品的审美因素简单地认为就只是产品的外观。以 Bollitore 笛音壶为例（见图 3-19），设计大师 Sapper 通过改变水壶报警口的结构，让水壶的鸣叫有了汽船笛声的意境。笛音壶的案例告诉我们，产品设计不只是功能性的满足，还要满足人的心理性的欲求与愿望；同时，产品也不只是机能与造型的设计，还可能有声音、气味、温度等感官体验需要被满足。

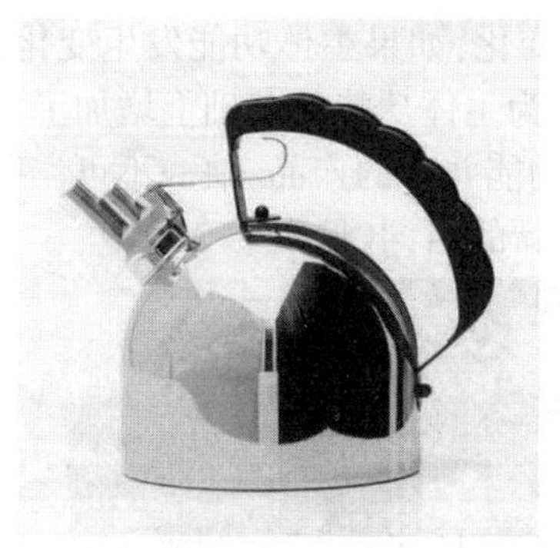
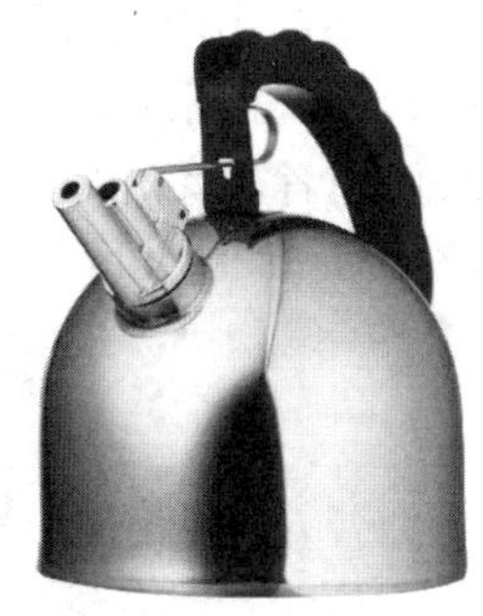

图 3-19　笛音壶

认知功能：认知功能在信息产品设计中尤其显得重要，通常表现为产品的操作界面，按钮、图标以及其他功能键的设计充分符合用户的认知习惯。

象征功能：即通过产品的外观、品牌等方面的设计，以达到显示使用者地位、品味等方面的作用。

分解使用功能和精神功能的作用：使用功能和精神功能的分解并不是绝对的，任何产品都有其双重的功能需求，产品本身就是综合需求的产物。在具体的产品中，更多的产品集使用功能、认知功能和审美功能为一体。功能之间是互相联系的，而不能截然割裂。然而，在设计前期对产品的使用功能和精神功能加以权衡又必不可少。至于两者在产品设计中的权重比例，往往根据产品的综合功能及最终目的来决定。例如，灯具的设计必然是为了满足人们对光的需求，但不同的灯具，满足的需求是不同的。工作台灯的主要功能是满足使用者工作时的照明需求，强调产品的使用功能；而室内的各种装饰灯具则是为了营造空间氛围，以照明功能为辅，强调产品的精神功能(见图 3-20)。

图 3-20　不同功能的灯

两者的分解有助于设计师对产品功能的定义更加明确，更加直接；能够让设计者清楚地了解、把握设计的方向，对具体的设计流程做出相应的调整。例如，现在国内很多行业的产品处在同质化的时期，企业、设计公司等需要进行大量的产品改型的设计项目以赢得市场。这些项目要求设计者在不改变产品原有功能、结构原理的基础上，对产品的外观进行修改，那么，在这样的设计要求下，设计的流程必然不一样。

3)主体功能和附属功能

主体功能指与产品的使用目的直接相关的功能，对于使用者来说，这是产品必备的基本功能。主体功能相对稳定，不会出现大幅度的变化，如果主体功能发生变化，产品的性质就要随之发生改变。如沙发床，由于在原来以“坐”为主体功能的基础上增加了“睡”的功能，使得产品的性质发生了改变，使用者需要的是两个功能并存的产品，缺一不可。我们很难定义产品到底是沙发还是床，因此就有了“沙发床”这一新的名词（见图 3-21）。

图 3-21　沙发床

附属功能是辅助主体功能的功能，但有时也是消费者选择产品时的重要因素。附属功能往往是多变的。

附属功能有时对主体功能起到辅助的作用，有时则具备完全独立的功能，有时甚至会失去“附属”的性质而无法分清主要功能与附属功能的关系。如带收音机的闹钟。

4）必要功能和不必要功能

产品的必要功能与不必要功能之间的关系是动态的、相对的。当使用者的需求发生变化时，两者会发生相应的转化。在对同类产品的调研中，对现有产品功能应进行必要性分析。根据使用者的满意度，可将产品分类成功能不足的、功能过剩的和功能适度的产品。在设计实务中，分析、明确产品功能的主次关系外，保留原有产品的必要功能，剔除不必要的功能，弥补现有产品功能的不足也是非常重要的。

（1）功能不足。

功能不足是指必要功能没有达到预定的目标。功能不足的原因是多方面的，如因结构不合理、选材不合理而造成强度不足，可靠性、安全性、耐用性不够等。其次，使用者对于功能的需求在不断变化，同一产品的功能会随着时代的改变、技术的革新、人们需求的变化而发生变化。例如铅笔作为书写工具的一种，因为其可重复擦写的特点，一直被我们沿用至今。在长期的使用过程中，人们发现了原有产品的许多不足之处，并衍生出了许多不同的产品。如人们为了避免削铅笔的麻烦，设计出了自动铅笔。又比如，随着各种考试中答题卡的出现，人们需要在短时间内用 2B 的铅笔精确填满上面的细小格子，这使得现有的所有铅笔都显得功能不足（见图 3-22）。为解决原有产品出现的问题，满足使用者新的需求，国内就出现了专门为填写答题卡而设计的自动铅笔。设计者保留了原有自动铅笔的结构原理，将笔芯的切面由原来的圆形改为与答题卡中格子宽度相近的矩形，使得用户一次就可以填满答题卡的格子。笔者在一次考试中曾使用过一次，的确比传统的铅笔方便了很多。

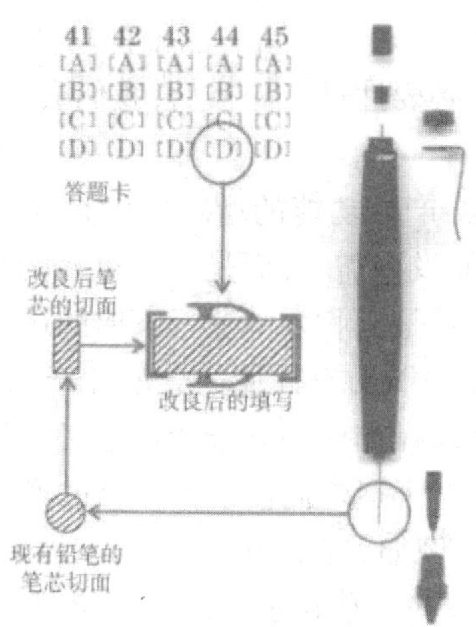

图 3–22　考试专用自动铅笔

（2）功能过剩。

功能过剩是指产品的功能超出了需求，成为不必要功能。功能过剩又可分为功能内容过剩和功能水平过剩。功能内容过剩，附属功能多余或使用率不高而成为不必要的功能。如录像机的主要功能是录像和放像，而编辑、定时、卡拉 OK 等诸多功能为附属功能。对于某些使用者来说，这些附属功能是不必要的。功能水平过剩是指为实现必要功能，在安全性、可靠性等方面采用了过高的指标。在功能分析、设定的过程中，必须将不必要的、过剩的功能删除。

（3）功能适度。

功能适度是指产品的功能符合用户的需求，产品功能的设定不多不少，适度地满足了用户的需求。但功能适度是动态的，它会随着需求的变化而变化，这要求设计师需要随时关注用户需求的变化。例如，简化功能后的傻瓜相机的出现无疑帮助许多人实现了拍照的梦想，也使得“摄影”成为极为大众化的活动。但是，最初的只有一个快门键的傻瓜相机的定焦设计，在简化操作后，也给使用带来了不便。随着人们使用需求的提高，没有焦距变化功能的设计明显不能满足用户的需求，老产品的功能也就显得不足了。其实，即使是现在市场上的产品还是有许多功能上的不足，例如，现有的非专业相机在自拍时非常不方便，要么请他人帮助（经常是不认识的人），要么背着沉重的三脚架（这与轻巧的非专业相机设计不符）；由于非专业相机轻巧的设计，使得抓拍变得很难，等等，这些问题，都需要相应的新功能去实现（见图 3–23）。人们需求的变化，成为产品功能不断设计、改良的动力。

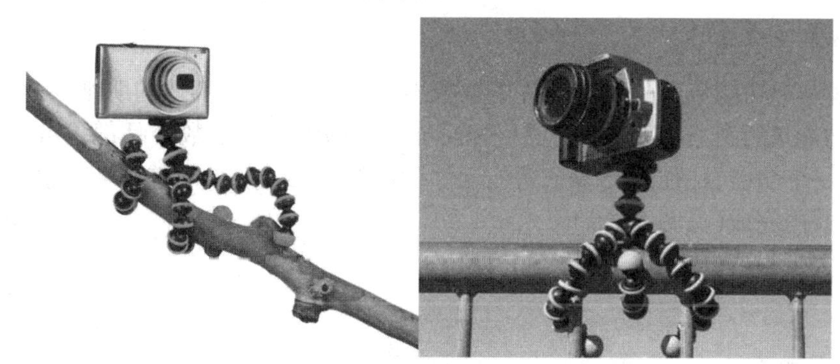

图 3–23　章鱼脚架

许多学习者在进行产品设计时，习惯为新产品增加功能，做加法式的设计，这是因为缺少对功能必要性的考虑。在对功能必要性进行分析后，我们会发现，很多产品更需要做的是减法式的设计，其作用如下：

①降低产品的成本。有时候，产品功能的增减仅仅是成本因素所造成的。在删减某些功能时，并不是因为用户对这些功能没有需求，而是因为过多的功能会增加产品的成本。一个便宜的但能够无线通话的手机也许就是低收入消费者不错的选择。

②降低产品操作的难度。多功能的设计往往会增加产品的操作难度，对于接受能力和学习能力较弱的儿童或老年人，设计、操作较为复杂的产品必然不是他们的首选。

③追求简洁设计风格产品。对于追求简洁设计风格的产品，过多的附加功能是不适合的。

④符合特殊使用者的需求。例如，针对视障人群设计的手机，由于使用群体生理的特殊性——视力障碍，传统手机所具备的屏幕显示功能或视觉显示的功能（如按键提示灯）不再需要，因而在新的产品中被删除。如果我们将传统手机的屏幕显示功能目的化，我们不难发现其目的是让使用者知道手机输入或输出的信息，如拨打的号码或接收的信息等，而屏幕显示不过是一种视觉显示的手段。那么，"让使用者知道手机输入或输出的信息"这一功能的需求在针对视障人群设计的手机中也应得到满足。如图 3-24 所示为三星盲人手机 Braille Phone。这款盲人手机使用一种名为 EAP（Electric Active Plastic）的塑料材质，共会显示 3 种形式的信息：点字数字、正常数字与点字的文字。外形也很简单，就像一个电视的遥控器，盲文的产生部位是普通手机的显示屏的位置。

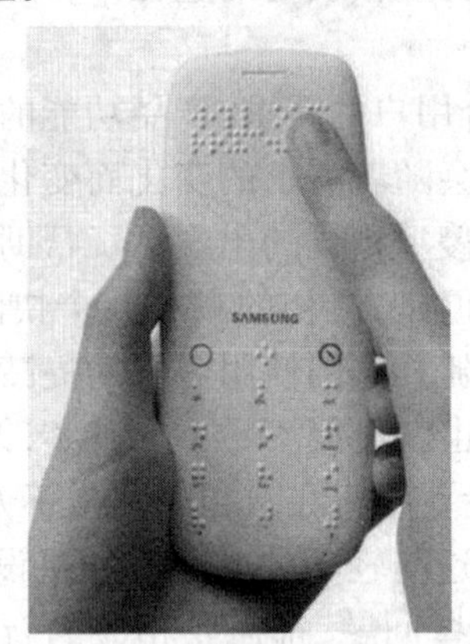

图 3-24　三星 Braille Phone

3. 功能分解

功能分解是把功能从产品及其部件中抽象出来，将产品各个部件的明细变为功能明细，进而对产品的功能进行分解，以寻求完成目标功能的实施方法。多数产品都是由不同部件组成的，为了实现一个功能，往往需要多个功能元件和步骤，那么，产品的整体功能也需要由各个部件相互协调、共同完成（见图 3-25）。

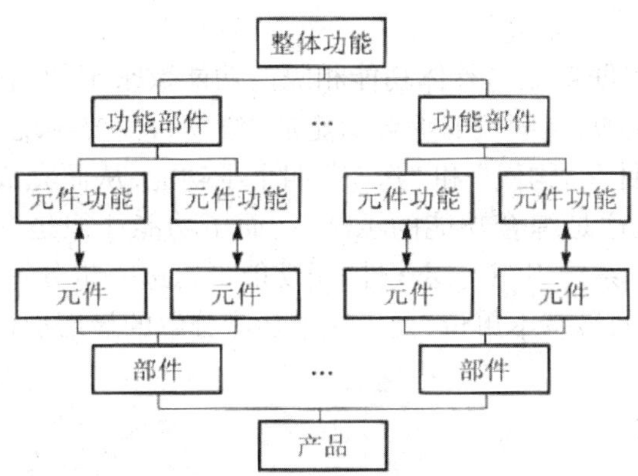

图 3-25　功能与产品的关系图

功能分解既可以用于对现有产品的分析,也可以应用在设计过程中,是从功能概念向设计实现的重要一步。从功能的分解可以清晰地看出设计者的思路——设计者如何通过各个元件的设计或组合来实现各个不同的功能,又如何处理产品各个不同的功能之间的关系来实现最终的整体功能,达到满足用户需求的目的。功能分解在设计过程中的作用如下:

第一,功能分解的方法可以用来改变一个产品的体系结构或者用来产生新的解决产品功能的方案。

第二,功能分解是处理复杂问题的首选方法,能够让设计师系统地、完整地进行项目的设计。

第三,功能分解可以帮助我们理解现有的产品。某些技术原理的运用,可以通过对产品部件的拆除进行分析和研究,使我们获得对产品复杂性和操作的深刻认识。

功能分解可图示为树状的功能结构,称为功能树或功能系统图。功能树起于总功能,逐级进行分解,其末端为功能元。根据产品开发的范围和深度,功能系统图有简单与复杂之分。功能系统图中各部分的关系和定义如下(见图 3-26)。

1)整体功能与设计功能

在功能系统图中,最左边的功能是产品整体功能,如图中的 F0,是用户的直接要求和最终实现目标;右边的所有功能都是设计功能,是由设计者规划、设计的,它们是实现整体功能的直接或间接手段功能。

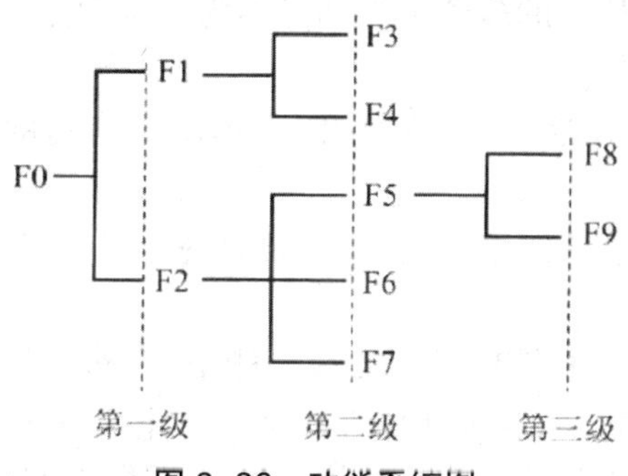

图 3-26　功能系统图

整体功能是必须保证的功能,而设计功能是可以改变的。

2）功能级别

功能级别的划分是依据功能与整体功能相隔的功能数来定的，它反映了各级功能与整体功能关系的紧密程度。比如，缝纫机的综合功能是“缝纫”，而要实现“缝纫”，现有大多数产品将其分解为“刺布”“挑针”“钩线”和“送布”四个子功能，从而完成其总功能。从产品结构的观点来看，产品整体往往是综合功能的承载者，而子功能往往是产品各组成部分（零部件）所负载的具体功能。由于系统组织的层次性，子功能可以进一步分解，直到功能元为止。所谓功能元，就是指产品功能的最基本单位，处于整个功能分解的最底层（见图 3–27）。

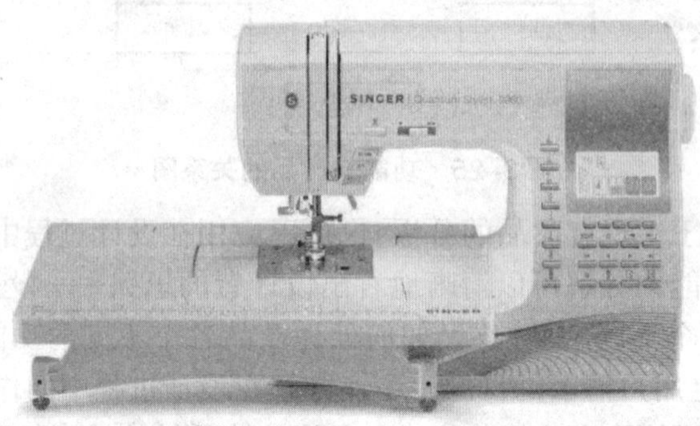

图 3–27　缝纫机

3）功能区

功能区是指由目的功能和实现这一目的功能的直接和间接手段功能组成的功能区域。整个功能系统图是一个大功能区，它由若干个小功能区组成。

4）目的功能与手段功能

产品总功能可以分解为各项子功能，子功能可以分解为目的功能和手段功能。目的与手段的关系是相对的。目的功能就自己实现的另一目的功能来说，又是手段功能；手段功能就实现自己的另一手段功能来说，又是目的功能。

5）上位功能与下位功能

上位功能与下位功能是目的功能与手段功能的代名词。它们之间的区别在于，目的功能与手段功能强调功能本身的目的与手段之间的关系，而上位功能与下位功能强调目的功能与手段功能在系统图上的位置关系。在前面的功能系统图中，上位功能居左，下位功能居右，两者相差一级。具有同一上位功能的多个下位功能称为同位功能。

6）中间功能与末位功能

既有手段功能又有目的功能的功能称为中间功能，只有目的功能没有手段功能的功能称为末位功能。

功能分解可以通过功能系统图来表现，其主要表现形式有以下两种类型。

（1）结构式功能系统图。

从产品整体、部件、组件直至零件进行逐级功能定义，然后依据相互间的目的手段关系和同位并列关系将各功能连接起来。这种连接方式由于功能区与产品、部件、组件结构完全对应，故把以这种方式建立起的功能系统图称为结构式功能系统图（见图 3–28）。

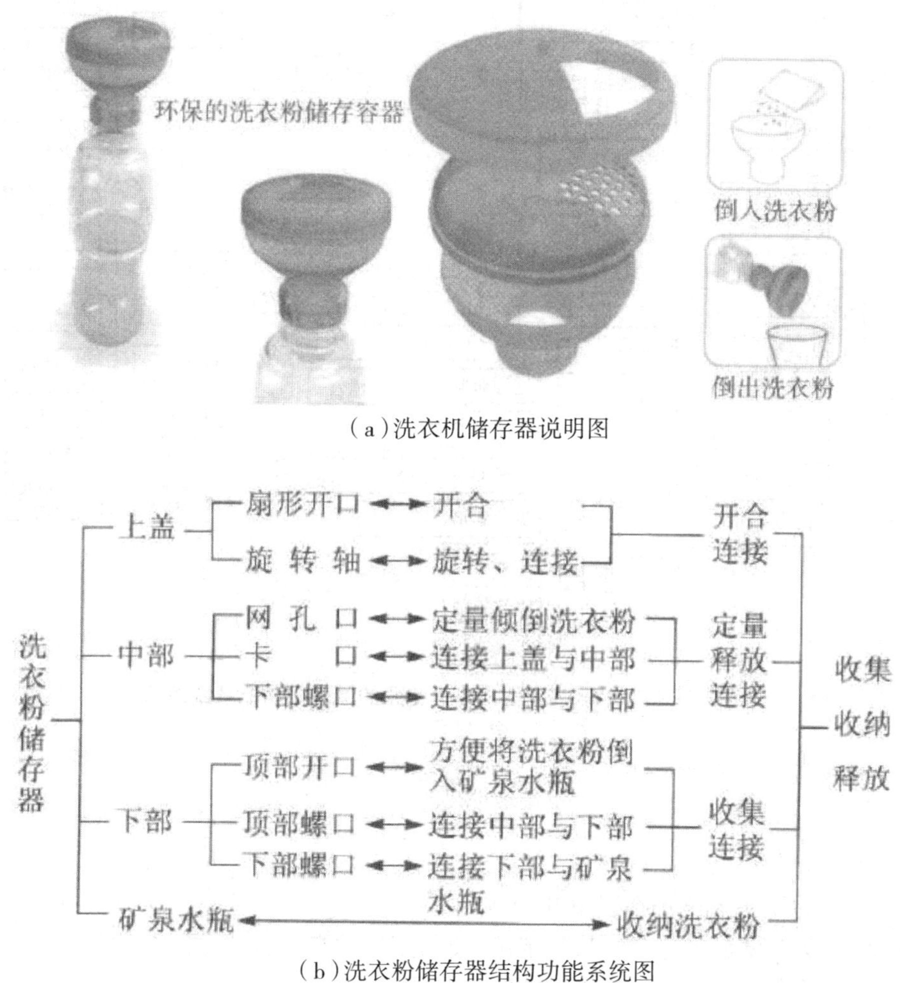

（a）洗衣机储存器说明图

（b）洗衣粉储存器结构功能系统图

图 3-28　洗衣粉储存器

（2）原理式功能系统图。

原理式功能系统图是指围绕产品整体功能的实现，以产品工作原理为内容，从抽象到具体逐级定义出中间功能，并根据目的手段关系和同位并列关系把零件或非解部件（不分解到零件进行功能定义的部件）的功能作为末位功能，分级分区地连接起来所构成的功能系统图（见图 3-29）[①]。

① 引自葛亚力的《新产品开发与项目管理》。

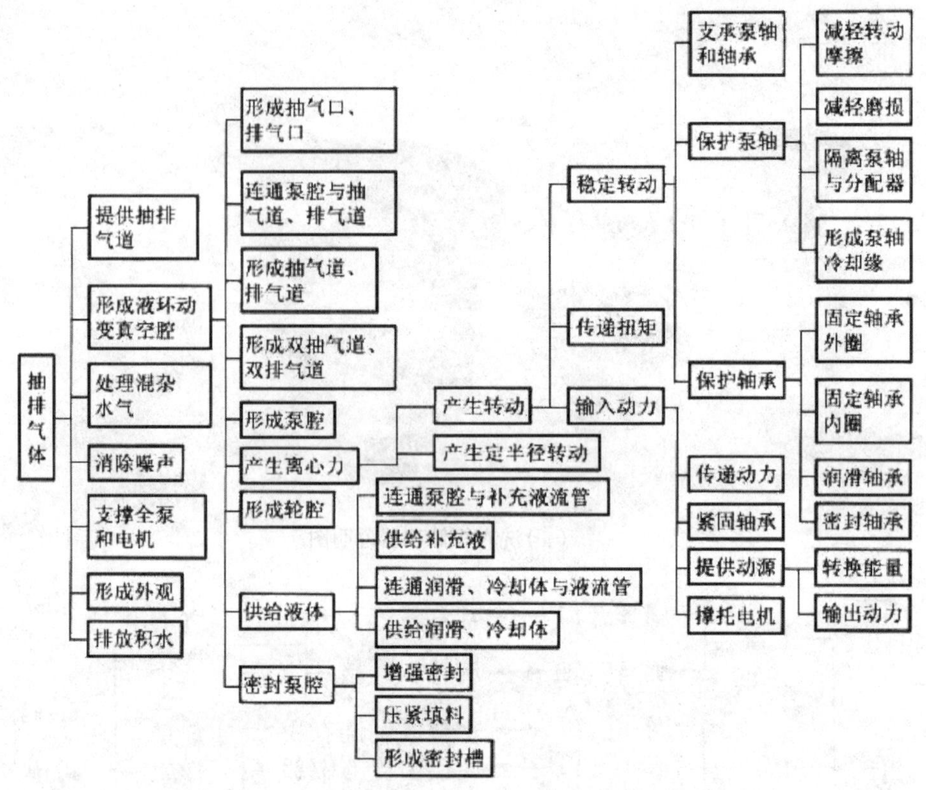

图 3-29　b2YK-27 型水环真空泵的原理式功能系统图

(四)功能的设定原则与表现形式

1. 功能的设定原则

功能的设定原则主要体现在以下几个方面。

(1)产品的功能设定要符合产品的定位,要与用户的需求相一致。

(2)设定的各个子功能要与整体功能的设定相一致。

(3)产品功能的设定要能够量化。以照明产品为例,设计者需要明确量化照明的亮度、照明的范围、照明的使用时间跨度、照明的亮度是否需要调节以及调节的级数等。

(4)产品功能的设定要完整、明确。首先,要明确各功能之间的关系;其次,要明确功能设计的重点,即设计点或产品的卖点。有时,新产品的设计点或产品的卖点并不一定是产品的整体功能,而是实现整体功能中的某个子功能或是产品的附属功能,但却是设计者在设计时需要投入主要精力的部分。明确功能设计的重点,能够使设计者分配好设计精力的投入。例如,手电是能够随身携带的照明用具,其功能是照明。大部分手电只在急需时被使用,而其内部的电池在长久不用时就会废置,既浪费,又会带来环保方面的隐患。图 3-30 中的“永久手电”,其核心功能是利用电磁力原理将动能转换为电能,人们只需要摇动电池手柄半分钟,机械能就能转换为电能,并提供 5 分钟的照明。而如果你甩动 5 分钟后,它将能提供整个夜晚的照明。这样,电池装卸的环节被轻而易举地省略,并解决了电池废弃所带来的环境污染问题。

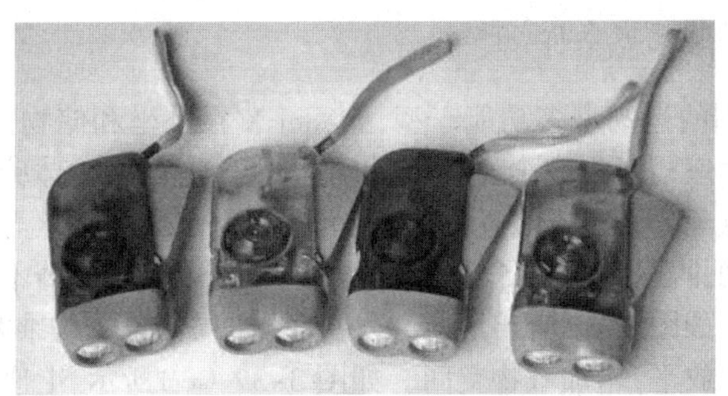

图 3–30　“永久手电”

2. 功能设定的表现形式

功能设定的表现是对调查、分析结果的表达，文字描述、图表形式表达、图文兼备甚至是动态的表达都是可以的。由于产品的功能系统设定的关系较为复杂，最好能够采用文字与图表结合的形式来表达，这样能够使表达的条理更为清晰，如功能系统图。在设计的不同阶段有不同的表达方式，并可以根据具体的项目和设计者的习惯来自行选择与调整。

另外，产品说明书也是表现产品功能设定的一种形式，它清晰地向用户讲解了产品的操作原理，并将所有与用户操作相关的功能和设定详细地描述出来。仔细观察、阅读你身边产品的各种说明书，你对产品功能的设定会有更深的了解。

四、功能设定的案例分析——2017 款 Tesla Model X

Tesla（特斯拉）Model X 2017 款是一款高性能、安全、智能的全尺寸 SUV。标配全轮驱动，最高续航里程可达 565 公里（100kWh 电池）。Model X 拥有宽敞的驾乘空间和储物空间，足以容纳 7 位成人及其随行装备。开启 Ludicrous 狂暴模式后，百公里加速仅需 3.1 秒。无论是实用性还是高性能，Model X 全都拥有（见图 3–31）。

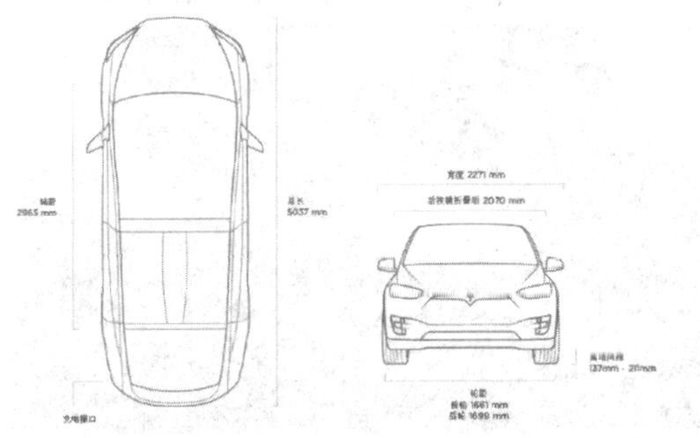

图 3–31　特斯拉 Model X

（一）座椅配置和储物能力分析

相比于其他同级别的运动型多功能车型，Model X 在乘坐和储物方面均更加出色。七座车型的第二排和第三排座椅可以完全折叠放平，在提供舒适的乘坐体验的同时，提供额外载物空间。Model X 有三种自定义座椅配置，可满足个人和家庭的个性化需求。如图 3-32（a）所示，为五座座椅布局，两排座椅，可供 5 位成人舒适乘坐。第二排座椅不使用时可折叠放平，增加额外内部载物空间。如图 3-32（b）所示，六座座椅布局使第三排乘客出入更加方便。第三排座椅不使用时可折叠放平，增加载物空间。如图 3-32（c）所示，七座座椅布局，提供最大化的载客和载物能力，可乘坐 7 位乘客。第二排和第三排座椅不使用时可折叠放平，增加额外载物空间。

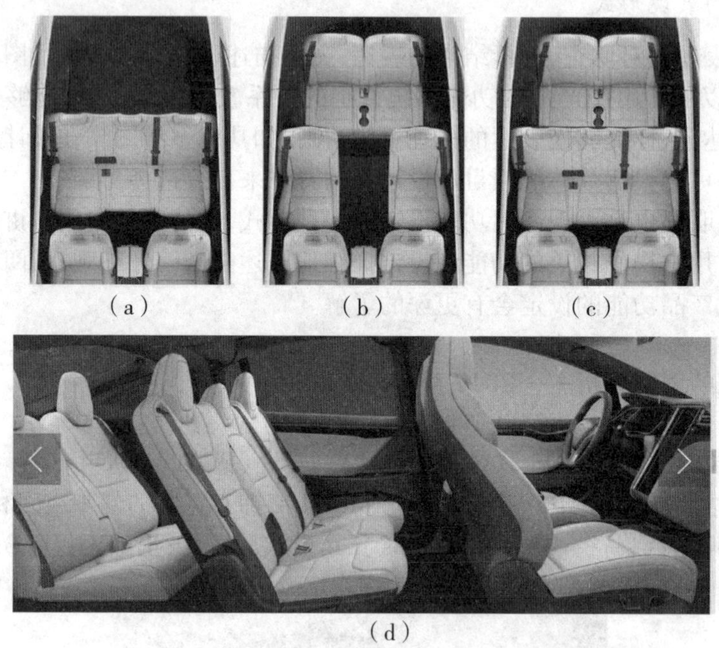
（a）（b）（c）（d）

图 3-32　座位布局

（二）储物空间分析

Model X 拥有超大容量的储物空间。搭载乘客后，仍可轻松容纳行李、自行车、折叠婴儿车和其他生活用品等(见图 3-33)。车前端还配有一个前备箱。

图 3-33　后备箱

（三）使用功能分析

Model X 安全至上，全系标配主动安全功能和硬件，为驾驶员提供宽阔而原来所目不能及的安全视野。八个环绕摄像头可提供 360 度视角，十二个超声传感器则可感应周围物体。前视雷达可穿透暴雨、浓雾、重度尘埃，以及前方车辆——通过全方位的实时监控，帮助预防意外发生。Model X 在 NHTSA 的每一个类别和子类测试中均荣获五星安全评级，乘员受伤害概率极低，在路上行驶的翻车概率远低于市面上其他 SUV（见图 3–34）。

图 3–34　性能分析

（四）主动安全防护

主动安全技术，包括侧撞预警和自动紧急制动，已开始通过软件更新推送（见图 3–35）。

（五）HEPA 空气过滤系统

HEPA 高效过滤网，有效阻隔空气中的花粉、细菌、病毒及污染物颗粒进入车厢内部。Model X 的空调系统提供 3 种模式供选择：外循环、内循环，以及“生物武器防御”模式；后者在车厢内增加气压以保护乘客安全（见图 3–36）。

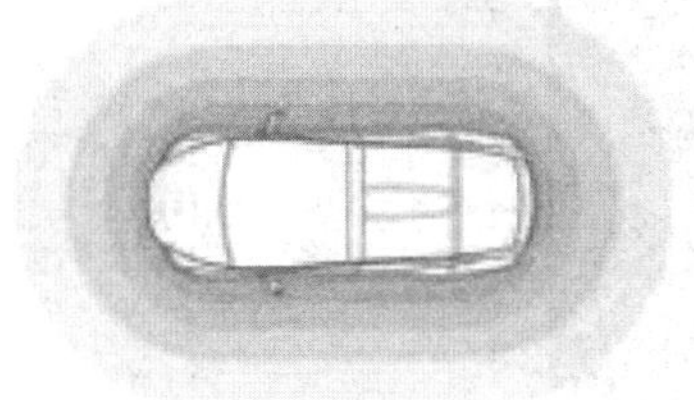

图 3–35　主动安全防护

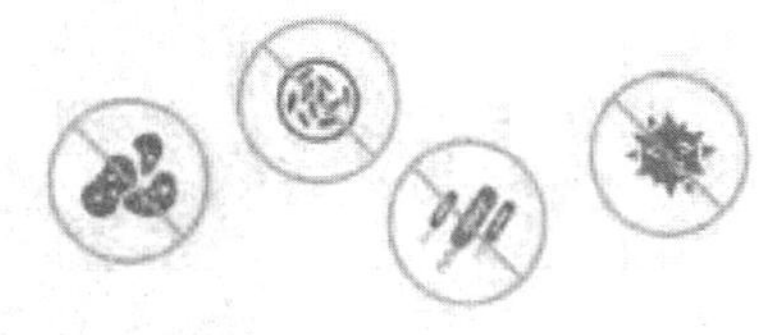

图 3–36　HEPA 空气过滤系统

（六）鹰翼门设计

鹰翼门（见图 3–37）的独特设计使第二、三排乘客即使在狭窄的泊车环境中也能轻松进出车厢，与传统 SUV 车门和 MPV 滑动门相比，提供了前所未有的便利。

鹰翼门采用双铰链设计，开启时先向上升起，之后向外展开，车身两侧各需 30 厘米宽的空间，乘客可由前后两个方向进入车厢。家长们无须弯腰低头即可轻松为宝宝扣上安全带，也无须担心宝宝的头磕碰到车顶。

(七)低风阻

Model X 的续航里程可达 565 公里,这部分得益于其超低的风阻系数——仅为 0.24,低于行业平均值 20%。

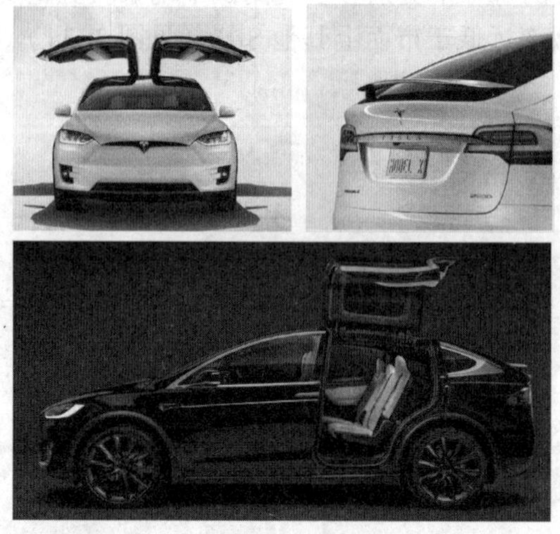

图 3-37　鹰翼门

(八)开阔的视野

Model X 拥有全景式挡风玻璃,整块玻璃从前舱盖根部一直延伸至车顶(见图 3-38)。置身驾驶舱内,天空和星辰一览无余。优化的防晒隔热玻璃膜,零阻碍的视野,为驾驶者及乘客带来无限开阔的视觉体验。

图 3-38　视野开阔

(九)科技功能

(1)通过空中升级(OTA)定期获得安全及导航方面的新功能,持续提升车辆性能,完善驾驶体验。

(2)可以使用特斯拉超级充电网络。

(3)车载地图和导航,提供实时路况信息。

（十）安全

（1）主动安全技术，包括侧撞预警和自动紧急制动，已开始通过软件更新推送电动全轮驱动，实现最高效率和最大牵引力。

（2）全 LED 前照灯。

（3）电动折叠、可加热的侧后视镜。

（4）最多 4 个 LATCH 儿童安全座椅接口。

（十一）便利

（1）全景挡风玻璃，提供无与伦比的开阔视野。

（2）鹰翼门的独特设计使第二、三排乘客即使在狭窄的泊车环境中也能轻松进出车厢。

（3）自动无钥匙进入。

（4）电动掀背尾门。

（5）超大内部空间：六座版高达 2180L。

（6）前备箱可放置小件行李。

第二节　产品功能概念设计

一、产品功能概念设计概述

概念设计是以用户需求为依据，在不考虑现有的生活水平、技术和材料的情况下，根据设计师的预见能力所达到的范围来考虑人们的未来，它以设计概念为主线贯穿全部设计过程。

概念设计中流露出的是设计师对未来潮流及生活方式的把握，这些概念往往成为今后潮流发展的风向标。每年的时装发布会、车展等活动中，都少不了概念产品，它们引导了人们对产品的思考，同时，消费者对它们的反应也成为设计者进一步设计的依据。

如图 3-39 所示，是一款颇具趣味的 iPhone 扩展槽的概念设计，它内置有投影仪，只要将 iPhone 插到插槽中，即可通过左右晃动 iPhone 的方式来随机浏览图片、视频和音频。由于内置有投影仪，因此图片会随着 iPhone 的摇晃随机洒落在桌面上，就像是流出来的水一样。当看到中意的多媒体文件后，只要轻轻点击一下，即可将其放大或开始播放。

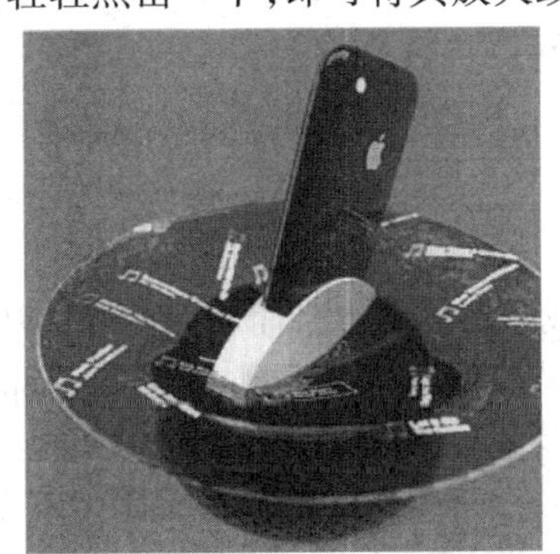

图 3-39　iPhone 扩展槽

如图 3-40 所示是奔驰 Biome 的概念车设计。奔驰 Biome 车型采用了非常独特的 1+2+1 的座椅布局，采用独特的 Biofibre 材料设计。Biofibre 材料是一种人工合成的新型材料，其重量远比金属轻得多，但是硬度却远超过钢材，这也是奔驰在新材料技术应用方面的拓展。

图 3-40　奔驰 Biome 概念车

二、产品功能概念设计程序

下面以锥形储水器 Watercone（简称“水锥”）的创意设计为例，来介绍产品开发设计的程序和方法。

该设计曾获得 JDEA · JF、Good Design 等多项国际设计大奖。与产品改良设计由产品问题驱动程序，即围绕特定产品缺陷或用户对产品新需求相比，产品创新设计程序的驱动力不具有特定的形式。因此，从设计问题求解的角度，设计师将面对一个非常大、非常复杂的问题空间和解决空间，并且由此也决定了由问题空间到解决空间（创意空间）路线（程序）的曲折性和复杂性（见图 3-41 ~ 图 3-43）。

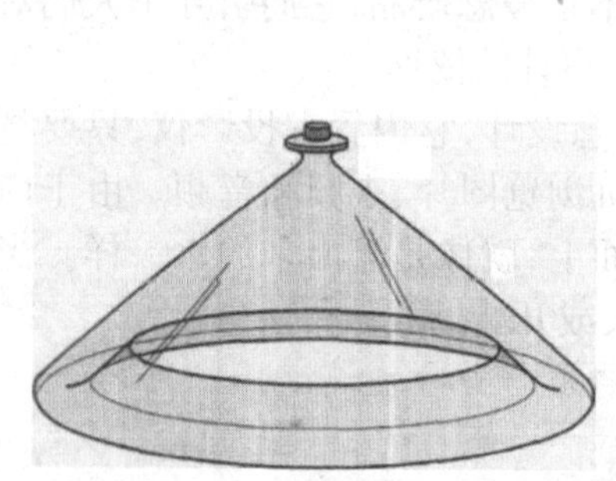

图 3-41　锥形储水器罩子

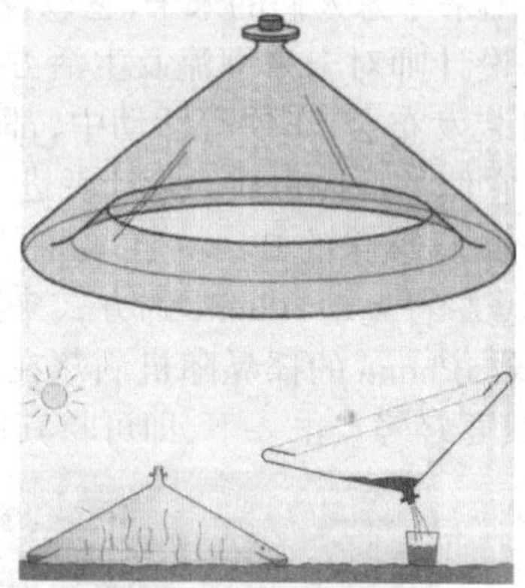

图 3-42　锥形储水器整体

图 3-43　锥形储水器的使用情景

水锥是一个可以将盐分从咸水里分离出来而产生淡水的巧妙装置，构造简单，所需驱动力仅仅是阳光。水锥创意来源于设计师斯蒂芬 · 奥古斯丁（Stephan Augus）对于饮用水资源的关注，“由于生态、经济、地理以及政治原因，全世界有 40% 的人（2.5 亿）无法得到清洁的饮用水”。世界儿童基金会也指出：“每天有 5000 名儿童因饮用不安全的水腹泻导致死亡。”

斯蒂芬 · 奥古斯丁是宝马的设计师，在做了几次环球旅行，了解到目前世界水资源的总体状况之后，他特意考察了目前世界水资源匮乏的地区，发现水资源匮乏的地区大都属经济不发达地区，如南太平洋、撒哈拉沙漠以南的非洲、中东等地。这些地区清洁的淡水资源不足，一般的海水脱盐方法复杂且需要不断的技术维护和支持，很难推广普及，但这些地区往往阳光充沛。由此，解决这些地区饮水困难的真正问题在于，如何设计一种生产成本低廉并且简单、高效的太阳能海水脱盐装置。因此，可以将这个概念分解为解决以下几个方面的问题：

（1）生产成本要低，不发达地区也能够消费得起；

（2）使用简单，能够适应不同的恶劣环境；

（3）以自然能源为基础，如太阳能。

（一）方案创意

方案创意是一个由发散到收拢，然后再进一步深化的过程。在这个过程中，由创新设计的性质所决定，其创新度要比改良设计高得多，所以在方案创意阶段设计师应该勇于原创、勇于摆脱固有思维模式的羁绊，去探索全新的解决方案。

在方案创意阶段，构思草图是除了记忆之外，大脑存储思维片段的一个重要形式。构思草图一般使用铅笔、钢笔、圆珠笔、马克笔等简单的绘图工具来进行绘制。尽管在以计算机为主导的信息时代里，电脑草图、电脑效果图以及摄影、视频技术等丰富了方案构思的表现手段，但草图作为设计师的工具语言，仍然是不可或缺的。这是因为，对方案的构思不能全凭思考来实现，更重要的是把思考的结果记录下来，并与他人进行交流和探讨。美国著名建筑设计师保罗·拉索就认为："视觉图像对有独创性的设计师的工作而言是个关键问题。他（设计师）必须依靠丰富的记忆来激发创作灵感，而丰富的记忆则依靠训练有素的灵敏视觉来获得。"构思草图正是担负着搜集资料和整理构思的任务，这些草图对拓展设计师的思路和积累设计经验都有着不可低估的作用。

除了构思草图外，草模也是设计中必不可少的媒介工具。草模是对方案进行快速修改和调整的前提之一，设计师可以运用草模迅速把构思转化为实际的三维存在物，从而以三维形体的实物来表达设计构思，并为与工程技术人员进行交流、研讨、评估以及进一步调整、改进及完善设计方案、检验设计方案的合理性提供有效的实物参照。

另外，设计师在这一阶段应该按照设计定位的要求，开始解决在设计初期就必须考虑的问题，这些问题包括确定产品的整体功能布局、框架结构和使用方式；初步考虑产品造型在美学与人机工程学方面的可行性；推敲材料的特性、成本和产品的生产方式。

（二）设计评估

在产品开发过程中，产品设计是基于团队决策的基础上的，如果不能在众多方案中筛选出符合设计目标的方案，那么就可能造成设计开发活动的无目的性和不确定性，从而导致大量时间和财力的浪费。因此，我们应当高度重视对设计概念的评估，并在评估时建立起一套科学、有效的设计评估机制来指导设计评估活动的进行。

1. 设计评估的标准

设计评估的目的是对设计方案中不明确的方面加以确定或者对待选方案是否达到最初的设计构想进行评价。要实现设计评估这一目的，就需要先建立起评估的标准。一般而言，设计评估标准的确定应考虑以下四个方面：

（1）技术方面：如技术上的可行性与先进性、工作性能指标、可靠性、安全性、宜人性、维护性以及实用性等。

（2）经济方面：如成本、利润、投资、投资回报期、竞争潜力、市场前景等。

（3）社会方面：如社会效益、对技术进步与生产力发展的推动、环保型资源的利用、对人们的生活方式与身心健康的影响等。

（4）审美方面：如造型、风格、形态、色彩、时代性、创造性、传达性、审美价值、心理效应等。

在设计实践中，往往会遇到这样的问题：参与产品开发的每一个成员对标准所包含的内涵可能会有不同的理解。因此，在标准设定开始时，就要在深入研讨的基础上形成关于标准的定义。要确定标准的准确定义，就要对评估标准包含的所有方面进行详细阐述和细化。例如，对于审美方面的产品色彩的定义就应当进行如下细化：色彩与功能和使用条件相吻合；色彩对比适度、协调；质地均匀、优良；色感视觉稳定，色彩区域形态的划分相一致。

2. 设计评估的方法

（1）排队法：该方法的基本思路是当出现众多方案而无法简单判断其中最佳方案时，将方案进行两两比较，其中较好方案打 1 分，较差的方案打 0 分。将总分求出后，总分最高者即为最佳方案，如表 3-1 所示，方案 B 为最佳。

（2）点评价法：该方法的特点是对各比较方法按方案所确定的评估标准进行逐一评估，并用符号“+”（即达到评估标准）、“-”（即未达到评价标准）、“？”（即条件不充分，需加以完整）、“!”（即重新检查设计）表示出来，根据评估的结果做出正确的选择。

（3）排序法：就是将每一个经过清晰定义的评估标准根据设计的侧重点不同而进行排序。我们可以采取坐标方式对设计方案的众多设计标准的重要性进行分析和评估。设定评定标准中的每一项满分为 5 分，各项围成的面积越大则该方案的综合评定指数越高，如图 3-44 所示，方案 B 的总体评价比方案 A 高。

表 3-1　方案比较表

方案＼方案	A	B	C	总分
A		0	1	1
B	1		1	2
C	0	0		0

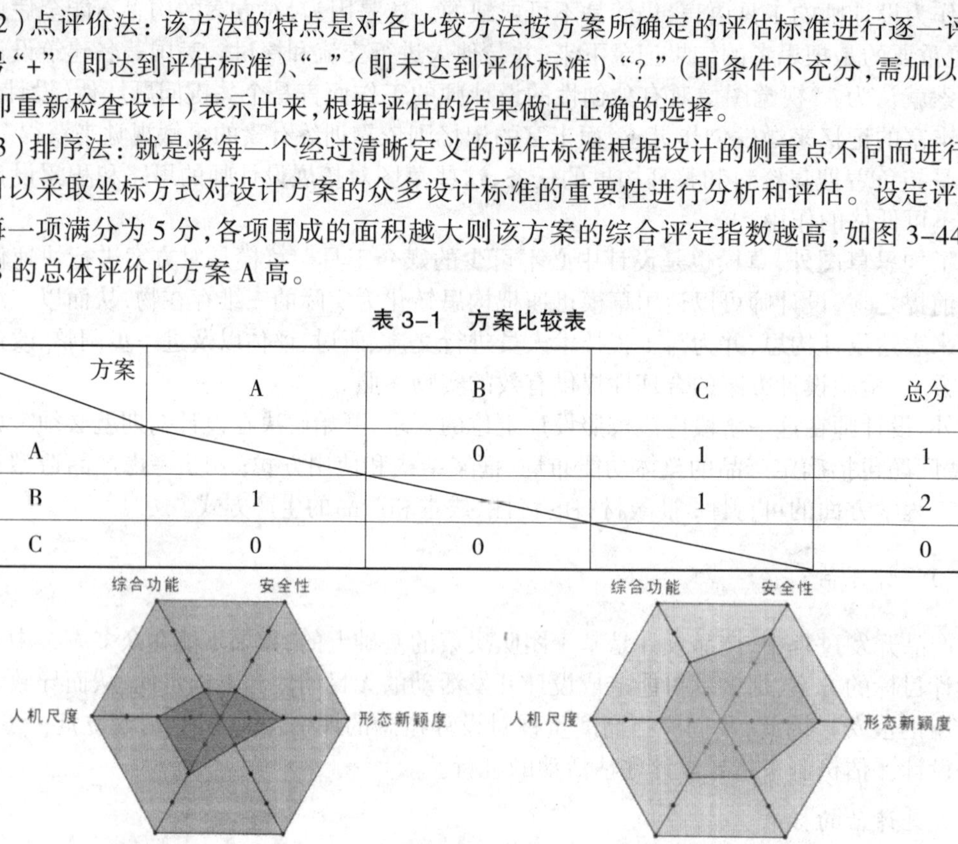

方案 A

方案 B

图 3-44　排序法

（4）语意区分评价法：是以特定的项目在一定的评价尺度内的重要性作为评价依据的主观判断方法。首先在概念上或意念上进行选择，进而明确评定的方向。一般地，将概念或意念用可判断的方式进行表达，如以语言文字进行说明，或用图片直接表达。其次是选定适当的评价尺度。最后拟定一系列对比较强烈的形容词供评判时参考。具体方法可以是将评价的问题列为意见调查表，并拟定若干个表明态度的问题，评估者对各问题的回答分为“很同意”“同意”“不表态”“不同意”“很不同意”五种。

计分时，越趋向正面意义的分数，其分值越高；反之，分值越低。分析时，以“累积和”分值的高低作为计算标准（见图 3–45）。

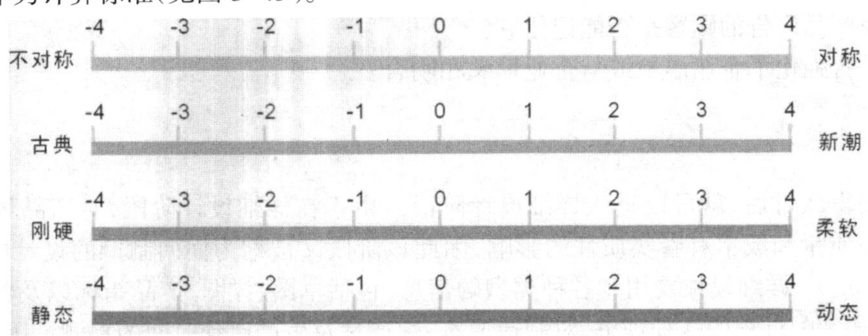

图 3–45　语意区分评价表

从一般语意区分评价表可以看出，通过语意上的差别来评价产品造型质量，使所选的方案接近原产品计划的目标和市场性，这是语意区分评价法所发挥的重要作用。

（5）设问法：就是采用提问的方法来对方案进行评估。对方案的提问可以参照如下五个方面进行：

①用户界面的质量。

产品的特征是否将其操作方法有效地传达给用户？

产品的使用是否直观？

所有的特征是否都安全？

是否已经确认了所有的潜在用户和产品的使用方法？

与具体产品相关的问题举例：把手舒适吗？旋钮能否容易而顺畅地旋转？电源开关容易找到吗？显示的内容是否容易读懂？

②情感吸引力。

产品是否具有吸引力，它是否令人向往和打算拥有？

产品是否表达出产品应具有的品质感？

用户第一眼看到它时，能产生何种印象？

产品是否能激起拥有者的自豪感？

与具体产品相关的问题举例：家用空调器是否与家庭的氛围相匹配？汽车门关闭时的声音如何？该手动工具是否感觉坚固耐用？

③维护和修理产品的能力。

产品的维护是否简便易行，是否一目了然？

产品的特征是否把拆卸和安装步骤有效地传达给用户？

与具体产品有关的问题举例：更换该产品（手机、MP3 播放器……）的电池是否困难？拆卸和更换打印机的墨盒是否困难?

④资源的合理使用。

在满足客户需求时,资源的使用情况如何?

材料选择是否合适(从成本和质量的角度分析)?

产品是否存在"过度设计"或"设计不足"的问题?

产品设计中是否考虑了环境、生态因素?

⑤产品形象。

在商场中,顾客是否可以根据外观将它选出?

看过该产品广告的顾客是否能记住它?

产品是否强化了企业形象或与企业形象相吻合?

(三)详细设计

方案获得认可后,就可以进入详细设计阶段。由于在详细设计阶段,对产品细节的设计决策对产品质量和成本有着实质性的影响,因此该阶段又被称为面向制造的设计(design for manufacturing)。详细设计要用到各种类型的信息,包括草图、详图、产品指标以及各种备选设计,对生产和装配过程的详细理解,对制造成本、生产量及生产启动时间的预测。因此,详细设计阶段是产品开发中涉及最广泛的综合活动之一,需要设计师与工程师、会计、生产人员密切合作未完成产品的设计。

在该阶段,产品的基本形态已经确定,现在面临的任务是对产品的细节进行推敲和完善,以及对产品的基本结构和主要技术参数进行确定,并根据已定案的造型进行工艺上的设计和原型制作。详细设计阶段对于产品设计师而言,主要有以下两个方面的工作需要完成。

1. 设计制图

设计方案最终确定后,就进入了设计制图阶段。设计制图包括外形尺寸图、零部件结构尺寸图、产品装配尺寸图以及材料加工工艺要求等。设计制图为后续工程结构设计提供了依据,也是对产品外观造型进行控制,所有后续设计都必须以此为基准,因此这些图纸的绘制必须严格遵照国家有关标准进行。

2. 模型(原型机)制作

检验设计成功与否,一般情况下利用模型就可以实现。但是为了更好地研究技术实现上的可行性,制作一台能充分体现造型和结构、能实现产品全部功能的原型机不失为一个最好的选择。原型机可以将产品的真实面貌充分显现出来,并可以将在绘制草图和制作草模阶段所不曾发现的问题暴露出来。因此,制作模型及样机本身就是详细设计的一个环节,是对设计方案进行深入研究的一个重要方法。通过模型的制作,一方面可以对设计图纸进行检验和修正,另一方面也为最后的设计方案定型提供了依据,同时为后续模具设计的跟进提供了参考。

(四)产品测试

方案细化后制作样机,并对样机进行人机工程学、使用寿命、市场反应、功能实现和维修等测试,针对测试中暴露出来的问题对方案做进一步改进,使产品在投入生产后的风险减至最低。

产品测试通常以如下三种形式依次进行：

（1）第一种形式是将设计方案同最初设计目标进行比较。对产品的测试应当由营销部门或一个单独的新产品管理小组来完成。这一技术工作需要得出产品原型与设计目标之间的差别，然后再与设计人员进行协商，如果产品原型同设计目标的差别可以被接受，就要对产品原型进行第二种测试，即重复进行早期的概念测试。

（2）第二种形式是产品原型概念测试。通过该测试来获得必要的数据，以决定是否对现有的设计概念进行调整。这是因为，随着设计开发时间的推移、设计人员的变更以及市场趋势的变化，已有的产品原型可能与设计目标不一致。在这一步工作中，设计人员的主要任务是去探寻消费者以及用户对产品原型的各种反应，而访谈是普遍采用的方式。产品原型通过概念测试就可以进一步更为深入的技术开发工作，从而使产品测试工作进入产品使用测试阶段。

（3）第三种形式是产品使用测试。产品使用测试的目的可以归结为以下五个方面：

①履行设计目标。

②获得对产品改进的设想。一直到产品投入市场的最后一刻都有可能得到完善产品性能或者降低成本的方法，产品使用测试可为其提出许多建议。

③了解消费者使用产品的方法。

④核对设计要求。设计人员要解决出现的各种问题，并在测试阶段对各种设计要求进行核对。

⑤揭示产品弱点。在不了解产品弱点的情况下，不能进行产品营销活动，而产品使用测试正是揭示这些弱点的，这就要求设计人员具有创造性和理性思维能力。

对产品原型进行全面测试后，就要结合测试中发现的问题进行修改，如功能、操作方式的改进，模具结合的合理性、经济性、安装方式、安装流程、安全性等。在上述修改工作完成后，就可以将产品的准确数据移交给制造部门，进行模具加工或小批量试产。

锥形储水器的设计阶段就是一个多次迭代、多次反复的过程。设计是充分利用发散—收敛式思维，寻求解决问题的最优解，并为此不断地进行设计创意、评价和实验。

为了能够更加有效地获得可行性设计创意，奥古斯丁认为，设计创意的提出必须遵守产品的价格成本足够低廉，并能够在众多产品中取得成功的原则。起初，奥古斯丁想到了沙漠生活中人们常用的蒸馏水方法，即在向阳的位置挖一个宽 1 米、深 0.5 米的土坑，在坑地放一个用于储水的器皿，为增加水分，在坑内铺上新鲜的植物，用透明塑料薄膜盖在坑面上，并在器皿正上方压上重物，使薄膜成倒锥形。一段时间后，土壤和植物里的水分就会因温差蒸发出来凝结到薄膜上，再形成水滴，顺着斜面流入器皿。

根据这个传统方法，他设计出第一代产品，试图用一个方框内的倒角锥装置来进行蒸馏和凝结。为了对这个创意的可行性进行试验，他在真实环境中对该装置进行试验，经过反复的沙漠测试，揭示了该装置存在的主要问题：该装置的确可以凝结水，但 1/3 的水凝结在方形外壁上又流回了沙地；轻型的塑料容器不够防风，很难固定。

虽然第一个创意的装置及测试没有获得成功，但却为进一步开展设计取得了重要信息，此后，奥古斯丁继续寻找解决问题的设计创意。2001 年 2 月，奥古斯丁由容器的形状方面想到了一个具有突破性的创意，他将容器的造型改为锥形，并在顶部装一个螺帽流口，底部配一个向内倾斜的环形集水槽底座，锥体由两片材料胶合在一起。然后，他亲手制作了一个简单的木制模型来测试这一创意。尽管这个创意很令人兴奋,解决了上一个创意中水滴外流及稳定性差等问题,但是相互连接的两片材料容易裂开,边缘常易沾上泥土。因此,这个创意仍然需要进一步的改进。

为了解决两片材料容易开裂的问题,同时要保证不增加产品生产的成本,奥古斯丁考虑了各种吹模成型的方法,但因为生产过程一些几何和物理学的原因,始终不能够将设计创意付诸实践。最后,在综合考虑材料、造型、成型工艺等多方面的因素并继续经历了100多次试验之后,他终于找到了实现锥体成型的方法,即采用一个真空的锥形工具,用一片材料来生产出锥形。奥古斯丁掌握了水锥成型时所需要的正确的温度和空气流速,并使用真空工具模型生产出第一个水锥。该水锥是由透明热成型聚碳酸酯制成的圆锥形自承重稳定装置,顶部装有一个螺帽流口,还有一个向内倾斜的环形集水槽底座。

水锥可以将盐分从咸水里分离出来而产生淡水,而需要的唯一动力就是阳光。这个装置的构造简单,相对于其他复杂的脱盐设备,其售价低廉、容易维护。水锥使用很简单,往配套的黑色平底盘内倒上3～5升咸水,将水锥罩在底盘上方,在阳光下黑色底盘吸收热量蒸发水分,水蒸气凝却在锥形罩上,并顺着罩子流下聚集在锥形罩底部的槽中。收集满后,快速地倒转锥形罩,拧开顶部的盖子,就可以收集蒸馏出的淡水了。

除了与黑色底盘配套使用,水锥也可以单独使用,将其放在一块沼泽湿地或者潮湿的土地上,也能够收集干净的淡水。

水锥经过使用和环境测试,被证明非常有效,每个水锥一天最多能够收集15升饮用水。同时,水锥的圆锥外形也接受了风洞测试,能够经受时速55公里的大风考验。此外,因为聚碳酸酯具有抗紫外线的功能,它有5年的使用期限,在这之后,还可以将它翻转过来做漏斗,用来收集雨水。

第三节 产品的开发设计与品质改良创新

一、产品的开发设计

产品的开发设计是指从研究选择适应市场需要的产品开始到产品设计、工艺制造设计,直到投入正常生产的一系列决策过程。

(一)产品开发设计的主体

产品开发是一项跨学科的活动,它需要企业中几乎所有职能部门的参与。以下三种职能在产品开发项目中处于核心地位。

(1)市场营销:市场营销职能协调着企业与顾客之间的关系。营销往往有助于识别产品机会、确定细分市场、识别顾客需求。还可加强企业与顾客之间的沟通、设定目标价格、监督产品的发布和推广工作。

(2)设计:设计职能在确定产品的物理形式以最好地满足顾客的需求方面发挥着重要作用。本书所述设计职能包括工程设计(机械、电子、软件等)和工业设计(美学、人机工程、用户界面等)。

(3)制造:制造职能主要包括为生产产品而开展的生产系统的设计、运营和协调工作。广义的制造职能还包括采购、配送和安装。这一系列的活动有时也称为供应链(supply chain)。

在这些职能中不同的个人通常在某些领域(如市场调研、机械工程、电子工程、材料科学或制造运营)接受过专门培训。新产品的开发过程通常也会涉及财务、销售等其他辅助职能。除了这些广泛的职能类别外,一个开发团队的具体组成还取决于产品的具体特性。

很少有产品是由一个人单独开发的。开发一个产品的所有个人的集合组成了项目团队(project team)。这个团队通常有一个团队领导,他可能从企业的任何职能部门中被抽调出来。这个团队可以由一个核心团队(core team)和一个扩展团队(extend team)组成。为了高效地协同工作,核心团队通常保持较小的规模,而扩展团队可能包含几十、几百甚至上千个成员。(虽然"团队"这个术语不适合数千人的群体,但是在这里我们还是用了这个词,以此强调一个群体必须为一个共同的目标而工作。)在大多数情况下,企业内部的团队将获得来自伙伴公司、供应商和咨询公司中个人或团队的支持。例如,在一种新型飞机开发中,外部团队成员的数量可能比出现在最终产品上的公司内部团队数量更多。图 3-46 显示了一个中等复杂程度的机电产品开发团队构成。本书假定团队处于公司内部。事实上,一个以盈利为目标的制造企业是最常见的产品开发机构形式,但其他形式也有可能存在。产品开发团队有时在咨询公司、大学、政府机构和非营利性组织中工作。

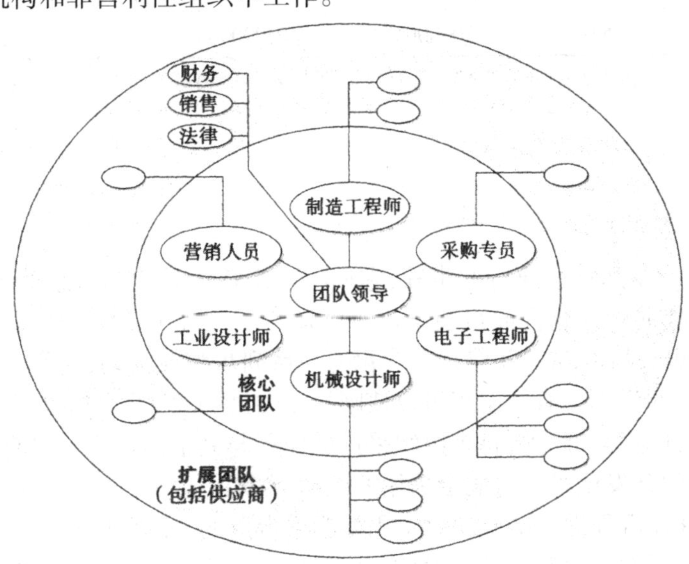

图 3-46 一个中等复杂程度的机电产品开发团队构成

(二)产品开发的周期与成本

大多数缺乏产品开发经验的人都会对产品开发所需的时间和资金感到吃惊。事实上,很少有产品能在 1 年内开发出来,很多产品开发需要 3 ~ 5 年的时间,有些甚至长达 10 年之久。

产品开发的成本大致与项目团队的人数和项目持续的时间成正比。除了开发成本,企业还要在生产所需的工具和设备方面进行投资。这部分花费往往占产品开发总预算的 50%,但是,有时可以把这些成本视为生产中固定成本的一部分。生产投资与开发成本如表 3-2 所示,仅供参考。

表 3-2　生产投资与开发成本表

	螺丝刀	Rollerblade 一字溜冰鞋	惠普台式打印机	大众新甲壳虫小汽车	波音 777 客机
年产量	100000(把)	100000(双)	4000000(台)	100000(辆)	50(架)
销售生命期(年)	40	3	2	6	30
销售价格(美元)	5	150	130	20000	2.6 亿
特殊零件的数量(件)	3	35	200	10000	130000
开发时间(年)	1	2	1.5	3.5	4.5
内部开发团队最大规模(人)	3	5	100	800	6800
外部开发团队最大规模(人)	3	10	75	800	10000
开发成本(美元)	150000	750000	50000000	4 亿	30 亿
生产投资(美元)	150000	1000000	25000000	5 亿	30 亿

注: 五种产品的属性和相关的开发工作; 所有数据都是公开资料或企业内部人士提供值的近似。

(三)产品开发的流程与组织

1. 产品开发的流程

一个流程就是一系列顺序执行的步骤,它们将一组输入转化为一组输出。大多数人比较熟悉物理流程,如烤蛋糕的流程或组装小汽车的流程。产品开发流程(product development process)是企业构想、设计产品,并使其商业化的一系列步骤或活动,它们大都是脑力的、有组织的活动,而非自然的活动。有些组织可以清晰界定并遵循一个详细的开发流程,而有些组织甚至不能准确描述其流程。此外,每个组织采用的流程与其他组织都会略有不同。实际上,同一企业对不同类型的开发项目也可能会采用不同的流程。

尽管如此,对开发流程进行准确的界定仍是非常有用的,原因如下。

(1)质量保证: 开发流程确定了开发项目所经历的阶段,以及各阶段的检查点。若这些阶段和检查点的选择是明智的,那么,遵循开发流程就是保证产品质量的重要方法。

(2)协调: 一个清晰的开发流程发挥着主计划(master plan)的作用,它规定了开发团队中每一个成员的角色。该计划会告诉团队成员何时需要他们作出贡献,以及与谁交换信息和材料。

(3)计划: 开发流程包含了每个阶段相应的里程碑,这些里程碑的时间节点为整个开发项目的进度确定了框架。

(4)管理: 开发流程是评估开发活动绩效的基准。通过将实际活动与已建立的流程进行比较,管理者可以找出可能出现问题的环节。

（5）改进：详细记录组织的开发流程及其结果，往往有助于识别改进的机会。

基本的产品开发流程包括六个阶段，如图 3–47 所示。该图包括每个阶段中关键职能的主要任务和职责。

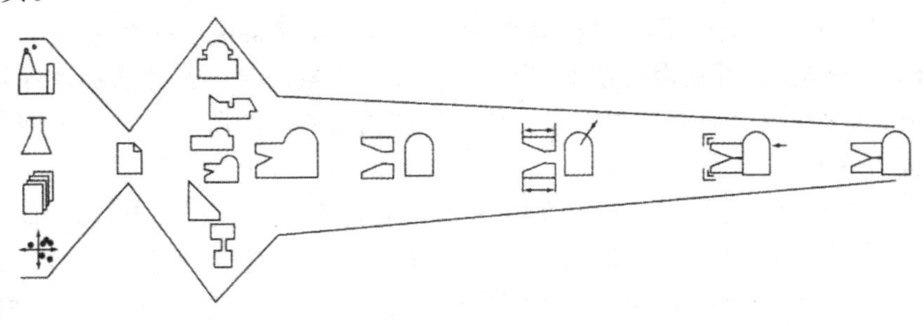

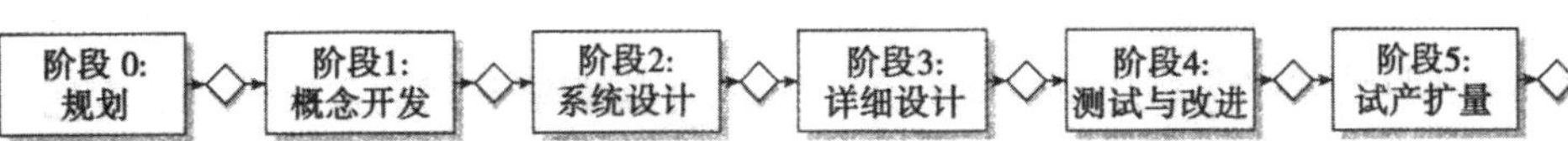

部门	阶段 0：规划	阶段1：概念开发	阶段2：系统设计	阶段3：详细设计	阶段4：测试与改进	阶段5：试产扩量
市场营销部门	• 表述市场机会 • 定义细分市场	• 收集顾客需求 • 识别主要用户 • 识别竞争产品	• 编制产品选择和扩展的产品系列计划	• 编制市场营销计划	• 改进和优化物料 • 便利现场测试	• 向关键顾客提供早期产品
设计部门	• 考虑产品平台与产品架构 • 评估新技术	• 调查产品概念的可行性 • 开发工业设计概念 • 建立并测试实验原型机	• 开发产品架构 • 定义主要子系统及接口 • 优化工业设计 • 初步的部件工程	• 确定零件几何形状 • 选择原材料 • 分配公差 • 完成工业设计控制文件	• 测试全部的性能、可靠性、耐久性 • 获取监管机构的批准 • 评估环境影响 • 实施设计变更	• 评估早期的产出
制造部门	• 识别生产限制 • 制定供应链策略	• 评估制造成本 • 评估生产可行性	• 确定关键部件的供应商 • 进行自制–外购分析 • 确定最终装配方案	• 定义部件生产流程 • 设计工艺装备 • 确定质量保证流程 • 开始长周期工艺装备的采购	• 启动供应商生产活动 • 完善制造与组装流程 • 培训员工 • 改进质量保证流程	• 开始整个生产系统的运行
其他职能部门	• 研究：证实现有的技术 • 财务：提供计划目标 • 常规管理：分配项目资源	• 财务：便于经济分析 • 法律：调查专利问题	• 财务：自制–外购分析 • 服务：确定服务问题		• 销售：编制销售计划	• 总体管理：进行项目后评估

图 3–47　基本的产品开发流程

该流程开始于规划阶段，该阶段将研究与技术开发活动联系起来。规划阶段的输出是项目的使命陈述，它是概念开发阶段的输入，也是开发团队的行动指南。产品开发流程的结果是产品发布，这时产品可在市场上购买。

产品开发流程的一种思路是：首先建立一系列广泛的、可供选择的产品概念，随后缩小可选择范围，细化产品的规格，直到该产品可以可靠地、可重复地由生产系统进行生产。需要注意的是，尽管生产流程、市场营销计划以及其他有形输出会随着开发的进展而逐渐变化，但是，识别开发阶段的主要依据是产品的状态。

另一种产品开发流程的思路是：将其作为一个信息处理系统。这个流程始于各种输入，如企业的目标、战略机会、可获得的技术、产品平台和生产系统等。各种活动处理着开发信息，形成产品规格、概念和设计细节。当用来支持生产和销售所需的所有信息开始创建和传达时，开发流程也就结束了。

第三种思考方式是：将开发流程作为一种风险管理系统。在产品开发的早期阶段，各种风险被识别并进行优先排序。在开发流程中，随着关键不确定性因素的消除和产品功能的验证，风险也随之降低。当产品开发流程完成时，团队对该产品能正常工作并被市场接受充满信心。

图 3-47 也明确了在产品开发的每个发展阶段，不同职能部门的主要活动和责任。市场营销、设计和制造贯穿于整个开发流程，其他职能部门（如研究、财务、现场服务和销售）在开发流程中的特定时间点也发挥了重要的作用。

基本产品开发流程的六个阶段如下：

（1）规划：规划活动通常被称为“零阶段”，因为它先于项目审批和实际产品开发流程的启动。这个阶段始于依据企业战略所做的机会识别，包括：技术发展和市场目标评估。规划阶段的输出是该项目的使命陈述，详述产品目标市场、业务目标、关键假设和约束条件。

（2）概念开发：概念开发阶段识别了目标市场的需求，形成并评估了可选择产品的概念，然后选择出一个或多个概念进行进一步开发和测试。概念是对一个产品的形式、功能和特征的描述，通常伴随着一系列的规格说明、对竞争产品的分析以及项目的经济论证。

（3）系统设计：系统设计阶段包括产品架构（architecture）的界定，将产品分解为子系统、组件以及关键部件的初步设计。此阶段通常也会制订生产系统和最终装配的初始计划。此阶段的输出通常包括：产品的几何布局、产品每个子系统的功能规格以及最终装配流程的初步流程图。

（4）详细设计：详细设计阶段包括产品所有非标准部件几何形状、材料、公差等的完整规格说明，以及从供应商处购买的所有标准件的规格。这个阶段将编制工艺计划，并为即将在生产系统中制造的每个部件设计工具。此阶段的输出是产品的控制文档（control documentat ion），包括：描述每个部件几何形状和生产模具的图纸或计算机文件；外购部件的规格；产品制造和组装的流程计划。贯穿于整个产品开发流程（尤其是详细设计阶段）的三个关键问题是：材料选择、生产成本和稳健性（robust）。

（5）测试与改进：测试与改进阶段涉及产品多个试生产版本的创建和评估。早期（alpha，简称 α）原型样机通常由生产指向（production-intent）型部件构成，“生产指向型”部件是指那些与产品的生产版本有相同几何形状和材料属性，但又不必在实际生产流程中制造的部件。要对口原型进行测试，以确定该产品是否符合设计并满足关键的顾客需求。后期（beta，简称 β）原型样机通常由目标生产流程提供的零部件构成，但装配过程可能与目标的最终装配流程不完全一致。β 原型将进行广泛的内部评估，通常也被顾客在其使用环境中测试。β 原型的目标通常是回答关于产品性能及可靠性的问题，以确定是否对最终产品进行必要的工程变更。

（6）试产扩量（production ramp-up）：在试产扩量（或称为生产爬坡）阶段，产品将通过目标生产系统制造出来。该阶段的目的是培训员工、解决生产流程中的遗留问题。该阶段生产出来的产品，有时会提供给目标顾客，并仔细评估以识别存在的缺陷。从试产扩量到正式生产的转变通常是渐进的。在这个转化过程中的某些点，该产品发布并广泛分销。项目后评估（postlaunch proiect review）可能在发布后的很短时间内进行，包括从商业和技术的视角评价项目，意在识别项目改进的途径。

2. 产品开发组织

除了精心编制一个有效的开发流程，成功的企业还必须组织其产品开发人员，有效地实施流程计划。以下将介绍几种用于产品开发的组织，并为如何选择提供指引。

1）通过建立个人之间的联系形成组织

产品开发组织是一个将单个设计者和开发者联系起来成为团队的体系。个体之间的联系可以是正式的或非正式的，包括以下类型：

（1）报告关系：报告关系产生了传统的上下级关系，这是组织结构图上最常见的正式联系。

（2）财务安排：个体通过成为同一个财务实体的一部分联系在一起，如一个商业单元或公司的一个部门。

（3）物理布局：人们因共享办公室、楼层、建筑或场所而产生联系。这种联系产生于工作中的自然接触，因此常常是非正式的。

任何特定的个体都可能通过不同的方式与其他个体联系在一起。例如，一个工程师可能会通过报告关系与另一座大楼里的另一个工程师联系在一起，同时他通过物理布局与坐在隔壁办公室的一个市场营销人员相联系。最强的组织联系通常是那些涉及绩效评估、预算和其他资源分配的联系。

2）依据职能和项目之间的联系形成组织

如果不考虑组织之间的联系，个人可通过两种不同的方式进行分类：

（1）根据职能分类。职能（在组织术语中）指的是一个责任范围，通常涉及专业化的教育、培训或经验。产品开发组织中，传统的职能为市场营销、设计和制造。比这些更精细的划分还包括市场研究、市场策略、应力分析、工业设计、人因工程、流程开发和运营管理。

（2）根据项目分类。无论职能如何，每个人都会把他们的专业知识应用到具体的项目中。在产品开发中，项目就是一个特定产品开发流程中的一系列活动，如识别顾客需求、生成产品概念。

注意，这两个分类一定是有重叠的：来自不同职能部门的人将在同一项目工作。此外，虽然大多数人都只与一个职能相关，但他们可以为多个项目工作。依据职能或项目之间的组织联系，形成了两种传统的组织结构：在职能式组织（functional organization）中，组织中的联系主要产生于执行相似职能的人之间；在项目式组织（project organization）中，组织联系主要产生于在同一个项目工作的人之间。

例如，严格的职能式组织可能包括一组市场营销专业人员，他们共享相似的培训和专业知识。这些人都向同一个经理报告，这个经理将对他们进行评估并设定他们的薪酬。这组人有自己的预算，且在大楼的同一个位置办公。这个市场营销小组可能涉及许多不同的项目，但与每个项目团队的其他成员不会有较强的组织联系。设计和制造也会有类似的小组。

严格的项目式组织由若干小组构成,小组成员来自不同的职能部门,每个小组专注于开发一个特定的产品(或产品线),分别向一个有经验的项目经理汇报,该项目经理可能来自任一职能领域。由项目经理进行项目的绩效评估,团队成员通常会尽可能地安排在同一位置,以便他们在同一间办公室或大楼的同一区域工作。新的合资企业或“创业”企业就是项目组织的典型例子:每一个人(无论其职能)都被安排在同一个项目中(即新企业的创办和新产品的开发中)。在这些情况下,总裁或CEO都可以看作项目经理。当需要专注完成一个重要的开发项目时,新成立的企业有时可以组成一个拥有该项目所需资源的老虎队(tiger team)。

矩阵式组织(matrix organization)结构是职能式和项目式组织的混合体。在矩阵式组织中,每个人同时依据项目和职能联系到一起。通常情况下,每个人都有两个上级,一个是项目经理,另一个是职能经理。实际上,在矩阵式组织中,项目经理与职能经理之间的联系更加紧密,这是因为,职能经理和项目经理都没有独立预算的权力,他们不能独立地评估、决定下属的薪酬,并且职能组织和项目组织也不易从形式上组合在一起。因此,无论是职能经理还是项目经理,都有试图占据主导地位的倾向。

矩阵式组织有两种形式:“重量级”项目组织(heavyweight proiect organization)和“轻量级”组织项目(lightweight project organization)。“重量级”项目组织中,项目经理的权力更大。项目经理有完全的预算权,在评估团队成员绩效和决定主要资源分配方面有更大的发言权。虽然项目参与者也属于各自的职能组织,但职能部门经理的权力和控制力相对较弱。在不同的行业,“重量级”项目团队可能被称为集成产品团队(Integrated Product Team, IPT)、设计构建团队(Design-Build Team, DBT)或产品开发团队(Product Development Team, PBT),这些术语强调了团队之间跨职能的特性。

“轻量级”项目组织中含有较弱的项目联系和相对较强的职能联系。在这种组织结构中,项目经理是一个协调者和管理者。权力较弱的项目经理负责更新进度、安排会议、帮助协调,但他在项目组织中并没有真正的权威和控制力。职能部门经理需要负责预算、人员招聘和解聘以及绩效评估。图3-48显示了职能式和项目式组织,以及“重量级”项目和“轻量级”项目组织。为简化起见,图中列出了三种职能和三个项目。

在这里我们把项目团队视为主要的组织单位。在这种情况下,团队即参与该项目的所有人,不考虑产品开发成员的组织结构。在职能式组织中,团队包含了来自所有职能小组的人,这些人除了参与共同的项目外,没有任何其他组织联系。在其他组织中,团队对应一个正式的组织实体——项目组,并有正式任命的经理。因此,团队概念更强调矩阵式和项目式组织,而不是职能式组织。

3)选择组织结构

组织结构的选择取决于对成功最为关键的组织绩效因素(图3-48)。职能式组织有利于职能领域的专业化发展,培养出有深厚功底的专家。项目式组织有利于不同职能之间快速、有效的协调。矩阵式组织作为一个混合体,可使职能式和项目式组织的特点都有所体现。以下问题有助于指导组织结构的选择:

(1)跨职能整合有多重要?职能式组织可能会出现难以协调跨职能领域的项目决策。由于跨职能团队成员间的组织联系,项目式组织使得强大的跨职能整合得以实现。

(2)尖端的职能专业知识对企业成功有多关键?当学科专业知识必须在几代产品中开发和保留时,一些职能联系是必要的。例如,在一些航天企业中,计算流体动力学是非常关键的,因此负责流体动力学的人按职能的方式组织，以确保企业在该领域能力最佳。

（3）在项目的大部分时间里，是否每个职能的人都可以充分发挥作用？例如，在项目周期的一小部分时间中，可能只需要工业设计师的一部分时间。为了有效利用工业设计资源，企业可能会采用职能的方式组织工业设计师，以便几个项目可以恰到好处地利用工业设计资源。

（4）产品开发速度有多重要？项目式组织可以快速解决冲突，并使不同职能部门的人高效、协调地工作。项目式组织在传送信息、分配职责及协调任务上花费的时间相对较少。

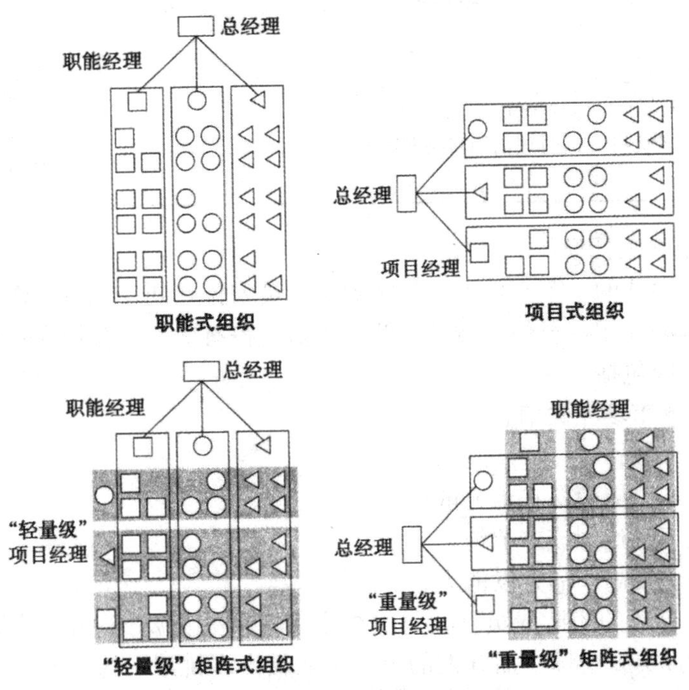

图 3-48 各种产品开发组织结构

因此，项目式组织在开发创新产品时通常会快于职能式组织。例如，消费电子产品制造商几乎都是按项目组织产品开发团队。这使得团队可以跟上电子产品市场所要求的快节奏，在极短的时间内开发出新产品。

在职能式组织和项目式组织之间进行选择时，还会有许多其他问题。表 3-3 总结了每种组织类型的优缺点、选择每种策略的例子以及每种方法相关的主要问题。

表 3-3 不同组织结构的特点

	职能式组织	矩阵式组织		项目式组织
		"轻量级"项目组织	"重量级"项目组织	
优势	促进深度专业化和专业知识的发展	项目的合作与管理清晰地指派给一个项目经理，保持专业化和专长的发展	提供项目组织的整合和速度效益，保留了职能式组织的部分专业化	可在项目团队范围内优化分配资源，可迅速评估技术与市场的权衡
劣势	不同职能小组间的合作缓慢且官僚	比非矩阵式组织需要更多的经理和管理者	比非矩阵式组织需要更多的经理和管理者	个人在保持尖端的专业能力方面会存在困难

（续表）

	职能式组织	矩阵式组织		项目式组织
		“轻量级”项目组织	“重量级”项目组织	
典型例子	定制化产品，其开发涉及标准的细微变化（如发动机、轴承、包装）	传统的汽车、电子产品和航天企业	汽车、电子产品和航天企业中的新技术或平台产品	创业企业、期望获得突破的“老虎团队”和“黄鼠狼团队”、在有活力的市场中竞争的企业
主要问题	如何将不同的职能（如市场营销与设计）整合到一起以达成共同目标	如何平衡职能与项目，如何同时评估项目与职能的绩效		如何随着时间的推移保持职能的专业化，如何在项目间分享经验教训

4）分散的产品开发团队

组织产品开发团队的一个有效方法是将团队成员安排在同一地点工作，然而，现代沟通技术和电子开发流程的使用甚至使全球项目开发团队变得有效。让分散在不同地点的成员组成产品开发团队的原因包括：

（1）可获取区域市场相关信息；

（2）技术专家分散；

（3）制造设备和供应商所在地分散；

（4）可通过低工资达到成本节约；

（5）可通过外包提高产品开发能力；

（6）尽管选取合适的团队成员远比将成员集中在一处重要，但由于分散距离较远的团队成员之间联系较弱，实施全球产品开发的公司也面临许多挑战。这会导致设计迭代数量的增加以及项目协调的困难，尤其是一个团队新成立时。幸好，有多年全球项目团队经验的组织报告说，随着时间的推移，分散的项目工作起来更加顺利。

二、产品的品质改良创新

（一）产品品质改良的释义

产品的品质改良是对现在正在使用的产品的再设计。这里所提的“品质改良”包含了更广泛的社会意义与内在价值：第一，剔除那些劣质产品。从20世纪80年代到90年代，中国的大多数的生产商从快速生产、便宜行事的角度出发，对外来产品进行模仿或稍作修改后，便急忙上市销售。这是社会工业化发展进程中的无奈现象，弊端显而易见。在这种情况下，根本谈不上对产品做品质设计。第二，“品质改良”是不断促使人们留意那些平常感到理所当然的事情，重新审视生活方式，进而更加深刻地理解现代社会的生活。

目前，业界人士对产品品质改良性设计的概念、内容等方面的认识尚处于摸索阶段，常常将它与产品设计的一般概念相混淆，摸不准产品品质改良设计的特性，理不清其特定内容，找不到产品品质改良设计的基本方法。

所谓产品的品质改良原本是针对现有产品的缺陷而设定的。究其真意,产品品质改良设计就是还原产品及其设计的本质和目的,为所有使用者提供更为舒适、质量更好、更易使用的产品和更优质的生活环境。

(二)产品品质改良的意义

1. 使产品更加完善、更加人性化

产品品质改良设计的一个基本目标是使产品适合人,而不是让人去适应产品。人本身是一切产品形式存在的依据。产品品质改良设计是在保障产品功能的前提下改进产品的外形设计以符合人机工程一般原理的设计理念。因此,在改良设计的过程中,设计师要对人机工程学的核心问题——人、机器及环境三者间的协调关系作细致入微的考虑,这涉及心理学、生理学、医学、人体测量学、美学和工程技术等多个领域。这一研究的目的是运用各学科的知识,来指导工作器具、工作方式和工作环境的设计和改造,使产品在效率、安全、健康、舒适等方面的特性得以提高。

经过改良,产品操作更加简化,使用更为便捷,特性更加凸显,产品的生产、消费和回收的关联也变得更为透明。除此之外,经过改良的产品还会提升人与产品之间的关系,防止没有意义的产品生产。如图 3-49 所示为改良的易拉罐。

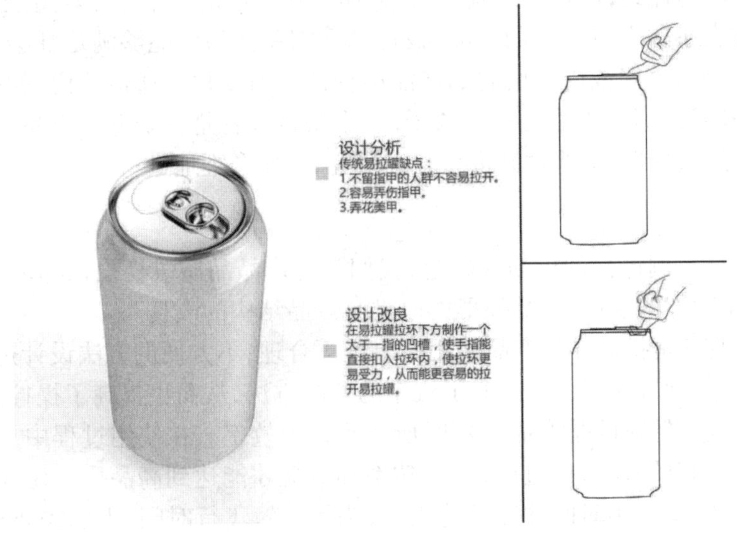

图 3-49　易拉罐的改良

2. 使制造业得到了良好的发展

为了满足消费者的需求,企业每年要向市场投放许多新产品。其中绝大多数是原有产品经过升级换代等改良后再次投放市场的产品。对企业来说,这是一条投资少、收益快、风险小、成本少的最好发展道路,也是企业减少产品更新周期,快速回笼资金的有效途径。目前,我国大多数中小企业的市场研究力量很薄弱,技术与设计研究能力缺乏,开发新产品难以实现。不少企业把不断地改进原有产品、改良优化现有产品的方式作为企业不断发展壮大的基本道路,对我国大多数中小企业来讲,这也是摆在面前的一条现实可行的发展道路。事实上,世界上大多数大企业的发展轨迹也是遵循这一道路的。因此,产品销售情况的反馈信息是企业进行产

品品质改良设计的最可靠资料。设计师可以针对原有产品出现的问题、存在的缺陷进行改良性设计。

3. 加强环保

产品品质改良性设计使产品具有更加先进的技术、更加经济的制造过程和更加人性化的功能与形式。但是,产品改良性设计还是一种产品与环境的系统化设计。产品改良性设计着眼于人与自然的生态平衡关系,在设计过程的每一个决策中都充分考虑到环境效益,尽量减少对环境的破坏。在不断发展变化的生活方式中挖掘产品与外部环境作用的意义,这样才能进行合理的产品定位,使产品的价值最优。产品的改良是用一种更为负责的方法去创造产品的形态,用更为简洁的造型尽可能地延长产品的寿命。

(三)产品品质改良的基本方式与对象

1. 改良的基本方式

"改良"一词含有改进、改观和改变的意思。它的含义是:其一是改造物品使用时的不便因素,对产品的原有装置部分的设计进行一定程度的改变。理想的产品改良性设计能把产品的功能及操作方式简单明白地呈现出来,并被使用者准确理解,从而达到提高操作效率的目的。其二是改变旧的样式,使物品面貌一新,更加美观。这是产品对外观造型的设计。但造型并不仅限于物体在感观上可感知的一面,设计师还需关注如何能够满足社会及个人的实用和审美需求。其三是由外因或内因引起的产品结构的任何变化。通俗地说,就是改变产品的内部结构、空间和技术因素。无论是一把椅子,一个茶壶或者是一个电子产品,要想更有效地发挥其功能以及产品的特性,就要对其进行仔细研究,以便合理地进行改造。

2. 改良的对象

在对现有设计案例进行剖析的基础上,我们认为产品品质改良设计的内容主要包括使用方法的改良、使用功能的改良、产品外形的改良与产品结构的改良。

使用方法的改良是指对导致产品使用时出现不合理、不方便的方法设计进行改良。比如,汽车手动操控向自动操控的改变,改变了汽车的驾驶方法,从而也提高了操控的效率。

使用功能的改良针对的是产品使用时所能到达的效率。在使用过程中,人们感觉到现有产品还没有达到应有的效率,经过改良后,功率和效能才能达到高品质。比如说,按现有的飞行器的速度,人类需要一年时间才能到达火星,为了缩短飞行时间,人们需要对飞行器的飞行效能进行改进,加快飞行器的速度,从而减少人们等待的时间。

产品外形的改良是指对产品的外部造型进行改造,随着科学技术的不断进步,生活水平的不断提高,人们对产品外观的审美需求也越来越高。为了满足使用者的生理和心理需求,产品在使用功能和外观设计上就需要不断更新换代。

产品结构的改良是指对产品内部结构和外部结构的改进。产品的内、外部结构对产品的使用功能、外观造型有直接影响,它是产品形态的"骨架",是产品功能的"肌肉",牵一发而动全身。因此,当产品的功能和外形需要改良时,产品的内、外部结构也会随之改变。反过来,当产品的结构影响其使用功能时,必须改变产品的整体结构或局部结构。

（四）产品的品质改良——性能的改良

产品的性能改良是指改变产品的主要特点，提高产品对设计要求的满足程度。不同的数码配件具有不同的性能，其用途也不尽相同。如音乐伴侣（即音频发射器）是通过音乐播放器发射一定的频段到车载音箱上的。录音器、分频线也是如此。电风扇生产商在产品说明书上标有风量和风速指标，要求产品性能指标与标准一致，以使电风扇的风量和风速达到其应有的使用效果。

只有经过对产品各项性能指标的综合评价后，才能充分显示产品性能的质量水平，以满足消费者的需求。例如，电冰箱只有在各项制冷性能（如储藏温度、冷冻能力、化霜性能、负载温度回升时间或保温性能、耗电量等）指标均能达到国家标准的前提下，才能体现该产品的整体性能质量，而不仅是单一指标的高低。

1. 产品的使用不受限制

经过调查，能够在不同状态下都随心所欲使用的产品的特点表现在以下几个方面。

（1）在使用方法上不受拘束。在产品设计中，产品的使用方法有一个潜规则：产品要让所有的人都能够找到适合自己的舒适性操作方法。体温计就是这样一种产品，它要保证不同的人（如成年人、老人、妇女、儿童以及婴儿）在各种状态下都能舒适地使用，并且可以正常发挥其功能。

（2）能够适应左右手的使用习惯。产品在使用过程中经常会遇到左撇子。一般来说，大多数人是右手操作，也有相当一部分人为左撇子。除非有某种特殊理由，产品必须兼顾二者的使用感觉，不致引起左撇子在使用时的不适。比如，在设计乒乓球拍时就需要考虑要让左右手操作的人都能随心所欲地去挥拍、击球，将个人技巧发挥到极致。

（3）能够满足特殊人群的特殊需要。有的产品还会遇到一些特殊的使用者，如老人、小孩等。这些人因年龄、身高、体量等因素的不同，对产品的使用有特殊的要求。如儿童自行车往往是低龄孩童提高身体平衡能力的重要途径，这需要在后轮两边附加两个小轮子，以满足初学儿童的需要。

以下以卷尺体温计为例进行分析。

1）市场分析

体温计使用普遍，家家户户必备。国际上对玻璃棒汞式体温计的使用，纷纷采取了限制和禁止的态度。该种体温计示值准确度会受到电子元件及电池供电状况等因素的影响，如果使用者不太熟悉这种操作方式，可能会得到几个不同的测量数据，辨认是有难度的。玻璃棒汞式体温计在使用中的不足之处有以下几点：

（1）易破碎；

（2）存在水银污染的可能；

（3）测量时间较长；

（4）急重病患者、老人、婴幼儿等使用不方便；

（5）不易读数；

（6）使用体温计时儿童很难乖乖地配合；

（7）体温计一般在人的腋下、口腔、直肠等处使用，人们普遍感觉不方便或不舒服，量完体

温后,得用力甩动体温计或按动按钮,才能使温度数据归位;

(8)在测量体温时,被测病人在一小段时间内不能自由活动,容易形成对病情的惶恐与紧张,极易导致体温测量不准。

针对以上种种问题,迫切需要一款能良好解决这些问题的体温计。在了解市场上产品的缺点后,我们要对改进设计进行准确定位。

要考虑满足特殊人群(如老人、孩子)的需求。在图 3-50 中黑色按钮为该卷尺体温计的唯一开关,其功能是控制体温计的工作状态,也避免玻璃棒汞式温度计必须靠甩动才能回零的问题。

图 3-50 卷尺温度计

经过改进设计的产品装有扩音器,这是此温度计特有的鸣号装置,在测量体温时,1 秒钟内就能提醒病人测量完毕。

该温度计的屏幕,主要显示被测病人的体温,并能储存病人三个礼拜内的体温、时间与日期的记录,医生根据数据的变化就能判断病人是否处于正常的状态。

2)设计说明

本设计在功能上的革新在于和体温计接触的身体部位的变化,它改变了传统夹在腋下,含在嘴里,或使用耳温枪等方式。在实际运用中证明,这几种方式都有许多的弊端。比如夹在腋下时,必须用点力才能夹紧;含在嘴里时,被测病人一小段时间内不能动嘴巴,口中唾液增加,让人感觉不舒服,又总惶恐水银体温计被不小心咬碎,使得被测者处在担心、紧张的情况下,极易导致测量结果不准。

设计亮点:采用卷尺独有的特性和体温计感应器的科技元素二者合一的形式,外形的创意来自对卷尺特性的模仿,卷尺的后背收缩曲线符合手腕曲线,能较好地附和。

色彩:明快的蓝色搭配显示屏的淡灰色,给使用者一种视觉与心理上的轻松感,缓解了病人对自身病情的担忧。

材料:外部采用塑料、橡胶等软质材料,内部采用不锈钢材质。

综合特性:看似自由不拘的形式中蕴含着严谨、理性的力量,给人愉悦的视觉感受,消除病人对医疗仪器的不安和畏惧感。

2. 隐藏产品中可能导致危险的因素

隐藏产品的危险性因素,改变产品的使用方式,使产品与使用者的能力、缺陷和需求之间建立更加和谐的联系。这是产品性能改进的一个重要方面。随着社会文明程度的提高,产品的安全性将受到全社会的重视。

为了避免使用者触碰那些可能导致危险的装置，产品不仅要有清楚的标识，而且要在构造上考虑配置方式的隐蔽性。这种隐蔽性的最好的方式是将操作装置与相应的功能装置分离。因此，安全因素的改进性设计内容主要包括三个：一是对影响产品安全的潜在因素分析；二是对相关危险因素进行警示；三是将操作装置与相应的功能装置分离。

有些物品在使用过程中很容易导致意外、失败、受伤、耽误操作等状况。比如外露的电源设备在操作时极易误触带电装置（如按带电的钮或按键），其危险性是明显的。我们应该预先将这些操作部分隐藏到手不易碰到的地方，并隐藏那些不需要暴露的零件。事实上，现实生活中存在着诸多这样的状况或问题，如汽车车门的安全装置、设有安全装置的自动车门、门的开启按键和把手分离的配置等。

如图 3-51 所示为墙体插座，要求在拔出插头后，外盖板能自动盖住插孔。

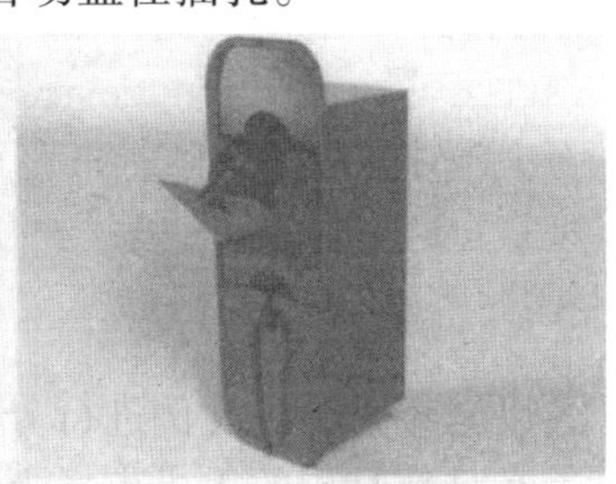

图 3-51　墙体插座

3. 产品更好用与更耐用

不管是使用多么方便的产品，如果无法让使用者安心，就不能说是一件好的产品。可以说，产品的故障发生率低、耐久性强、舒适度高，几乎是所有产品设计师追求的目标。

随着高科技电子技术的进步，精密加工技术的高度发展，新产品，特别是高性能的新产品不断涌现。好用又耐久的问题在产品的改良性设计中自然而然地摆在了设计师的面前。在任何场合中，都可能因为一个小小的问题或细节导致使用者的不便。

比如椅子的设计。一个人背靠着坐在椅子上时，他的上背部分是向后的，而下背部分是前曲的。这就在座板和下背部之间形成了一个空间，使得人们在坐椅上形成背部下陷弯曲这种不健康的坐姿。

问题是每个人的脊椎就像每个人的指纹一样是独一无二、各不相同的。事实上，人人都有各自独特的“脊椎纹”，人的脊椎纹随着人的坐姿变化（如坐上、坐下、背靠等）而变化。当人们脱离靠背，手臂悬空时，每一种坐姿都需要椅子提供固定的支撑。此时，体重的压力由脊柱承担，结果会导致腰背肌肉疲劳酸痛，或因腰肌放弃维持直坐的姿势而塌腰驼背，或因手腕抵在桌沿而引发的腕关节综合征。这些状况势必引出人与器械之间的合理化问题。具体而言，设计师设计的椅子必须适合人体的各种客观条件，使人在使用时感到舒适。因此，轻巧、灵活、使用方便是椅子设计的主要诉求。常用的解决途径是使用轮轴和弹簧装置。轮轴能够轻易移动椅子的位置，而弹簧装置能够满足人的脊椎随意变换角度的要求。

另外，大多数人自然而然地使自己靠近桌边，因为，这一区域为工作者提供了最佳的工作状态和视觉效果，使人们工作起来更加方便，看得更加清楚。可是，当身体靠背坐着时你就远离了最佳的工作区域，其结果是你拉紧了身体，斜眯着眼睛费力观察，容易产生疲劳。

模拟人类的背部结构的靠背技术，让椅子的靠背随着人体背部的活动而活动，给人体提供了全方位的支撑和保护。IDEO 公司要将此技术应用于机械制造，其关键问题就是如何使椅子保持椅子原来的面貌。该设计采用了一个最直率的办法，即在设计中采取裸露椅子的部件的方法，并取得了椅子机械构造设计上的成功。设计师不再掩藏椅子的机械构造，或把装置部分掩饰在别的结构后面，而是把这些部件恰到好处地显露出来，这样能更直观、准确地发挥每一个构造的功能（见图 3-52）。

图 3-52　IDEO 公司设计的椅子

以老年人手机为例进行分析。

在日新月异的手机市场上，各品牌手机都在手机外形和功能上有很大改变，但在诸多手机中没有一款手机适合老年人使用。因此，急需设计老年手机来填补市场空缺。

首先看一下现在比较前沿的手机的功能外形：这些手机都是很炫的，功能也很强大，具备上网、听歌、看电影、摄像等功能。我们对老年人使用的手机进行了一些实际的调查，认为手和眼的障碍是老年人使用手机最根本的问题。

老年人的手：皮肤粗糙，触感较差，灵敏度低，对光滑材质和体积较小的东西使用效果较差。一般而言，中、青年人用的手机，机体按键的形态都比较小巧，排列紧密，功能键复杂，这对老年人而言是不实用的，他们实际操作识别中都会遇到一定困难。

视力方面：经调查，在 40 ~ 50 岁的中年人中有 45% ~ 60% 开始出现老花眼，50 ~ 60 岁以上的为 60% ~ 85%，60 ~ 80 岁有 85% ~ 95% 的人出现老花眼。经过以上调查，我们认为现有手机需要在操控和界面上进行改进设计，尤其要改进老年人使用的按键系统，只有这样，老年人才能舒适地使用现代化的通信工具。

设计定位：65 ~ 80 岁及以上老年人

（1）按键要宽大，接触面积大；

（2）机体形状较一般手机要大些，可以选择温馨型的，能够产生亲和力的、宜人的材料；

（3）屏幕大、字体大，颜色沉稳；

（4）携带方便。

进一步调查改进的问题是：

（1）以市场上最大的手机尺寸作为参照；

（2）65 岁以上的消费者在手机使用功能上的购买特点；

（3）面板上的界面设计：精简按键，配置四个功能形态按键，要配置与机体的比例相匹配的超大屏幕，主要功能为拨打、接听、手写短信等，解决关键问题。

功能方面：使用方便，操作简单，功能键要简捷直观，书写笔可稍粗。

外形方面：线条简洁，细节精确，形体稳重，品质高雅。

色彩方面：简洁大方。

如图 3-53 ~ 图 3-55 所示为老人手机设计，该设计定位为 65 ~ 80 岁及以上的人使用。

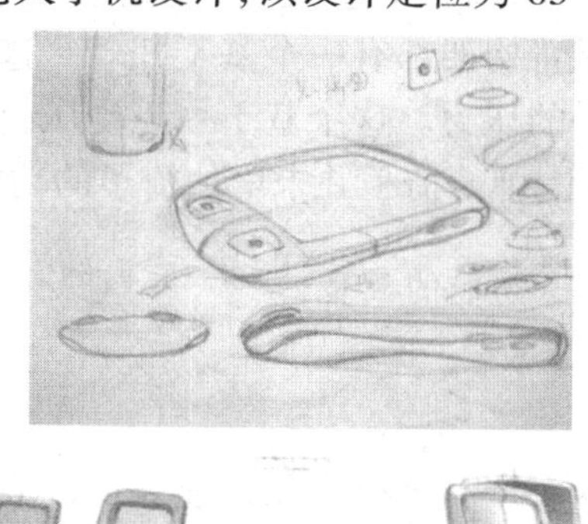

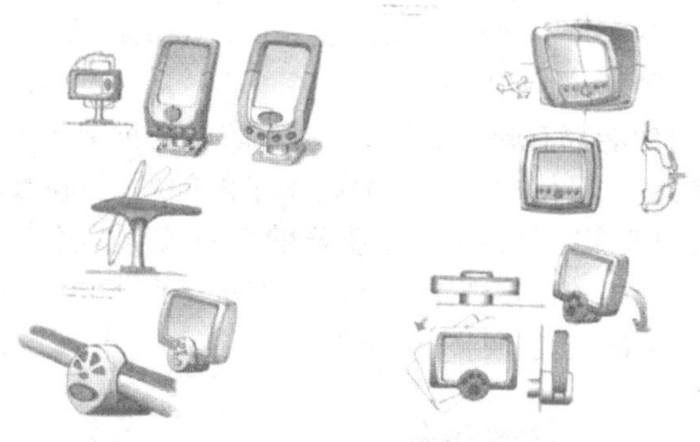

图 3-53　老人手机草图

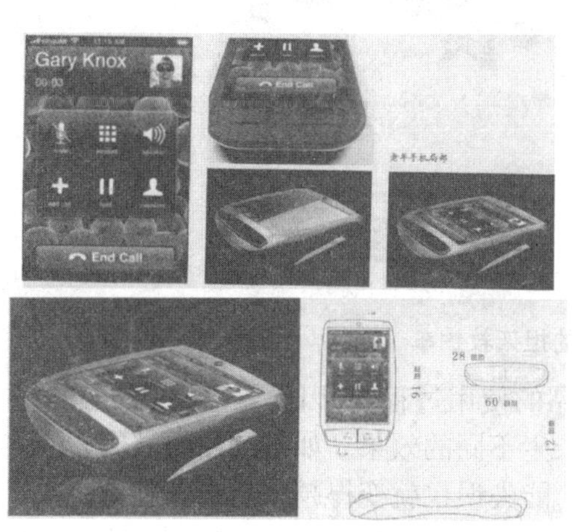

图 3-54　老人手机效果图

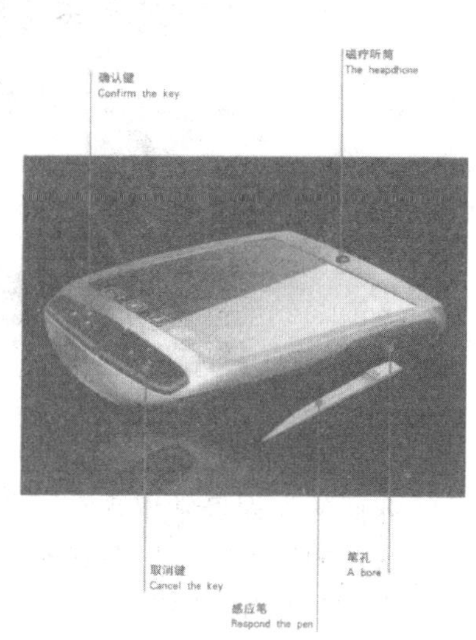

图 3-55　老人手机功能图

4. 对产品结构的改进

很多物品的外部结构和内部结构是融为一体的，具有这样结构关系的产品能够明确地显露各自的功能特征。例如杯子、曲别针、书、锅碗瓢盆、刀具、桌椅板凳等。杯子一般由圆柱形杯体和把手构成。圆柱形杯体的上口面通常为圆形，供人们轻含饮用液体。但是，这样的圆形口面倾倒时容易洒水，很不方便，特别是用于盛烹调油的杯子更是如此。如果在圆形口面的局部增加一个锥形或嘴形造型，就能避免倾倒液体时的不便。圆柱形杯体的上口面有时会加一个盖子，以增强杯子的保暖或防溅性能。

产品功能的变化会使产品的结构产生变化，但是，产品的结构变化不一定会引起产品的功能变化。比如弹簧椅子的靠背构架部有一个基干托着。这个基干呈环形臂柄，其两头控制着椅子上背部和下背部所承受的压力。这个基干一旦受压，自然地沿着滑翔系统使坐者靠向椅背，椅子就会向前移动。因此，弹簧椅子并未增加椅子的功能，而是增强了椅子的舒适性。

（五）产品的品质改良——功能的改良

1. 产品使用功能的改良

产品功能的改良是对既有产品进行产品效能方面改变的改良性设计，以满足环境和生活方式的变迁，并适应新技术带来的新功能。

所有既有产品的使用功能都有缺陷。比如，用于防震的担架救护车在具体的使用过程并不如意：普通的担架车在城市里使用不存在道路不平的问题，但在乡村的紧急救援中就会遇到山路不平的情况，导致担架车在急行中产生明显的震动，影响伤员的病情。要解决这个问题，就要改变担架车的平台与脚架的连接装置。具体的方法是在担架车的双脚与担架之间加上弹簧，以支撑担架，减缓行进中的震动（见图 3–56）。

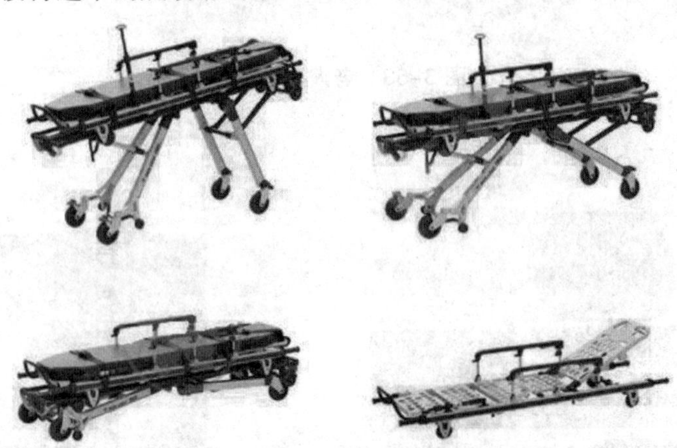

图 3–56　防震的担架救护车

功能方面的失误经常出现在一些多功能产品的使用过程中，因为其中的某一功能往往只适合某一状态的操作，所以，在其他状态下则会产生不同的效果。如果产品的操作方法多于控制器的数目，有的控制器就会被赋予双重功能，功能失误也就变得越来越难以避免。

如果产品上没有显示目前的功能状态，需要使用者去回忆，那就很容易产生这类错误。要想避免功能状态层面上的操作失误，就应当尽量减少产品的功能状态，或是将功能状态在产品上准确、清晰地显示出来。

改变产品功能的方法有以下两个：一是尽量或者严格限制产品功能的增加。除非是绝对的需要，否则不要增加功能。因为一旦加入了新功能，就不可避免地增加控制器的数量，操作的步骤和说明书的字数也会增多，这样会造成使用者的困惑和问题。二是对功能进行组织，将功能组件化,可以将其分成几个组,把每组放置在不同的位置,每一个组件包含一定量的控制器,掌管某一类功能。在通常意义上,对功能进行正确的分类,就能够克服功能的复杂性问题。

人们已经习惯长期按自己的行为方式来使用某件产品。如果采用新的使用方式,那么,原使用功能和使用方式未必适合这种新方式。因此,我们必须彻底地改变这种习惯,这样就能找到改变产品功能的理由和设计方案。

2. 多功能的改良

在一些产品中,由于最初设计时的功能较为单一化,当消费者在体验时会感觉到难以满足自己需求。因此,对于这类产品,就要求设计师改进原有产品,将其改造成多功能产品。

经过市场调查,我们发现目前大型超市、卖场、专卖店都出售各种水杯,造型丰富、款式新颖、色彩多样、种类齐全。但是,在如此琳琅满目的柜台前,竟然找不到一种可以提供多项选择的水杯。消费者在使用产品时会产生新的欲望,比如孩子们就喜欢同时喝两种以上的瓶装饮料。面对他们挑剔的小嘴,设计师可以提供具有多项选择功能的水杯,以满足不同人群在不同场合的多种需要。

以下以多功能饮水瓶的改良为例进行解析。在夏季,许多青少年希望能够同时喝到两种不同口味的饮料,但目前在市场上出售的饮料瓶大都是单一功能的,还没有出现多功能水瓶。如果我们能够设计出一种同时装两种水的瓶子,就能适应新的需求,产生新的市场。

目标人群:青少年(中学生、小学生以及幼儿园的孩子)

初步设想:将只能装一种饮料的水杯改造为可以装两种以上饮料的瓶体。从市场调查入手,进行材料、功能、使用对象等方面的调查。目前超市等卖场都对使用对象进行了分类,如以成人和小孩用品来划分。但是,在现实购买中没有明显区别,许多大人以及大龄限额学生也会选择儿童用品。因为儿童产品色彩丰富、造型独特、材料安全性高,并且更具趣味性,这些都颇具市场吸引力。

比如,设计一款多功能饮水瓶必须要符合市场的需要,也要符合青少年的特点。另外再增添功能和趣味感造型,就可以扩大市场需求,满足更多人的需要。如果材料为透明塑料,就可以提高能见度,更加时尚。

图 3-57 所示为初步设想方案及草图展示。

草图一

草图二

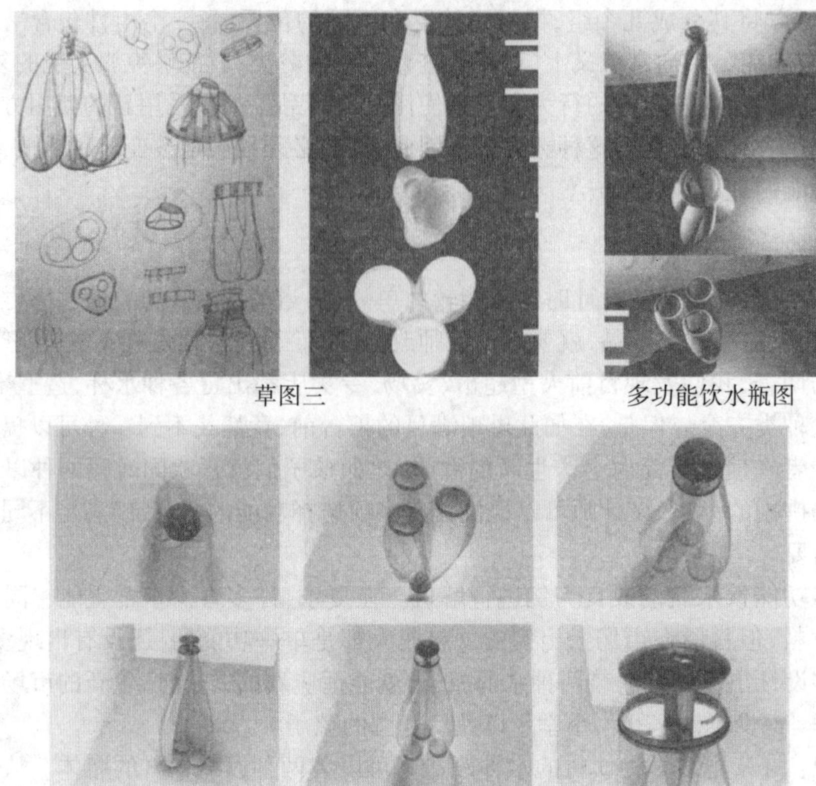

草图三　　多功能饮水瓶图

多功能饮水瓶渲染图

图 3-57　初步设想方案及草图展示

第四章 产品的结构与造型创新设计

第一节 产品结构设计及其要素分析

一、产品结构的类型

结构是指产品各组成元素之间的连接方式和各元素本身的几何构成。结构设计就是确定连接方式和构成形式。结构设计的基本要求是用简洁的形状、合适的材料、精巧的连接、合理的元素布局实现产品的功能。产品结构的类型主要分为以下两类。

（一）外观结构

外观结构不仅仅指外观造型，还包括与此相关的整体结构，也可称为外部结构。外观结构是通过材料的合理选用和结构形式来体现的。一方面，外观结构既是外部形式的承担者，同时也是内在功能的传达者；另一方面，通过外观整体结构使元器件发挥核心功能，这是工业设计要解决的问题。而驾驭造型的能力，具备材料和工艺知识及经验，是优化结构要素的关键所在。在某些情况下，外观结构是不承担核心功能的结构，即外观结构的转换不直接影响核心功能。例如，电话机，不论款式如何变换，其语言交流、信息传输、接受信号的功能不会改变。在另一些情况下外观结构本身就是核心功能承担者，其结构形式直接与产品效用有关。见图 4-1 所示的自行车外观结构可以轻易区分普通自行车和折叠自行车。

图 4-1 自行车外观结构

（二）核心结构

核心结构是指依据某项技术原理而形成的具有核心功能的产品结构，也可称为内部结构。

核心结构往往涉及复杂的技术问题,而且属于不同的领域和系统,在产品中以各种形式产生功效,或者是功能块,或者是元器件。如家用空调机的制冷系统是作为一个部件独立设计生产的,可以看作一个模块。通常这种技术性很强的核心功能部件是要进行专业化生产的,生产的厂家或部门专门提供各种型号的系列产品部件,工业设计就是将其部件作为核心结构,并依据其所具有的核心功能进行外观结构设计,使产品具有一定性能,形成具有完整功能的产品。

对于用户而言,核心结构是不可见的,人们只能见到输入和输出部分;对设计师而言,核心结构往往是一个“暗箱”,但输出、输入是明确的。如图 4-2 展示的为 2017 款 iMac Pro 机型局部结构图。

图 4-2　2017 款 iMac Pro 机型局部结构图

二、产品结构的构成

任何一个结构比较复杂的产品,按照结构的观点,均可视为由若干零件、部件和组件组合而成。

(一)零件

零件又称元件,是产品的基础,是组成产品的最基本成分,是一个独立的不可分解的单一整体,是一种不采用装配工序而制成的成品。零件通常是用一种材料经过所需的各种加工工序制成的,如螺钉、弹簧、垫圈等。

(二)部件

部件又称器件,是生产过程中由加工好的两个或两个以上的零件,以可拆连接或永久连接的形式,按照装配图要求装配而成的一个单元。其目的是将产品的装配分成若干初级阶段,也可以作为独立的产品,如滚动轴承、减震器等。

(三)组件

组件又称整件,是由若干零件和部件按照装配图要求,装配成的一种具有完整机构和结构,能实施独立功能,能执行一定任务的装置,从而将比较复杂产品的装配分成若干高级阶段,或作为独立的产品,如减速器、录像机机芯、液晶显示屏等。

（四）整机

整机是由若干组件、部件和零件按总装配图要求，装配成的完整的仪器设备产品。整机能完成技术条件规定的复杂任务和功能，并配备配套附件，如洗衣机、电话机、摄像机、电视机等。

三、产品结构设计的要素

对于产品造型设计中的结构问题，需要从多方面入手。结构符合造型要求的同时还要满足力学要求，也就是说力学因素制约造型设计。同时造型设计还受到产品加工、制造的复杂程度即工艺可行性的制约，不经意的造型要求可能会增加工艺难度，导致制造难度加大，成本增加。以下将从力学、材料学、工艺性、人机工程、携带及运输等方面讨论产品结构设计过程中需考虑的结构问题。

（一）结构与力学

对于产品而言，大到轮船、飞机、庞大的设备，小到玩具、生活用品以及小家电产品等，都存在结构与力学的关系问题。

在结构设计时，必须对其构件间的连接、配合、制约等做出受力分析，以确定合理的结构形式。因此，可以说力学是结构设计的重要因素之一。

结构中的力是以构件间的相互作用来体现的。越是复杂的结构，其受力关系也越复杂。从产品工作的可靠性出发，其结构中的每个构件都涉及强度、刚度和稳定性等力学问题。从产品设计的角度看，除外观造型设计外，更主要的是考虑产品的功能问题，而对于一些家电产品、玩具、家具、生活日用品等，外观和结构问题都比较重要。一些单一结构的产品，涉及的力学问题属于部件内部的布局问题，而结构比较复杂的产品则需要分析构件间的复杂受力状态。

Vincenzo Lauriola 的“花”茶几设计，利用一根钢丝巧妙地将玻璃桌面与木质桌腿紧密地结合起来，可以称得上是力学、结构与美学的完美结合（见图 4-3）。

（二）结构与材料

在产品结构设计中，对材料特性的理解和合理运用非常重要。随着科学技术的发展，新材料层出不穷，更为现代设计提供了可供选择的广阔天地，是设计师们取之不尽、用之不竭的物质源泉。

同样功能的产品，在不同的应用场合可能采用不同的材料制作，由于使用条件和所用材料性质的不同（如力学性能、工艺性、经济性），其结构具有多样性。

下面以日常生活工作中常接触的竹夹、塑料夹、活页夹为例，对材料与结构的关系做一些简要分析和介绍（见图 4-4）。

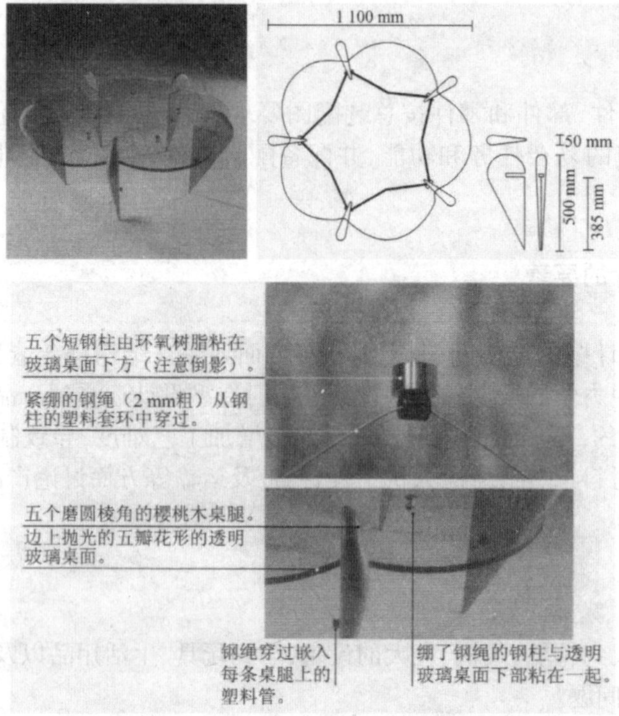

图 4-3 利用钢丝连接的茶几

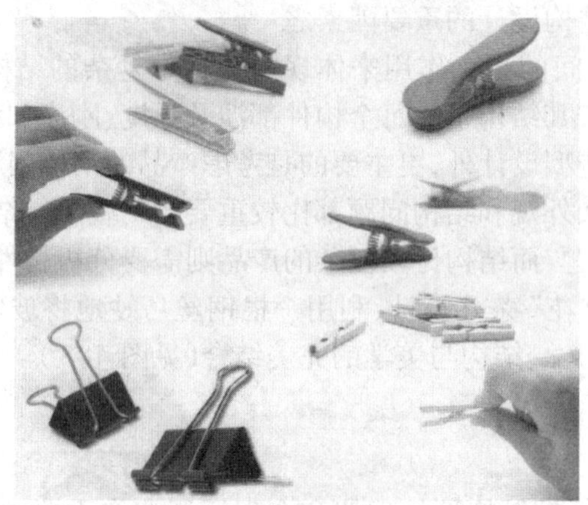

图 4-4 竹夹、塑料夹、活页夹

从演变过程来看，最早出现的是结构比较简单的竹夹，其取材方便，资源丰富，价格便宜，用途很广。它的主要缺点是稳定性差，弹簧构造比较复杂，两片夹子易错位，体积较笨大。并且因竹材特性限制，普遍做工粗糙。

塑料夹因使用模具成型，表面光滑，样式美观，色彩丰富。结构合理，操作力适度，弹簧构造简单，适于大批量生产，价格较低。但塑料有老化的特性，因此使用寿命受到一定限制。

活页夹采用薄钢片和粗钢丝冲压成型，结构简单，夹持力大，适于大批量生产，成本低。由于开口量大、加压钢丝可回转，除用作一般用途外，最适于夹持较厚的纸张，且能使加压钢丝转到贴近纸面上，使用方便，占用空间小。

(三)结构与工艺性

在产品开发过程中,产品的设计和制造过程是密不可分的两个重要环节。片面追求造型需要而不了解产品生产过程中的工艺要求,往往会使外观设计方案难以实现,或制造成本成倍增加,最终使好的创意难以实现。

产品生产的工艺性包含装配和制造两个方面,分析结构和工艺性之间的关系主要讨论产品生产过程中与装配和制造方面有关的设计问题。

1. 结构与装配工艺

产品的装配工艺性主要是解决由零部件到产品实现过程的便利性。这里以系统装配原则为例,进行论述。系统装配原则主要体现在以下几个方面。

(1)通过功能模块的方法减少制造零部件的数量。通过对组成产品的多个部件进行考察,分析一个部件在功能上能否被相邻的部件包容或代替,或考虑通过新的制造工艺将多个部件合并成一个。例如,早期汽车的仪表板由钢板制造,结构复杂,零部件众多,且造型呆板。选用注塑工艺后,结构更复杂,很多组件可一次注塑完成,组装后造型更加丰富。风机采用注塑叶轮将原有几十个零件减至几个零件而且具有结构紧凑、重量轻、能耗低、运行平稳等优点。

(2)保证部件组装方向向外或保留开放的空间。避免部件的旋紧结构或调整结构出现在狭小空间内,以方便操作。如图 4–5 所示。

(3)便于定向和定位的设计。部件间应当有相互衔接的结构特征以便组装时快速直观,可以通过颜色标注或插接结构实现。

(4)一致化设计。尽可能选用标准件并减少使用规格,以减少装配误差并节约零件成本。如图 4–6 所示。

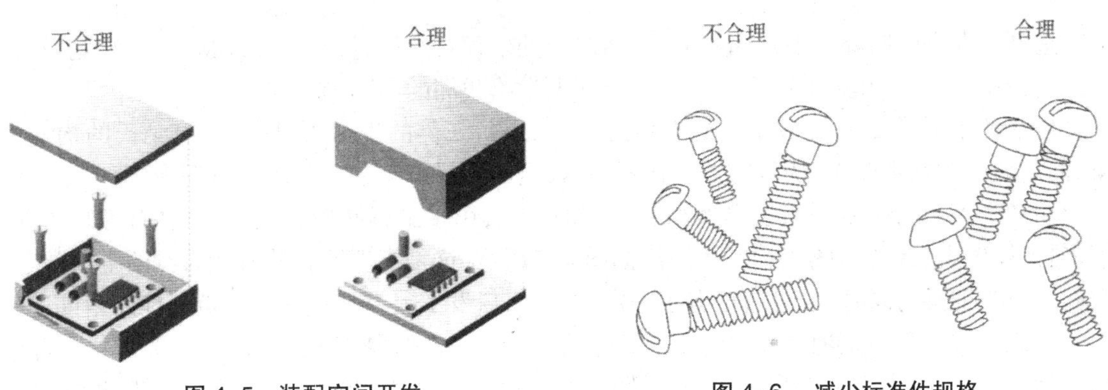

图 4–5　装配空间开发　　图 4–6　减少标准件规格

2. 结构与制造工艺

产品的制造工艺性主要是解决由原材料到零部件这一过程的可实现性。每种不同的零件因其具体结构和使用的材料不同,可以有不同的加工方式。如壳体结构设计、注塑壳体、冲压壳体、焊接壳体、铸造壳体、连接与固定结构设计等方式。由于篇幅限制,这里不进行详细论述。

第二节　产品造型设计与体验

一、产品造型活动的认知

(一)型与形的认知

“型”是语言学中比较常用的词,属于范畴概念。其本义是指铸造器物的土质模子,引申出式样、类型、楷模、典范、法式、框架或模具的意思,如新型、型号。型可分为形和性。形指的是句法层面,性指的是语义特征。“让我百度一下”中“百度”在句法层面上归属于动词的形式(动形),在语义层面上应该化为名词性(名性)。所以形与型的区别在于:形表示样子、状况;型表示铸造器物的模子、式样。

当然,结合不同的组词方式和语境,它们的意义会更加容易区分。比如,原形是指原来的形状,引申为本来的面目,如原形毕露;原型指文艺作品中塑造人物形象所依据的现实生活中的人,在界面设计和产品设计中也经常会用到原型设计这一设计环节。这里所要解决的造型问题,是透过视觉的经验传达,将信息接收或传输转换成有意义的形,并且具有某种象征意义,经过思维的转换,表达出可视、可触、可观的成形过程的问题。所以,本节中提到的产品造型主要是针对产品外观形态的设计,同时解决产品功能与形式的综合协调问题。

(二)造型活动的来源

造型与人类的起源几乎是同步的,生活之中处处存在造型,设计者可以从视觉、触觉、知觉等感官体验中,体会和感受造型在时间与空间上带给我们的不同的效果。

生活的本质是促使造型发展的动力之一,从原始人类的生活可见一斑,有巢氏的构木为巢,而后人类的钻木取火,从石时器时代开始,人们的生活就与造型艺术结下深缘,而造型文化就此萌芽。人类为了维护与大自然相互依存的关系,用手工打制器物,发明了燧石、刀、矛等,用来打猎、谋生、饮食,以辅助生活所需。如图4–7所示,这是模拟旧石器时代人类的生活常态,在制作粗略工具的同时,也对造型有了一定的思考,启发了人类从机能性与审美性的角度进行交互联想。进入新石器时代后,畜牧与农耕使人类对造型的要求发生变化:人类进化为群居的生活方式,促使人类对造型有了新的认知,当然也包括生活的经验与宗教的信仰,进而对造型有了更进一步的认识,在食、衣、住、行等各个方面都产生了相当大的文化冲击。与此同时,世界各地的造型文化不约而同地展开,基于差异化的生存条件、地理环境等因素的影响,人们对造型的机能性要求也就不同。

图 4-7 模拟旧石器时代人类的生活常态

二、产品造型设计的概念与范围

产品造型设计，是指用特定的物质材料，依据产品的功能而在结构、形态、色彩及外表加工等方面进行的创造活动。作为艺术与技术的结合，无论外观还是完全意义的产品设计或其他相关设计，都必须解决包括形态、色彩、空间等要素在内的基本造型问题。从这个角度来看，形态学是一切造型设计的基础，贯穿于造型活动的始终。造型设计正是以此为基础而展开，融合了技术、材料、工艺等，形成一种系统的和谐美。

产品造型的设计范围主要包括原理、材料、技术、结构、肌理、色彩，如图 4-8 所示。

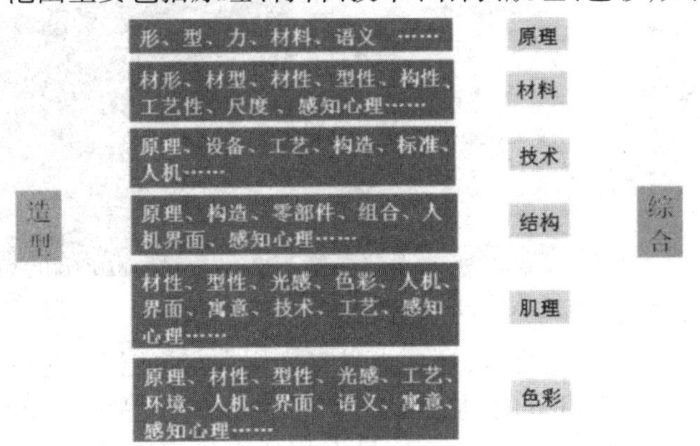

图 4-8 产品造型的设计范围

三、产品造型设计的目的与设计原则

（一）产品造型设计的目的

人类在生活上的各种行为模式都有其目的，如穿衣是为了蔽体与保暖、搭车是因为希望到某个地方去、居住是为了休息、商业行为的销售是为了将商品卖给消费者等。对造型的行为而言，也有其目的性，只是目的性的表现程度不同，对造型的影响程度也有所不同。

造型的目的包含美观性、实用性、创造性和经济性。美观性给人带来心灵的愉悦和视觉的冲击，如图 4-9 所示，由设计师 Mason Parker 设计的吊灯，将章鱼的形态语言准确地应用到灯具的设计灵感中，为室内空间照明提供了新的可能性；如图 4–10 所示的带孔的卷尺，由设计师 Sunghoon Jung 设计，它入围了 2012 年 IF 设计奖。卷尺刻度每隔 0.5cm 就有一个孔，上方还有一条空心的直线，无须借助圆规和直尺，就可以准确绘制圆和直线，是产品实用性的最好展示和设计本质需求的满足；创造性能促进人类的生活质量的提高和观念的更新，如图 4–11 所示，是由 Frog Design 公司出品的 Revolve 个人风力发电机；经济性主要体现在产品商业化的市场用途，如图 4–12 所示的“漩”龙头设计，由 Ze Va 公司出品。

图 4–9　章鱼吊灯

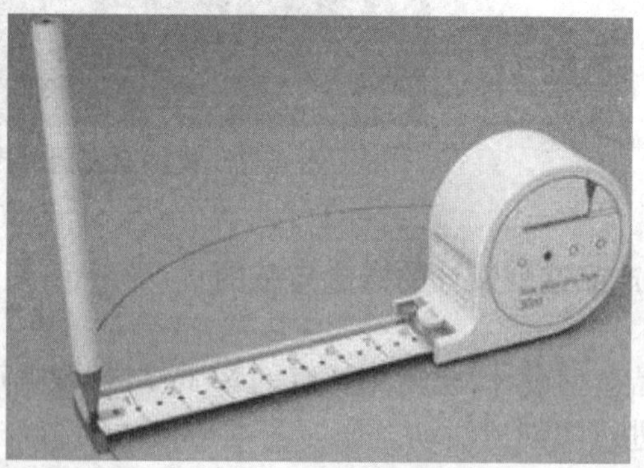

图 4–10　带孔的卷尺

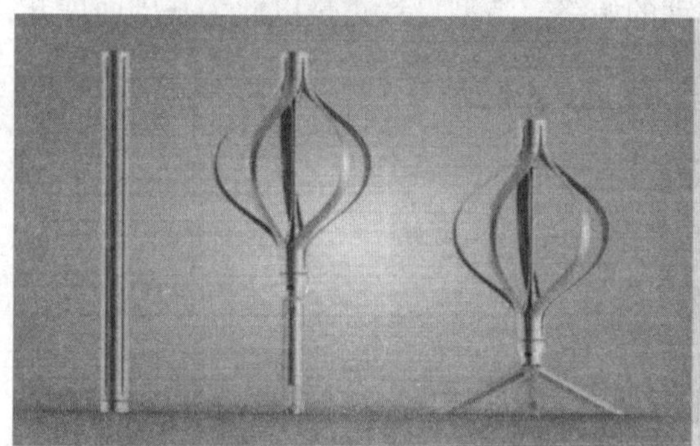

图 4–11　Revolve 个人风力发电机

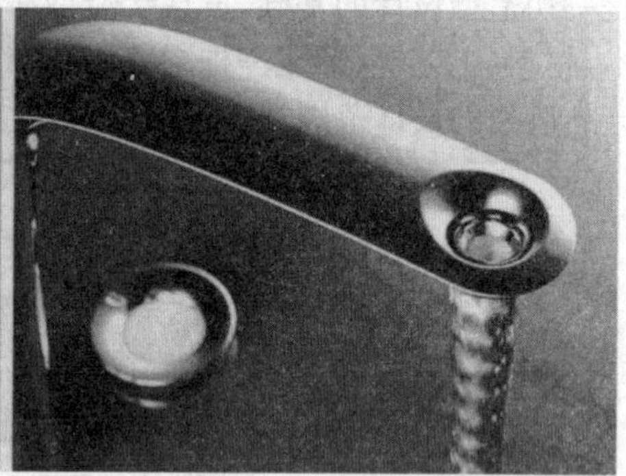

图 4–12　“漩”龙头设计

设计除了要求视觉上的美观之外，还要求具有实用性与机能性，这些要求与造型的要求是相同的。造型与设计是密不可分的，从绘画、工艺、建筑等作品中可窥其奥妙，简而言之，设计与造型满足了人类生活的需求，产品更容易在生活中得到运用，使人们的生活变得更加便利及舒适。

（二）产品造型设计的原则

产品造型设计的原则主要体现在以下几个方面。

（1）产品形态应清楚表达产品的功能语意，符合操作功能和人体工程学的要求，如图 4–13 所示的厨卫设计 Proficency Sink 是由设计团队 Primy Corporation Limited 完成的。

（2）产品形态应与环境和谐相处，在材料的选用、产品的生产和在将来报废后回收处理时，要考虑其对生态环境的影响，如图 4–14 所示，是由设计师 Mani Shahari 设计的循环空气洗衣机。

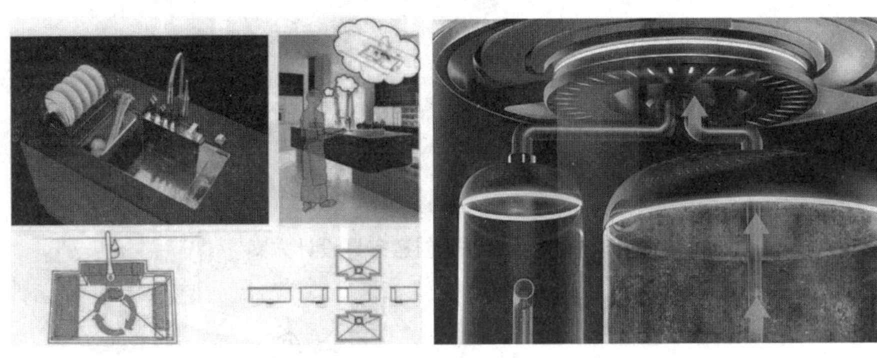

图 4-13 厨卫设计 Proficency Sink　　图 4-14 循环空气洗衣机

（3）产品形态应具有独创性、时代性和文化性。高品质的产品形态能准确传达形态语意，如图 4-15 所示的乐视概念超级汽车，其结构、尺寸、色彩、材料等都能明确给使用者传达信息，引起共鸣。

图 4-15 乐视概念超级汽车内部

四、产品造型设计的基本流程

产品造型设计的基本流程主要体现在以下几个阶段[①]。

（1）准备阶段：①趋势研究，全面了解设计对象的目的、功能、规格、设计依据及有关的技术参数、经济指标等内容；②视觉趋势分析与文化扫描，深入了解现有产品或可供借鉴产品的造型、色彩、材质、工艺等情况，分析市场需求、消费者趋势研究等相关数据。

（2）创意阶段：运用创新思维的方法进行产品造型设计。创新思维的方法一般包括功能组合法和仿生创造法。功能组合法是将产品的多种功能组合在一起，从而形成一种不改变本质的创意产品的方法，如图 4-16 所示。仿生创造法是通过对自然界中的各种生命形态的分析，形成一种具有丰富的造型设计语言的方法。设计者以自然形态为基本元素，运用创造性的思维方法和科学的设计方法，通过分析、归纳、抽象等手段，把握自然事物的内在本质与形态特征，将其传达为特定的造型语言。产品造型设计中的高速鱼形汽车、仿鸟类翅膀的飞机机翼、仿植物形态的包装造型设计等都是模拟某些生物形态经过科学计算或艺术加工而设计的。如图 4-17 所示，通过自然界中的生物形态模拟提炼，对手提箱的外形设计进行创意设计。

① 胡俊，胡贝．产品设计造型基础[M].武汉：华中科技大学出版社，2017.

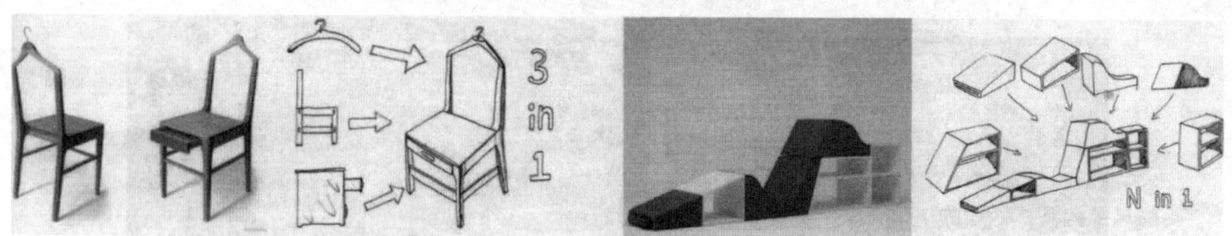

图 4-16　功能组合法：创意家具设计方案

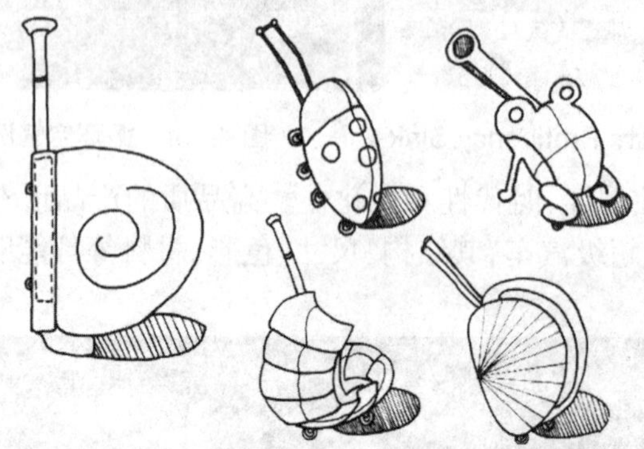

图 4-17　仿生创造法：手提箱设计方案

另外也可根据一个主题，采用提问的方式，比如为什么这么做？如何做？应该注意哪些问题？针对一系列问题制作针对性较强的思维导图，做头脑风暴的思维训练，如图 4-18 所示。

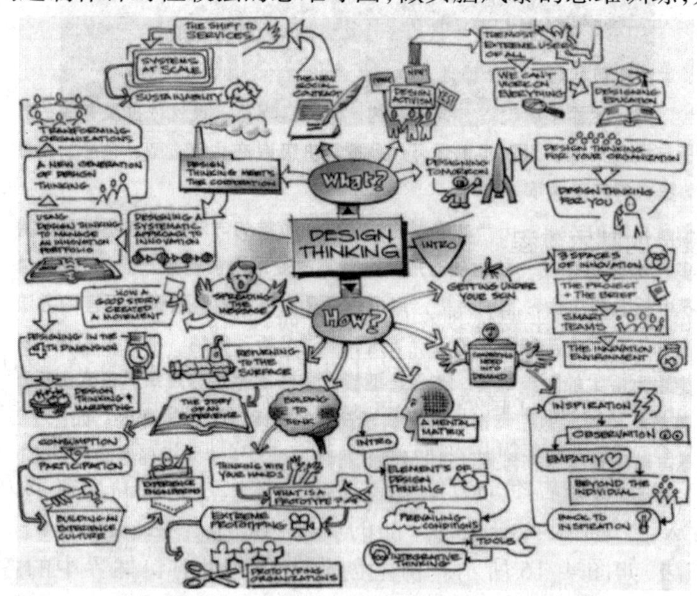

图 4-18　思维导图

头脑风暴的具体做法如下。

（1）单一主题。

（2）游戏规则是不要批评，鼓励任何想法。

（3）主持人应善于对议题进行启发与转化，避免参会者陷入一个方向而不能自拔。

（4）给想法编号。

（5）空间记忆。将所有想法记录贴在墙上，辅助记忆。
（6）热身运动。在开始讨论前先做些智力游戏，伸展心灵肌肉。
（7）具象化。用漫画、故事的方式展示，增强可视性和感知性。

五、产品造型设计的主要方法

所谓方法指的是为了解决某个问题或为了达到某种目标而运用的方式方法的总和。广义上来看，方法其实就是人的一种行为方式；狭义地理解，方法是指能够解决某一个具体的问题，完成某一项具体的工作而需要的一系列程序和办法。

设计的方法是在设计的实践过程中逐步产生与发展起来的，同时，它还在和其他的学科方法进行的持续的交流与学习过程中不断地发展变化着。由此来看，现代设计的方法学，其实就是一门综合性的科学。而在现代设计的方法论中，“包括突变论、信息论、智能论、系统论、功能论、优化论、对应论、控制论、离散论、模糊论、艺术论的内容”①。其中，最具普遍意义的为功能论方法与系统论方法。

（一）功能论方法

无论哪一种设计都有其最终的目的，而目的正好是功能的表现，功能设计不但涉及了产品的使用价值，还涉及其使用的期限，涉及其重要性、可靠性、经济性等多个方面的内容。

功能论方法是把造物的功能或设计所追求的功能价值加以分析、综合整理，形成更细致、完整、高效的结构构思设计，完成设计任务。从内容上来，功能论方法主要包括功能定义、功能整理、功能定量分析等诸多的方面。功能论方法在设计的过程中有极为重要的意义，主要是把产品的功能作为其设计的核心，设计构思也以功能系统为主。同时，这种设计方法主要是以功能为中心，能够最大限度地保障产品的实用性与可靠性。

功能论方法也比较重视对功能进行分类。李砚祖先生认为，有的设计对象具备了几种功能，有的则有较多的功能，如果按照功能的性质来分，主要有物质功能和精神功能两部分。物质功能是产品的首要功能，精神功能则是指产品的外观造型以及物质功能表现出来的审美、象征、教育等功能。其具体的列表如图 4-19 所示。

（二）系统论方法

系统论方法是进行整个设计的前提，它是一种以系统的整体分析及系统观点作为基础的科学方法。系统论认为系统是一个具有特定的功能，相互联系与相互制约的有序性整体。

具体来看，设计的系统分析包括许多方面，如设计总体分析、功能分析、分析模拟、系统优化等多个方面，最后进行系统综合。系统分析是系统工程的重要组成部分，系统分析是系统综合的前提，而系统综合是根据系统分析的结果，进行综合的整理、评价和改善，实现有序要素的集合。由此可知，系统论方法为现代设计领域提供了从整体、全局、互为的多种角度进行分析研究的思想工具与思想方法。

---

① 戚昌滋．现代广义设计科学方法学[M]．北京：中国建筑工业出版社，1996.

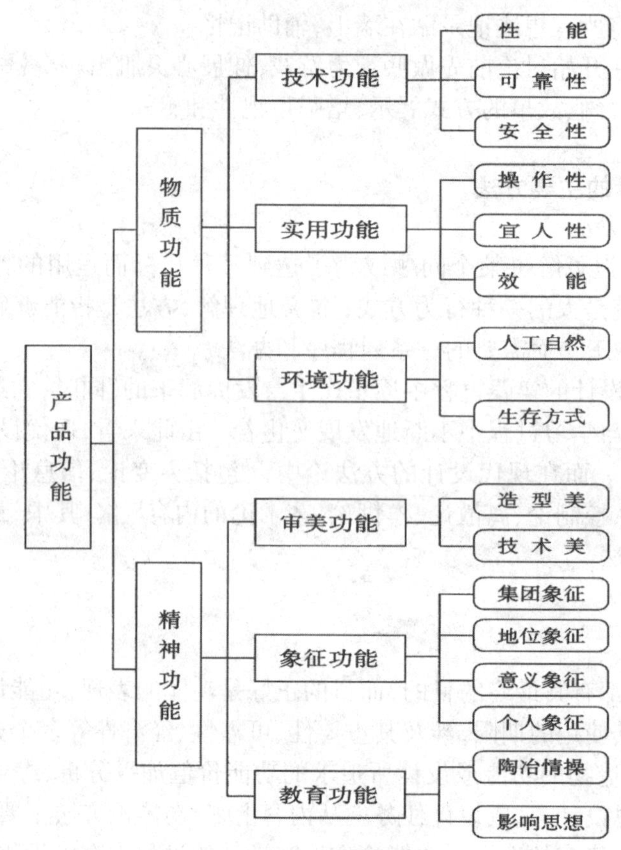

图 4-19 产品功能结构图

除了上述两种重要的设计方法之外,还有下列设计方法是设计的影响因素。

优化论方法:优化是在现代设计过程的重要目标之一,常常采用数学的方法对各种优化值进行搜索,希望能够寻求一种最佳的设计效果。

智能论方法:这是一种采用智能的理论,发挥智能载体的潜力从事设计的方法。智能载体除了生物智能外,还包括人造智能,如电脑、机器人等。

控制论方法:以动态作为分析基点的科学方法,重点研究动态信息与控制以及反馈的过程,包括输入信号和输出功能间的定性定量关系。

总之,影响设计的因素有很多,我们要根据设计过程中所遇到的实际问题有针对性地进行解决。只有全面考虑各种影响因素,才可以在设计过程中寻找到最好的设计方式方法。

六、形式美法则在产品造型设计中的运用

秩序感在形式当中体现为几种具体的规律,比如变化与统一、对比与协调、韵律与节奏、对称与均衡、比例与尺度及稳定与轻巧。这几种规律能够表达或突出秩序感的规律,被称为形式美的基本法则。这些法则一方面可以帮助初学者更快地在抽象或具象的对象物当中发现秩序,从而把握美的规律与奥秘;另一方面也将引导初学者依循正确的方法去创造美。

(一)变化与统一

变化与统一是世界万物之理,也是最基本的形式美法则,不论其形式有多大的变化和差异,都遵循这个法则。

变化是指由性质相异的要素并置、组合在一起,从而形成一种对比显著的视觉效果。变化可突出活泼、多样、灵动的感觉。要达到变化的效果,需要将产品的造型、构图、色彩以及处理手法等统一于整体中,同时又要具有相对的对立性,各元素既相互关联,又相互独立,通过差异性的显现,来寻求丰富的变化。形态的大小、方圆,线条的粗细、长短,色彩的明暗、灰艳等差异,都是变化的具体体现。

统一的手法就是在设计中寻找各要素的共性,如风格、形状、色彩、材质和质感等,在这几个要素统一协调的基础上,根据创意表达的重点进一步设计,表现产品特点,丰富产品的层次和内涵。

对于产品而言,统一且变化的秩序感意味着从整体上看是统一的,不论是形态、结构、工艺、材质还是色彩,但从每一个细节入手观察,又会发现更多细微的调整与变化。变化增加了统一的趣味性,同时也丰富了秩序的内涵。

统一与变化的形式美法则,常见于同一品牌的不同产品系列当中,以及功能相似、形态相异的产品系统里。美国苹果公司的产品在其品牌风格的设计中表现出了最为典型的、教科书般的延续性——寓统一于变化中。不论是 1983 年第一台苹果桌上电脑,还是 1998 年颠覆市场对个人电脑固有印象的彩色半透明 iMac,或是 2001 年 10 月推出的第一代 iPod 以及奠定智能手机发展基调的 iPhone(见图 4-20)、iPad 等产品,不论是哪一个时代的苹果产品,在其各自的时代都充当了风格引领者。同时,在观察苹果系列产品的发展历程示意图时,细心的读者会发现,既统一又变化的设计策略在苹果公司系列产品的发展历程中显得较为突出。

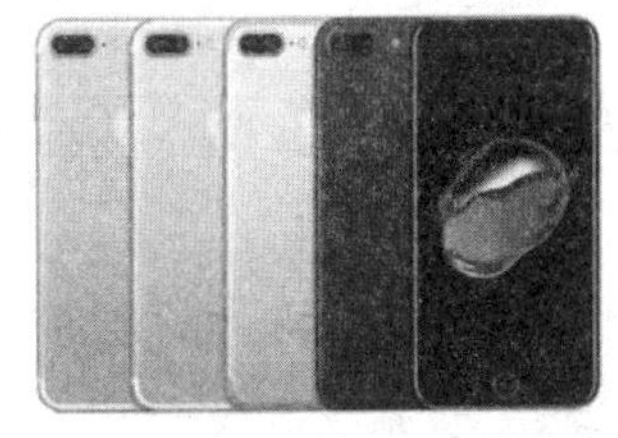
iPhone 7 Plus

iPhone 7

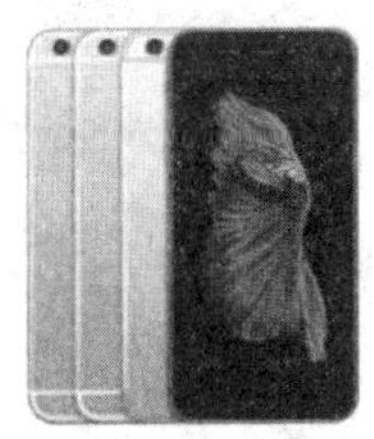
iPhone 6S Plus

iPhone 6S

iPhone SE

图 4-20　苹果 iPhone 产品

综观其他成功获得连续品牌识别力与商业关注的产品,比如英国厨具品牌 Joseph 以及星巴克标志设计,尽管设计创新从未停止,但一直保持在渐变的、可接受的程度里,维持着消费者对其品牌的熟悉感,如图 4-21 所示。

(二)对比与协调

对比与协调可以丰富产品造型的视觉效果,增加元素的变化和趣味,避免了造型的单调和呆板。在创意产品造型设计中,对比与协调作为一种艺术的处理手法融入产品造型各组成要素之间。

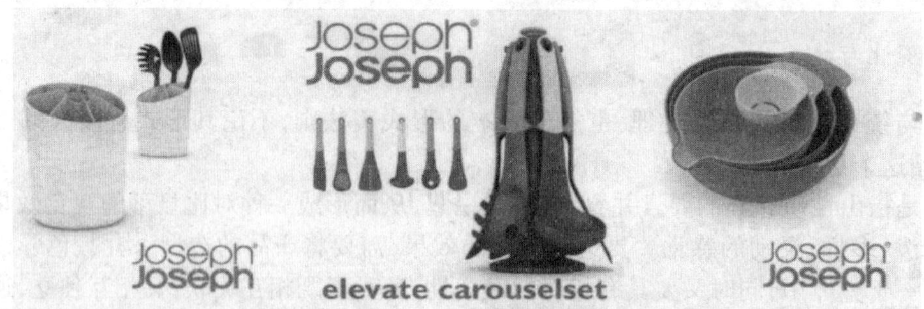

图 4–21　Joseph 品牌餐具设计

对比是针对各要素的特性而言的，对比就是变化和区别，突出某一要素的特征并加以强化来吸引人们的视线。但对比的运用要恰当，采用过多的话会导致造型显得杂乱无章，也会使人们情绪过于异常，如激动、兴奋、惊奇等，易产生视觉疲劳感。

协调是强调各构成要素之间的统一协调性，协调的造型给人稳定、安静感。但如果过于追求协调则可能使产品造型显得呆板。因此，在创意产品造型设计中，处理好这两者之间的关系是设计成功的重要因素。

在产品设计中，通过不同的形态、质地、色彩、明暗、肌理、尺寸、虚实以及结构与工艺等方面的差异化处理，能使产品造型产生令人印象深刻的效果，成为整体造型中的视觉焦点。

如图 4–22 所示，Car Tools 积木是由设计师 Flori S. Hovers 以车辆为灵感而设计出来的，设计师虽然采用了对比强烈的颜色，但是该积木的形状仍然让人们联想到以往熟悉的经典积木形状，从而产生情感认同。设计师赋予积木更多的想象空间和个性化余地。通过移动或翻转改变这些积木，新的组合和图像就会出现。

图 4–22　Car Tools 积木

如图 4–23 所示，是一款以黑胶唱片为主体改造的挂钟设计，尽管复杂播放机构直接暴露在外，但该设计采用与黑色对比强烈的橙色作为过渡面，来调和白色指针，使产品的整体语义仍然靠近钟表，而不是留声机唱片。

对比是产品造型设计中用来突出差异与强调特点的重要手段。对比不是目的，产品形态的整体协调才是设计者希望实现的最终效果。设计者在运用对比手法强调形态的视觉焦点时要注意把握好度，以整体协调作为衡量的标准，注意防止过犹不及。古语中的“刚柔并济”“动静相宜”“虚实互补”等，都是说明对比与协调的相互关系的。设计者在大胆尝试对比，使用各种不同性质的形式要素时，要注意产品整体的协调感。

图 4-23　黑胶唱片造型的挂钟设计

（三）韵律与节奏

韵律和节奏又合称为节奏感。生活中的很多事物和现象都是具有韵律和节奏感的，它们有秩序的变化激发了美感的表达。韵律美的特征包括重复性、条理性和连续性，如音乐和诗歌就有着强烈的韵律和节奏感。韵律的基础是节奏，节奏的基础是排列，也可以说节奏是韵律的单纯化，韵律是节奏的深化和提升。排列整齐的事物就具有了节奏感，强烈的节奏感又产生了韵律美。

节奏表现为有规律的重复，如高低、长短、大小、强弱和浓淡的变化等。在创意产品设计中，常运用有规律的重复和交替来表现节奏感。韵律是一种有规律的重复，建立在节奏的基础上，给人的感觉也是更加生动、多变、有趣和富有情感色彩。

在产品造型设计中，多采用点、线、面、体、色彩和质感来表现韵律和节奏，来展现产品的秩序美和动态美。尤其在一些创意产品设计中，可以体现丰富的韵律和节奏变化，给形体建立了一定的秩序感，使得创意造型设计变得生动、活泼、丰富和有层次感。

值得注意的是，节奏感的强弱通过重复的频率和单元要素的种类与形式来决定。频率越频繁，单元要素越单一，越容易产生强烈的节奏感，但这种单调而生硬的节奏感也容易造成审美疲劳。所以，设计者应灵活控制节奏感的强弱程度，要善于利用多种类型的相似元素来形成节奏感。

在造型活动中，韵律表现为运动形式的节奏感，表现为渐进、回旋、放射、轴对称等多种形式。韵律能够展现出形态在人的视觉心理以及情感力场中的运动轨迹，在观者的脑海中留下深刻的回忆。

如图 4-24 所示，此系列家具以重复的方形节奏，变化中蕴含秩序感，既有理性的直线秩序感，又有动感的形态节奏。每一个单一的模块都具有独立的功能空间，并能固定在所需的角度，由于角度自定义，这类产品的形态组合几乎具有无限种变化形式。

如图 4-25 所示，均为采用重复的，或变化角度或缩小尺寸的方式形成的椅子形态设计。在造型上，既简洁又富有变化，既有节奏又有韵律，既单纯又有趣。渐变的形态形成了动感十足的形式，为静态的椅子增加了别样的趣味。

图 4-24 “节奏感”家具设计

图 4-25 “重复”椅子设计

节奏与韵律是产品设计中创造简洁不简单形态的最直接原则。节奏与韵律在音乐领域的表达最为生动，因此在被运用到音箱造型设计中时，会起到事半功倍的效果。如图 4-26 所示，B&O 音箱外部采用压孔处理的金属板，这些已经申请了专利的圆形、菱形格形成的金属栅格效果，呈现出趣味性的、光感十足的视觉肌理，节奏与韵律以如此生动的形式呈现出来，配合银、黑、白的色彩，显得时尚而优雅。

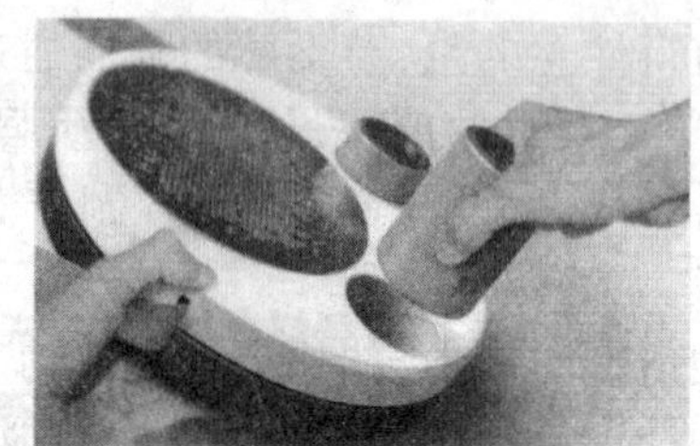

图 4-26 B&O 音箱设计

（四）对称与均衡

对称与均衡是人们经过长期的实践经验从大自然中总结得出的形式美法则，在自然界中的很多事物都体现着对称和均衡，比如人体本身就是一个对称体，一些植物的花叶也是对称均衡的。这种对称均衡的事物给人以美感，因此，人们就把这种审美要求运用到各种创造性活动中。

德国哲学家黑格尔曾说过，要达到对称与均衡，就必须把事物的大小、地位、形状、色彩以及音调等方面的差异以一个统一的方式结合起来，只有按照这样的方式把这些因素不一样的特性统一到一起才能产生对称与均衡。

对称是指一条对称轴位于图案的中心位置，或者是两条对称轴线相交于图案的中心点，把图案分割成完全对称的两个部分或者四个部分，每部分视觉感均衡，给人安定和静态的感觉。对称给人稳定、庄重、严谨和大方的感觉。在创意产品造型设计中，要灵活、适当运用对称这一形式美技法，否则过于严谨的对称会使设计出来的造型呈现出笨拙和呆板的感觉（见图 4-27）。

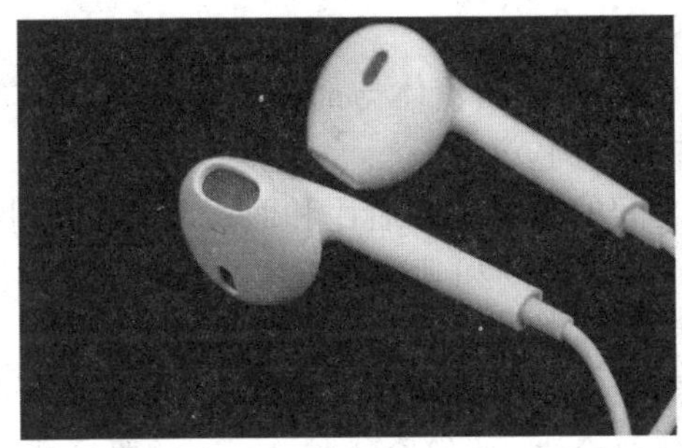

图 4-27　产品中的对称

均衡是指事物两边在形式上相异而在量感上相同的形式。均衡的形式既变化多样，又强化了整体的统一性，带给人一种轻松、愉悦、自由、活泼的感觉。在创意产品造型设计中，为了使造型上达到均衡，就需要对其体量、构图、造型、色彩等要素进行恰当的处理。均衡，更多的是人们对于形态诸要素之间的关系产生的感觉。形态的虚实、整体与局部、表面质感好坏、体量大小等对比关系，处理得好就能产生均衡的心理感受。对比只是手段，能否产生均衡的心理感受，才是判断形态好坏的标准。

均衡既可以来自质与量的平均分布，也可以通过灵活调整质与量的关系来实现动态的均衡。前者的均衡更为严谨、有条理、理性感突出，后者在实际造型设计中使用得更为频繁，也更容易产生活泼、灵动、轻松的感觉。

如图 4-28 所示，两者都是利用均衡原理来处理造型与功能的关系。图 4-28（a）为利用天平的形态语言设计的书架，哪边的书重一些，就会垂得更低一些；图 4-28（b）利用重力原理，当不施加外力，熨斗里的水量达到一定量时，熨斗会自动立起，提醒用户正确操作。

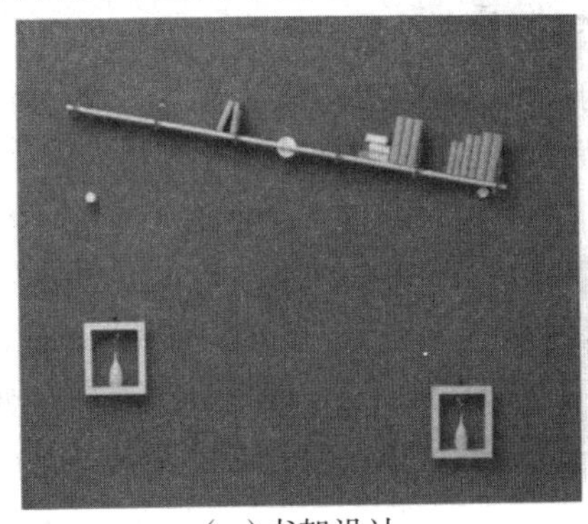

（a）书架设计

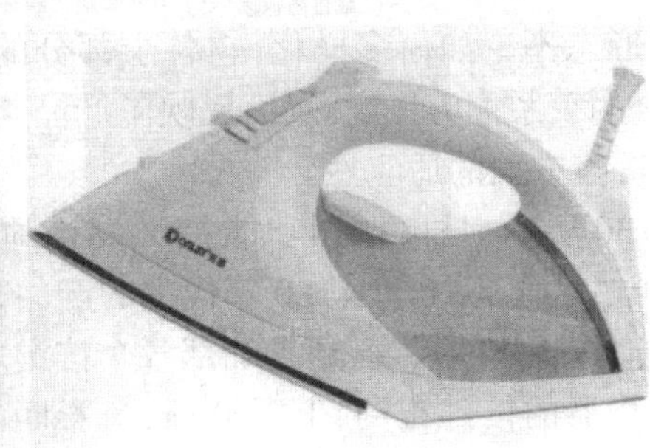

（b）熨斗设计

图 4-28　产品中的均衡

（五）比例与尺度

在产品造型设计中，视觉审美还受比例和尺度的影响，比例和尺度适宜则设计出来的产品优美、大气,使观者赏心悦目。

比例是指一个事物的整体与部分的数比关系,是一切造型艺术的重点,影响着产品造型的设计是否和谐,是否具有美感。产品造型的美是由度量和秩序所组成的,适宜的比例可以取得良好的视觉表达效果,古希腊的毕达哥拉斯学派提出了关于比例展现美的"黄金分割"定律,探寻自然界中能够产生美的数比关系。

比例贯穿于产品造型设计的始终,是指产品造型中的整体与部分或者各个组成部分之间的比例关系。如在整体造型中各造型要素所占的比例。

比例是一个相对的概念,表现的是各部分之间的数量关系对比和面积之间的大小关系,不涉及各部分具体的尺寸大小。而尺度是指人的自身尺度和其他各要素尺度之间的对比关系,研究产品造型构成元素带给人们的大小感觉是否适宜。在许多设计中,尺度的控制是至关重要的,与人相关的物品,都有尺度问题,如家具、工具、生活用品、建筑等,尺寸大小和形式都与人的使用息息相关。对这些产品的尺寸设计要合理,要符合人体工程学,要形成正确的尺度观念。

如图 4-29 所示,是由著名的人机工程学座椅设计品牌 Herman Mille 设计的 Embody 座椅,它符合人体尺度的形态,符合人机工程学的适用性原理。总体来说,优秀的设计都同时符合美的比例及合理的尺度。

图 4-29 Embody 座椅

椅子的形态不论如何多样化,它各个部分的尺寸、比例都应该遵循用户的人体尺寸来确定,这种符合的关系称为尺度。尺度反映了产品与用户之间的协调关系,涉及人的生理与心理、物理与情感等多方面的适应性。

如图 4-30 所示,是由德国功能主义设计师迪特·拉姆斯 1987 年为布劳恩公司设计的 ET66 计算器。尽管是 20 世纪 80 年代末的产品,但在今天看来,它的形态还是那么考究,经得起推敲。不论是整体的尺度,还是细部各个按键之间的比例关系,都堪称形式美法则的典型代表。这款计算器的按键布局、上下分型、色彩匹配,很大程度地影响到 21 世纪 iPhone IOS 系统早期的计算器软件界面。

(六)稳定与轻巧

稳定感强的设计作品给人以安定的美(图 4-30)。形态中的稳定大致可分为两种:一种是物体在客观物理上的稳定,一般而言重心越低、越靠近支撑面的中心部分,形态越稳定;另一种是指物体形态的视觉特点给观者的心理感受。前一种属于实际稳定,是每一件产品必须在结构上实现的基本工程性能；后一种属于视觉稳定，产品造型的量感要符合用户的审美需求。

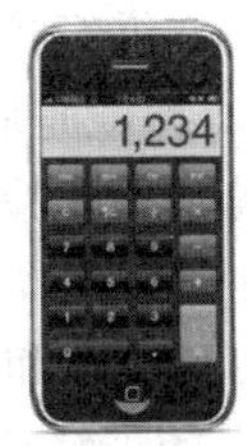

图 4-30　ET66 计算器

形态首先要实现平衡才能实现稳定。所有的三原形体——构成所有立体形态的基础形态，即正方体、正三角锥体和球体——都具有很好的稳定性。这三种立体的形态最为完整，重心位于立体形态的正中间，因此最为稳定。影响形态稳定性质的因素主要包括重心高度、接触面面积等。一般来说，重心越低，给人的感觉越稳重、踏实、敦厚；重心越高，越体现出轻盈、动感、活泼的感觉。

轻巧是指形态在实现稳定的基础上，还要兼顾自由、运动、灵活等形式感，不能一味地强调稳定，而使形态显得呆板。实现轻巧感的具体方式包括适当提高重心、缩小底面面积、变实心为中空、运用曲线与曲面、提高色彩明度、改善材料、多用线形造型、利用装饰带提高等。设计师要根据产品的属性，灵活掌握稳定与轻巧两者的关系：太稳定的造型过于呆板笨重，过于轻巧的造型又会显得轻浮、没有质感。

如图 4-31 所示，沙发给人的视觉感觉一般比较稳重，为了调整这种稳定感，可以适当减少接触面面积，比如增加了四个脚座的沙发，就比红唇沙发看上去要轻巧了一些，因为它不仅减少了接触面面积，还提高了沙发整体的重心。

图 4-31　稳定与轻巧的沙发

综上所述，在产品造型设计中，设计师要善于利用统一与变化、对比与协调、韵律与节奏、对称与均衡、比例与尺度等形式美法则，在满足稳定的基本条件上融合稳定与轻巧的形式感，打造出富有美感的整体形态。

七、产品体验设计

（一）产品体验的体系概念

当今，随着产品设计对体验和情绪的关注，使得产品或品牌体验的系统化研究有了实现的可能性，产品体验体系正在趋向完整。产品体验设计的重要任务之一是如何把产品设计、市场营销和广告学三方力量凝聚到一起，相互合作，共同完善产品或品牌的体验体系。

传统的产品设计模式实际上割裂了设计、营销和广告三个相互关联的内容。产品设计完成后，对产品后续的工作一概不问，不继续进行相关的服务设计；而对于营销和广告而言，无论产品好坏，只要想尽办法将它们卖掉就是胜利，至于消费者是否还会再买，下次再说。这样割裂的工作方式是无法有效地开展产品体验设计的战略，并且常常会导致三方对于产品的理解出现重大偏差。

例如，某产品根据产品的定位，其形态和功能可谓是设计完美，但是广告和营销在购买前阶段过度夸张，对消费者运用了错误的情绪战略或传达了错误的产品信息，使得消费者或用户在购买后阶段的交互中，有可能会因为产品的使用结果与宣传的结果存在较大偏差，而经历消极情绪体验。因此，体验和情绪是今天产品设计、营销和广告共同运用的战略，只有在产品体验体系的概念下，产品设计、营销和广告三方才能紧密联系，创造出能够影响用户情绪和品牌依恋感的产品价值。

（二）产品体验设计的方法

1. 主题化设计

1）巧妙的主题构思

好的设计有时需要好的名字来烘托，引导人们去想象和体味其中的精髓，让人心领神会或怦然心动，就像写文章一样，一个绝妙的题目能给读者以无尽的想象。借助语言词汇的妙用，给所设计物品一个恰到好处的名字，不仅能深化其设计内涵，而且往往会成为设计的点睛之笔，可谓是设计中的“以名诱人”。在将独特的命名方式用在产品上的设计师中，菲利普·斯塔克是一个代表，他的每件产品都被赋予了形象化的名字，人们能立即从名字中展开对产品的联想并希望了解隐藏在产品背后的故事。通过产品名字，使用户与设计师之间能够建立起一种牢靠的统合感，产生一种不寻常的亲切关系。用更诗意的文字创设出迎合人们浪漫心态的更讨人喜爱或者是能引起人们强烈感受、引起美好回忆的产品意象，可以说是市场营销的一种策略，在为产品加上能引起人奇妙幻想的名字的同时，人们将从追求在物质上拥有它们转变为对拥有本身的个体性崇拜和公众性艳羡。一个名字能带给我们许多思考和联想，它给我们所带来的心灵上的震撼和情感体验是不言而喻的。

2）制定创意主题的标准

一个有好的创意的主题，必定能够在某一方面影响某些人的体验感受。所有好的创意主题都会有一些共性的地方，将这些共性之处进行归纳总结，即可为制定创意主题的标准。

（1）具有诱惑力的主题必须调整或改变人们对现实的感受。每个主题都要能改变人们某方面的体验，包括地理位置、环境条件、社会关系或自我形象。

（2）一个有好的创意的主题往往能打动一定的人群。制定主题要有目标地针对体验人群，这可以与市场细分联系在一起，根据所面对的目标用户，采用最能打动他们的主题。设计者在对用户行为进行研究分析的基础上，更好地分析和理解这部分人群的心理及生理情况，掌握他们的行为和思想方式，制定相应的主题必能抓住用户群的注意力。

（3）富有魄力的主题，能集空间、时间和事物于相互协调的一个系统中，成功主题的引入能将体验者带入一个故事的情节中。在故事中有空间、时间和事物，体验者的参与使这个主题故事更好地演绎下去。引入一个主题，用讲故事的方法演绎产品现在正被很多企业采用，很多国际大品牌就是用一个个故事来展现他们深厚的文化底蕴,并以此吸引广大消费者。

(4)好的主题能在多场合、多地点布局,进而可以深化主题。好主题的制定,一定便于更好地推广产品,并且在点化主题的工作上易于操作,这样人们不断处于这种影响下,对于主题化的思想更加深刻和明确。企业的主题化思想深入人心,深化了主题,达到了主题化设计的目的。

2. 创造品牌化体验

1)产品体验

产品是用户体验的焦点。当然,体验包括体验产品的自身性能。但是随着高质量产品的普及,这种功能上的特点在产品竞争中不再占有很大的优势。从目前情况来看,产品体验方面的需求比单纯的功能和特点上的需求更重要。首先要考虑产品是如何工作、运行的。关于这个问题,不同的人会有不同的见解。设计人员会用体验的眼光来考虑问题,用户人群也会考虑产品的体验。但用户不同于设计人员,他们没有直接参与设计过程,他们是在与产品的接触中产生体验的,对于用户来说,用起来简单方便的设计才是好的设计。

当然,产品还有美学上的吸引力。产品美学——它的设计、颜色、形状等不应该与功能和体验特点分开来考虑。设计者应注重产品的全面体验,使产品的各个方面凝聚在一起,形成最优化的整体。

2)外观设计

产品外观是品牌体验的一个关键方面。用户不仅可以看到产品外观上的符号,且体验的基本事实清楚地反映在符号中,广告的意义就是利用符号来刺激体验。这样的体验式广告加深用户对体验经历的记忆,或者本身就是一次体验经历。体验式广告必须挖掘新鲜体验元素并以新鲜体验元素作为主题,使广告感知化,增加用户与广告之间的相互交流。

3. 基于体验的品牌传播

在体验经济时代,品牌传播是将企业品牌与用户的联系变得最为紧密也最为关键的一环。品牌传播必须充分考虑目标用户对个性化、感性化的体验追求,使用户在体验的同时达到品牌传播的效果,从而加强用户对品牌的忠诚度。

1)将品牌传播上升到企业发展战略高度

企业想获得竞争优势,要么比别人成本低,要么有独特的特点。面对产品同质化以及用户对个性化体验的渴求之间的矛盾,以形成品牌差别为导向的市场传播(即品牌传播)成为企业打造重要战略平台的竞争优势之一。因为用户每一次对某一品牌产品的消费,从开始接触到购买再到使用,都是一次体验之旅,而这些体验也将会强化或改变用户原有的品牌认识。所以,企业要把品牌传播提升到企业发展战略高度,以系统的科学观协调好企业的各个方面,为用户创造一体化的体验舞台。

2)定位品牌,捕捉用户心理

品牌定位是决定一个品牌成功与否的关键。准确的品牌定位源于对用户的深度关注和了解。用户既是理性的又是感性的,而且市场证明满足用户理性的消费需求是有限的,而感性的消费需求却是无限的。依据目标用户的个性特征,塑造一个具有个性的感性品牌,无疑在体验经济时代可使品牌具有很强的生命力。这种感性的品牌个性让用户在更多的体验中享受品牌带来的个性化刺激的感觉。但这并不否认品牌理性特征的重要性,因为无论是用户的感性还是品牌本身的感性,实际上都来源于其各自的理性。

品牌定位的焦点在于寻找品牌个性特征与用户需求之间的交叉点和平衡点。重要的是，品牌定位不在产品本身，而在用户心底。用户的心智必将成为体验经济时代品牌传播的“众矢之的”，抓住用户心理是获取品牌忠诚的必经之路。在用户享受品牌体验之中传播品牌个性，紧扣用户心智的脉搏，达到“心有灵犀一点通”的境界。

3）提炼品牌传播主题，把握品牌接触点，提供全面用户体验

企业的日常运营无时无刻不在传达出相关的品牌信息。提炼传播主题对品牌传播具有举足轻重的意义，它可以鲜明地彰显和宣扬品牌个性，让用户很快建立起品牌与自己生活方式、价值观念相适应的情感联系。在某种程度上，品牌传播的主题就是用户体验的主题。在品牌传播的过程中，详细规划接触用户的过程，并在这一过程中传播产品的品牌信息。这样长时间地给予用户全面的体验，使用户对产品产生印象和记忆，并且对产品进一步产生感性认知。以这种形式，充分利用品牌的接触点，以产品设计作为实现途径，为用户提供更多、更全面的体验服务。

（三）产品交互设计

“交互”并不是新的概念。在早期的人类工程学或功效学的研究中就已出现。人和机器相互作用，共同作业，一起完成某项任务就是人机交互的最初定义。

而如今的交互设计（Interaction Design）与原先的人机交互存在着研究对象上的差异。人类工程学或功效学中的人机交互的研究对象主要是针对机械类、仪表类的工业时代的产品。而如今的交互设计研究的对象是智能类、软件类的信息时代的产品。

严格地说，交互设计是产生于20世纪80年代的一门关注用户与产品之间交互体验的新学科。这里的“交互”概念，是美国设计公司IDEO创始人之一比尔·莫格里奇在1984年的一次设计会议上，针对产品中软质信息界面内容的不断增多，为了引起设计界的重视而提出的。

从用户角度来说，交互设计是一种从信息交流的角度进一步提高产品的易用性，有效地通过产品与用户间的互动，给用户带来欢娱性、情感体验性的设计方法。

从产品设计的角度来看，交互设计属于体验设计的范畴，其研究重点在于：首先，解读目标用户对信息产品的真正需求；其次，解读用户与信息产品交互时的心理模型和行为体验特征；最后，解读各种可能的、有效的交互方式和用户心理模型。

从实际运用的角度来看，由于信息化、智能化技术的迅速发展，互联网和物联网以及衍生产品的广泛普及，人与智能产品，人与信息产品之间的关系已日趋平民化，平民化的消费者与这类产品之间的交互质量已成为这类产品设计中不可回避的课题。因此，交互设计被广泛运用于智能类和信息类产品的界面设计和软件设计中。由于交互设计与界面设计的关联性，以至于人们很容易把交互设计与界面设计混为一谈。

其实，界面设计只是针对界面内容的设计行为，就如产品开发概念下的产品设计一样。而交互设计是系统的概念，它可以理解为一种设计的方法、一种设计的视角、一种设计的态度。从设计对象而言，它是针对人与信息之间交互质量的设计。当然其中涉及界面设计、交互方式设计、软件设计和相关的产品硬件设计等。

如今的产品与人之间的关系再也不像早期工业时代的机械类产品那样简单，随着产品进

入信息时代，产品的概念从单纯的硬件延展到了软件领域，从单纯的产品本身延展到了产品系统和服务。交互已不再是简单的动作层面的操作，而更多的是信息的读取和感知的互动，是人与产品情感层面的交互体验。

由此可见，人们已无法用简单的人机交互的概念来涵盖交互设计，交互设计正在从产品设计和界面设计的夹缝中抽离出来，以自己独有的方式引起设计界的关注。

由于产品体验设计中的关键概念是“人与产品的交互”。人与产品的交互，分为工具性(仪器性)交互；非工具性(非仪器性)交互和非物理性交互。

(1)工具性(仪器性)交互是指人在操作使用(仪器类)产品时与产品发生的交互行为。例如，用户操作电脑键盘；控制汽车方向盘；调节汽车变速箱；手机拨号等。

(2)非工具性(非仪器性)交互是指那些与实现产品某个特定的功能无关的交互行为。比如，抚摸产品的表面，拿捏摆弄产品外壳等。

(3)非物理性交互是指人的想象、情感和回忆在与产品交互时，或交互之后可能产生的或产生过的结果。例如，当用户尚未使用一辆新型山地自行车之前，他可能会憧憬操作这辆新型山地自行车的结果：明天可以骑上这辆新型山地自行车，狂奔在乡间小道上；再如，某位姑娘捧着自己被摔坏的父母赠送的心爱的手机时，会因为想起平日伴她左右的幸福时光和父母的爱而落泪。

从人与产品交互的过程来看，可简单地分为以下三个阶段。

第一是购买前阶段，即潜在消费者是通过产品广告及营销宣传所传达的产品信息与产品进行交互。

第二是购买阶段，即消费者是在产品零售点通过销售人员的讲解服务或试用与产品进行交互。

第三是购买后阶段，即用户通过反复使用或与他人分享讨论产品等，与产品进行交互。

由于人与产品交互概念范围的扩展，这里所说的产品体验设计也相应地扩展成了一个全面的体验概念，不仅仅是指产品本身的设计，同时还包括产品系统设计、服务设计、广告设计、营销设计①。

第三节 产品综合造型设计创新

一、产品综合造型设计创新的方法

产品综合造型设计创新的方法较多，以下仅介绍两种以供参考。

(一)观察的手法

在观察对象时，创作者需要关注对象的局部、现状和外部特征，以及对象的动态发展和内部影响因素。例如，通过观察，树是由根、干、茎、叶、枝等系统部件组成。这些部件的变化和差

① 李亦文．产品设计原理(2版)[M]．北京：化学工业出版社，2015.

异来源于树内部的材质制约，树种和树的不同部位都会引起树本身的系统差异。当然，除了这些内因问题，同时还会受到环境、气候、时间、土壤等诸多外部因素的影响。如图 4-32 所示，利用一组看似没有任何联系的元素，通过艺术的设计思维加工，进行打散、重组等手段，完成一幅具有较好视觉美感的艺术作品。

图 4-32　视觉设计

在观察过程中，创作者通过局部与局部比较、整体与局部比较、个体与同类比较、不同阶段的比较，这种多层面多角度的观察方法，可更好地发现事物的本质特征。同时，创作者要从全局观察，善于联系和归纳。以育儿袋为例进行分析。该产品最初创造需要通过桌面调研，收集大量与袋鼠相关的图片及文字资料，研究和观察袋鼠的形态特征、生物特征、生活习性等。通过对目前市场上的相关产品展开调研，发现运用袋鼠形态、结构等展开仿生的优秀产品——育儿袋。如图 4-33 所示，1984 年，美国医生从袋鼠的育儿方法得到启示，发明了一种养育早产婴儿的新方法。这位医生挂一个人工制造的育儿袋，婴儿放在育儿袋里既温暖又能及时吃到妈妈的奶。婴儿贴着妈妈的身体，听着妈妈的心跳，生命力可以大大提高。

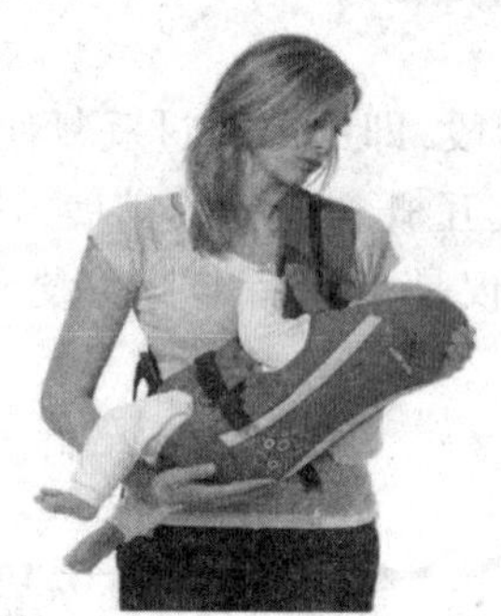

图 4-33　育儿袋

（二）有效整合产品构成元素

从狭义上说，可以运用“格式塔”规则有效地整合产品构成元素或产品的形态特征。

产品的形态特征与交互功能密切相关，使用这些规则能把他们从视觉上组合起来，以便更好地与人交互、供人使用。图 4-34 展示了一款遥控器的案例，说明如何运用“格式塔”规则重新设计遥控器的功能按键。

左边的遥控器的功能按键，没有运用“格式塔”规则设计。视觉上比较杂乱，缺乏条理性。右边的遥控器按照“格式塔”规则重新进行了设计整合。首先，运用“近似”的规则可以使功能相关的按键从视觉形态特征上相互关联。电源开关键尽量靠近荧屏，使它的视觉效果更直观、更明显，从而达到比较容易识别的功效。其次，运用“延续”的规则重新调整按键的序列。储存（STO），重呼（RCL）和功能（FCN）键可紧靠在数字键上方，采用下行箭头形态。发送（SND）和结束（END）键可紧靠在数字键下方，采用上行箭头形态，使之产生关联性。由此可见，在具体的设计中采用“格式塔”规则能使设计在形态上更有目的性。视觉形式中的“协调”感也可归入“格式塔”规则。严格来说，“协调”不是“格式塔”心理学家们制定的。但它是与视觉的“简约”规则相关的视觉式样。因此，“视觉协调性”也可归入“格式塔”规则来讨论。

可以想象一下，当人们的视觉从一件产品中发现了一种特别类型的几何形式，如果该几何形式重复出现，就在产品中把它们联系起来，这就是由于“类似”的规则。由直觉可知，相同的形状多次重复会产生一种比不同形状多次重复更棒的视觉“协调感”。

人们的视觉系统能自然地识别这种现象。因此，视觉“协调性”符合“格式塔”的基本规则。在设计中，违背“格式塔”规则容易引起产品视觉上的支离破碎，缺乏美感，这样的现象在设计中出现很多。在图 4-35 中，左手边的杯子重复一种单一几何形式，创造了视觉协调感。右手边的杯子混合了多种几何图形，其结果缺乏视觉的协调性，十分难看。

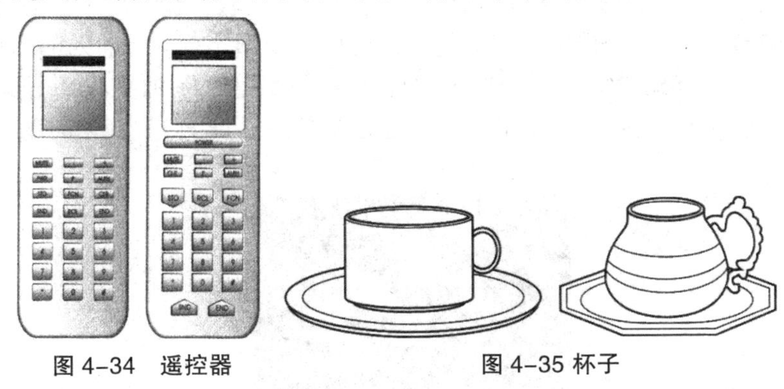

图 4-34　遥控器　　　　图 4-35 杯子

二、产品综合造型设计创新训练

（一）形的审视

运用手与眼的配合，把握形态变化过程的度。训练对造型的敏感度，通过动手把握和用眼审视体会形态些微变化的异同，培养造型审美的感受能力和对造型的统一与变化、规律与韵律、严谨与生动的把握能力。

（1）用纸板或其他易切割的板材，做 70 片左右类等高线形截面，并呈一定逻辑递变，然后将这些截面按 10mm 间隔排列起来，要求相邻的截面变化呈逻辑递增或递减。

将这 10 片左右截面组成整体，做水平 360 度旋转时，都要呈现不同形态（类似有机生物的形态），如图 4-36 所示。该练习也可用胶泥代替板材进行设计，要求同上（注意：在服从整个形体特征的前提下，调整各个截面使之各不相同）。

图 4–36　形的审视

（2）用若干 A4 复印纸，折叠、粘贴或扦插成 30cm × 30cm × 30cm 左右的不规则空间形态，置于桌面，做水平 360 度旋转观察。要求从任意角度看都不相同。整体造型要在三维空间里有起伏跌宕，又要在变化中体现韵律，整体造型还要有视觉冲击。

（3）任选两件不相同的物体，要求在意义上应有一定关联。在这两个形态之间，做出两三个中间过渡阶梯形态，使两个选定形态通过中间的两三个形态变化，得以逻辑性、等量感地过渡，如图 4–37 所示。首先要提炼两个形态的特征，弄清其意义上的关联；每两个形之间的变化既要向下一个形的方向演化，还要能有步骤地过渡到终极型；造型变化的度是推敲、揣摩的重点。

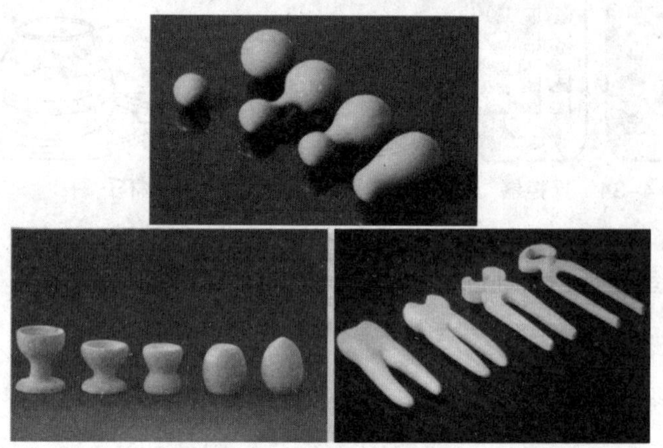

图 4–37　形态的过渡

（二）形的支持

以研究材料力学性质为前提，通过结构设计发挥材料的力学特性，因势利导地造型，使材性、构性、型性和工艺性达到完美统一，并使设计的结构能支撑人们意想不到的质量。

设计者可通过再观察和研究自然界中生物的支撑结构获得灵感，也可通过学习、研究古今中外人造物的支撑结构汲取养料。例如，草秆、竹茎、龟壳、哺乳动物的弓形脊柱等；柱梁、拱券、桁架、摩天楼、跨海大桥等。认识统一结构的构性和结构的型性的方法；理解材料力学与结构力学的整合是设计的关注要点；掌握学习、研究自然和生活的方法，使时时处处观察、分析、思考成为习惯。

(1)用复印纸黏结成型以支撑砖的质量：尽可能少地用纸，研究和试验纸的受力特征和力学缺陷，找出纸张被破坏的原因。设计纸结构，使组合成型的纸结构至少支撑起两块砖。纸的受力边缘与砖结合处的处理；长方形砖的重心与纸结构支承轴线的重合；理解纸的受力特点与面形材的受力规律的共性。

(2)如图 4-38 所示，用细铅丝扭结成 30cm 高的形体，支撑至少两块砖的质量：尽可能少用铅丝，研究线性材料的受压特性、线性结构力学弱点以及被破坏原因，再运用线性材料垂直受力的结构形态，使不利受压却有利受拉的线材能承受较大的压力。长方形砖的重心与细铅丝造型轴线的重合；细铅丝形的上下两个端面的面积适当；理解线性材料的受力规律。

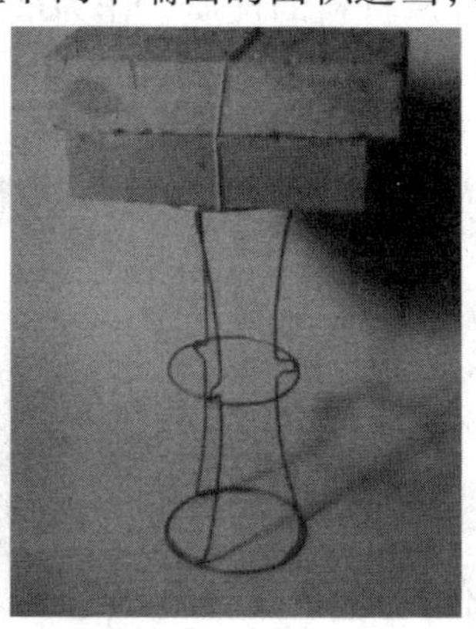

图 4-38　铅丝

(3)设计并制作一个有一定跨度的桥，根据选用的材料承受不同的质量。

①用尽可能少的报纸黏结成型，设计 50cm 跨度的结构，承受两块砖的质量。

②用尽可能少的一次性筷子和细棉线设计跨度为 60cm 的结构，承受两块砖的质量。

③用尽可能少的薄白铁皮成型，放置在 80cm 跨度间，承受自身的质量。研究线材、板材的受力特征和分析材料的受压、受拉结构形态规律；学习并理解拱桥、桁架、悬索等结构原理和规律以及结构节点的细节处理要点；同时，认识材料成型原理、工艺特征和结构与造型统一的设计规律，学会合理、繁简、经济、审美的协调是设计的灵魂。

④支撑的心理感受训练，分析和联想自然或生活中常见的现象或原理，设计体现出支撑感觉的造型，如图 4-39 所示。此练习的目的是训练设计者理解造型对人心理感受的作用，训练在理解基础上通过联想造型，培养用形态语言和结构影响人心理感受的能力。

图 4-39　形的支撑

（三）形的过渡

形的过渡有方形与圆形、方形与三角形、圆形与三角形的相互过渡，这三组过渡所含的三种基本形态——方、圆、三角可以在二维柱体或三维块形之间进行处理，但要求其过渡的原理、联想或创意是自然界或社会生活中易被识别、理解的现象和本质。

注意：形的过渡如图 4-40 所示。设计者可自行设定过渡连接的部位，但三组过渡的结构形式和连接方式要有统一的原则。可选一种材料，也可综合不同的材料，但不同材料的加工工艺、连接方式、造型特征等都要符合该材料的性质。作为最纯粹的三个形体，方、圆、三角分别代表了三种不同的情感，也是早期工业化生产中最容易实现的三个形态。正所谓万变不离其宗，研究、探索、实验其中过渡的原理，联想和创意是设计的基本功。

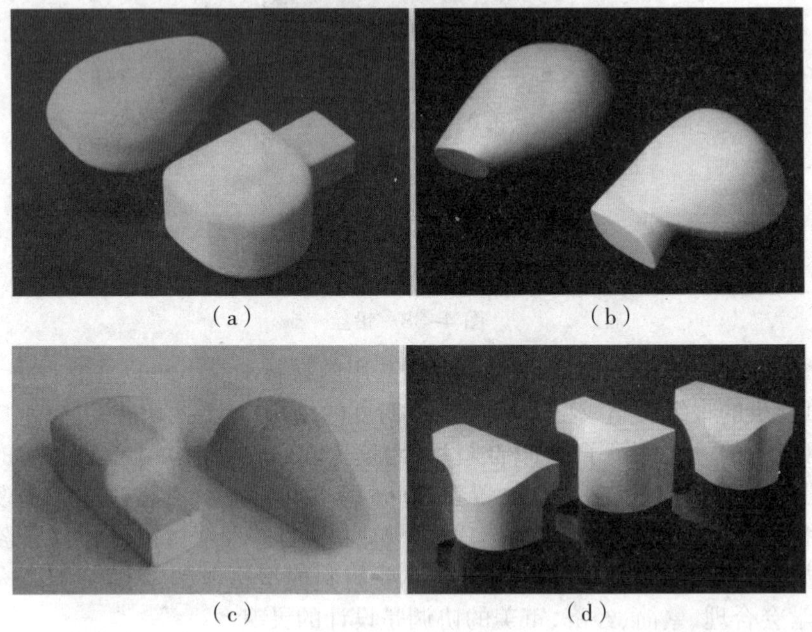

（a）　（b）　（c）　（d）

图 4-40　形的过渡

第五章 产品设计中的人体工程学

第一节 人体工程学在产品设计中的应用

产品设计中,一切关于人的生产、生活的产品,大到现代化的工厂、机械设备,小至与人们衣食住行息息相关的生活用品,都需要考虑"人的因素",这便涉及了人体工程学。人体工程学在产品设计中的应用可以概括为以下几个方面。

一、提供各种有关人的尺度参数

人体工程学在产品设计中的应用,首先体现在它能够为产品设计提供各种有关人的尺度参数,具体包括:

(1)人体各部分的尺寸、体重、体表面积、重心以及人体各部分在活动时的相互关系和可及范围等人体结构特征参数;

(2)人体各部分的出力范围、活动范围、动作速度、动作频率、重心变化以及做动作时的习惯等人体机能特征参数;

(3)人的视觉、听觉、触觉、肤觉等感觉器官的机能特性,人在各种活动时的生理变化、能量消耗、疲劳机理、人对各种劳动负荷的适应能力以及人在工作和生活中的各种因素导致的不同心理反应及其特征。

二、提供健康与环保的设计标准

通过研究人体对环境中各种物理、化学因素的反应和适应能力,分析声、光、热、振动、粉尘和有毒气体等环境因素对人体的生理、心理以及工作效率的影响程度,确定了人在生产活动和生活中所处的各种环境的舒适范围和安全限度。

三、提供与设计物相关的科学依据

人体工程学能够提供与设计物相关的科学依据,帮助产品设计解决设计物与人相关的各种功能的最优化,创造出与人的生理、心理机能相协调的产品。如信息显示装置、操纵控制装置和工作台等部件的形状、大小、色彩及其布置范围的设计标准等,都是以人体工程学提供的参数和要求为基础的。

四、提供以人为本的研究程序

人体工程学能够提供以人为本的研究程序,一项优良设计需要平衡人、环境、技术、经济、文化等多种因素,这种平衡的最佳标准便是“以人为本”。

以人为本的设计意识,需要在产品设计的各个阶段,以人为主线,进行人体工程学的研究与判断,从而确保一切设计物都能符合人的特性,从而使其使用功能不超过合理的界限之外。

第二节 人体数据的测量与运用

人体测量学是人体工程学的重要组成部分,其目的是在进行产品设计时,使人与产品相互协调,对产品与人相关的各种装置进行适合于人体形态、生理以及心理特点的设计,让人在使用过程中,能够方便地使用产品并处于舒适的状态。

一、人体测量数据的类别划分

人体测量数据根据不同的标准,具有不同的划分方法。按状态分类,有静态测量和动态测量;按使用实际分类,有形态测量、运动测量和生理测量。

(一)以状态为标准划分的类别

1. 静态测量

所谓静态尺寸,即人体构造上的尺寸,共有两种测量方式——站着测量、坐着测量。

静态测量的人体尺寸用作设计工作空间的大小、家具、产品界面元件以及一些工作设施等的设计依据。

2. 动态测量

所谓动态尺寸,即人体功能上的尺寸。包括人在工作姿势下或在某种操作活动状态下测量的尺寸。动态测量,主要是对处于动作状态下的人的尺寸进行的测量。

动态人体尺寸测量的重点是测量人在执行某种动作时的身体动态特征。如图 5-1 所示为车辆驾驶的人机关系图。静态图强调驾驶员与驾驶座位、方向盘、仪表等的物理距离,动态图则强调驾驶员身体各部位的动作关系。

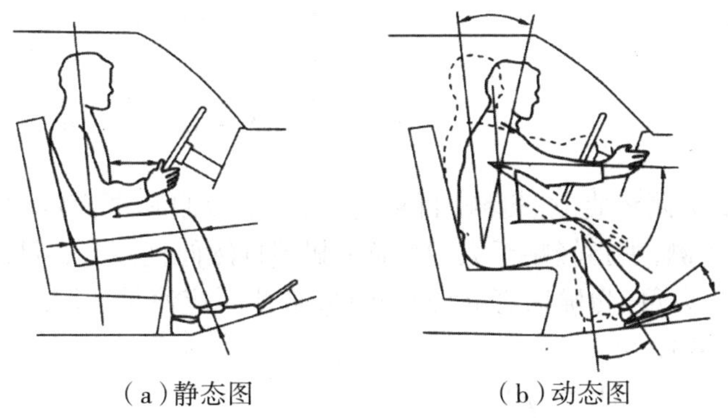

（a）静态图　　（b）动态图

图 5-1　车辆驾驶的人机关系图

（二）以实际使用为标准划分的类别

以实际使用为标准划分的类别主要有形态测量、生理测量和运动测量。

形态测量是以检查人体形态的方式进行测量，主要内容有人体长度、人体体型、人体体积和重量、人体表面积。

生理测量指测量人体的主要生理指标，主要内容有人体出力范围、人体感觉反应、人体疲劳。

运动测量指在对人体静态形态测量的基础上，测量人体的活动过程和活动范围的大小，主要内容有动作范围、动作过程、形体变化、皮肤变化。

二、人体测量的基础

（一）主要测量仪器

人体测量的主要仪器有人体测高仪（见图 5-2）、人体测量用直角规（见图 5-3）。

人体测高仪主要用来测量身高、坐高、立姿和坐姿的眼高以及伸手向上所及的高度等立姿和坐姿的人体各部位高度尺寸。

人体测量用直角规主要用来测量两点间的直线距离，特别适宜测量距离较短的不规则部位的宽度或直径。如耳、脸、手、足等。

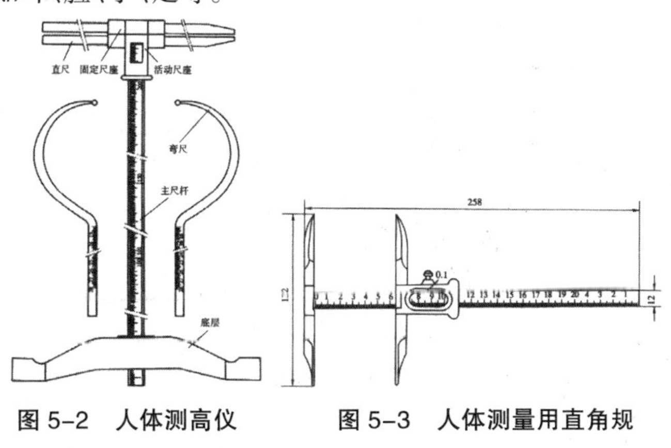

图 5-2　人体测高仪　　**图 5-3　人体测量用直角规**

(二)立姿与坐姿

1. 立姿

立姿的测量,需要被测者直立、挺胸,目视前方,头部以眼耳平面定位,肩部放松,手臂下垂,手伸直,手掌朝向体侧,手指轻贴于大腿侧面;腿部自然伸直,左、右足两脚前端分开,后跟并拢,两足大致成45°夹角,为确保直立姿势正确,被测者应使足后跟、臀部和后背部与同一铅垂面相接触(见图5-4)。

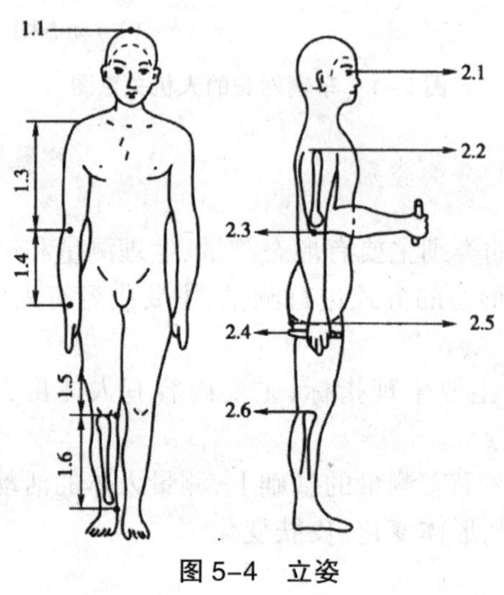

图5-4 立姿

2. 坐姿

坐姿的测量,需要被测者坐在被调节到腓骨头高度的平面上,脚平放在地面上,手轻放在大腿上,膝盖弯曲成直角,两腿平行;然后挺胸,目视前方,头部以眼耳平面定位,为确保坐姿正确,被测者的臀部、后背部应同时靠在同一铅垂面上(见图5-5)。

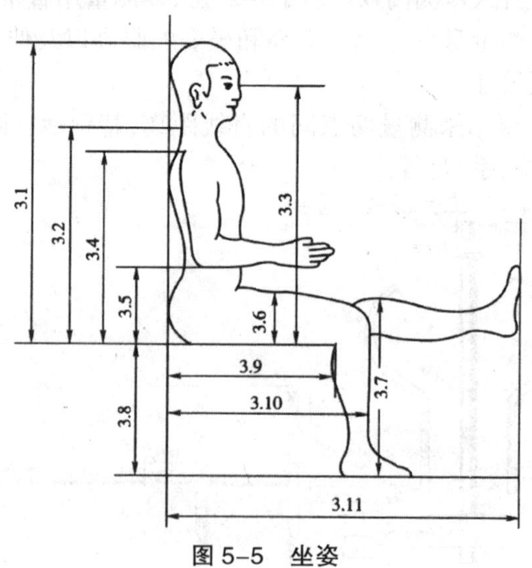

图5-5 坐姿

人的肢体运动是绕一定的轴在某个基本平面内进行的,这些轴都是以关节为原点,这些平面一般都是由通过轴而组成的平面。人体关节没有可见的轴,因而必须依据关节的形态和运动规律,假设这些基本轴以说明人体各部分运动,便于人体测量,图 5-6 为人体关节图。

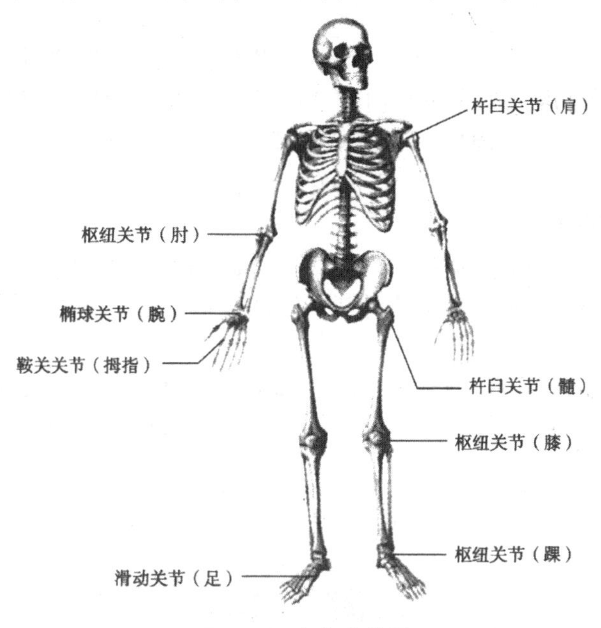

图 5-6　人体关节图

(三)测量项目

人体数据测量的项目主要有体重、立姿项目、坐姿项目、手部项目、足部项目以及状况项目。如表 5-1 所示。

表 5-1　人体数据测量的项目

测量项目名称	测量内容
立姿项目	身高、肩高、上肢长、前臂长、中指指点高、腰围、骨盆高、大腿长、下肢长、膝高、小腿长、腿肚高、最大体宽、颈宽、两乳头点间宽、腰宽、臀宽、体厚、胸厚、最大体围等
立姿功能项目	手功能高(上肢自然下垂时，从手握轴至地面的垂直距离)、双臂功能上举高(两臂向上最大限度地伸展时，手握轴至地面的垂直距离)、两臂展前宽、肘高等
坐姿项目	坐高、坐姿膝高、坐姿肩高、坐姿大腿厚、坐姿臀宽、坐姿腹厚、坐姿臀围、坐姿躯干垂直弧长等
坐姿功能项目	坐姿肘高、两大腿宽、两膝宽、坐姿下肢长等
手部项目	手长、手最大宽、手背长、掌长、掌厚、中指长、虎口中指尖距、拇指长、食指长、拳围等
足部项目	足宽、足长、足面长、足后跟围等
状况项目	头全高、颏顶距、形态面长、面宽、口宽、头围等

(四)测量基准面与测量方向

1. 测量基准面

人体测量的基准面有矢状面、正中矢状面、水平面、冠状面和眼耳平面(见图 5-7)。

矢状面:人体测量基准面的定位是由三个互相垂直的轴(铅垂直轴、纵轴和横轴)来决定的,矢状面是指通过铅垂轴和纵轴的平面及与其平行的所有平面。

正中矢状面:在矢状面中,正中矢状平面是指通过人体正中线的矢状面。正中矢状平面将人体分成左、右对称的两个部分。

水平面:与矢状面及冠状面同时垂直的所有平面。水平面将人体分成上、下两个部分。

冠状面:指铅垂轴和横轴的平面及与其平行的所有平面。冠状面将人体分成前、后两个部分。

眼耳平面(或法兰克福平面):指通过左、右耳屏点及眼眶下点的水平面。

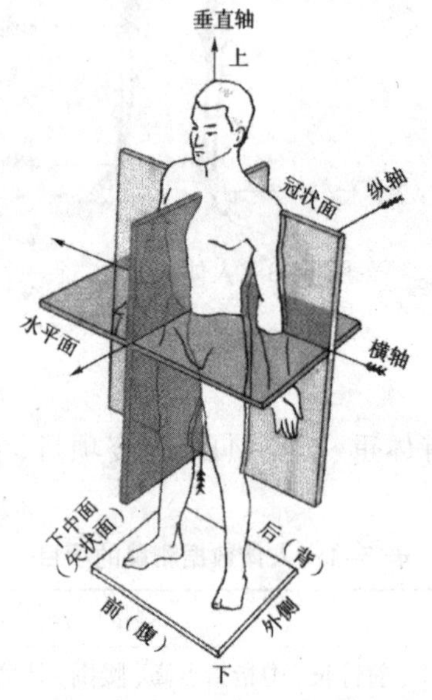

图 5-7 人体测量基准面和基准轴

2. 测量方向

人体测量方向见表 5-2。

表 5-2 人体测量方向

测量方向	说 明
头侧端	人体上方向的测量
足侧端	人体下方向的测量
内侧	在人体左、右方向上,靠近正中矢状面的方向
外侧	在人体左、右方向上,远离正中矢状面的方向
近位	在四肢上,靠近四肢附着部位

（续表）

测量方向	说　明
远位	在四肢上，远离四肢附着部位
桡侧	上肢上，桡骨侧方向
尺侧	上肢上，尺骨侧方向
胫侧	下肢上，胫骨侧方向
腓	下肢上，腓骨侧方向

（五）人体测量基准轴

人体测量的基准轴有矢状轴、运动轴、额状轴和垂直轴。

矢状轴：通过关节中心并垂直于额状面的所有轴。

运动轴：分别对应于矢状面、水平面和额状面设置三个基本轴，这些轴可在人体躯干，四肢和各脏器等部位设置。

额状轴（又名冠状轴、横轴）：通过关节中心并垂直于矢状面的所有轴。

垂直轴：通过关节中心并垂直于水平面的所有轴。

（六）测量要求

对于人体数据的测量，不同位置有着不同的要求，见表 5-3。

表 5-3　人体数据的测量要求

不同方面的测量	测量要求
支撑面	立姿时站立的地面或平台以及坐姿时的椅平面应是水平的、稳固的和不可压缩的
被测者的衣着	被测者裸体或穿着尽量少的内衣，例如只穿内衣裤和背心，在后者的情况下，在测量胸围时，男性应撩起背心，女性应松去胸罩后进行测量
测量值读数精度	线性测量项目的测量值读数精度为 1mm，体重的读数精度为 0.5kg

三、常用的人体测量数据

（一）常用的中国成年人测量数据

中国成年人常用的人体测量数据主要以《中国成年人人体尺寸》（GB 10000—88）为依据。

1. 适用范围

《中国成年人人体尺寸》（GB 10000—88）适用范围包括工业领域的产品设计、建筑设计，工业技术的改造、设备的更新，军事工业，劳动安全保护等方面。

在《中国成年人人体尺寸》中所列的数值主要为 18 ~ 60 岁的男性成年人和 18 ~ 55 岁的女性成年人的测量数据，他们所代表的行业主要为工业生产。

《中国成年人人体尺寸》中所涵盖的年龄阶段还可细分为 18 ~ 25 岁(男、女); 26 ~ 35 岁(男、女); 36 ~ 60 岁(男)、55 岁(女)。所列数值共 47 项。

2. 常用人体尺寸数据摘录

GB/T 10000—1988 是我国重要的人机工程技术标准,其数据在设计中经常用到。

1)人体主要尺寸

人体主要尺寸的 6 个项目见图 5-8 和表 5-4。

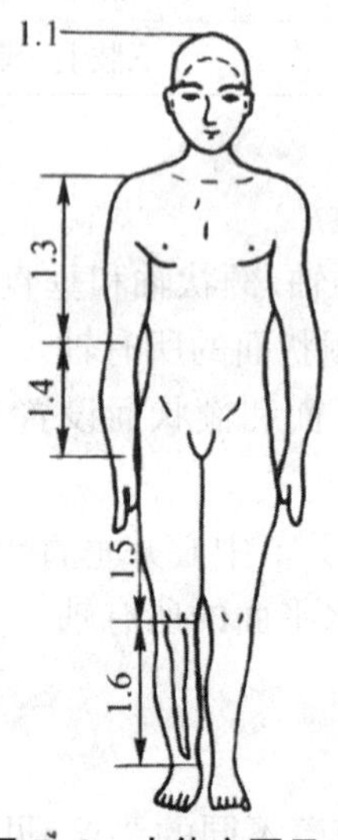

图 5-8 人体主要尺寸

表 5-4 人体主要尺寸

单位: mm

年龄分组 / 百分位数 / 测量项目	男(18 ~ 60 岁)							女(18 ~ 55 岁)						
	1	5	10	50	90	95	99	1	5	10	50	90	95	99
1.1 身高	1543	1583	1604	1678	1754	1775	1814	1449	1484	1503	1570	1640	1659	1697
1.2 体重 /kg	44	48	50	59	71	75	83	39	42	44	52	63	66	74
1.3 上臂长	279	289	294	313	333	338	349	252	262	267	284	303	308	319
1.4 前臂长	206	216	220	237	253	258	268	185	193	198	213	229	234	242
1.5 大腿长	413	428	436	465	496	505	523	387	402	410	438	467	476	494
1.6 小腿长	324	338	344	369	396	403	419	300	313	319	344	370	376	390

2)立姿人体尺寸和坐姿人体尺寸

立姿人体尺寸的 6 个项目见图 5-9 和表 5-5; 坐姿人体尺寸的 11 个项目见图 5-10 和表 5-6。

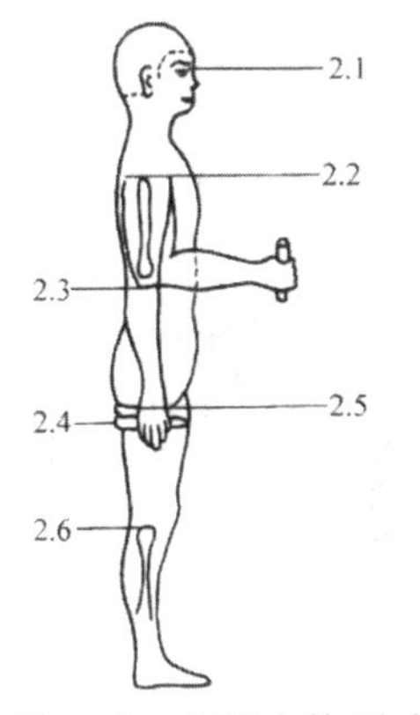

图 5-9 立姿人体尺寸

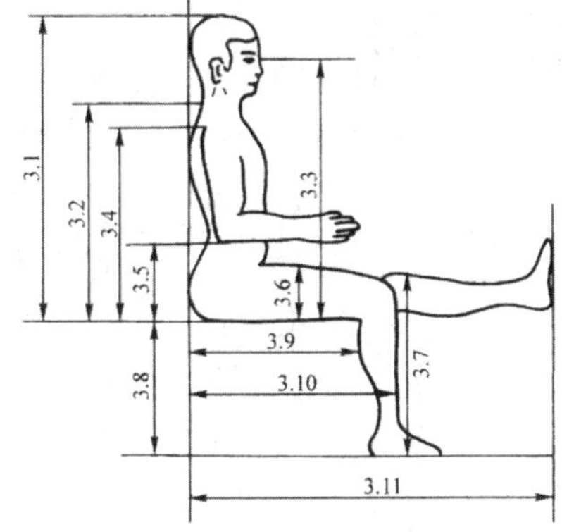

图 5-10 坐姿人体尺寸

表 5-5 立姿人体尺寸

单位：mm

年龄分组 百分位数 测量项目	男（18 ~ 60 岁）							女（18 ~ 55 岁）						
	1	5	10	50	90	95	99	1	5	10	50	90	95	99
2.1 眼高	1436	1474	1495	1568	1643	1664	1705	1337	1371	1388	1454	1522	1541	1579
2.2 肩高	1244	1281	1299	1367	1435	1455	1494	1166	1195	1211	1271	1333	1350	1385
2.3 肘高	925	954	968	1024	1079	1096	1128	873	899	913	960	1009	1023	1050
2.4 手功能高	656	680	693	741	787	801	828	630	650	662	704	746	757	778
2.5 会阴高	701	728	741	790	840	856	887	648	673	686	732	779	792	819
2.6 胫骨点高	394	409	417	444	472	481	498	363	377	384	410	437	444	459

表 5-6 坐姿人体尺寸

单位：mm

年龄分组 百分位数 测量项目	男（18 ~ 60 岁）							女（18 ~ 55 岁）						
	1	5	10	50	90	95	99	1	5	10	50	90	95	99
3.1 坐高	836	858	870	908	947	958	979	789	809	819	855	891	901	920
3.2 坐姿颈椎点高	599	615	624	657	691	701	719	563	579	587	617	648	657	675
3.3 坐姿眼高	729	749	761	798	836	847	868	678	695	704	739	773	783	803
3.4 坐姿肩高	539	557	566	598	631	641	659	504	518	526	556	585	594	609
3.5 坐姿肘高	214	228	235	263	291	298	312	201	215	223	251	277	284	299
3.6 坐姿大腿厚	103	112	116	130	146	151	160	107	113	117	130	146	151	160
3.7 坐姿膝高	441	456	464	493	523	532	549	410	424	431	458	485	493	507
3.8 小腿加足高	372	383	389	413	439	448	463	331	342	350	382	399	405	417
3.9 坐深	407	421	429	457	486	494	510	388	401	408	433	461	469	485
3.10 臀膝距	499	515	524	554	585	595	613	481	495	502	529	561	570	587
3.11 坐姿下肢长	892	921	937	992	1046	1063	1096	826	851	865	912	960	975	1005

3）人体水平尺寸

人体水平尺寸的 10 个项目见图 5-11 和表 5-7。

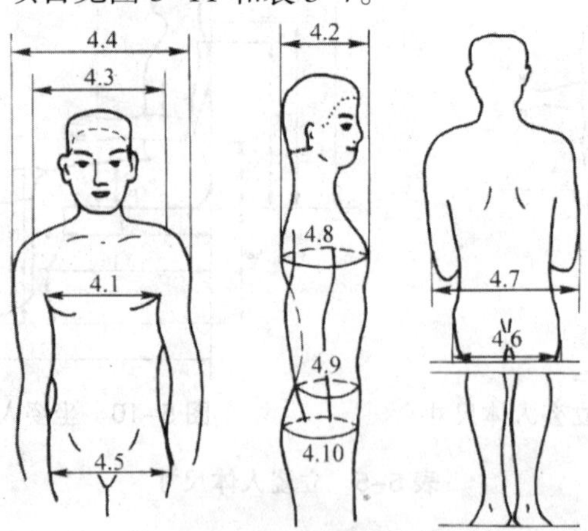

图 5-11 人体水平尺寸

表 5-7 人体水平尺寸

单位：mm

测量项目 \ 年龄分组 / 百分位数	男（18～60岁）							女（18～55岁）						
	1	5	10	50	90	95	99	1	5	10	50	90	95	99
4.1 胸宽	242	253	259	280	307	315	331	219	233	239	260	289	299	319
4.2 胸厚	176	186	191	212	237	245	261	159	170	176	199	230	239	260
4.3 肩宽	330	344	351	375	397	403	415	304	320	328	351	371	377	387
4.4 最大肩宽	383	398	405	431	460	469	486	347	363	371	397	428	438	458
4.5 臀宽	273	282	288	306	327	334	346	275	290	296	317	340	346	360
4.6 坐姿臀宽	284	295	300	321	347	355	369	295	310	318	344	374	382	400
4.7 坐姿两肘间宽	353	371	381	422	473	489	518	326	348	360	404	460	378	509
4.8 胸围	762	791	806	867	944	970	1018	717	745	760	825	919	949	1005
4.9 腰围	620	650	665	735	859	895	960	622	659	680	772	904	950	1025
4.10 臀围	780	805	820	875	948	970	1009	795	824	840	900	975	1000	1044

4）人体头部尺寸

人体头部尺寸的 7 个项目见图 5-12 和表 5-8。

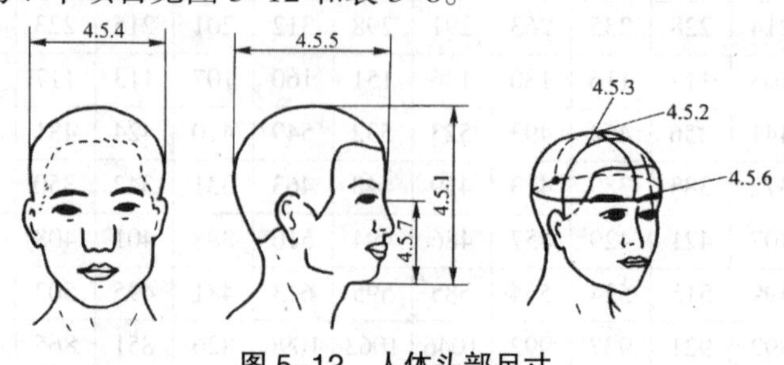

图 5-12 人体头部尺寸

表 5-8 人体头部尺寸

单位：mm

年龄分组 / 百分位数 / 测量项目	男（18 ～ 60 岁）							女（18~55 岁）						
	1	5	10	50	90	95	99	1	5	10	50	90	95	99
4.5.1 头全高	199	206	210	223	237	241	249	193	200	203	216	228	232	239
4.5.2 头矢状弧	314	324	329	350	370	375	384	300	310	313	329	344	349	358
4.5.3 头冠状弧	330	338	344	361	378	383	392	318	327	332	348	366	372	381
4.5.4 头最大宽	141	145	146	154	162	164	168	137	141	143	149	156	158	162
4.5.5 头最大长	168	173	175	184	192	195	200	161	165	167	176	184	187	191
4.5.6 头围	525	536	541	560	580	586	597	510	520	525	546	567	573	585
4.5.7 形态面长	104	109	111	119	128	130	135	97	100	102	109	117	119	123

3. 数据注意要点

（1）表中所列数值均为不着衣数值，由于我国各地的着衣量不同，因此在运用到设计中时还应根据具体情况进行修正。

（2）本表数值在测量时，测量人员或采用自然挺胸直立的站姿，或采取端坐的坐姿。若实际用于设计时的站姿与坐姿有所不同，则应对表中文字适时进行修正。

（3）我国幅员广阔，各地的人体相差较大。为了方便统计，我们根据征兵体检等标准，将我国的人体测量数据分为东北、华北、西北、东南、华中、华南、西南六个区域。其中，华北、东北包括 8 个地区，即黑龙江、吉林、辽宁、内蒙古、山东、北京、天津、河北；西北区包括 7 个地区，即青海、陕西、山西、西藏、宁夏、河南、新疆；东南区包括 4 个地区，即安徽、江苏、上海、浙江；华中区包括 3 个地区，即湖南、湖北、江西；华南区包括 3 个地区，即广东、广西、福建；西南区包括 4 个地区，即贵州、四川、云南、重庆。

（二）其他国家的人体尺寸与人体各部分尺寸比例

1. 其他几个国家的成年人人体尺寸

经济与市场全球化的趋势在发展，中国加入 WTO 以后，融入世界市场的速度也加快了。中国产品将越来越多地销往海外各国，产品与销往国人体尺寸的适应性问题，已经摆在很多企业的面前。设计中不但要用到中国人的人体尺寸，也要用到其他国家的人体尺寸。表 5-9 是部分其他国家成年人身高的参考数据。

表 5-9　部分其他国家成年人身高的参考数据

序号	国家	性别	均值	标准差	百分位数										
					1	10	20	30	40	50	60	70	80	90	99
1	日本（市民）	男	1657	52	1529	1584	1607	1624	1638	1657	1664	1678	1895	1718	1773
2	日本（市民）	女	1544	50	1429	1481	1502	1518	1532	1544	1556	1570	1586	1607	1659
3	日本（飞行员）	男	1669	48	1557	1607	1629	1644	1657	1669	1681	1694	1709	1730	1781
4	美国（市民）	男	1755	72	1587	1662	1691	1717	1737	1755	1773	1793	1816	1848	1923
5	美国（市民）	女	1618	62	1474	1539	1566	1585	1602	1618	1634	1651	1670	1697	762
6	美国（军人）	男	1755	62	1611	1676	1703	1723	1740	1755	1771	1788	1807	1835	1900
7	英国	男	1780	61	1638	1702	1729	1748	1765	1780	1795	1812	1831	1858	1932
8	法国	男	1690	61	1548	1612	1639	1658	1675	1690	1705	1722	1741	1768	1832
9	法国	女	1590	45	1485	1532	1552	1566	1579	1590	1601	1614	1628	1648	1695
10	意大利	男	1680	66	11526	1596	1625	1645	1663	1680	1696	1715	1735	1764	1834
11	意大利	女	1560	71	1394	1469	1500	1522	1542	1560	1578	1591	1620	1651	1726
12	非洲	男	1680	77	1501	1581	1615	1639	1661	1680	1699	1721	1745	1779	1859
13	非洲	女	1570	45	1465	1512	1532	1546	1559	1570	1581	1594	1608	1628	1675
14	马来西亚	男	1540	66	1386	1456	1485	1505	1523	1540	1556	1575	1595	1624	1694
15	马来西亚	女	1440	51	1321	1375	1397	1413	1427	1440	1453	1467	1485	1505	1559

需要指出的是，不同资料提供的外国人体尺寸数据存在一定的互相不一致，表 5-9 是仅供参考的一个数表，用作设计依据不是十分可靠。这可能是由于各国人体尺寸数据进行更新等原因造成的。因此，设计中查阅外国人体尺寸数据时，应注意审核它的出处，尤其注意它是否是新近版本的数据。

2. 人体各部分尺寸的比例

人机学的研究指出，体态正常的成年人人体各部分静态尺寸之间，有近似的比例关系；因此可由身高这一基本数据近似地推算出其他静态人体尺寸，供设计中使用。见表 5-10，表中列出了 23 项静态人体尺寸与身高的近似比例关系；图 5-13 中对应地标出了表 5-10 中各项人体尺寸的标号。

表 5-10　部分人体尺寸与身高的近似比例关系

序号	名称	立姿			
		男		女	
		亚洲人	欧美人	亚洲人	欧美人
1	眼高	0.933 H	0.937H	0.933 H	0.937 H
2	肩高	0.844 H	0.833H	0.844 H	0.833H
3	肘高	0.600 H	0.625 H	0.600 H	0.625H
4	脐高	0.600 H	0.625H	0.600H	0.625 H
5	臀高	0.467 H	0.458H	0.467 H	0.458 H
6	膝高	0.267 H	0.313 H	0.267 H	0.313 H
7	腕 - 腕距	0.800 H	0.813 H	0.800 H	0.813H
8	肩 - 肩距	0.222 H	0.250 H	0.213 H	0.200 H
9	胸深	0.178 H	0.167 H	0.133~0.177 H	0.125 ～ 0.166 H
10	前臂长（包括手）	0.267H	0.250 H	0.267H	0.250 H
11	肩 - 指距	0.467H	0.438 H	0.467 H	0.438H
12	双手展宽	1.000H	1.000H	1.000H	1.000H
13	手举起最高点	1.278 H	1.259 H	1.278 H	1.250 H

（续表）

序号	名称	坐姿			
		男		女	
		亚洲人	欧美人	亚洲人	欧美人
14	坐高	0.222 H	0.250 H	0.222 H	0.250H
15	头顶－座距	0.533 H	0.531 H	0.533 H	0.531 H
16	眼－座距	0.467 H	0.458 H	0.467 H	0.458H
17	膝高	0.267 H	0.292H	0.267 H	0.292H
18	头顶高	0.733H	0.781H	0.733 H	0.781 H
19	眼高	0.700H	0.708 H	0.700 H	0.708 H
20	肩高	0.567 H	0.583H	0.567 H	0.583 H
21	肘高	0.356 H	0.406 H	0.356 H	0.406H
22	腿高	0.300 H	0.333 H	0.300 H	0.333H
23	坐深	0.267 H	0.750 H	0.267 H	0.275H

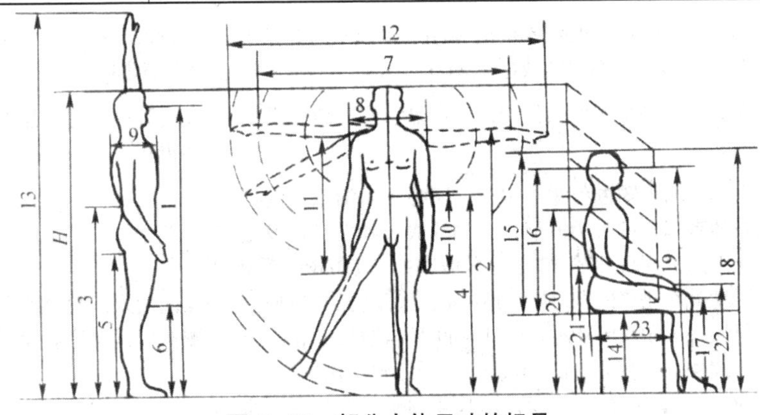

图 5-13　部分人体尺寸的标号

四、人体测量数据的应用

人体的尺寸是千差万别的，要想设计一个产品让所有的人使用起来都方便是不可能的。为了使产品适合于某个群体的使用，设计中需要的是一个群体的测量尺寸。然而，全面测量群体中每个个体的尺寸又是不现实的。通常人体测量学工作者都是在测量群体中以一定的抽样方法测量较少量个体的尺寸，经过数据处理后而获得较为精确的所需群体尺寸。

在人体测量中所得到的测量值都是离散的随机变量，因而可根据概率论与数理统计理论对测量数据进行统计分析，从而获得所需群体尺寸的统计规律和特征参数。

（一）影响因素

人体测量数据受年龄、性别、地区、种族、年代、职业等因素的影响，见表 5-11。

表 5-11 人体测量数据的影响因素

具体因素	影响内容	注意事项
年龄因素	人体尺寸（男性一般在 20 岁停止生长，女性还要早一些，大概 18 岁。通常男性 15 岁、女性 13 岁双手的尺寸就达到了一定值。男性 17 岁、女性 15 岁脚的大小也基本定型）、身高（随年龄的增长而收缩一些），体重、肩宽、腹围、臀围、胸围（随着年龄的增长而增加）	在选用人体尺寸时，必须考虑工作和生活的环境适合哪些年龄组的人。在使用人体尺寸数据表时，要注意不同年龄组尺寸数据的差别
性别因素	在男性与女性之间，人体尺寸、重量和比例关系都有明显差异。大多数人体尺寸，男性都要比女性大些。但是有四个尺寸，胸厚、臀宽、臂部及大腿周长，女性比男性的要大一些。另外，男女即使在身高相同的情况下，身体各部分的比例也是不同的。女性的手臂和腿部较短，躯干和头部所占的比例较大，肩较窄，骨盆较宽，皮下脂肪厚度及脂肪层在身体上的分布，男女也有明显差别	以矮小男性的人体尺寸代替女性人体尺寸使用是错误的，特别是在腿的长度尺寸起重要作用的工作场所，如坐姿操作的工作，考虑女性的人体尺寸至关重要
地区因素	不同的国家、不同的地区、不同的种族人体尺寸差异较大，即使在同一国家、不同区域也有差异	进行产品设计时，必须考虑不同国家、不同区域人体尺寸的差异
种族因素	不同民族、不同地区的人使用同一产品、同一设施的情况将越来越多	在设计中考虑产品的多民族的通用性也将成为一个值得注意的问题
年代因素	随着人类社会的不断发展，卫生、医疗、生活水平的提高以及体育运动的大力开展，人类的成长和发育也发生了变化。欧洲居民每隔 10 年身高增加 1 ~ 1.4cm； 美国城市男性青年 1973—1986 年 13 年间身高增长 2.3cm；日本男性青年 1934—1965 年 31 年间身高增长 5.2cm、体重增加 4kg，胸围增加 3.1cm； 我国广州中山医学院男生 1956—1979 年 23 年间身高增长 4.38cm、女生身高增长 2.67cm。身高的变化势必带来其他形体尺寸的变化	在使用人体测量数据时，要考虑其测量年代，然后加以适当修正
职业因素	一般体力劳动者平均身体尺寸都比脑力劳动者稍大些。在美国，工业部门的工作人员要比军队人员矮小。在我国，一般部门的工作人员要比体育运动系统的人矮小。也有一些人由于长期的职业活动改变了形体，使其某些身体特征与人们的平均值不同	对于不同职业所造成的人体尺寸差异在产品设计中必须予以注意

数据来源不同、测量方法不同、被测者具有代表性特征等因素，也常常造成测量数据的差异。

（二）常用术语

人体测量数据的常有术语主要有总体、样本、均值、方差、标准差、抽样误差以及人体测量数据的正态分布曲线。

1. 总体、样本

研究的全体对象的集合称为“总体”。在人体尺寸测量中，总体是按一定特征被划分的人群。因此，设计产品时必须了解总体的特性，并且对该总体进行命名。例如，中国成年人、中国飞行员等。

从总体取出的许多个体的全部称为“样本”。各种人体尺寸手册中的数据就是来自这些样本，因此，设计人员必须了解样本的特点及其表达的总体。

2. 均值、标准差

样本的测量数据集中趋向某一个值，该值称为平均值，简称均值，用来表现测量数据的集中情况，是人体测量数据统计中的一个重要指标。对于有 n 样本的测量值：$x_1, x_2, \cdots, x_n$，其均值 x 为

$$\bar{x}=\frac{x_1+x_2+\cdots+x_n}{n}=\frac{1}{n}\sum_{i=1}^{n}x_i$$

方差的平方根称为标准差，表示数据的离中趋势。用标准差来说明测量值对均值的波动情况。

$$s_D=[\frac{1}{n-1}(\sum_{i=1}^{n}x_i^{\ 2}-n\bar{x}^2)]^{\frac{1}{2}}$$

3. 方差

描述测量数据在中心位置（均值）上下波动程度差异的值为均方差，通常称为方差。方差表明样本的测量值是变量，既趋向均值而又在一定范围内波动。对于均值为 x 的 n 个样本测量值：$x_1, x_2, \cdots, x_n$，其方差 s^2 的定义为

$$\begin{aligned}s^2&=\frac{1}{n-1}[(x_1-\bar{x})^2+(x_2-\bar{x})^2+\cdots+(x_n-\bar{x})^2]\\&=\frac{1}{n-1}\sum_{i=1}^{n}(x_i-\bar{x})^2\end{aligned}$$

近似计算式（x_1 接近均值时）为

$$\begin{aligned}s^2&=\frac{1}{n-1}(x_1+x_2+\cdots+x_n^{\ 2}-n\bar{x}^2)\\&=\frac{1}{n-1}(\sum_{i=1}^{n}(x_i^{\ 2}-n\bar{x}^2)\end{aligned}$$

4. 抽样误差

抽样误差又称标准误差，即全部样本均值的标准差，在实际测量和统计分析中，总是以样本推测总体，而在一般情况下，样本与总体不可能完全相同，其差别就是由抽样引起的。抽样误差数值大，表明样本均值与总体均值的差别大，反之，说明其差别小，即均值的可靠性高。当样本数据的标准差为 s_D，样本容量为 n 时，则抽样误差计算公式为

$$s_{\bar{x}}=\frac{s_D}{\sqrt{n}}$$

由该计算公式可知，均值的标准差要比测量数量的标准差 s_D 小 n 倍。如果测量方法不变，

样本容量越多，则测量结果精度越高。因此，在许可范围内增加样本容量，可以提高测量结果的精度。

5. 人体测量数据的正态分布曲线

人体测量数据的正态分布曲线的分析，首先需要明确测量数据的直方图，见图 5–14。

当横坐标的尺寸间隔划分得无限小时，直方图便转化为一条正态分布曲线，如图 5–15 所示。

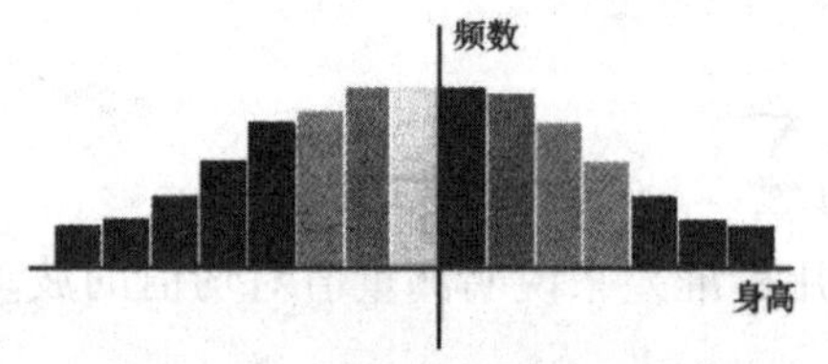

图 5–14 测量数据的直方图

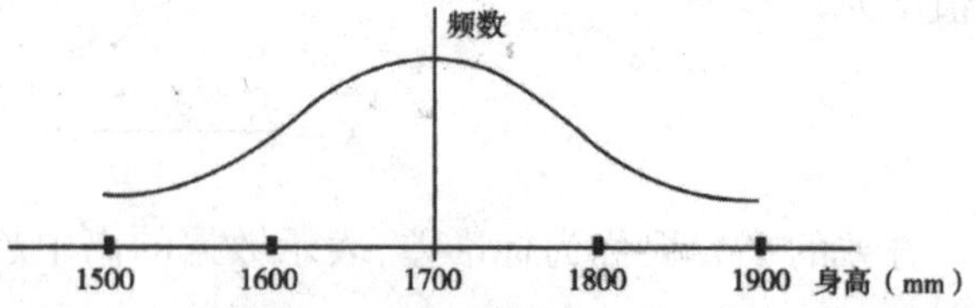

频数
1500 1600 1700 1800 1900 身高（mm）

图 5–15 正态分布曲线

正态曲线与横坐标轴覆盖的总面积为 100%，若从零到某一横坐标值上的曲线面积为 5% 时，那么该横坐标轴值称为 5% 值。同理，从零到某一横坐标值上的曲线面积分别为 50% 和 95% 时，则把该横坐标轴值分别称为 50% 值和 95% 值。在人机工程设计中，有效地运用这三种数值来解决人为误差。

人体测量数据的正态分布曲线有一个适用域。一个设计只能取一定的人体尺寸范围，只考虑整个分布的一部分“面积”，称为“适应域”，适应域是相对设计而言的，对应统计学置信区间的概念。

（三）人体测量数据应用的注意事项

人体测量数据的应用，需注意以下几个方面的事项。

第一，明确使用者或操作者的具体状况，分析其特征，包括性别、年龄、种族、身体健康状况、体型等。

第二，按人体尺寸的平均值设计产品和工作空间，往往只能适合 50% 的人群，而对另外 50% 的人群则不适合。因此，一般不能以平均值作为设计的唯一根据。

第三，应考虑操作者的着衣导致人体尺寸增大的调整值。

第四，由于人在操作过程中姿势和身体位置经常变化，静态测得的尺寸数据会出现较大误差，设计时需用实际测得的动态尺寸数据加以适当调整。

第五，确定作业空间的尺寸范围，不仅与人体静态测量数据有关，同时也与人的肢体活动范围及作业方式方法有关。如手动控制器最大高度应使第 5 百分位数身体尺寸的人直立时能触摸到，而最低高度应是第 95 百分位数的人的触摸高度。

第六，设计作业空间还必须考虑操作者进行正常运动时的活动范围的增加量，如人行走时，头顶的上下运动幅度可达 50mm。

第六章　产品的形态设计与创新

第一节　形态设计的要素

人们如何认知产品的形态，一般来说通过两种途径：一种是有形的视觉元素，如点、线、面、体，它们组成人们对产品“形”的认知；另一种是在这些视觉元素的物理特点的基础上，形成无形的心理感受（即“态”），比如轻巧、灵动、平静、流畅等。简言之，产品本身的视觉元素与用户形成的心理感受共同构成了产品的形态。

一、点

（一）点的释义

点是最基础的造型元素，有着高度聚集的特性，往往是空间中的视觉焦点，能够表明和强调位置。点的形状、大小、位置、方向、颜色以及排列的形式都会影响整个平面的视觉表现，带来不同的心理感受。有序的点的构成以规律化、重复或者有序的渐变三种形为主，丰富而规则的点通过疏密的变化营造出层次细腻的空间感。点的这些特征在产品设计中可运用于装饰风格、透气孔、按键、滤网等方面。

1. 单一的点

在平面中，一个点标出了空间中的一个位置时往往能够成为一个范围的中心，具有聚合、集中注意力的特征。

2. 相邻的点

两点标记一段距离，两点之间的距离决定其相互吸引的程度，距离越近则吸引力越大，距离远则易产生排斥感。若两点之间存在大小对比，则小的易被大的吸引，注意力会按从大到小的顺序进行。

（二）产品形态设计中点的呈现

根据点的不同作用可分为功能点、肌理点、装饰点和标志性点。

1. 功能点

在产品设计的形态表达中，功能点是指含有点的元素承担着某种使用功能。例如，产品中的功能性按键，它具有提示功能和警示灯，如手机的按键、电脑机箱的开关、滤孔等(见图 6–1)。

图 6–1　功能点在产品设计中的体现

在产品造型设计中，设计者需注意清晰表达产品功能点所承载的信息，通过点的不同造型，提高对功能点的认知准确度，如散热孔、出声孔等。如图 6–2（a）所示为声孔；图 6–2（b）所示为以色列设计师 Luka Or 设计的收音机；图 6–2（c）所示为加拿大设计师 Wenhao Li 设计的一款小清新收音机，整体就是一个立方体，简单的表面和旋钮设计，连频率的表盘都是真的机械表盘，配上实木色的周边；图 6–2（d）是 Lexon 推出由 Lonna Vautrin 设计的收音机 Mezzo，用色复古，多色可选；图 6–2（e）是英国设计师 Jonathan Gomez 为德国 FESTOOL 公司设计的便携收音机。

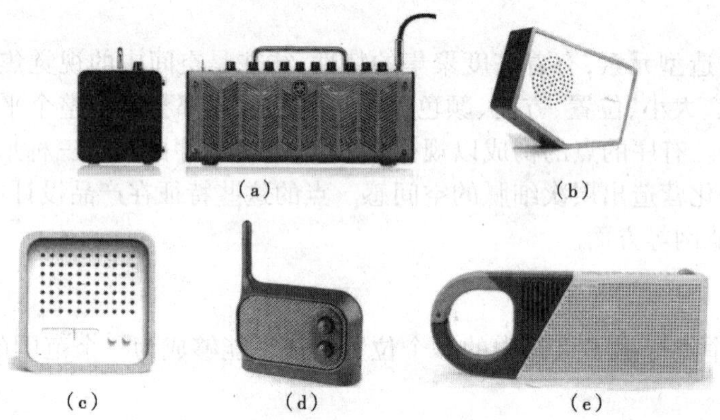

图 6–2　点在不同产品中的应用

2. 肌理点

在产品设计的形态表达中，肌理点是指设计物品表面上的纹理效果，这种纹理是以点的形式构成的，且具有一定的功能性特征。例如手柄上的肌理点具有防滑、增强摩擦力等功能(见图 6–3)。肌理点因形态不同可分为凸形肌理点、凹形肌理点和镂空肌理点。凸形肌理点表现为防滑的功能时，主要出现于使用者的手接触的地方，如手柄或需要抓、拉的区域。凹形肌理点和镂空肌理点表现为散热、透音和防滑的功能时，这些点的布置主要与产品的内部功能构件位置相对应，根据产品形态设计需要，如根据产品大小和形状等，进行局部图案或整体渐变点阵设计。

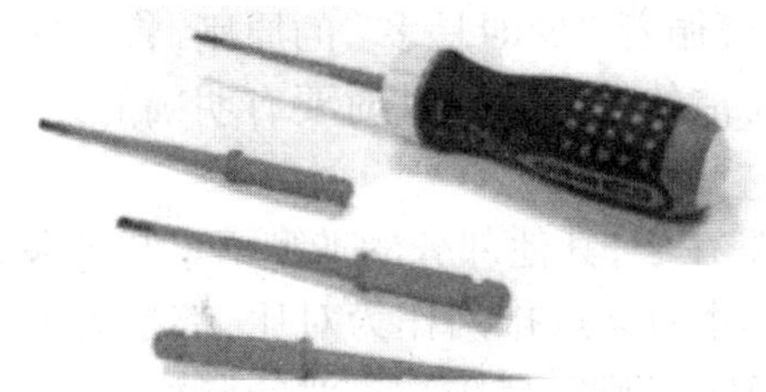

图 6-3　产品中的肌理点

产品的形态通过点的阵列或渐变有序的排列，可在产品表面形成一定的肌理效果，或呼应产品局部造型，或表现产品的工整感、精密感。由于消费者的爱好兴趣不同，设计者在产品设计中可利用肌理创造出多样化、个性化的形态以满足消费者的需要。

3. 装饰点

装饰点是指在产品形态设计中具有装饰作用的点。这些点不仅可以起到美化作用，同时还可以起到功能作用。需要注意的是，在设计装饰点时，设计者应遵循形式美原则。如图 6-4 所示为苹果 2017 年新发布的 Home Pod，点连成线排列在产品的界面边缘上，不仅突出轮廓，加强产品俯视面的一维性，而且还加强了声音的传播功能。

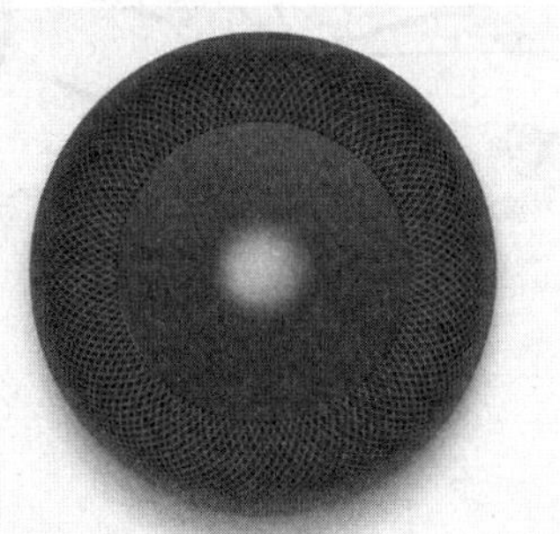

图 6-4　苹果 Home Pod

4. 标志性点

标志性点主要表现为产品界面上的品牌标志、品名、型号等增加产品识别性的点状元素。这种标志主要有二维（平面）与三维（立体）两种形式，且无论这些点元素表现在产品界面中的哪种形式，其所处界面中的位置、大小以及色彩都对产品的形态产生重要的影响。如图 6-5 所示，B&O 品牌 Logo 的设计对于产品本身的形态影响很明显。

图 6-5　B&O 耳机设计

值得注意的是，在当今一些产品形态设计中遵循着“少即是多”的原则，将一些复杂的东西简洁化，从而更方便人们记忆。但需要注意，简洁的符号在设计时要有明确的设计意图，否则就会失去造型意义。

在产品形态设计中，以点作为造型语素的关键在于，其他部分的造型语素与手段要尽量单纯、简洁：要么以相对位置作为背景，要么以小尺寸的圆点排列作为对比，都是为了突出点的核心视觉地位。如果要在点造型的周围使用线型语素，则需要附加过渡的调和语素。如图 6-6 所示，这是由韦尔塔 · 卡多佐设计的便携式创意收音机，它有两个华丽的波纹且为倾斜式结构，与一般的收音机相比，该产品的个性独特，圆形（点状）能够有效地融入以长方形为整体感的形态里。

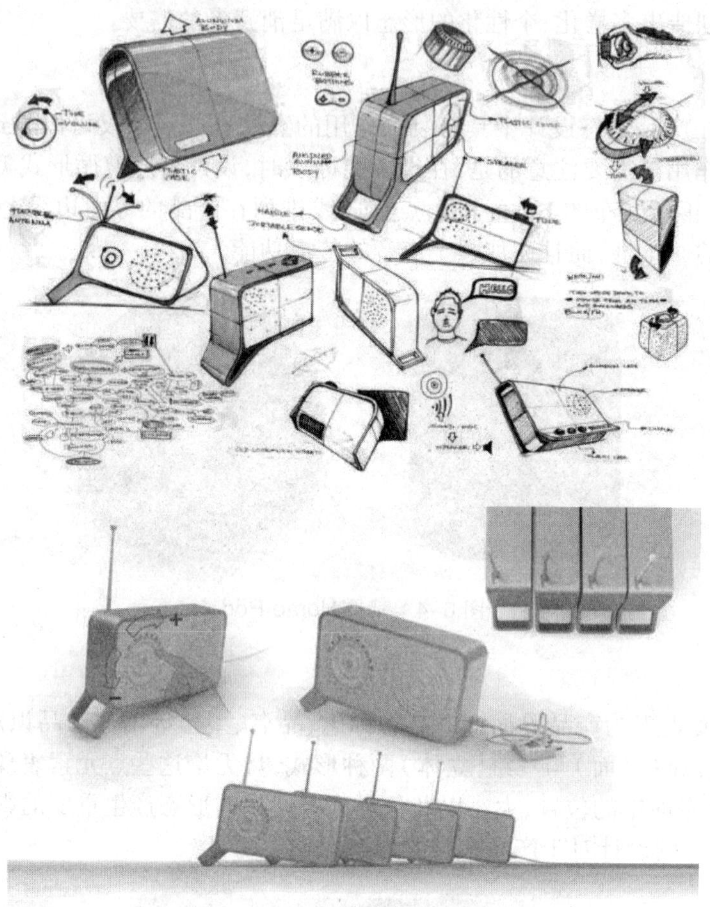

图 6-6　便携式创意收音机

二、线

（一）线的释义

线是点的运动轨迹，有着强烈的运动感。线分为两大类——直线和曲线，直线又包括水平线、垂直线、斜线、虚线、锯齿线和折线，曲线包括几何曲线、波浪线、螺旋线及自由曲线等。作为造型的基础语言，线具有很强的表现性，通过宽度、形状、色彩和肌理等因素，呈现出不同的心理感受。

1. 水平线

水平线有稳定、统一、平静的感觉，具有方向性。在平面设计中，水平线主要用来表现连接关系。水平线的另一显著特点是当其两个端点没有被点元素限制时，会给人一种线向某个方向延伸的感觉；当水平线的一个端点被点元素限制后，则会向着另一端点的方向产生视觉上的延伸感；当水平线的两个端点都被点元素限制时，则水平线的延伸感被打破。其连接性开始起主要作用。两端点元素的体量、丰富程度决定产品形体关系的重要程度。

2. 垂直线

垂直线则有伸展、力量、庄重、坚固和挺拔向上的感觉。垂直线多用来表现支撑关系，同时也起到垂直方向上的连接作用。当垂直线向上的一端不受点元素限制时，垂直线也具有向上无限延伸的心理效应。

3. 斜线

斜线给人随意、休闲、运动和奔放的感觉。在平面设计中，斜线元素被大量应用，例如用一种稍显扭曲、破坏、混乱的手法表现了人类社会发展中的一段泥泞、一种毁坏后的重建、一种黑暗中的光明。

4. 几何曲线

几何曲线给人优美、柔和、潇洒、流动、自由和轻松的感觉，展现了规则和秩序美。将曲线元素运用在一些平面设计中，能够产生极强的视觉引导作用。自然界中很多形态由曲线构成，因此曲线元素在一些平面设计的应用还能够模拟自然形态，以表达某种特定的设计思想。

（二）产品形态设计中线的呈现

以直线为主要造型元素的产品，容易表现出简单、坚定、硬朗、清晰等特点。发端于 20 世纪 20 年代的现代主义设计，绝大多数设计师都诉诸直线或规律的几何形态来突出对机器美学的追捧、对天下大同的美好追求，以及对未来生活的坚定信心。格雷特・托马斯・瑞尔特威德设计的红蓝椅享誉 20 世纪，成为风格派最著名的典型符号，这把椅子现在被多个博物馆收藏。按照纽约现代艺术博物馆的介绍，格雷特・托马斯・瑞尔特威德借鉴了他在建筑设计中的手法，考虑了线性体积的运用，以及垂直面与水平面的相关关系。这把椅子在 1918 年首次面世时并没有颜色，后来受到彼埃・蒙德里安及其作品的影响，于 1923 年上色完成。格雷特・托马斯・瑞尔特威德希望所有的家具最终都能实现大批量生产、标准化组装，以实现设计的民主化，为更多普通家庭所拥有。同时，这把椅子中近乎疯狂的直线运用，实际上表达了设计师更为宏大的理想：通过单纯的几何形态来探索宇宙的内在秩序，并创造出基于和谐的人造秩序的乌托邦世界，以修正欧洲因第一次世界大战而造成的满目疮痍。

用线排列是最常用的造型手段。如图 6-7 所示，多线的运用能体现出一种严谨的逻辑感和节奏感。

比利时布鲁塞尔的设计师 Nathalie Dewez 设计了一个简约、实用和美观的落地灯（见图 6-8），由简单的线条构成的支架将一切元素简化到了极致，使得这样一盏灯可以融洽地出现在大多数装饰风格里，而且移动起来也很方便，实在是一个值得称道的好设计。

图 6-7　以线为主题的产品设计

图 6-8　落地灯

与直线的利落与干脆不同，曲线在产品造型中更容易引起动感、曼妙、神秘等视觉心理，多被运用到面向女性消费者等用户人群或强调浪漫、私密感的室内空间等场所。曲线分为几何曲线和自由曲线。几何曲线更为规整、有序，表现出规律性；自由曲线则更为自然、无序，表现出生命力。

如图 6-9 所示，这是瑞典设计师 Mattias Stahobom 设计的一款 THREE 吊灯，它有着精致的结构，由优雅的曲线构成。灯具的光感断续朦胧，虽然是来自北欧的设计，却体现出了东方气息的风格。

如图 6-10 所示为设计师 Stefano Bigi 设计的一款玻璃桌，该设计利用线的通透性和较好的支撑感，为使用者提供一种毫无距离的视觉美感，这款玻璃桌特别适合摆放在户外空间中，与自然环境相得益彰。

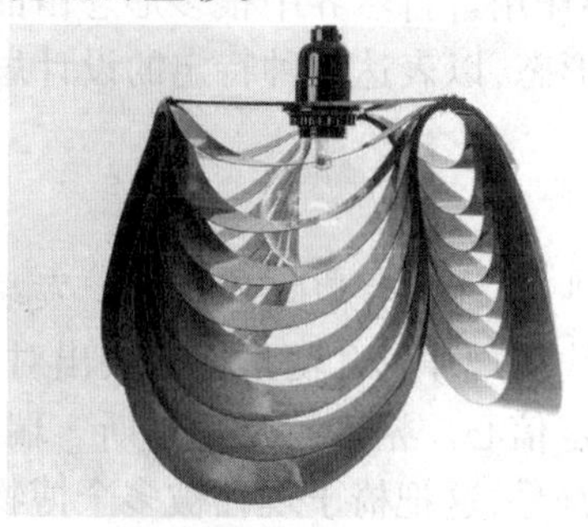

图 6-9　THREE 吊灯

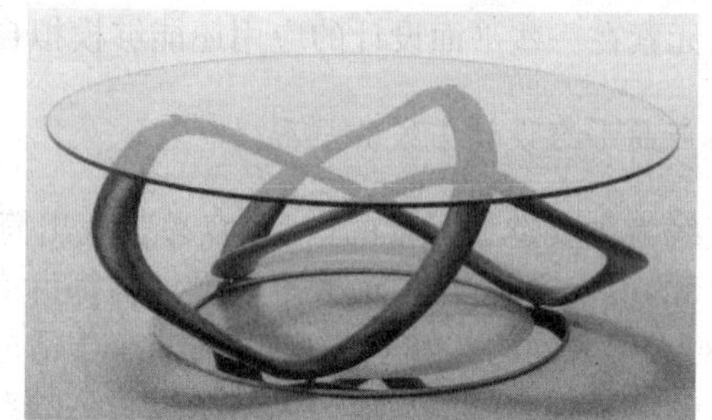

图 6-10　玻璃桌

由芬兰设计师 Secto Design 设计的灯，如图 6-11 所示，该设计用线条设计了一个不同形状的灯罩，在展示优良工艺的同时也展现出北欧设计的自然主义风貌。

由设计师 Verner Panton 用 ABS 材料制作完成的潘顿椅，如图 6-12 所示，其线性流畅，充分展示了材性和造型的完美结合。

由设计师 Giulio Cacchetti 为福斯卡里尼公司设计的磁灯，如图 6-13 所示。它类似于一个电筒或一个麦克风，利用磁铁的吸引力转换角度和位置，非常灵活，可以旋转 360 度。这些灯具和家具的造型元素均来自自由变化的曲线，通过差异化的受力方向与方式呈现出艺术化的美感。这一系列设计的形态表现出动感、优雅、灵动、简洁又不失趣味的特质，这就是曲线的魅力。

图 6-11　灯

图 6-12　潘顿椅

图 6-13　磁灯

三、面

(一)面的释义

面是由扩大的点或封闭的线围合形成的。面的视觉效果更强烈,它的配置、分割和其所在空间的不同会产生不同的视觉效果。

面分为平面和曲面两种,平面有着很好的延展性、稳重性、严谨性和理性,给人平和、安稳和牢靠的特点。曲面突出了自由、随和、动感和自然的特性,给人热情、不安的感觉。面与面之间通过分离、相遇、覆叠、透叠、差叠、相融、减缺、重叠等不同组合形式呈现出别样的视觉形态和空间形式,如重叠的面会加强空间的层次感。

(二)产品形态设计中面的呈现

在产品形态中,面表现为长宽构成的视觉界面,即使有厚度,在一般情况下也大致可以忽略。从设计心理学上讲,简单的面,体现极简和现代的特点,给人清爽的感受;极富曲率的面,给人以亲和、柔美的感觉。按照不同的形成因素,面可以分为几何面与自由面,前者表现为圆形(面)、四边形(面)、三角形(面)、有机形(面)、直线面与曲面等;后者则是任意非几何面,包括徒手绘制的不规则面和偶然受力情况下形成的面等。

如图 6-14 所示，是由丹麦现代设计的奠基人之一保罗・汉宁森 1931 年设计的 Sepina 吊灯。保罗・汉宁森的灯具设计被公认为是反光机械。他的设计特点集中在采用不同的形状、不同材质的反光片面环绕灯泡，运用类似的手法展示出千变万化的结果。如图 6-15 所示的 Crimean Pinecone Lamp 吊灯，是一组很复杂的反光板面围成一个好像松果形式的灯，这些反光板通过面的组合、有序排列形成了漫反射、折射、直接照射三种不同的照明方式，使吊灯灯影为装饰空间营造了一种舒适的氛围。不同的几何面在产品造型的运用中会激发出不同的心理感受，比如，圆形容易体现出韵律与完整感，四边形则显得整洁与严谨，三角形凸显出稳定、向上、坚强等特质，有机形显得自然又富有生机，曲面显得柔和而富有动感。

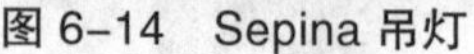

图 6-14　Sepina 吊灯

图 6-15　Crimean Pinecone Lamp 吊灯

如图 6-16 所示，是由设计师 Robert Bronwasser 设计的一款“Homedia TV”造型的电视机，正面长方形，侧面采用了三角形，多变的造型给人更多的可能性，也特别采用织物面料和艳丽的颜色搭配，凸显家庭感觉和“穿”的概念，让人耳目一新。

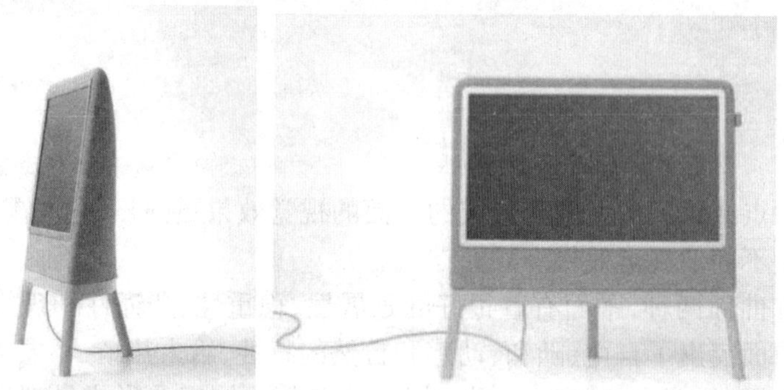

图 6-16　“Homedia TV”造型的电视机

如图 6-17 所示，是由芬兰国宝级设计大师阿尔瓦・阿尔托 1936 年以芬兰湖泊的轮廓线为灵感设计的萨沃伊(Savoy)系列花瓶。此系列花瓶采用了考究的有机曲线，既符合现代主义的极简美学，也迎合了寻求情感呼应的后现代主义要求，宜古宜今的造型直到今天仍经久不衰。如图 6-18 所示，是由日本设计师喜多俊之设计的 HANA 系列餐具，它结合三叶草的曲线特征，结合瓷器的传统风貌，完美地呈现出自然形态的柔美。

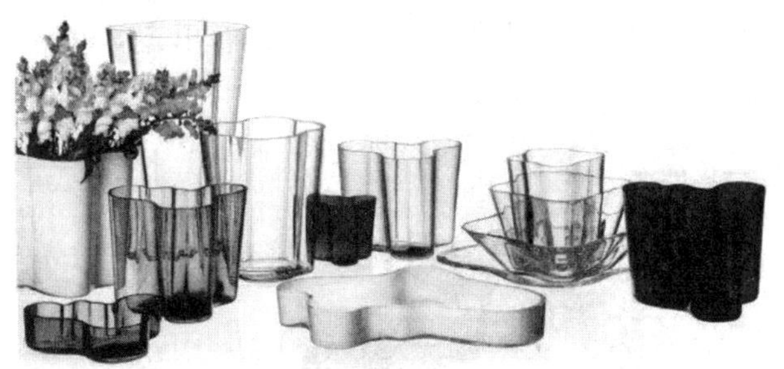

图 6-17　萨沃伊(Savoy)系列花瓶

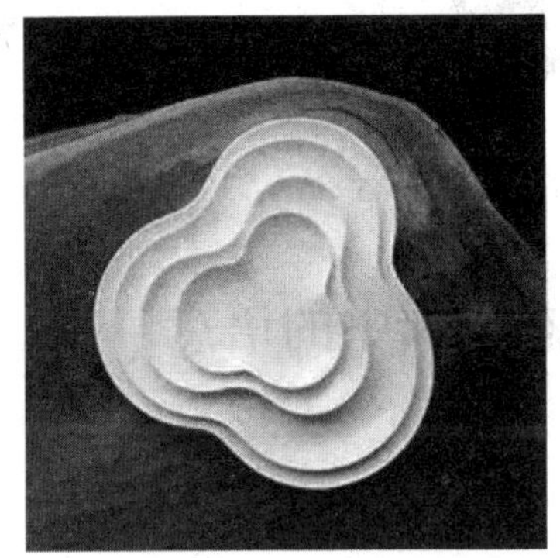

图 6-18　HANA 系列餐具

四、体

(一)体的释义

体,也称为立体,是以平面为单元形态运动后产生的轨迹。体在三维空间中表现为长、宽、高三个面(形)。体的构成,既可以通过面的运动形成,也可以借由面的围合形成。不同于点、线、面三种仅限于一维或二维的视觉体验,体是唯一可以诉诸触觉来感知其客观存在的形态类型。

类似于面形的区分类型,体也可以分为平面几何体、曲面几何体以及其他形态几何体。按照形态模式及体量感的差异,体还可以分为线体、面体以及块体。在设计专业的基础课程立体构成中,可接触到众多基本的体构成方式。

(二)产品形态设计中体的呈现

线体擅长表达方向性与速度感,体量感较为轻盈、通透;面体则具有视觉上的延伸感与稳定性,体量感适中;块体是体量感最为强烈的体形态,是面体在封闭空间中的立体延伸状态,具有连续的面,因此兼具真实感、稳定感、安定感与充实感。

如图 6-19 所示为意大利 Magis 品牌椅,线体的椅子显得轻盈通透,折线的运用富有雕塑的美感与力度;如图 6-20 所示为由 Magis 和 Konstantin Grcic 推出的开创性的新方案,一把由木头制成的悬壁椅,椅子采用一体成形的手法,整张椅子造型简洁流畅、富有动感;如图 6-21

所示为块体座椅，它看上去厚重敦实，为了避免过度的笨重感，在椅腿部分采用了收拢的形态，整体上显现出舒适的视觉感。从这三种产品中我们可以看出，不同的体态可以表达出差异度极大的形态感觉。

图 6-19　Magis 椅设计　　图 6-20　悬壁椅　　图 6-21　块体椅子设计

第二节　产品形态创新中的语意

一、产品形态的认知与分类

（一）产品形态语意的认知

产品语意设计即为借助产品的形态，使产品外在形态和视觉要素以语意的方式加以形象化。

产品的认知行为之所以会发生，是因为在产品获得可以满足人的某种特质需要的实用功能的同时，这种功能会在人的头脑中与产品的形式联系在一起，逐渐建构成一种模式。这种模式通过社会的文化机制传承下来，就成为人们识别、使用和创造一些类似的新的产品的内在尺度。产品形态语意认知是以理解为核心的形态破译过程。在认知过程中，通过产品造型符号对使用者的刺激，激发其与自身以往的生活经验或行为体会相关的某种联系，使产品被识别并做出相关的反应。

（二）产品形态语意的分类

产品形态语意可以分为指示性语意和象征性语意。

1. 指示性语意

指示性语意与指称对象构成某种因果或者时空的连接关系，它通过对产品造型特征部分和操作部分的设计，表现出产品本身就具有内在的功能价值。有些指示性的语意也借助文字、图形和其本身的共同作用，使语意的意义更准确，更容易为人所知，如图 6-22 所示。

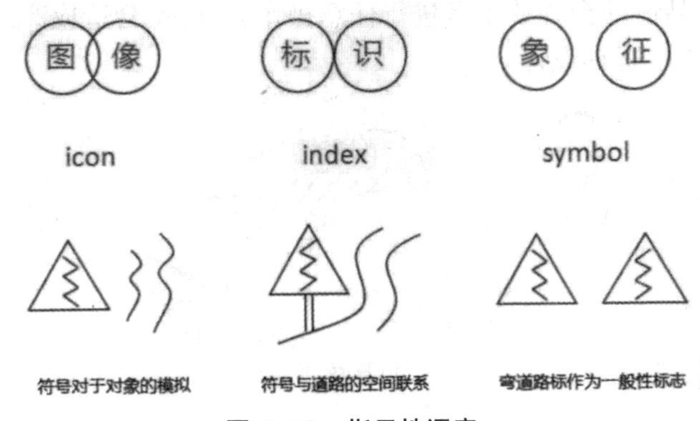

图 6-22 指示性语意

2. 象征性语意

象征性语意表示产品另外的一种关系，在这种关系里，符号与指称对象之间的联系完全是约定俗成的。象征性是指在产品的造型要素中不能直接表现出的潜在的关系，即由产品的造型间接说明产品内容之外的东西。产品的形态是其他内容的象征和载体。其他内容就是指产品在使用过程中所显示出的心理性、社会性和文化性的象征价值。产品作为一种视觉形象，不仅具有形式美，还具有文化意义。设计中应强调产品的附加属性，即产品需要表达一定的含义，这样就使得产品不仅仅是一个物，而是具有多方面文化意义的存在。

二、产品形态语意设计的原则与程序

产品语意设计即为借助产品的形态语意理论，使产品的功能用途的语意信息通过外在形态传达给使用者，让使用者理解这件产品是什么、它如何工作、如何使用它，以及它所包含的意义。对产品形态语意进行了类别和其传达方式的分析，但产品形态语意设计中所包含的因素较为广泛，在具体的运用中要有所侧重，需要从以下几方面把握产品形态语意设计的原则与程序。

(一)产品形态语意设计的原则

1. 要符合产品的功能

产品功能应当不言自明，这对于一些功能全新的高科技产品尤其重要。要使产品的形象具有识别性，就应使它的形式明确地表现出它的功能，从而避免人们由于产品语意传达的障碍而茫然。通过产品的形状、颜色、质感传达它的功能用途，使使用者能够通过外形立即明白这个产品是什么、它的具体功能有哪些、怎么操作等。如图 6-23 所示，专为盲人设计的智能拐杖，能拨打电话还能监测障碍。

2. 要符合人的生理特征、心理特征和行为习惯

在产品形态语意的沟通表达过程中，对于不同的主体，产品会被赋予不同的意义，这就要求产品形态语意的传达要建立在使用者习惯的基础上，根据使用者的生理特征，以使用者在实际操作过程中的经验为基础，把握使用者的生理特征和行为习惯，使产品设计起到准确传达其

功能的作用。好的产品设计允许使用者进行任意操作尝试,不会造成产品的误操作,也不会损坏产品。如图 6-24 所示厨具设计。

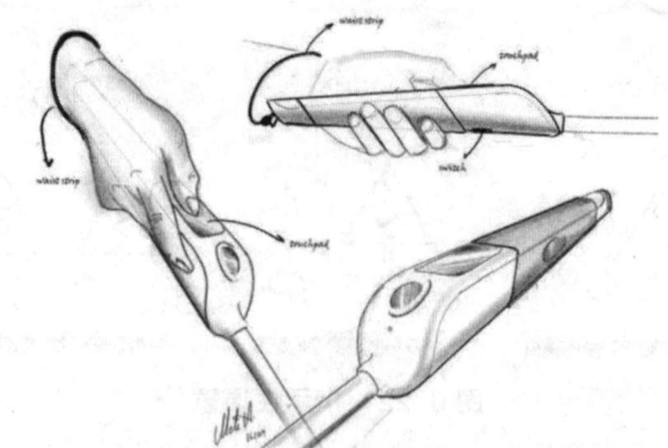

图 6-23　盲人拐杖设计

图 6-24　厨具设计

3. 要符合形式美法则

形式美法则是人类在创造美的活动中不断地掌握各种感性因素的特性,并对形式因素之间的联系进行抽象、概括而总结出来的。产品也要遵从形式美法则进行设计,产品的造型、色彩和材质给人以视觉冲击,这就是产品形式美的魅力所在。人类的实践活动和审美经验的积累,促使人类对模仿自然形态、概括自然形态和抽象形态等产品造型产生不同的审美联想和想象,因此也就产生了不同的审美感受。材质和肌理作为产品设计的可视和可感的要素,对人的视觉或触觉都会产生刺激(见图 6-25),这些不同的刺激,会使人产生不同的生理效应和心理效应,因而产生不同程度的美的感受。如图 6-26 所示,这款加湿器的设计灵感来自冰山,它由两部分组成:内部盛放水的部分和外部的冰山造型外壳。处于工作状态时,湿气均匀散于空气中,使房中的空气湿度增大,同时这种独特造型看起来很像冒着烟的火山,传递出冷静、清新的感受。

4. 要符合特定的地域文化

从地域上来说,设计与其所涉及的民族的历史文化不可分割。产品形态语意设计应充分考虑地域、宗教及风土民俗对其产生的影响,要符合所在环境的社会习惯和价值体系。为了避免同特定地域人群的社会习惯和价值体系相抵触,最重要的方式就是在进行设计之前对目标人群进行市场调研。因为从符号的传播模式来看,产品形态语意传达的任务是以产品形态语意认知形式为前提完成的,因此产品设计要以先验性的知识为基础来展开。禅意熏香座设计如图 6–27 所示，中式创意家具设计如图 6–28 所示。

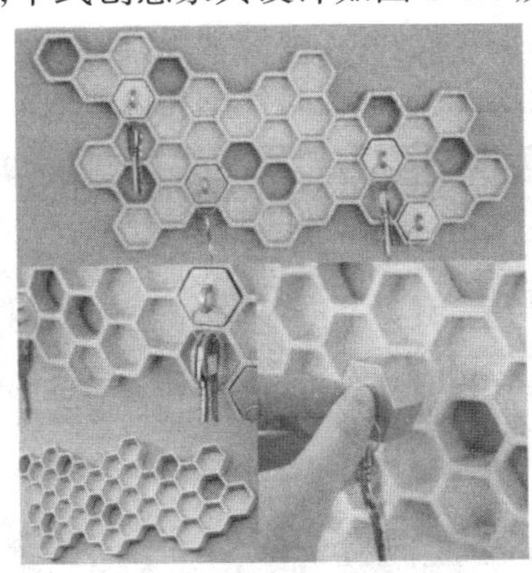

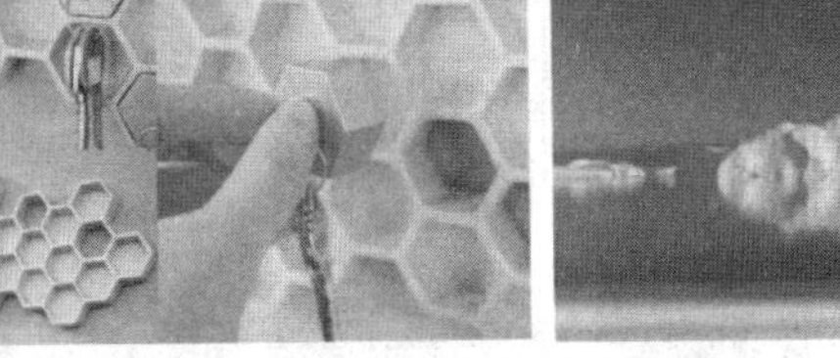

图 6–25　蜂巢形态的日常设计　　图 6–26　雪山形态的加湿器

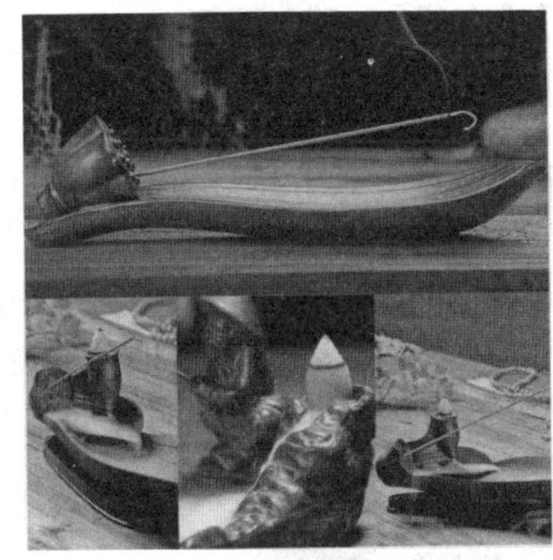

图 6–27　禅意熏香座设计　　图 6–28　中式创意家具设计

5. 要突出主体语意的诉求

产品形态语意设计有很多种方式，但是不同类型的产品所关注的语意层面是不同的，每个产品都有其要表达的主体语意。这就要求我们在具体的设计过程中针对不同的使用人群，进行不同主体的语意传达，如图 6–29 所示，针对儿童设计的衣柜和针对成人设计的衣柜在设计规格和造型风格上都体现出人群的差异。

图 6–29　儿童衣柜与成人衣柜

6. 要把握时代潮流和价值取向

随着时代的进步，消费者对情感和精神的需求越来越关注，为了把握时代感和价值取向，设计者要以符合时代发展趋势的审美形式作为时尚的表现手段,如图 6-30 所示。在产品形态语意设计中应参考个人、文化、时间、地点等因素去寻找素材,突破常规,进行语意的创新。此外,设计者进行必要的市场调研,了解人们的思想脉动,也是把握时代感和价值取向的有效途径。

图 6-30　风格鲜明的家具

7. 要延承已有产品的语意

设计具有传承性。同功能的产品在风格特征和表现方式上接近,才能保持产品造型格调的一致和完整。如果在一个产品上运用形式和风格完全不同的造型要素,使产品在造型上的差异过大,会使人产生认知的混乱和产品语意的误解,进而影响其使用的接受程度。产品形态语意设计要具有可理解性,避免让使用者产生认知上的障碍,在形态造型上的变化不能过大,要与已有的产品形成一定的语意延承。日式风格家具和北欧风格家具对比如图 6-31 所示。

(a)日式风格家具

(b)北欧风格家具

图 6-31　日式风格家具和北欧风格家具对比

（二）产品形态语意设计的程序

将产品形态语意的内容分析与现代设计程序相结合，可以构造一个基于产品语意学的设计程序。首先，设计者通过用户研究、背景分析和对产品形态语意的理解，可以发掘出产品形态语意独特的内涵并加以研究，然后整合这些特色内容并加以强化，最后将那些需要赋予意义的设计内容加以发展。产品形态语意设计程序可以划分为研究阶段、整合阶段和设计阶段三个阶段，在设计过程中通过对每一个阶段的意义进行比较准确的把握，可以将设计意象转化为明确具体的产品形态。

1. 研究阶段

确定用户，研究目标人群，通过对用户进行研究寻找设计突破口。针对具体产品的使用过程和使用环境，了解用户的背景资料和其个人的行为方式、生活方式与思维方式之间的联系，寻求用户对产品的操作使用经验、知识、典型的行为、动作、态度与产品之间的联系。如图 6-32 所示，弧形创意纽扣是一款获得了 2013 红点设计大奖的创意概念产品，它是专门为老年人设计、研发的一款纽扣，它能够帮助那些知觉和视力下降的老年人更好地扣上纽扣，从而增强他们对生活的自信，使他们拥有乐观的生活态度。巧妙的一凹一凸能够对特殊人群起到帮助的作用，让人称赞。

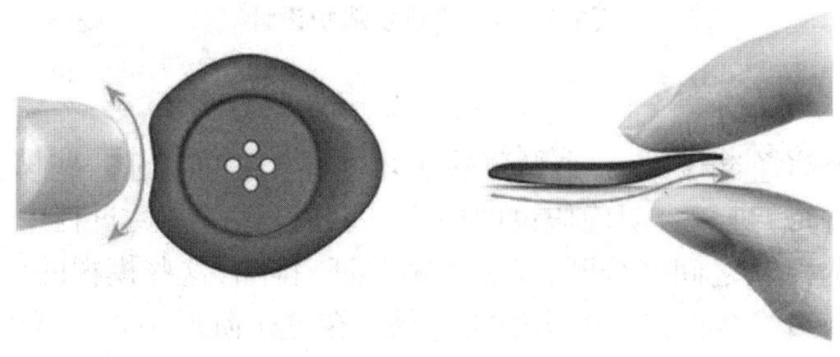

图 6-32　弧形创意纽扣

如图 6-33 所示的是来自设计师 Qi Long 等人的创意——易用香波喷头，它是 2012 年红点设计大奖的入围作品。在普通喷头的下方，一左一右增加了两个换挡拨片一样的结构，人们将可以借助它使力，用单手完成取用瓶内液体的动作。设计者通过实地考察了解产品被使用时的情境来理解产品发挥作用的来龙去脉，在使用过程中发现一些特点和差异点，这些特点和差异只作为产品形态语意分析的有效补充，是进行产品设计的主要依据。

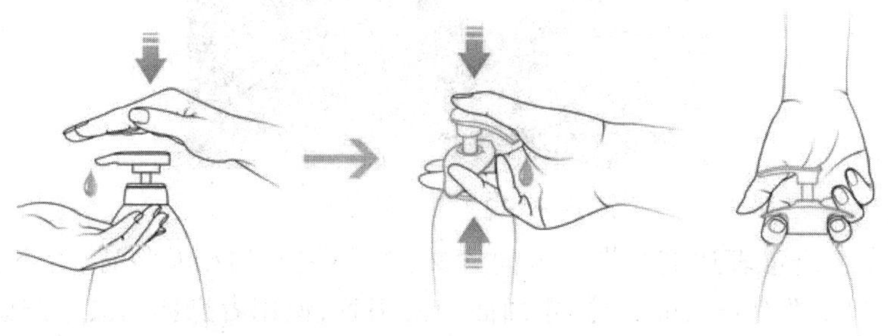

图 6-33　易用香波喷头单手挤压瓶设计

2. 整合阶段

整合阶段将研究阶段所获取的知识转化为设计概念。设计者在前期全面充分调查研究之后，针对典型用户，详细描述生活场景，并将生活场景划分为若干使用情境，分析使用情境出现的频率，据此深入了解目标人群的生活方式、生活体验和使用方式，从而确定产品的外观、功能和使用目的。生活场景中的每一个情境都是一次语意的发生机会，了解这些情境，从而认识目标人群周围的世界及他们最新关注的焦点，从而获取产品形态语意的可能来源。比较、评估这些语意的发生点，并加以整合，从而创造出最终设计成品一个模糊的意义。户外烧烤炉设计如图 6-34 所示。

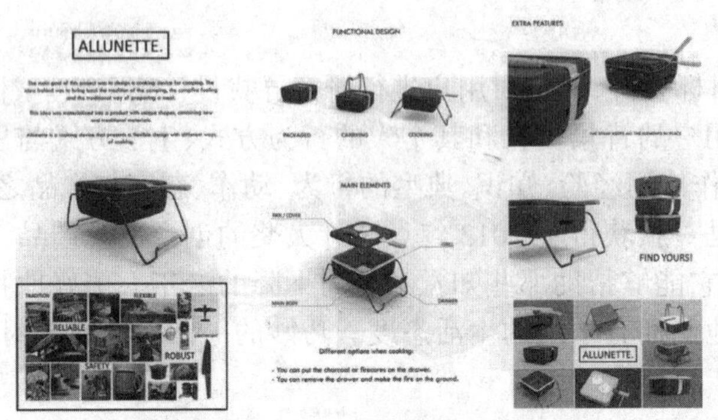

图 6-34　户外烧烤炉设计

3. 设计阶段

语意提炼是一个演绎过程，是一个循环的认知过程。它可能从一些模糊的概念开始，进而在生活场景中发生呼应，进一步明确假设的内容，展开设计。在此过程中，产品特征将在语意内容和对模型赋予的意义之间区分开，经过不断验证、排除，这些模糊的概念将会被聚集在一个有效、紧凑的范围，最终会得到一个明确的结果。在这个阶段中要注意以下几点。

第一，产品形态语意表达应当符合人的感官对形状含义的经验。当人们看到一个东西时，通常会从它的形状来考虑其功能或动作含义。披萨饼剪刀如图 6-35 所示。

图 6-35　披萨饼剪刀

第二，产品形态语意表达应当提供方向含义：物体之间的相互位置，上下、前后层面的布局的含义。任何产品都有正反面之分，正面面向使用者，使用者操作的命令按钮都应该安排在正面，反之若安排在反面，会给使用者的操作带来不必要的麻烦。撮箕设计如图 6-36 所示。

第三,产品形态语意表达应当提供状态的含义。产品的诸多状态往往不能被使用者发觉,设计必须提供反馈提示,使产品的各种状态能够被使用者感知。恒温奶瓶设计如图6-37所示。

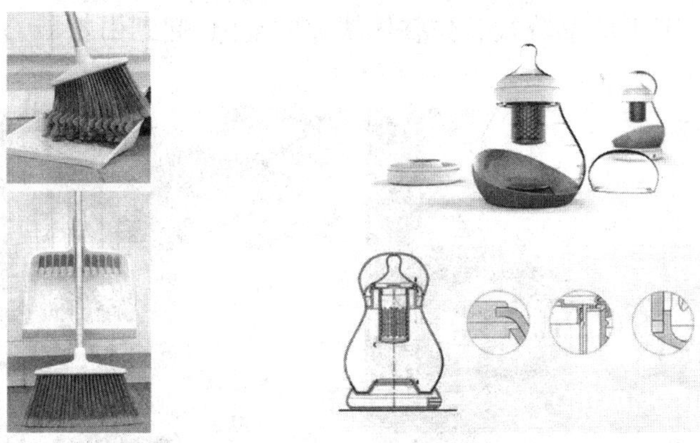

图6-36　撮箕设计　　图6-37　恒温奶瓶设计

第四,产品形态语意必须向使用者用户表明操作信息。要保证使用者正确地操作产品,必须从设计上提供两方面信息:操作装置和操作顺序。如图6-38所示为设计师Jo Yeon-jin设计的便携式纽扣器,它是模仿订书器的工作原理,上面有一个迷你马达,前面有两个针头,里面穿有缝纫线,通过表盘可以调整针头之间的距离,按下按钮即可将线穿入扣眼儿中,暗示钉扣子就跟订纸张一样简单。

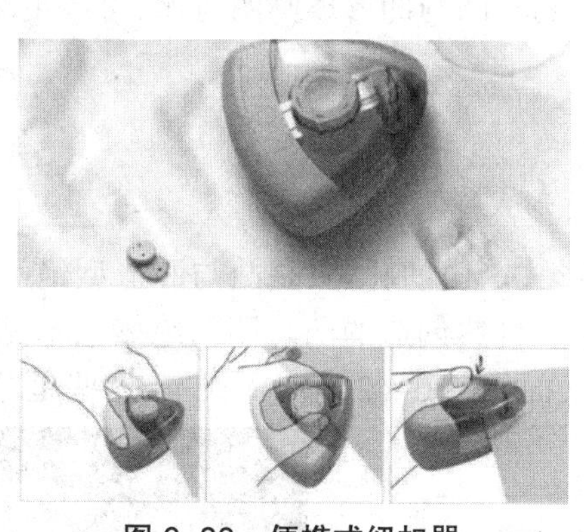

图6-38　便携式纽扣器

第三节　产品形态创新的处理手法

一、产品形态设计中面的凹与凸

(一)凸与凹的形态特征

面的凸凹在产品设计中是一种较为常见的处理手法。一方面,凸凹变化是形式美的需要;另一方面,凸凹跟产品的实际使用功能关联密切。

如图3-39所示,凸起的形态的表现形式为一种向外推进的能量和积极的扩张感,且富有张力感，有隆起、腾达之势。凸起的形态呈现出一种积极的姿态，给人以兴奋、充实、伸展、迎接、丰富的喜悦感。如图6-40所示，单从视觉感受上来看，凹的形态呈现出被动和接受的姿态，有降落、隐蔽之势。凹下去的部分被看作整体块面的空隙，起到由扩展、充满、紧张到放松、休息一下的调节作用。

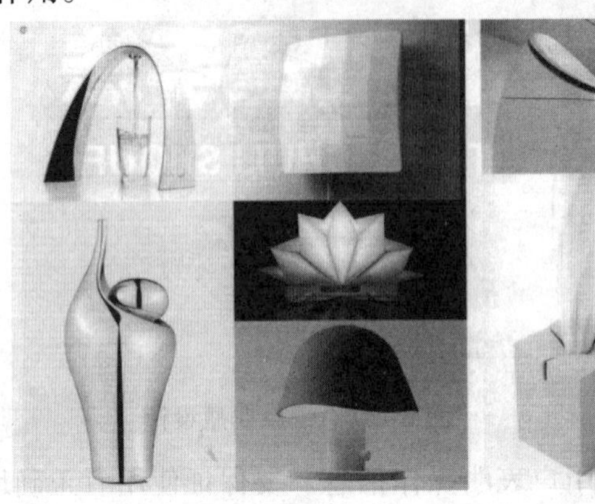

图6-39　凸形态产品

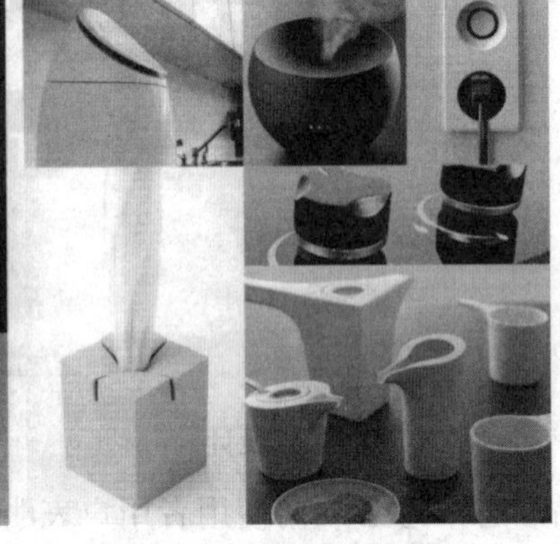

图6-40　凹形态产品

综上所述，凸起多表现为功能的外露和可操作性；凹进则表现为功能隐藏，等待被发掘，让人联想到更为丰富的内涵与意义。凸与凹作为设计语言，有自己的特性：凸为主，凹为次；凸为实，凹为虚；凸为强，凹为弱。凸与凹形成鲜明对比，可产生丰富、活泼、强烈的美感。

（二）凸与凹的形式美

1. 凸与凹是自然美的表现形式

凸与凹是大自然的基本形式。山的壮美，是凸与凹造型绝妙的表现。如图6-41所示，错落有致、变化多端的山峦正是大自然创造的凸与凹的绝妙艺术品。现代航天技术让人类能够从太空观看地球、月球(月球表面如图6-42所示)、火星，这些星球同样表现为凸与凹的造型。

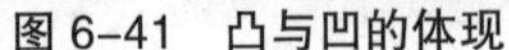

图6-41　凸与凹的体现

图6-42　月球表面

植物的表面肌理表现出各种奇妙而独特的凸凹变化。动物的皮毛用凸凹创造功能，是上帝的杰作。

2. 凸与凹是人造美的基本表现手段

从远古时代的人造石器、陶器、青铜器开始，人类已经开始有意识地运用凸与凹的处理手法进行创意。凸与凹用于美的装饰，可以在很多人类文化遗产中找到。在现代科学技术发达的今天，现代建筑用凸与凹的变化丰富其立面设计；在各种各样的工业产品中，凸与凹不仅表现其外观丰富的美感，而且直接用于功能和语意表达，实现了功能与美的完美结合。人造物的凸凹形态如图 6-43 所示。

图 6-43 人造物中凸与凹的形态体现

(三)凸与凹在设计中的应用

在产品的结构与功能设计中，经常使用凸凹变化。如金属外壳采用凸凹变化可增大其强度，故结构上必须有凸与凹的变化。凸轮轴是将不同半径的圆连接在同一轴芯上，形成环状凸凹变化。

1. 功能界面、人机界面

用于操作的按钮、旋钮、操纵杆等多半都是凸起的形状。凸起的形态一般是功能和语意较为突出体现的部分，也是设计者传递给使用者产品内涵的有力手段。如图 6-44 所示，凹的形态强化方圆之间的对比关系，使人联想到方与圆的构成要素在产品形态中的微妙变化。同时，凸出的按键也是指示产品功能的明确提示。

图 6-44 GIRA 开关

2. 人机工程学的需要

用人机工程学对系统进行总体分析，对局部进行体感、手感、握感、踏感的研究处理，可用不同块体的凸起或凸与凹的结合来处理。

如图 6-45 所示为一款 U 盘设计，该产品在操作部位运用了凹进去的处理手法，符合人们的使用习惯。所以,凹的处理手法是内敛含蓄的形态语言,通常凹进去的同时,会有凸起来的形态与之互补。

图 6-45　U 盘设计

3. 造型艺术处理的需要

随着市场经济的深入发展,工业产品的市场竞争非常激烈,人们对现代产品设计的要求越来越高,总体设计要美观大方、新颖独特,细部设计要丰富、细腻。细部的凸与凹处理,是设计师必用的设计手法,它既可以追求丰富的美感变化,又可以强化功能的表达。

(四)产品细部设计中凸与凹的应用

在产品设计过程中,设计师应该有凸凹处理的意识,注意观察、研究国内外优秀产品设计中凸凹处理的优秀典范,学习别人好的方法,丰富自己的设计手段。

1. 凸与凹的表现形式

前面我们提出产品设计中的凸与凹是相对广义的凸与凹,同样适用于点、线、面、体的构成法。

凸点:如按钮、按键、小指示灯、小旋钮、小装饰凸球面等,其应用如图 6-46 所示。

凹点:如小插孔、小灯孔、小孔、小凹球面等,其应用如图 6-47 所示。

图 6-46　凸点在产品设计中的体现

图 6-47　凹点在产品设计中的体现

凸起的线:如凸起的方条、凸起的半圆条、按键联合成条等。如图 6-48 所示的不倒翁体重计和浇花水壶,由日本设计师柴田文江设计,均用凸起的线和面来营造形态的不确定性。

（a）不倒翁体重计

（b）浇花水壶

图 6-48　不倒翁体重计和浇花水壶

凹进的线：如凹槽等，其应用如图 6-49 所示。

凸起的面：如局部凸起的功能面、大旋钮等，其应用如图 6-50 所示。

凹进的面：如局部功能面凹进、大凹孔等，其应用如图 6-51 所示。

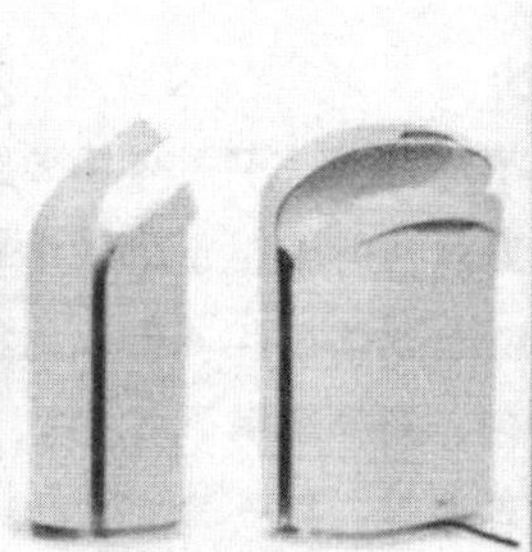

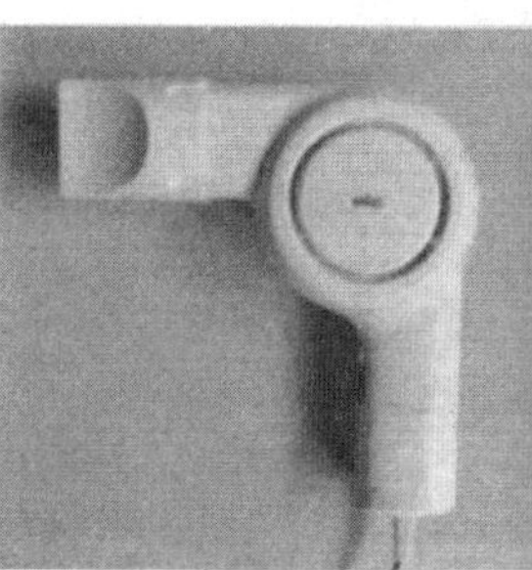

图 6-49　产品设计中凹进的线的处理细节

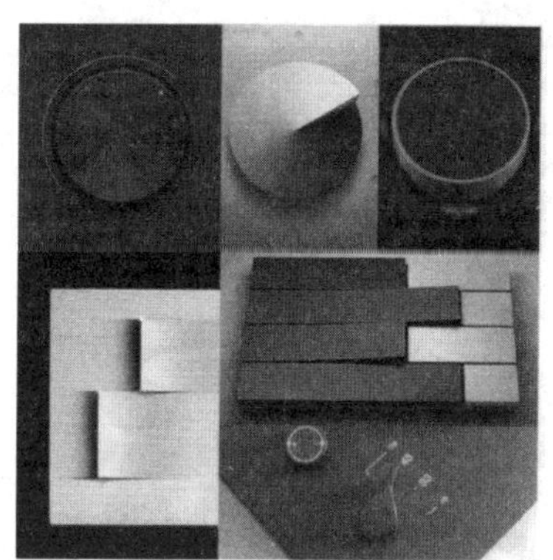

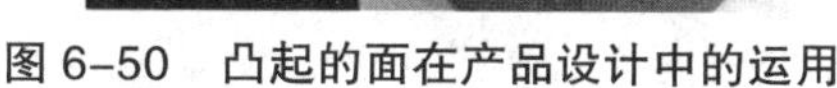

图 6-50　凸起的面在产品设计中的运用

图 6-51　凹进的面在产品设计中的运用

2. 凸与凹在设计中的艺术原则

在产品形体艺术造型中，统一与变化原则是最具艺术表现力的原则，是最具活力、最具创造力的原则。因为任何物象的美，都表现在它的统一性和差异性之中。完美的形体设计必须具有统一性，统一可以增强形体的条理及和谐的美感。但只有统一而无变化又会给人单调、呆板的感觉。为了在统一中增强美的情趣和持久性，必须在统一中加以变化。变化可以引起视觉的刺激与兴奋，增强物体形象活泼、生动的美感。如果过分变化，没有整体统一的形象，又会使产品形体造型杂乱而缺乏整体感。优秀的设计必须做到变化与统一的完美结合。

凸起与凹进就是统一与变化原则的具体运用。凸与凹本身就是变化、活力、情趣之源，凸与凹就是实与虚的对比、强与弱的对比、主与次的对比。设计师可刻意追求自己的风格，但必须在统一上下功夫，以求得最后效果的完美。凸起、凹进的面或体，在同一个产品中可能多次出现，其形式、大小可根据具体情况处理，但风格必须一致。同时，凸起、凹进还应符合节奏与韵律和整齐一致的艺术原则。

3. 凸与凹在产品细部设计中的应用

一个成熟产品只有不断改进升级，应用最新技术，追赶时代步伐，才能立于不败之地。在同一产品的升级、换代过程中，技术要升级，设计同样要升级。在产品造型的升级、更新设计中，加强与细化凸与凹的设计是重要且常用的手段之一。在图 6-52 中，自上而下分别为兰博基尼 Miura（1965）、Countach（1974—1990）、Egoista（2013）的汽车外观造型，我们从中可以看到凸凹设计手法的演变过程，从 20 世纪 80-90 年代的平面、单薄逐步强化、细化、深入化，显出凸凹对比的艺术魅力。

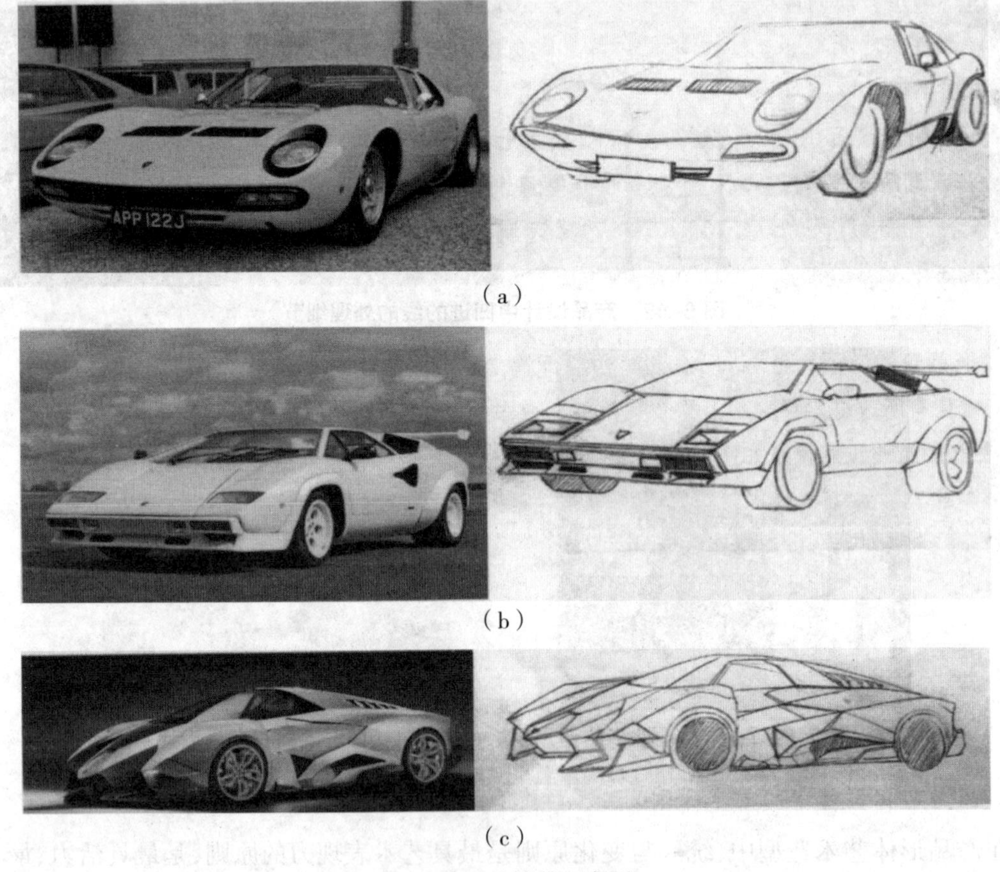

（a）

（b）

（c）

图 6-52　兰博基尼车型

所以，在产品的形态设计中，凹形成虚空，构成负形；凸形成实体，构成正形。凹通常用于处理操作，与人的行为密切相关；凸通常用于处理产品的技术功能，与技术特点密切相关。有凹必有凸，有凸必有凹，设计在形体与凹处、形体与凸处产生，设计更在于凹中之凸、凸中之凹。

二、产品形态设计中面的转折

在产品设计中，体积感非常重要。体积感是一种视觉与心理上的体验与感觉，体积感简单地说就是立体感和质量感。体积感的形成及体积感的强弱主要取决于各种面与面之间的关系——转折和面的处理。

在造型中面的转折很有学问，转折有刚有柔，有的地方像刀锋般锋利，有的地方像小孩皮肤般柔嫩。面的转折离不开面的处理，面可以是平整的面，也可以是微凸的曲面，还可以是圆润的曲面，面与转折的处理要根据物体的结构、质感及创作者的观念去处理。在工业产品造型设计中，产品的面与转折的处理关键是窝角与曲面。汽车面的转折叫作窝角，如大窝角、小窝角，窝角可以用数值表示。曲面是指微凸的面，也可以用数值表示。窝角与曲面是一种理性的对面与转折的表达，好处是均可以用数值表示，便于生产和制模，不足之处是对面与转折的审美感受重视不够。

多年前有一种叫作“万山”的小客车，可以坐六七人，车的造型是个长方形盒子，各方向的面均是平整的，转折处几乎成直角，没有过渡，整个车显得单薄、乏味。后来我国进口了一批日本的名为“面包车”的小客车，顾名思义，形似面包，顶上有较大的曲面，两侧是微凸的曲面，转折处有较大的过渡弧面，这种车使人感到敦厚、结实、温暖，也有体积感。

在汽车造型中，有过硬边锋风格，汽车的各个面平整，转折的地方尖锐，形成笔挺的线条，表现一种速度和力度，似乎有硬汉的味道。后来又产生了新边锋风格，新边锋糅合了流线型和有机主义的某些特点，对硬边锋的几何化、机械化有所改进。

最早生产的上海桑塔纳汽车如图6-53所示。1967年生产的凯迪拉克汽车如图6-54所示。

图6-53　上海桑塔纳汽车

图6-54　凯迪拉克汽车

这两种汽车造型都是硬边锋风格的代表。后来汽车造型盛行交叉型风格。交叉型又称混合型，就是把两种或两种以上汽车造型风格特征融合到一种车型上，体现了人的多方面需求，如力量、速度感、温馨、人性化等。交叉型风格使汽车造型中面与转折的研究达到了新的高度。在家电和日用品的产品造型中，如图6-55与图6-56所示的LEXON POPU商务U盘和LOMOGRAPHY LOMO拍立得相机，虽然基本上都呈长方形扁盒子状，但线和面的转折采用不同的设计，使得产品丰富多彩、变化无穷。

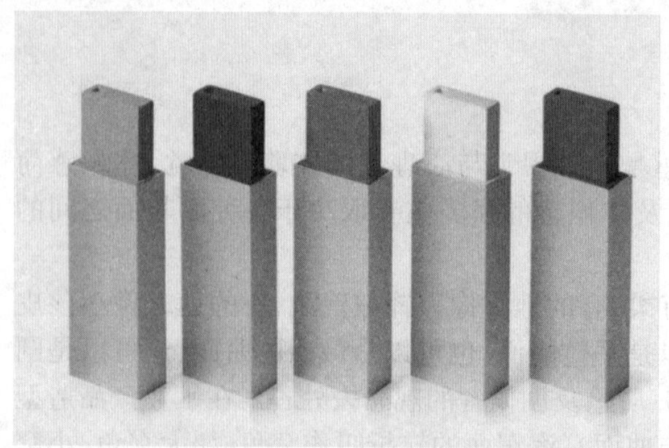

图 6-55 LEXON POPU 商务 U 盘

图 6-56 LOMOGRAPHY LOMO 拍立得相机

三、产品形态设计中形的切割

在产品设计中要对抽象的产品形态进行控制和把握。产品形态不在于盲目地追求怪异，特别是在产品的整体形象由一些方体、柱体、球体等基本形体通过一定的构造方式形成，同时形体也容纳了一定的技术功能结构的情况下。

如图 6-57 所示为一组扩音器设备，其造型简洁，以几何形体为基本形进行切割（如直切、横切、斜切）是形态处理的常用方法。独特的设计不是去创作怪异的形体，而是尽可能地以简洁、适当的方式向用户传递适当的信息。

如图 6-58 所示的工具箱的基本形是立方体，通过橙色的切削线加以剪切或组合就能形成产品外观的多样性和差异性。从棱角分明的锐利、丰盈到倒角曲线的温和、典雅，再容纳不同的技术结构功能，立方体就能表达出不同的产品形态特征。

图 6-57 扩音器设备　　图 6-58 工具箱设计

切割构型的作用如下。

（1）切割可以构成新的功能区分界面。这种方式属于形式和功能相结合，在操作时，具有很明确的语意感。如图 6-59 所示，切割除了可以形成诸如音箱的功能外，还可以形成其他操作面、显示面和支撑面等。若原型的选择相对单纯，切割可以使产品在满足功能的前提下，使外观得到有趣的调整。

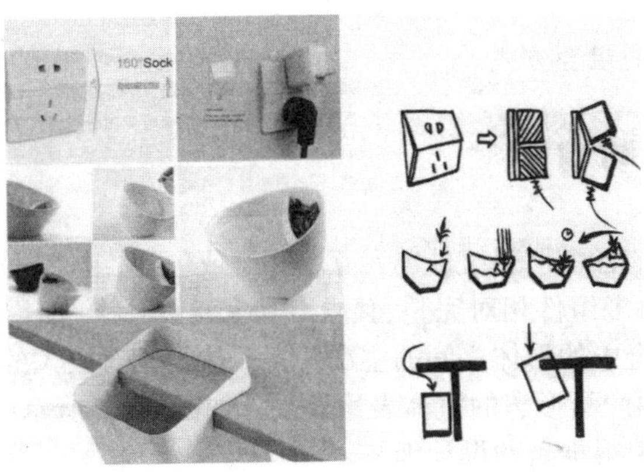

图 6–59　切割

（2）独特的切割面给产品带来新的情趣。如何创造性地采用不同的切割手法，以形成独特的切割面，引起用户的关注，是创作者运用切割手法创造形态时需要特别留意的。如图 6–60 所示，采用双曲面的方式进行切割会使产品形态呈现更多面的视觉美感，使形态的变化趋向灵动和感性。

如图 6–61 所示，由于切割后会产生形体表面的转折，工艺上分件的位置往往会选在转折处，有时候设计者利用分件，在切割位置的产品分件上处理对比的色彩和材质，借助一定的视觉心理特征，完成人们对产品余下部分的自我想象。这种视觉体验，很多时候会出现在生活场景中，比如咬一口豆沙馅的包子或者切开一个水果。所以，形态的创新来源很多，创作者只需细心观察、用心体味必然会得到一些感悟。

图 6–60　灯具设计和家具设计

图 6–61　切割处理

四、产品形态设计中形的组合与过渡

组合是指把一个形体的几个表面组合起来以确定其形状或容积的手法，我们把由两种以上的形体组件组合而成的构成方法，叫作组合造型。一个组合良好的形体，能够清晰地反映出各个组成部分的精确特性、彼此之间的关系以及每个部分与整体的关系。组合而成的形体，其表面是由形状独特、互不连续的面构成的，但是它们所构成的整体外形是清晰且易于辨认的。同样，结合而成的一群形体，为了在视觉上表现出它们的个性，就强化各组成部分之间的结合处。

(一)产品形态组件的组合方式

产品形态组件的组合方式如下。

1. 接触组合

接触组合是指产品的各个形态组件单元互不相交或包含,组件相互结合,在形体上没有相互依存的进一步关联,每个组件相对完整、独立。在家具设计中,使用这种手法最为普遍。接触组合的方式决定了组合中的形体之间的主次关系。体量相对较大的和动态比较明显的组件一般处于主导地位,影响产品形态的整体表达效果。如图 6-62 所示的家具设计中,看似积木般的组合中包含着很多值得推敲的设计细节。

图 6-62 接触组合手法

2. 镶嵌组合

镶嵌组合是指几个形态组件之间相互重叠,即一个形体的一部分嵌入另一个形体之中,使产品的空间形态凸凹有致,增添了产品的层次感,如图 6-63 所示。

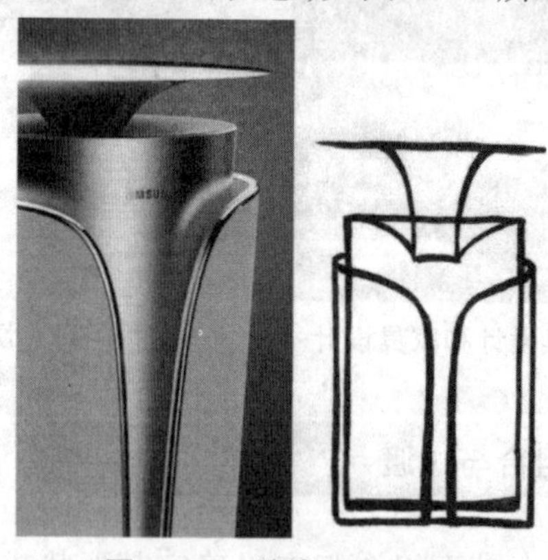

图 6-63 镶嵌组合手法

3. 贯穿组合

贯穿组合与镶嵌组合的区别在于,贯穿组合是指一个形体穿越另一个形体的特殊镶嵌方式。通过这种组合方式,形态之间的呼应关系得到体现。各个组合体之间可以通过轴线方向的调整,增加形体活力。通过主导形体、次要形体和虚实空间的轴线变化,使产品的形态关系更为多变有趣，体块之间或突出垂直比例，或突出水平比例。所有的结合部位都要体现出一定的结构性和层面的错落有致，由此各方向间的平衡性联系也被建立起来。在贯穿组合中，轴线的变化对各形体组件之间的对比关系和角度调整起着突出作用，如图 6-64 所示的滤水器和 Margrit Linck 陶瓷几何花瓶，因轴线偏移使产品形体产生了有趣的变化，所以任何细小的改变都会扰乱这种完美的平衡感和视觉张力。

图 6-64　滤水器与陶瓷几何花瓶

4. 面片组合

“面片”一词通常被用在计算机三维建模软件中，用来表达实体模型表面的组成部分。以片形为主的造型在产品设计中最为常见。与体块给人带来的全封闭的厚重感不同，面片的形态给人以明快、轻巧、纤薄的视觉特征，同时具备很强的节奏感和韵律感。如图 6-65 所示，是以面片为主要形态元素的取票机，竖向线条被不断强化，它的显示屏、主机、立柱支撑都以薄型为主，面片结构向内层层推进，显得空间层次丰富。

组合，是产品设计中最为常用的一种形体处理方式，因为产品的功能本身往往决定了产品由不同的组件组成。所以，在处理形态的过程中怎样将各级组件的组合关系处理得更具视觉美感，应注意把握它们的空间结构、轴线设置、形体比例等。对于这种无法精确计算但又真实存在的特征规律，需要我们在日常学习中不断揣摩，锻炼对形态的敏感度。正所谓“他山之石，可以攻玉”，广泛地阅读，多看多思考，多涉猎其他各个领域和学科的知识，从中领悟设计的真谛。

图 6-65　取票机

（二）产品形态设计中过渡面的类型

过渡面，本身属于曲面的一种，其类型应和曲面类型一样或者近似。按照曲面的分类标准，我们可以把过渡面分为直线过渡面和曲线过渡面。

（1）直线过渡面，其过渡面为直线面，直线面是由直线型的母线运动形成的曲面。直线过渡面在工业设计、机械工程等学科中常直接称为倒角，其英文为“Chamfering”。不同的设计中，其表述和诠释略有不同。例如，在机械制图中通常用符号C的缩写来代替Chamfering。机械设计中倒角多为45°，制成30°或60°的倒角要加以说明，倒角宽度数值可根据轴径或孔径查有关标准确定（见图6-66）。倒角强调了形体表面的跳跃性、体量的残缺和形体的轻盈性，代表了韵律美。

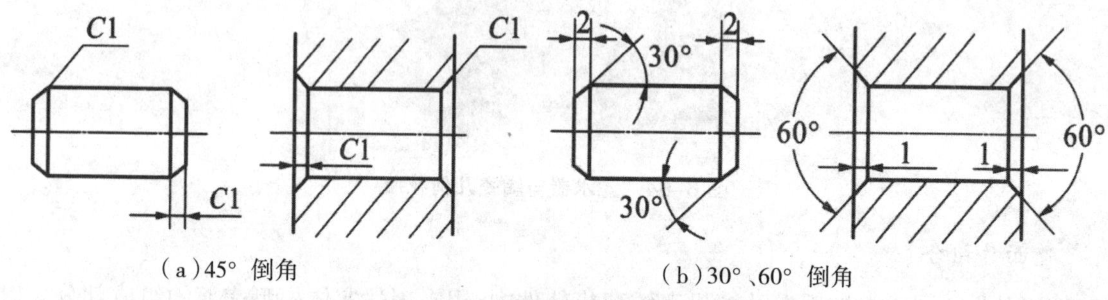

图6-66 机械设计中的倒角

（2）曲线过渡面，其过渡面为曲线面，曲线面是由曲线型的母线运动形成的曲面。曲线过渡面又分为规则曲线过渡面及不规则曲线过渡面。规则曲线过渡面在设计中一般称为倒圆角或者简称倒圆。在三维设计软件中对应的命令一般为“Fillet Surface”“Radius Fillet”。不规则曲线过渡面最常见就是曲面混接（命令为“Blend Surface”），在3D max软件里面称为融合曲面。倒圆强调了形体表面的连续性、体量的密实性和外轮廓的柔和性，代表了节奏美。

按照格式塔心理美学追求简约的原则，对于产品造型而言，应该去掉一切过分的装饰，保留最简单的干练线条，形成简约的几何形态。事实上，目前多数优秀的产品设计都遵循了这一点，简约风格占据了主流市场（见图6-67）。

图6-67 产品的曲面过渡

当今设计界，简约受到广泛的推崇。但是，面的体量过大会让人感觉单调，吸引人注意的产品应当具有一定的层次和细节。通过富有变化的过渡面的介入，使原本觉得单调的形态产生了微妙的变化且具有韵律美感。用过渡面制造出来的产品细节，使其各部分的形态形成了有一定的变化和内在联系，是形式美法则中统一与变化规律的应用。例如关于公共自行车亭顶部的设计(见图 6-68)。

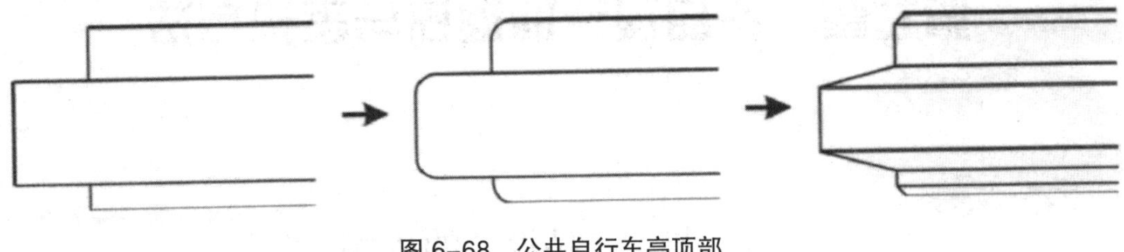

图 6-68　公共自行车亭顶部

一般在产品形态处理中，考虑到外观的整体性、操作舒适度和工艺的便利性，设计师会在各个面转折的地方做相应的处理，使相邻的面之间产品呼应关系，使形态整体饱满且富有变化。

以图 6-69 所示的 SONY 笔记本为例，早期造型呈扁方体，各个面之间呈直角连接，棱角清晰，后期开始关注各个面之间的转折变化和细节处理，在主操作面和侧面外设接口区域用过渡面连接，不仅使产品各个面之间产生良好的呼应关系，也是对产品主要功能区的重新整合。

图 6-69　SONY 笔记本的侧面细节

第七章　产品设计的程序与表现方法

第一节　产品设计的程序

一、产品设计程序的类型

由于新产品设计涉及因素相当复杂,即使目标是相同的,设计程序也是多种多样的。在具体的实践中,许多企业和学者根据自己的经验总结出了种种不同类型的新产品设计程序模型。如果先对其做一个初步的了解,对更好地理解设计过程会有一定的帮助。

20 世纪 80 年代,管理学家萨伦(Saran M)对各种企业新产品开发设计程序模型,或者叫产品创新程序,进行了系统性研究,他将其归纳为下列五种。

(一)部门阶段模型

部门阶段模型(见图 7-1)是一种从新产品设想到新产品上市,按企业所设置的相关部门根据自己的职责层层提交式管理程序。企业的相关职能部门有:研发(R&D)部门、设计部门、生产部门、销售部门。

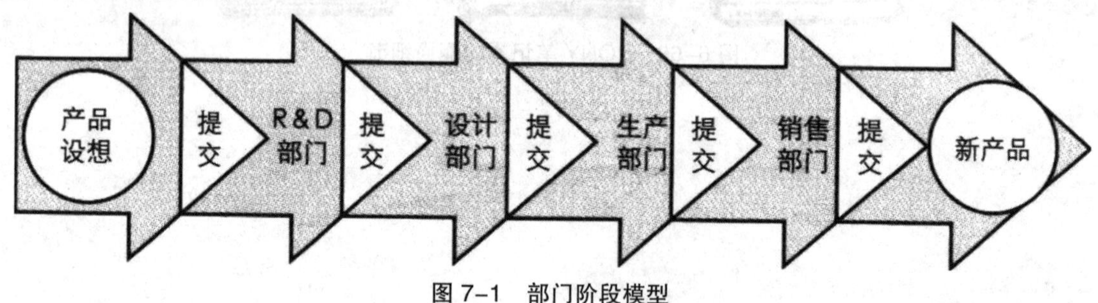

图 7-1　部门阶段模型

罗伯逊(Robertson)在 1974 年提出了一个类似的模型。在这一个模型中,他试图说明社会、经济和技术诸因素对设计过程的影响,把新产品设计过程看作一个从各个部门进出的系统,如图 7-2 所示。

这种模型的优点是直观、简单,但也有其缺陷性。它不能对新产品设计不同阶段的性质和各部门所从事的设计内容做出明确说明,它也没有指出新产品设计在各个部门之间如何衔接、交流、反馈。

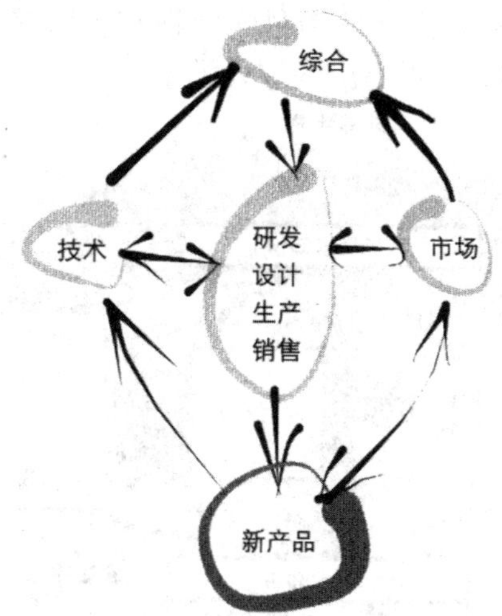

图 7-2　罗伯逊部门阶段模型

（二）活动阶段模型

这是人们研究得最多的一种模型。活动阶段模型力图确定新产品设计过程中所包含的不同的特定活动或设计行为，并把新产品设计程序看作一组设计活动的序列。

美国学者厄特巴克（J.M.Utterback）把新产品设计分为以下三个活动阶段：

（1）设想形成阶段；

（2）解决问题阶段或创意发展阶段，即发明阶段；

（3）实现阶段，指把解决方法或发明推向市场。

罗斯韦尔和罗伯逊在 1973 年提出了一个企业新产品设计活动阶段模型，如图 7-3 所示。

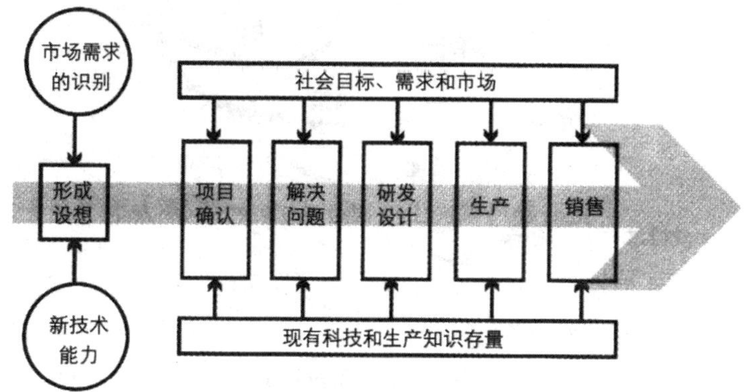

图 7-3　新产品设计活动阶段模型

在罗斯韦尔等人看来，新产品设计是一个逻辑的序列过程，虽然这一过程并非是必然连续的。

活动阶段模型的优点在于它表明了设计各阶段的任务，潜在新产品在不同阶段下的形式，这是一个对设计过程更准确、更一般化的概括。这种模型的缺点在于没有指出在新产品设计过程的各点上存在着其他方法的可能性。

此后，一些学者提出了把多种活动模型相结合的综合模型。这些模型一方面把新产品开发看作企业的一系列活动,另一方面又认为科学知识和市场需求的影响是通过部门实现的。图 7–4 是特威斯(B.Twiss)于 1980 年提出的综合模型。

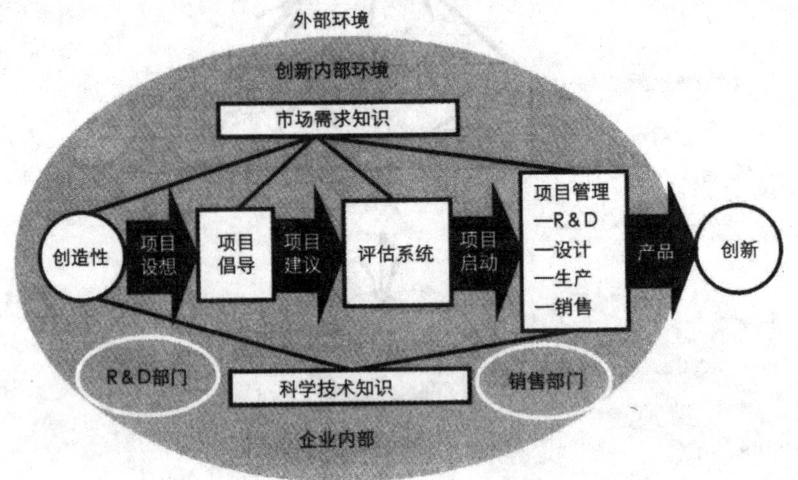

图 7–4 特威斯(B.Twiss)的综合模型

(三)决策阶段模型

决策阶段模型抓住了新产品设计管理中关键的实际问题:有一系列备选的方案、信息不完全。库勒(Cooper)和莫尔(Moore)把新产品设计过程看作一个决策单元的演化系列,如图 7–5 所示。其中每个单元都包含下列四种活动:(1)收集信息,减少不确定性;(2)信息的评估;(3)决策;(4)确定依然存在的不确定性。

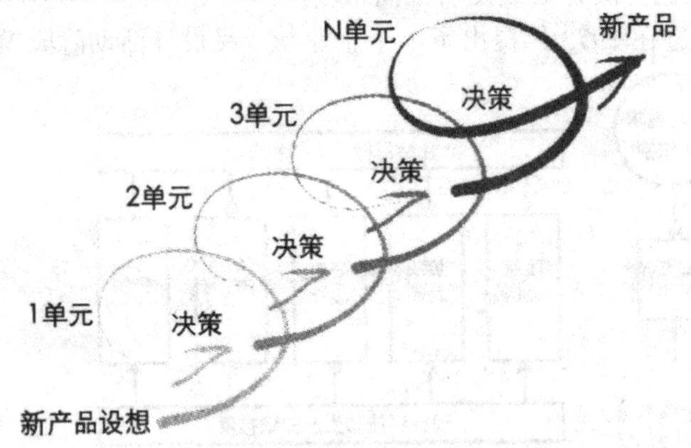

图 7–5 决策阶段模型

在每一单元,有两类决策,一类是停止还是继续下去;另一类是下一单元的内容是什么。比利时的两位学者勒梅特(Lemaitre)和斯托尼(Stenier)在 1988 年提出了一个类似系统,将活动阶段和决策阶段相结合的综合模型,如图 7–6 所示。

第一是感性阶段。新产品在此时只是一个设想。

第二是概念化的阶段。在这一阶段创新设想的可行性按照技术、商业和组织领域方面的条件加以论证。同时,新产品设计的技术、商业和组织方面都已确定。一个正式的可行性报告已拟好,该报告陈述新思想的可行性依据、实现方法等,这一报告将提交给经理。

第三是设计阶段。此时,纸上的原型成为实验的原型。最后,将面临这样一个决策:是否要进行投资,以便大规模地生产新产品。

第四是作业阶段。此前几个阶段的工作都是在不打断企业原有的生产程序下进行的。现在,企业要进行组织创新,使新产品设计与企业日常活动衔接起来。

决策模型的优点是它富有灵活性,可以利用决策理论、计算机模拟等方法,更好地检验创新过程的可行性。

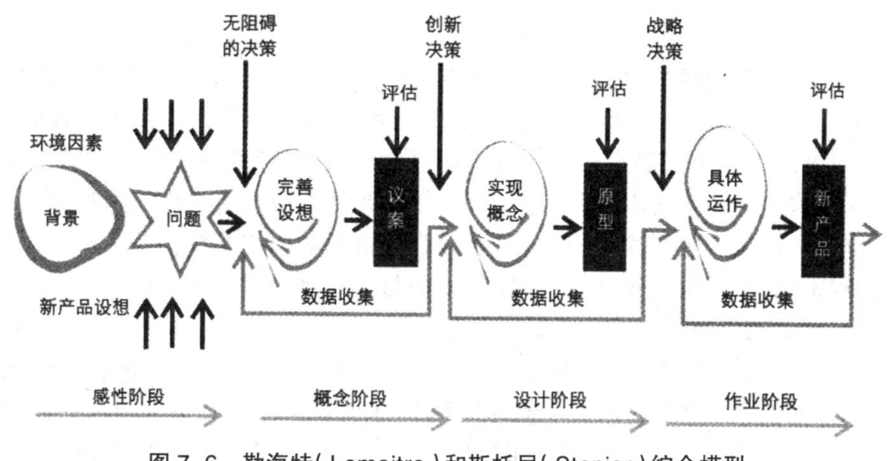

图 7–6　勒海特(Lemaitre)和斯托尼(Stenier)综合模型

(四)转化过程模型和响应模型

转化过程模型是把新产品设计看作是一个将各种要素,如原材料、科学知识和人力资源等转化为新产品的过程。该模型的缺点是较少考虑设计创新活动的实践情况,也许比较适合设计研究,但并不适合产品开发。

响应模型则把新产品设计看作企业在受到外部因素和内部因素的刺激下,所产生的产品创新设计的响应的设计程序。此程序应用范围较小,适合产品开发的初级阶段。

以上模型,都是专家学者们从不同的角度总结了企业新产品开发过程。这些模型,大多基于对企业开发经验的提炼、概括,在某种程度上,是企业新产品开发过程的再现。因此,它们有助于设计师从不同的角度去理解企业的新产品开发活动,也有助于企业从不同的角度去从事新产品开发。

二、产品设计通用程序

产品设计的程序有多种划分,但创造活动永远存在于中间部位,客观分析则存在于其前后。它的整个过程可以理解为发现问题并解决问题的过程,所以,对于一个企业而言,问题能否解决,不仅关系到一个成功产品的诞生,甚至影响一个企业的命运。以下主要分析较为适用的产品设计通用程序。

(一)寻找产品缺口

在对某一产品进行设计之前,需要找出现有产品存在的缺口,即发现问题。我们在做设计的时候往往会忽略这一点，只是沉浸于个人的设计当中，当产品设计出来之后，才发现自己设计的产品在市场上早已存在，或是缺乏创新度。这里就涉及如何去寻找产品的缺口的问题，问题的存在不外乎三种：一是自然产生的；二是由别人给予的；三是自己去发现的。通常情况下，产品缺口的寻找，大部分是靠设计者自己去发现的，这就需要设计者善于观察生活，在生活过程中找到设计的来源。

（二）设计目标的确立

在寻找到一些产品的缺口之后，我们得到现有产品存在多个问题，在这些问题当中或者涉及产品的功能有待改进，或者涉及产品的人机科学性，再或者涉及人们使用过程的心理等，显而易见，我们很难做到解决产品存在的所有问题，这时设计目标的确定成为我们首先要解决掉的问题。考虑到设计"以人为本"的理念，接下来需要做的是明确哪些问题是用户关心的，这时需要把人、产品、环境视为一个统一的整体，综合分析影响整个系统的相关因素，如外观的愉悦性，使用过程中的安全性、易操作性，后期的维护与部件更换等因素，并对各个因素做到一定的平衡，评选出重要的影响因素作为设计的目标。

其中，以人为本的设计理念正是基于人本性的产品开发，也是设计目标确定的重要思考方向。人本性泛指人类自身特性，这里所指的人本性，主要是基于产品构成的人类自身特性。人类自身特性的形成是由多方面因素决定的，其中既有内部的文化知识水平和结构、道德修养职业爱好、年龄、性别、经济条件、审美标准等，也有外部的家庭环境、工作环境、社会综合环境等，它们从多方面决定着人类自身特性的形成和发展。不同层次的需求分析如图 7-7 所示。

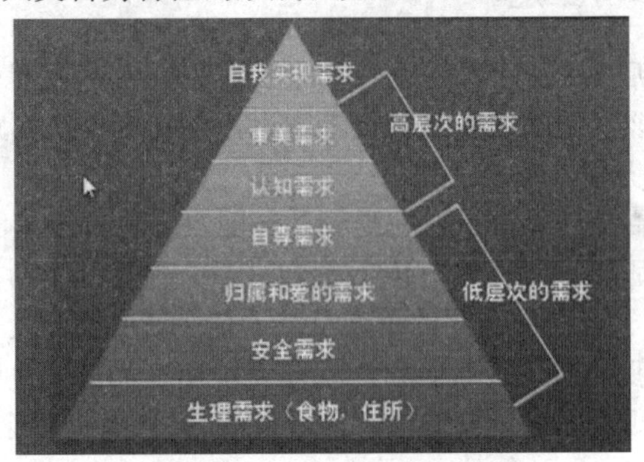

图 7-7　不同层次的需求

（三）设计调查

在对设计目标进行确定之后，需要对产品做出相关的调查，主要包括使用人群的调查、竞争对象的调查、产品使用环境的调查。

对使用人群进行调查首先要确定产品的适用人群，如产品的使用对象是针对国内消费者还是国外消费者，这两者之间存在较大的文化差异，所以在设计之前必须要清楚销售对象；同样，不同性别、年龄、知识背景等的人群对产品的要求也不相同，一般情况下，男性多喜好阳刚、稳定感较强的产品造型，而女性则喜好流畅、柔和的造型。此外，还要考虑到老年人、婴幼儿、有身体缺陷等特殊人群的特殊要求。

对竞争对象的调查又包括相关产品的调查、竞争对手的调查等。相关产品的调查是指调查的产品种类等。竞争对手的调查首先要明确同类产品的竞争厂商有哪些,并对他们产品的优势与劣势进行统计分析,同时还要调查竞争对象的销售策略,寻找适合自身的最佳产品设计及销售策略。其信息主要通过媒体、日常生活经验、问卷调查等方式获取,并对产品的市场前景内部进行商讨,以确定其产品对市场的需求价值、产品的技术可行性、产品的价格预算、产品的定价、市场对产品的外观、色彩趋势见解、产品的功能考虑、产品的包装考虑、产品的销售渠道考虑等内容。

产品使用环境的调查包括产品使用自然环境、经济环境、文化环境等的调查。如产品使用的场地,是在室内使用还是在室外使用;产品使用的地域不同,其文化环境也会不相同。

(四)产品分析

产品分析主要是指产品风格的分析,在对产品调查的基础上,收集大量国内外相关产品,利用坐标系统分析法,实现产品设计趋势与风格的分析。下面以高校纪念品设计为例,举例说明。如图 7-8 所示为不同高校纪念品。其中,一些实用性的高校纪念品如图 7-9 所示。一些纪念性的高校纪念品如图 7-10 所示。

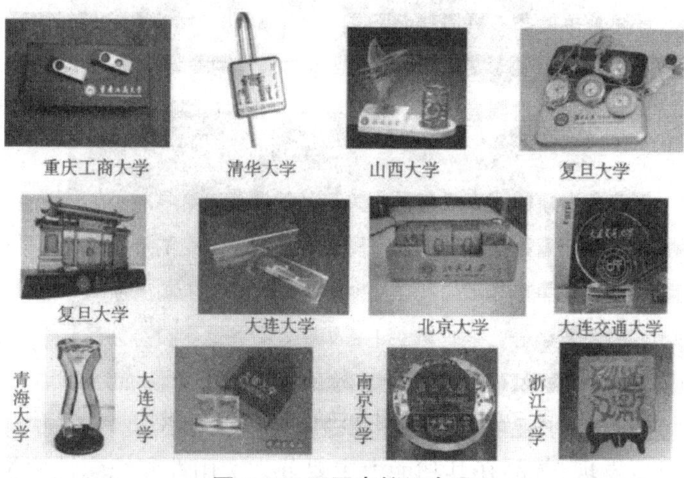

图 7-8　不同高校纪念品

图 7-9　具有实用性的高校纪念品设计

图 7-10　具有纪念性的高校纪念品设计

通过以上调查可以发现，礼品在其功能上主要分为实用性和纪念性两类。

利用坐标系统分析法，对现有产品进行趋势解读，可以分析出，目前市场上的校园礼品主要集中在 A、B 两个区域，其中，A 区域为实用性的低中价格产品，B 区域为纪念性的高价格产品，如图 7-11 所示。

（五）产品定位

产品定位，简单地讲，就是要确定针对怎样的人群，设计出在什么环境下使用的风格及特征的产品，这些特征可能涉及产品外观、功能、技术等多方面因素，以及我们要达到什么样的目的，如经济效益、情感关怀等。以上文的高校纪念品设计为例，我们可以这样进行产品定位：为高校毕业生留作纪念的、具有一定功能性的中低档高校纪念品。

好的定位可以快速确立商品在市场中的位置，也是商品获得成功的基础。产品定位即企业决定把产品当作什么东西来生产和销售。以生产小汽车为例，如果把它定位在“代步工具”上，那么，在生产和销售过程中，就应该强调其操作简单，安全方便，节油价廉；如果把它定位在“身份的象征”上，那么，在生产和销售过程中，就应突出其豪华、奢侈、舒适、高价。换言之，产品定位，是企业根据自身条件、同行业竞争对手的产品状况、消费者对某种产品属性或产品的某种属性的重视程度等方面的了解，为自己的产品规定一定的市场地位，创造、培养一定特色，树立一定的市场形象，以满足市场的某种需要和偏爱。路虎揽胜和马自达 6 两款车定位明显不同，如图 7–12 所示。

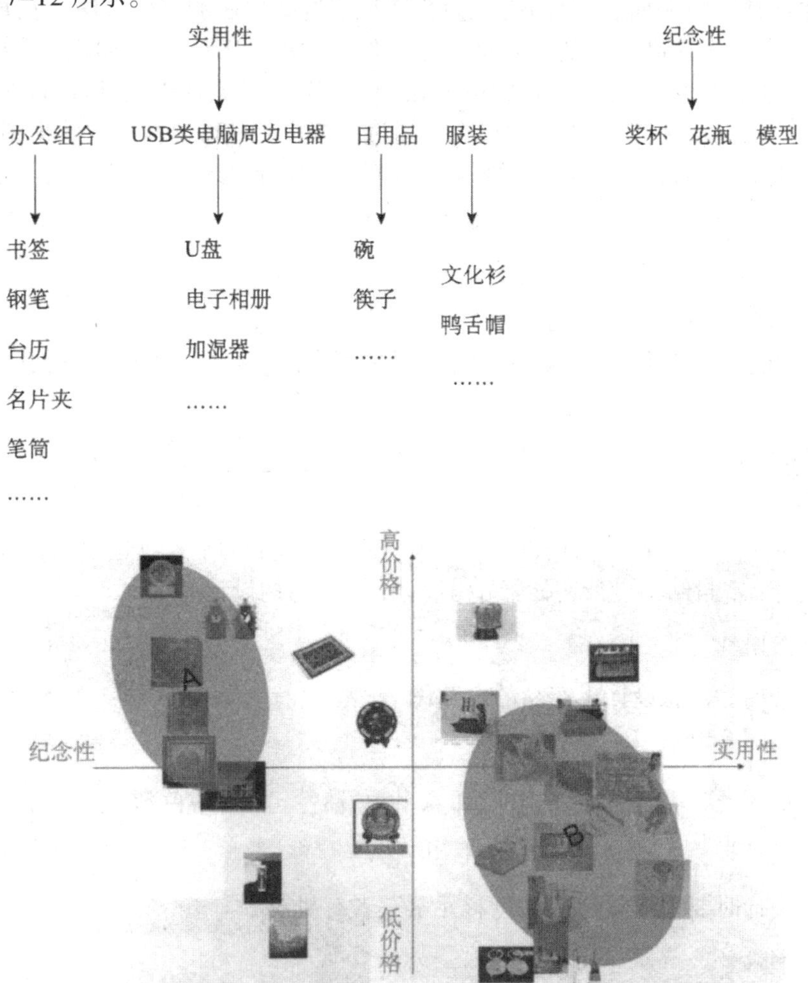

图 7–11　利用坐标系统分析对现有产品进行趋势解读

图 7–12　路虎揽胜和马自达 6

(六)新产品设计的实施

在前期工作的基础上,将要进行方案的设计工作。对于产品设计,草图的绘制往往是不可缺少的。在产品的构思过程中,会有大量的想法出现在脑海中,这其中不乏许多有价值的创意,然而这些想法往往会一闪而过,草图就成为快速记录这些想法的有效方法。在草图中进行初步的筛选,寻找出符合产品定位的几款草图方案作为发展方案。不可忽略的是对发展方案做出专利的审查,这个过程中会除去与已有专利的重复部分,避免企业在产品因投产之后带来的知识产权上的争议,从而引发不必要的损失。通过计算机软件做出初步的效果图绘制以后,与设计需求客户交流初步选定方案,接下来对选定的方案进行修改与完善。以下是产品设计的主要内容。

1. 产品功能

(1)使用功能。

(2)审美功能。功能型产品(偏向功能);风格型产品(偏向外观);身份型产品(更偏向精神文化)。

2. 产品结构

(1)内部结构。

(2)机械部分:壳体、箱体结构设计;链接与固定结构设计;连续运动结构设计;往复、间歇运动机构设计;密封结构设计;安全结构设计;绿色结构设计。

3. 产品电路图

根据产品结构等信息设计出产品的电路图。

4. 产品材料

了解产品材料的种类、用途、安全性、注意事项、属性;材料的色彩;材料的价格。

5. 产品外观设计

产品外观设计时要把形状、图案、色彩元素三者有机统一。

6. 产品色彩设计

产品色彩设计时要注意色彩功能(冷色调、暖色调)、色彩设计、色彩搭配。

7. 产品包装

产品包装必须注意彰显产品的品牌认知度;材质的选用;色彩;造型;结构;成本规划。

(七)产品优化

在产品的外观与功能确定以后,要对其内部结构进行设计,这个过程同样会发现之前设计过程中存在的问题。整个产品的确定就是在不断地发现问题与改进问题中进行的。

在对产品进行了计算机模型的创建之后,还要对实物模型进行加工制作。实物模型的制作有助于发现产品使用过程中存在的缺陷,也是校验产品设计是否存在不合理性的过程。

（八）产品生产

产品生产过程并非一次性投产过程，势必经过多批次的生产，每一批次生产的产品也绝非“盖棺定论”的产品。当产品设计完成以后需进行产品的打样，通过产品的样品对市场再进行一次数据统计和分析，从而避免产品的直接开发导致流入市场的不确定性，进而导致公司损失。通过样品可以再度确定其市场的不确定性，从而进行市场的再确定，使产品最终更加符合市场需求，大大减少了盲目生产造成的损失。最终确定样品成型后，要对产品进行小规模的产品开发，并找不同的生产商生产产品，使其产品成本降到最低。产品开发完成后，接下来的工作就是做流入市场的准备，如产品的商标注册认证，产品的许可证等一切与产品相关的生产许可证证明。做好流入市场的准备后，接下来的工作就是正式打入市场，先小规模地对市场进行试探，根据市场的销量情况和后期顾客的评论反馈情况再决定是否继续生产。

（九）产品信息反馈

产品信息的反馈过程是使用者对产品使用评价，以及产品上市效果反馈的过程，这关系到后续新产品的改良设计方向。不难发现，好的产品一般会经历多代的设计改良与生产，而通过调查问卷等多种方式获得的产品信息反馈，将是提高设计效率与产品效果等的有效途径。

三、产品设计风险管理程序

产品设计风险管理程序模型是英国设计教育家麦克·伯克斯特（Mike Boxter）于20世纪90年代提出的。该程序模型是以新的视角重新认识产品设计程序，它强调随着产品设计的不断深入，产品的风险和不确定因素在不断缩小。实际上，它是通过动态阶段性裁决来降低投资风险的过程。模型中方形格子表示工作选项，圆形的格子表示对这些选项结果做出的裁决，如图7-13所示。

（一）产品策略

产品策略是产品设计的第一项决定。它是对企业创新还是不创新研究工作的结论性裁决，它将明确表明企业的产品策略：是否要创新？创新的程度？创新的范围？或不要创新等。

企业为了应付日益增加的巨大压力，必须采取产品创新才能得以生存。大多数企业都这样做了，但不是所有的创新都必须是原创性创新。在大多数情况下，改良性创新是多数企业的法宝。特别是拥有一些老字号传统产品的企业，创新就更有讲究，因为他们在特定的市场范围内有稳定销售，对他们而言，如果创新不当，不仅不会带来利润的增加，而且还可能带来利润的减少。因此，不管对什么样的企业，创新带有很大的风险和不确定性是不争的事实，但同时创新也有创造丰厚回报的机会。决定创新其实是一种挑战，一种投资，但是在当今竞争如此激烈的环境中，对许多企业而言，不创新只能代表倒退，并且会面临倒闭或兼并的风险。图7-13为风险管理程序模型。

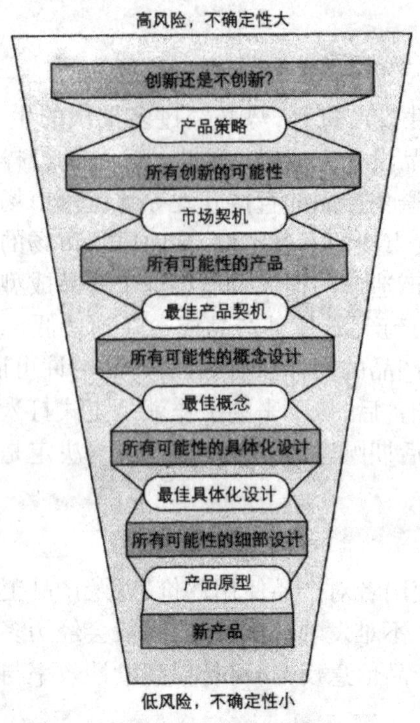

图 7-13 风险管理程序模型

（二）市场契机

当创新被选定为公司的策略后，下一步就要通过调查研究来挖掘所有创新的可能性，并通过创新为企业选择最佳的商机，这里的创新不是指具体的某件产品，而是指哪种类型的创新最适合该企业？

例如，是采用降低成本的方式来提升产品销售价格的竞争力？是采用款式风格的改进或新材料、新工艺来提高产品的价值？还是通过对现有产品的扩展延伸，扩大成交量和减少日常运作费用等。

这些创新的意念可以应用到一系列新产品的开发中去。它能为企业建立起一个相对长期的目标，使得企业的现有技术和专长在选定的创新方式中能充分发挥作用。企业针对某一方面进行连续开发能大大加快开发的效率。

当锁定某一类型的创新方式时，风险是不可避免的。例如，当决定用降低成本来提升产品销售价格的竞争力，而消费者却在寻找更高价值观和更新的产品特征。这样一来低廉的产品并不能销售成功。因此，在锁定创新方式之前必须要进行认真细致的调查核实。

（三）产品设计

这个阶段是有关某个特定新产品从产品概念到产品方案的具体设计。

相比前面的阶段（产品策略和市场契机），产品设计的风险和不确定性因素要少得多。新产品设计开发的过程是不断降低风险和减少不确定因素的过程。它的每一步都需要设计师做出选择，并给出理由，以降低风险，排除不确定因素。

产品设计的具体步骤包括：

（1）挖掘研究产品概念（产品构思）；

（2）制定审查产品纲要（制定产品标准）；

（3）探讨求证产品形态（产品具体化设计）；

（4）调整确定产品工程（产品细部设计）。

当然通过这些阶段，风险和不确定性因素仍然存在，即便新产品已到了销售商的货架上。不过采用风险管理方法进行产品设计，要比采用一般的产品设计方法风险小，不确定因素低。

第二节　产品设计表现图的绘制

一、各设计阶段的表现形式

从设计表现的视觉形式或空间模式上看，设计表现可以归纳为两大类，即设计的平面表现与设计的立体表现。在设计实践中这两大类之间又都是相互辅助、密不可分的。在绘制预想效果图的同时，设计的全过程还需配合各种模型制作和工程制图来完成。单独通过描绘无法了解或表现产品的准确尺寸和空间的感受，只有绘制工程图或做出立体模型才能确定其准确尺寸、比例、体量、空间状态（见表 7-1）。模型更接近真实产品，通过触觉可实际体验和判断，最后的方案实施则以准确的工程制图为依据来完成。

表 7-1　各设计阶段的表现形式

设计阶段	设计程序	表现形式	方案可塑性	方案成熟性
准备阶段	对设计课题的认识 调研与问题分析 设计目标的确立	文字与图表	高	低
展开阶段	构思初步展开 方案初步评价与选择 构思再展开 方案评估、选择、综合	草图 草模 概略效果图		
定案阶段	方案审定	精确草图 精确模型 工程图 设计报告书	低	高
完成阶段	试制及投产	零部件工程图 样品 产品		

（一）设计的平面表现

设计的平面表现主要是指产品设计表现图，根据设计表现图的不同类型，其表现形式如图 7-14 所示。

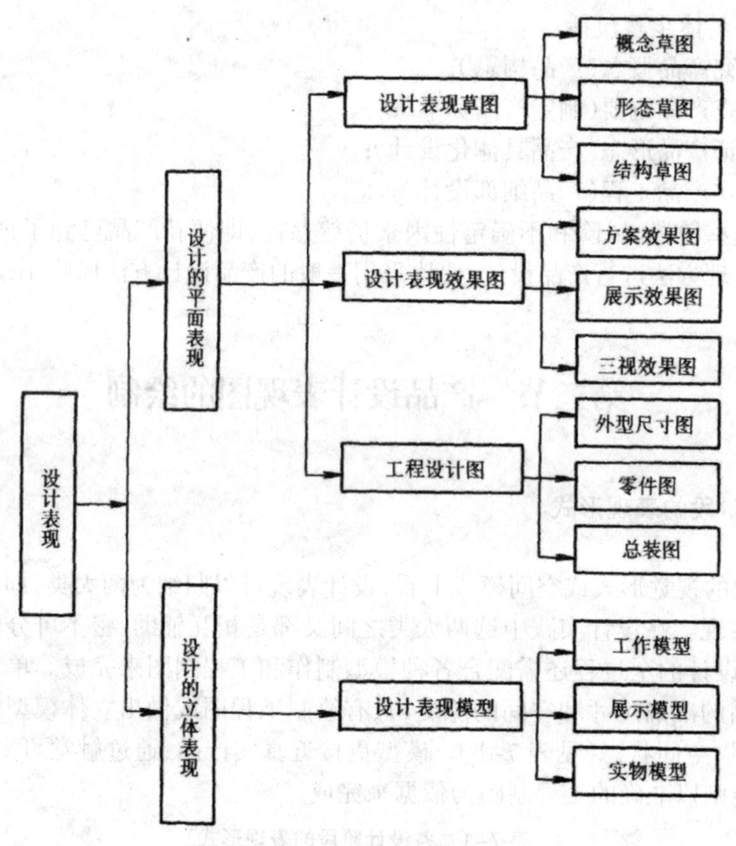

图 7-14　设计的表现形式

（二）设计的立体表现

形态、技术、材料是产品设计中需要注意的问题，而二维平面图无法将这些内容全部表达出来。因此，在产品设计中主要用模型制作来表达这些问题，它主要运用立体的形式把这些在图面上无法充分表示的内容表现出来。产品制作的模型大致可分为工作模型、展示模型和实物模型（见图 7-14）。

二、透视图

（一）透视图的释义

透视图源于古代希腊的线远近法，之后经过不断发展，形成了今天的已经系统化的图学方法。

透视图最早在建筑行业得到发展，因而在图学领域占有一定地位。当时的透视技法比较复杂，而且作图误差较大。1956 年，美国伊利诺伊工科大学 Jav Dobin 教授发表了“设计师的透视法”，弥补了以往透视图法的缺陷。这种新的透视图法，作图方便、简便、准确，甚至可以事先设定图的视觉效果和比例，因此直到现在仍被广泛应用于工业设计领域。

在二维平面上运用透视技法、透视关系等原理表达三维世界物像的方法，我们称为“透视法”，所表达的图示称为“透视图”。设计师进行造型展开通过图形语言将设计思想传达给客户时，透视图是极其有效的表达手段。

（二）透视图的主要术语及其含义

E.P.（EYE POINT）视点——观察者眼睛的位置。
V.L.（VISUAL LINE）——视点与物体上各点的连线。
S.P.（STANDING POINT）站点——视点在地面上的投影点，即视者双脚站立的位置。
G.P.（GROUND PLANE）基面——亦称地面，即视者和物体所处的地平面。
G.L（GROUND LINE）基线——画面与基面的交线。
P.P.（PICTURE PLANE）画面）——垂直于基面的假设投影面。
C.V.（CENTRE OF VISION）心点——视点垂直于画面的交点。
C.L（CENTRE LINE）视中线——画面上过心点的铅垂线。
H.（HIGHNESS）视高——视点距地面的高度。
H.L.（HORIZON LINE）视平线——画面上过心点的水平线。
V.P.（VANISHING POINT）灭点（消失点）——与画面成角度的空间直线所消失的点。
D.P.（DISTANCE POINT）距点——视点到画面的距离在水平线上的反映。

（三）透视图的类型及画法

由于物体相对于画面的位置和角度不同，在设计表达中通常有三种不同的透视图形式，即一般来说，透视的类型可以分为一点透视（平行透视）、两点透视（成角透视）和三点透现。以长方体为例。用图示说明三种透视图类型及其应用。

1. 一点透视

一点透视也称平行透视。物体的一个面与画面平行时，只有一个灭点。由于这种透视图表现的有一平面平行于画面，故称为“平行透视”。一点透视画法简易，表现范围广，纵深感强；缺点是画面表现较呆板，距离视心较远的物体易变形。因此这类透视方法较多运用于室内、外环境的表现中，在产品设计效果图中较少运用。

一点透视的画法（见图 7-15）如下。

（1）在水平线上确定灭点 VPL，在中央取视心 VC。
（2）使立方体正下面的棱 MN 与水平线（视平线）平行。
（3）根据立方体的高度确定点 S，描绘出立方体的正面图。
（4）从 VPL 向 N 引出一条透视线，与连接 M、VC 的透视线得交点 T。
（5）由 T 引出一条水平线，确定立方体后面的棱长。
（6）从 T 画一条垂线，依据该垂线与透视线的交点完成立方体。

随着对象物从 VC 点向左右、上下远离，变形逐渐明显。平行透视法的重点在于从点的位置附近来表达对象物。

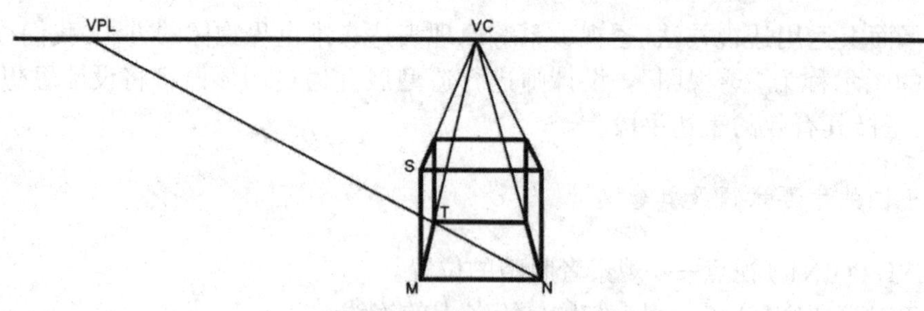

图 7-15　一点透视的画法

2. 两点透视

两点透视也称成角透视。物体与画面成一定角度时，其中一棱线平行于画面，角度不变，两边则各消失于两边的灭点上。两点透视能较为全面地反映物体的几个面，而且可以根据图和表现物体的特征需求自由地选择角度，透视图形的立体感强、失真小，因此在产品表现图中广泛被采用。

一般地，两点透视多为 45° 角透视和 30 ~ 60° 角透视。45° 透视法是相对于水平线和画面，以平行的正方形的对角线为基础完成直立的立方体。适合于所描绘的对象物的两个侧面几乎相等且都需要表达的情况。

45° 角透视画法（见图 7-16）如下。

（1）画一条水平线，定出线上的灭点 VPL、VPR，将其定为视平线。

（2）找 VPL、VPR 的连线的中点 VC（视心）。

（3）由 VC 以任意角度（F）向正方形引对角线。

（4）由 VPL、VPR 向一对角线以任意角度引透视线，由此可以决定最近角 W。

（5）作与最近角 W 任意距离的水平对角线，交透视线 M、N。

（6）从 M、N 向 VPL、VPR 引透视线，画出立方体底面透视图。

（7）由底面的透视正方形的各角画垂线。

（8）将 N 点绕点 M 逆时针旋转 45° ，得到点 A。

（9）通过点 A 引水平对角线，求得立方体的对角面。

（10）通过各点引透视线，绘制出立方体的顶面，从而完成立方体的绘制。

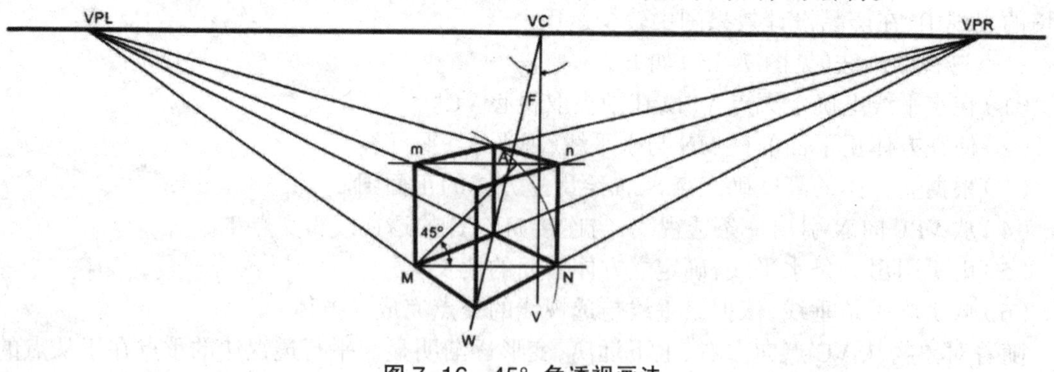

图 7-16　45° 角透视画法

30 ~ 60° 角透视画法（见图 7-17）如下。

（1）画一条水平线并定出线上灭点 VPL、VPR。

（2）在 VPL、VPR 的中心取测点 M1。

（3）M2 和 VPL 的中心定为 VC（视心）。

（4）将 VC 和 VPL 的中心点确定为测点 N1。

（5）从 VC 向下引垂线，在任意位置定出立方体的最近角的顶点 V。

（6）引一条通过 V 的基线 L。

（7）确定立方体的高度 VX。

（8）以 V 为中心，VX 为半径画弧，交基线 L 于点 M、N。

（9）由 V 点向左右引透视线，并依同样方法 X 点引出的透视线。

（10）连接 N1 和 NY、M1 和 M 得到与透视线的交点，透视线和其交点决定了立方体的进深。

（11）从立方体底面的 4 个顶点引垂线，完成立方体的绘制。

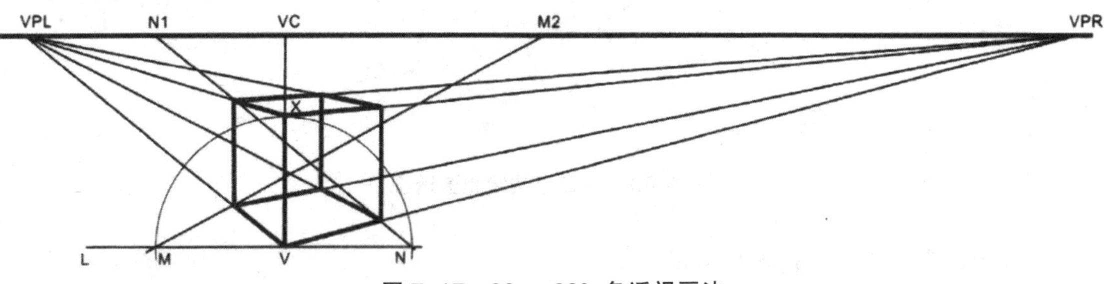

图 7–17　30 ~ 60° 角透视画法

3. 三点透视

三点透视即斜透视。物体没有一边平行于画面，其三个方向均对画面形成一定角度，分别消失于三个灭点。三点透视通常成俯视或仰视状态。常用于加强透视纵深感，以室外建筑表现居多，而在产品设计中，一般较少有此类尺寸的物体，所以应用较少。

4. 圆透视

现代产品设计多为曲面与直面相结合的形态，其中流线型产品居多。一般地，圆或椭圆是不规则曲线之母，只有先了解和掌握圆与椭圆的透视画法和规律，才能准确把握产品曲面的透视效果。总的来说，圆的透视有下列画法（见图 7–18）。

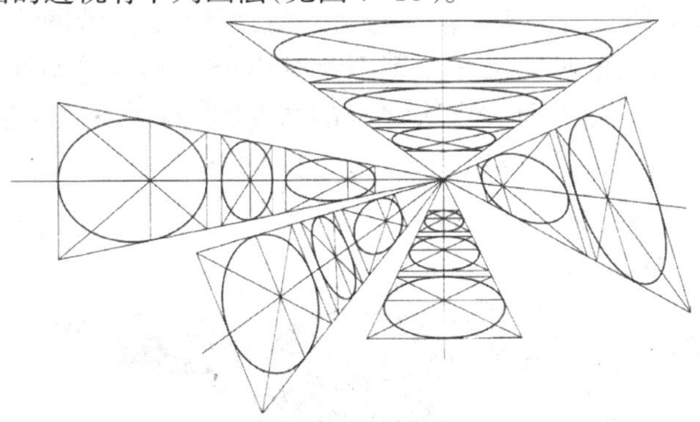

图 7–18　圆不同角度透视

绘制圆及椭圆的透视的常用方法有八点法（见图 7–19）和十二点法（见图 7–20）。

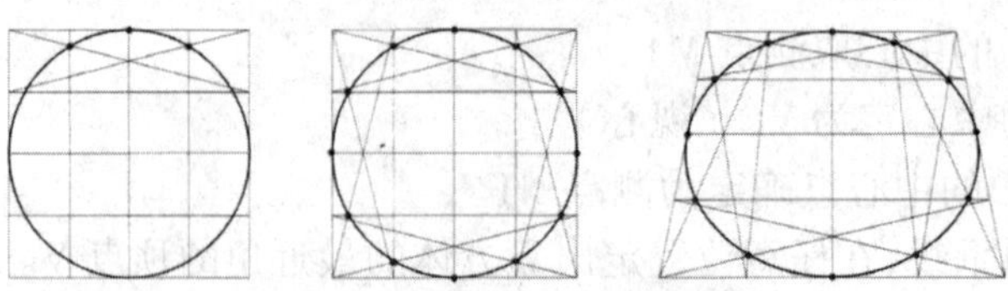

图 7-19　八点法绘制圆及圆透视

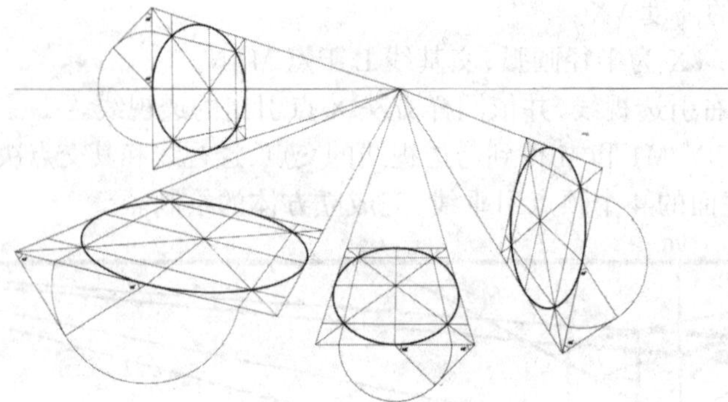

图 7-20　十二点法绘制圆透视

（四）产品表现图中透视学的运用

在掌握透视技法的同时，绘制产品表现图时还需注意以下几个方面。

1. 视平线与灭点的选择

对所画物体取俯视还是仰视角度，如何确定基线与视平线的距离，要视所画对象物大小不同分别处理：如对于小型产品（如手机、电话等），由于平常都居于俯视位置观看，则应将视平线置于图形偏上部，两灭点远离图形。对于中型产品（如家具、机床等），应将视平线置于图形内偏上部，两灭点在图形以外，但应稍向内接近。

2. 美观的物体角度的选择

物体角度的选择要以展示功能面信息最多为前提选择恰当的视角，透视角度的把握以不失真为原则，要符合人们的观赏心理。45° 透视法宜用于产品的侧面与正面都需要说明的情况，尤其当产品的正面与侧面长度尺寸差别不大时用 45° 透视的画面形象优美，效果较佳。30 ~ 60° 透视法宜用于产品立面有主次之分的情况，当两侧面尺寸相差较大时，用此法可获得图面生动的艺术效果。如图 7-21 所示的汽车透视图和图 7-22 所示手枪透视图采用了 30 ~ 60° 透视法，表现汽车、手枪的功能面，较多地传递产品的信息，且画面生动。

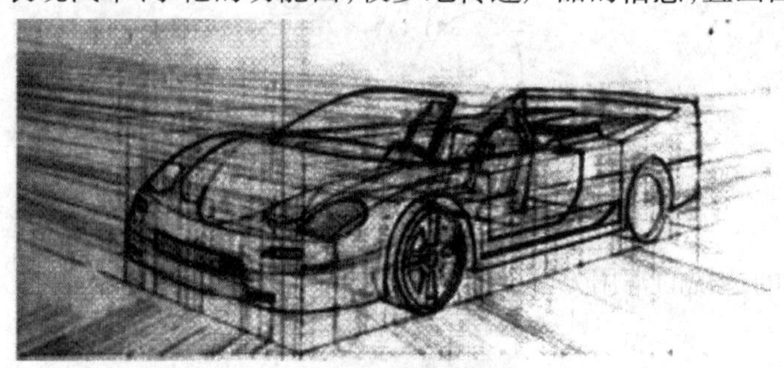

图 7-21　汽车透视图

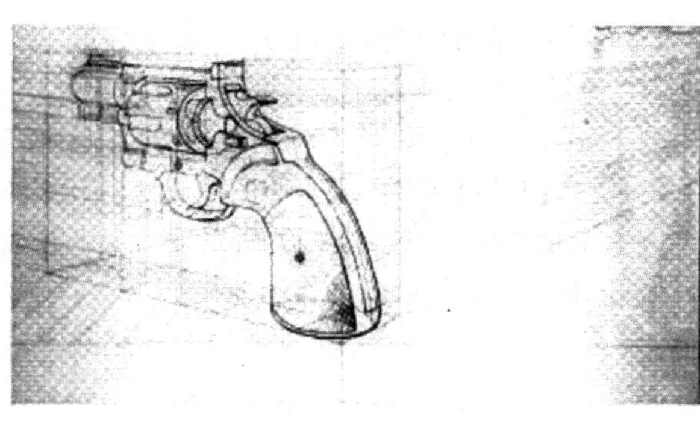

图 7-22　手枪透视图

3. 理性认识与感性运用

透视技法的训练以训练由理性认识至感性运用为目的,反对机械照搬,因为完美的理性透视可以通过 CAD 软件获得。在掌握方法后,绘制表现图时可以省略一些步骤,简单地确定灭点和重要辅助线来进行徒手绘制,表达构思的形态。这种方法可以快速便捷地展开设计方案。

三、设计草图

(一)设计草图的特点与作用

产品设计开始后,秉承优秀的科技基因,凝结设计师尽可能完全的设计思想观念,拥有美丽的外表和独特的气质,这都是设计师应做的思考。设计构思的过程就是把模糊的、不确定的想法和思维明确化和具体化的过程。在这一阶段中要提出设计的初步方案,提出用哪些方法解决产品的哪些要求,提出各种构思方案,即尽可能使概念、创意和设想最大化,而不要过多地考虑限制因素。

设计是一个开放的思考过程,它不仅需要把最终的成果以具体、形象的方式展示给大家,而且在其构思的过程中,也离不开图示的分析与比较。每个设计师的创意和构思都凝聚了很多心血,而如何将独特的构思客观地表达出来,也是设计师需要精心考虑的问题。一个有创意的设计,其灵感的火花是在思维与表现的反复的否定与肯定中碰撞出来的。设计草图可以迅速捕捉这种灵感的火花。

设计草图是设计理念、创作灵感的关键。创新灵感的捕捉和思路的准确表达在产品设计的整个过程中是非常重要的一部分,而在这个环节中,手绘草图是将这些抽象的思维转化为可视化的图形的重要途径和方式。设计草图是在设计构思阶段徒手绘制的简略的产品图形,如图 7-23 所示,其最显著的特点在于快速灵活、简单易作、记录性强。同时,由于它不要求特别精确或拘泥于细节,因而可塑性强,有利于大量设计方案的产生和设计思路的扩展。

在设计的最初阶段,设计师针对发现的设计问题,运用自己的经验和创造能力,寻找一切解决问题的可能性。许多新想法稍纵即逝,因此,设计师需要随时以简单概括的图形、文字记录下任何一个构思。从手绘草图本身来说,手绘是一种分析工具,设计是对设计条件不断协调、评估、平衡,并决定取舍的过程。在方案设计的开始阶段,设计师最初的设计意向是模糊的、不准确的,草图能够把设计过程中有机的、偶发的灵感、思考以及对设计条件的协调过程,通过可视的图形记录下来。因此,设计草图在整个设计过程中起着十分重要的作用,它实质上是解决问题的过程。在这个过程中,设计师要将头脑中无序的构思和想法用图解的方式记录下来,再做进一步的整理、推敲;有时,好的想法在头脑中稍纵即逝,所以必须要求设计师有十分快速而准确的速写能力。在这一快速记录过程中,设计师还能够对其设计对象有一个全面的理解和深入推敲的机会,进而衍生出更好的设计方案(见图 7-24)。由此可见,设计草图无论是在设计表达上还是在设计构思上都有着十分重要的作用。

图 7-23 产品设计草图

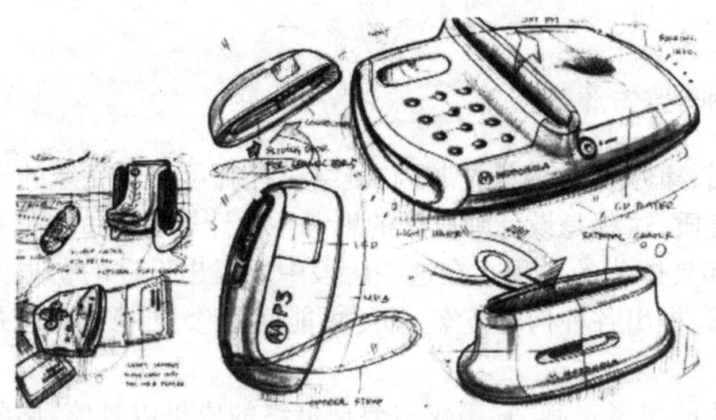

图 7-24 Carl Liu 产品创意设计草图

(二)设计草图的类型

由于设计草图的功能和作用不同,所以依据其不同的目的可分为概念草图和分析草图。

1. 概念草图

概念草图是设计师在运用头脑风暴等方法展开方案构思时快速记录自己设计创意所常用的表达方法。因为此时灵感稍纵即逝,所以此类草图注重表现速度,多求量重于求质,常用简单的线条勾勒出轮廓、结构,以单线为主,或结合部分线面素描效果,表现出大的体面转折、凹凸等(见图 7-25)。

图 7-25　概念草图

2. 分析草图

分析草图是对初步的设计方案进行形态和结构的再推敲和再构思(见图 7-26)。此类草图更加偏重于思考的过程,一个形态的过渡和一个小小的结构往往都要经过一系列的构思和推敲;而且这种思考推敲往往不仅停留在抽象的思维上,更要通过一系列的图面以辅助思考;在这一思考过程中设计师的构思往往是比较活跃的,突然出现的想法和新颖的形态都需要靠一些图面以及文字注释来使之明了化。作为细致分析的草图一般不太拘泥于形式,常根据设计师的思维发展而自由进行。

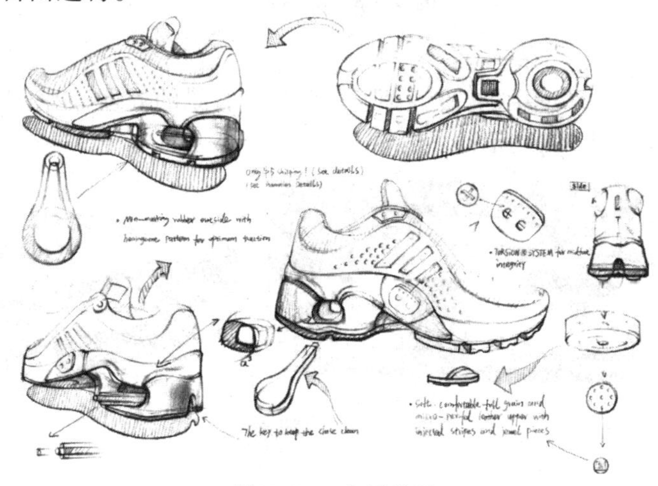

图 7-26　分析草图

(三)设计草图的表现形式

1. 单色草图绘制

1)勾勒轮廓

在这一过程中,设计师要选择合适的透视角度,将产品设计的思路、功能用途、组成结构、形态特征描绘出来。设计中的徒手草图,仍然是设计构思的重要手段,它通过眼、脑、手的不断观察和思考,使设计构思和创造思维逐步形象化,绘制的过程也是创意思维表达的过程,这样才能为设计师带来更多的新构思和新创意。勾勒轮廓如图 7-27 所示。

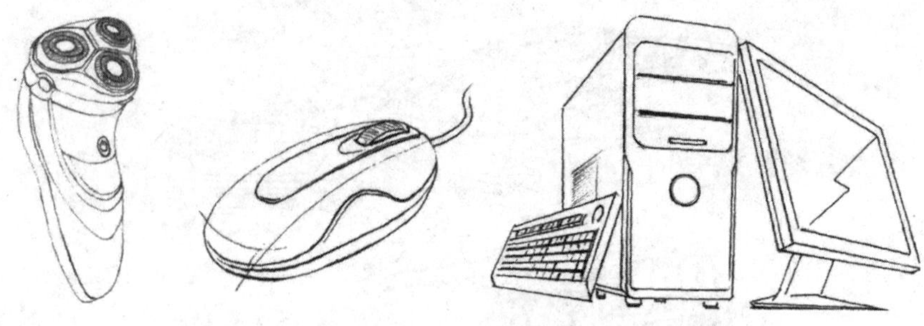

图 7-27　勾勒轮廓

2）添加光影

设计师通过处理产品的光影关系，充分表达其造型的体态特征，使其更立体化、生动化。添加光影的示例如图 7-28 所示。

图 7-28　添加光影

3）添加背景

每一个产品都是处于环境中的，设计师通过对环境背景的处理，能使产品从画面中跳跃出来。添加背景的示例如图 7-29 所示。

图 7-29　添加背景

2. 淡彩草图绘制

用马克笔、色粉等工具对设计图进行上色，设计师通过用笔触归纳光影关系、块面关系，并进而将产品的材质美、造型美充分体现出来，使其生辉。彩色草图绘制示例如图 7-30 所示。

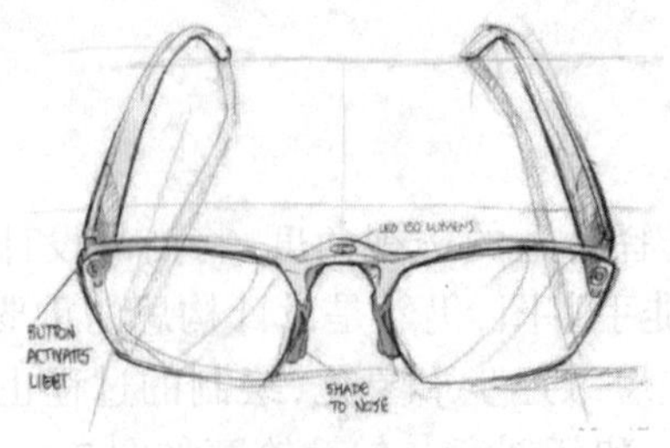

图 7-30　彩色草图绘制

淡彩草图中一般运用钢笔、铅笔、签字笔等勾勒轮廓和结构，用马克笔或透明水色着色。这种颜色色彩细腻、饱和且透明度高，着色后可清晰地投映出线描的轮廓。较常用的着色材料还有水彩、彩色铅笔和色粉等。淡彩草图同样要以表现简洁、明快和大的色彩关系为原则，避免过于复杂丰富的色彩描绘，运笔肯定、简练，色层应透明、轻巧。

四、效果图

（一）效果图的特点与作用

效果图主要是在设计草图方案可行性确定后，进行产品预期效果的表达。设计师通过一些能突出效果的技法具体绘制产品的造型特征、色彩体征、材料特征、结构特征等，从而完善细节，使得产品设计表现得更充分、更具体、更生动，并将自己的设计成果用于展示、沟通、比较。手绘效果图需要比较扎实的绘画功底，是设计师能力的体现。手绘效果图能快速反映出设计师的思路、产品与产品使用环境的关系、产品概念推敲等，并且效果活跃而不生硬，可以通过设计师主观的控制表现出产品特征、节奏、空间、背景等。手绘效果图示例如图 7-31 所示。

图 7-31　手绘效果图表达

效果图的绘制应较为清晰、严谨，应提供较多的设计可能性，保持多样化，提供可选择的余地，因为此时的方案未必是最终的结果。效果图的绘制除重视质量外，还要把握绘图速度，许多设计细节一样可以省略。

（二）效果图的表现技法

绘制效果图可供选择的材料、方法很多，本书在此仅就常用的效果图表现技法做简单的介绍。

1. 淡彩画法

淡彩画法通常是在线描草图的基础上，施以概括的色彩表现产品的色彩倾向和色彩关系（见图 7-32）。其特点是将产品的形态和色彩快速地表现出来，简洁、明快、富有表现力。所用的工具和材料有铅笔、钢笔、马克笔、彩色铅笔、透明水色、水彩、色粉等。绘制淡彩效果图因采用的材料和工具不同，步骤略有不同。

2. 底色高光法

1）底色高光法的释义

在有色纸或自行涂刷的底色上作画，称为底色高光法（见图 7-33）。因有大面积的底色作为产品的基调色，易于获得协调统一的画面色彩效果。同时，利用底色作为产品某个面（如中间调子或亮面)的色彩,简化了描绘程序,使画面显得更为简练、概括而富有表现力。底色高光法是一种不用着色便可获得色彩效果的方法。

图 7-32　淡彩画法

图 7-33　底色高光法

铺底色时可用马克笔(或扁笔或底纹笔)有变化地绘制底色。这种底色本身就是该产品的色彩基调(固有色为主)。在调这种基调色时,根据产品的体积和光源色、环境色以及产品质感等因素略有冷暖、浓淡的变化。具体作画时要大胆、一气呵成,排笔灵活富有变化。如能训练到把简单的底色绘制出丰富生动的画面,那么效果图就算成功了一半。而且一幅理性的产品效果图会增加许多动人的审美效果。

初学者往往会因为底色刷不好而影响进一步的刻画情绪。因此先作一些放松的基本训练。当然在刷色前必须有一个设想,如想刷出一个湿润的效果,色阶色相渐变的效果,粗糙的肌理效果,以及各种不同的质感效果。开始恐怕不能如愿,但通过多次实践,必能掌握到得心应手的程度。

2)底色高光的绘画步骤

使用底色高光法绘制产品设计表现图大体可概括为以下几步:

第一步,选用要表现产品基调颜色的若干支马克笔,注意一开始入画色彩要调得淡一些。如果色彩太深不利于底色上进一步地深入刻画,也不利于产生色彩渐变的对比效果。这个底色也是产品的基调色。底色画好后可待其自然干透或用电吹风迅速吹干,如铅笔底稿覆盖得看不清楚时,可用铅笔再勾画出产品的轮廓,这样才可深入到第二步。

第二步,用背景的同类色画出产品暗面部分,要注意体积感的表达。使用黑色水溶性彩铅勾画出产品的轮廓线。注意刻画是要分清亮部和暗部的线的轻和重。使用黑色马克笔根据定好的光影效果绘制出产品的投影。

第三步，深入刻画细部与质感。在第二步画稿完成后，产品的基本色、立体感基本上已表达出来。接下来是深入刻画细部和质感。用白色的水溶性彩铅刻画产品接缝处的高光部位，注意笔要削得尖细一些，这样可以绘制得更加精致。在此基础上，再用较细勾线笔蘸白色水粉颜料，调好后画出产品的高光点等细节部分。

3）底色高光法案例解析

以下以多功能通信终端设计表现图为例，进行讲解。

第一阶段：装裱好已画完的底稿，使用冷灰色系不同色阶的马克笔绘制产品的底色，并有选择地掺画一些黄色系的马克笔笔触。如图 7-34a 所示，准备并装裱完线稿；如图 7-34b 所示，用较浅的冷灰马克笔先绘制一遍产品的底色；如图 7-34c 所示，用较深的马克笔绘制底色，画出底色的层次感；如图 7-34d 所示，绘制屏幕时，将其四周用遮挡膜挡住；如图 7-34e 所示，用不同的冷灰马克笔有变化地绘制出屏幕。如图 7-34f 所示，绘完后，揭开遮挡膜所示。

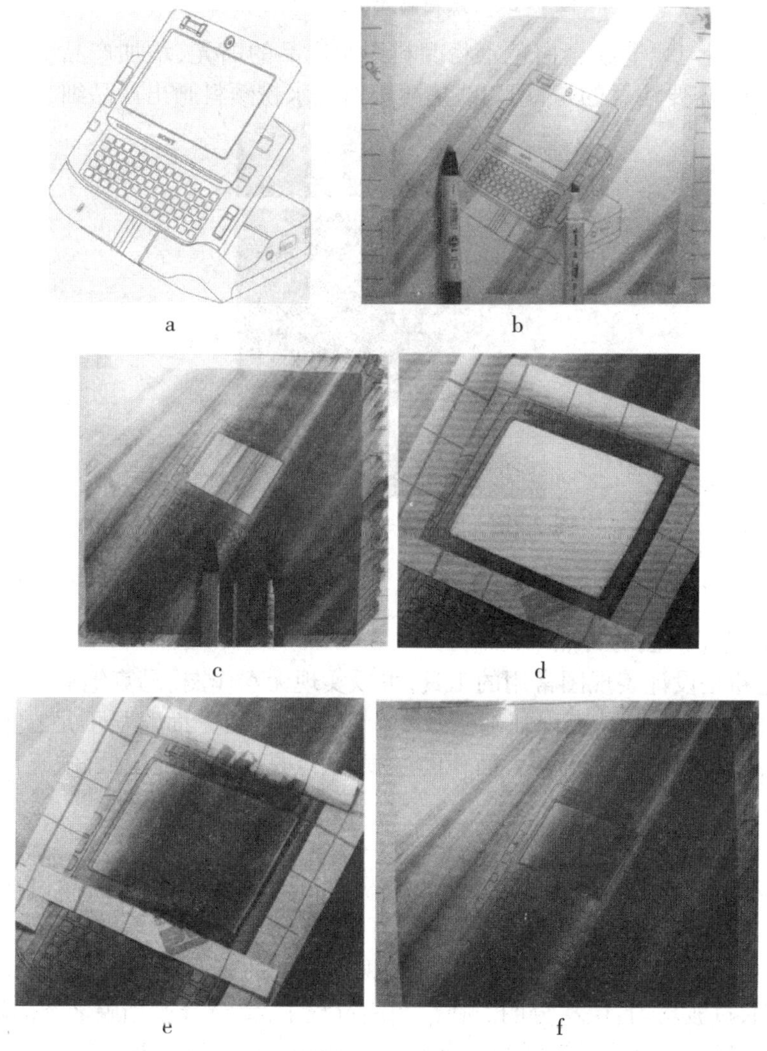

a　b　c　d　e　f

图 7-34　底色高光法第一阶段描绘

第二阶段：用白色水溶性彩铅绘制产品的受光部位（见图 7-35）。用白色水溶性彩铅绘制产品受光部位的细节。细节包括细微转折处、按键的受光处等。在绘制过程中，必要时借助直尺,用白色水溶性彩铅绘制产品的暗部反光部位,注意反光不要画得太亮。

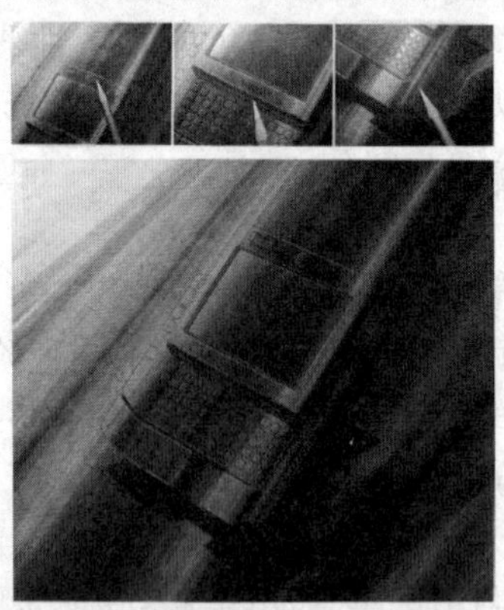

图 7–35　底色高光法第二阶段描绘

第三阶段:运用勾线笔配合白色水粉颜料绘制产品的高光,增加产品受光区域的变化与层次(见图 7–36)。需要注意的是,用勾线笔蘸取白色水粉颜料画出产品细节处的高光。

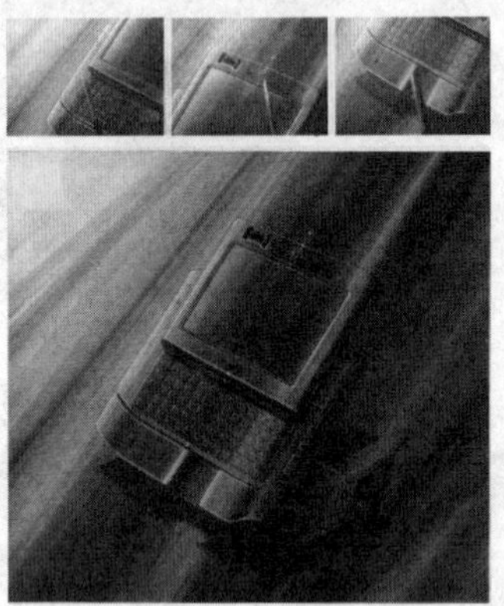

图 7–36　底色高光法第三阶段描绘

3. 马克笔与色彩画法

1)马克笔与色彩画法的特点

马克笔和色粉是设计表现图常用的工具,可以实现无水作图。马克笔的优点是干净、透明、简洁、明快,使用方便,缺点是表现细部微妙变化与过渡自然方面略显不足;色粉表现的优点是表现细腻、过渡自然,适于表现较大面积的过渡,缺点是明度和纯度低,缺乏艳度。因此表现图中常将二者结合使用,优势互补。

2)马克笔与色彩画法的步骤

色粉与马克笔结合类画法在设计界比较受欢迎,它的快干性符合产品设计表现图绘制的实际操作中快速性要求。绘画的步骤如下。

第一步,先使用不同颜色的冷色系马克笔,根据确定的光影绘制出产品的暗面,要求笔触干净、利落、爽朗,过渡均匀,层次分明。在绘制的过程中,要结合遮挡膜之类的辅助工具,将不画的地方挡住,这样使用马克笔时手可以放松大胆一些。在这一步里,绘制的内容包括阴影。

第二步,使用色粉,选用合适的色粉混合在一起,掺一些爽身粉,用棉花蘸取调好的色粉涂抹在要表现的车体部位上,注意涂抹时要均匀过渡,尽量让涂上去的色粉光顺。

第三步，使用水溶性黑色彩铅，刻画车体的结构，加重对比，明晰细节，绘制时注意车体空间感的表现，区分用笔的轻重。

第四步，选用水溶性白色彩铅，根据光影统一性，绘制出车体结构接缝等类似部位的亮光处，最后再用较细构线笔蘸白色颜料，调好后画出产品的高光点等细节部分。

3）马克笔与色彩画法案例解析

以下结合绘制一款 AUDITT 车型的步骤图来讲解它的大体画法。具体的步骤内容请参看与图片相对应的文字部分。

第一阶段：使用冷灰系列不同色阶的马克笔刻画绘制汽车整体的明暗层次（见图 7–37）。在绘制前要将不画的部位用遮挡膜挡住，避免弄脏画面（见图 7–38）。

图 7–37　马克笔与色彩画法第一阶段描绘（一）

图 7–38　马克笔与色彩画法第一阶段描绘（二）

如图 7–39 所示，图 7–39a 为绘制前翼子板、保险杠、前裙板、前车轮轮胎、车门反光处等部位；图 7–39b 为详细绘制前车轮，画出层次感；图 7–39c 为概括画出后车轮。

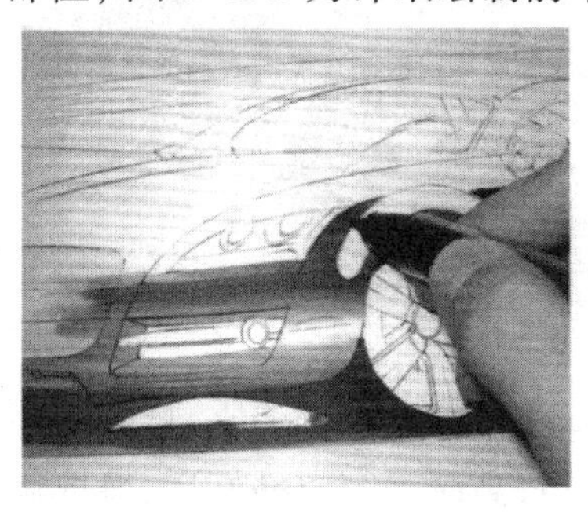

a

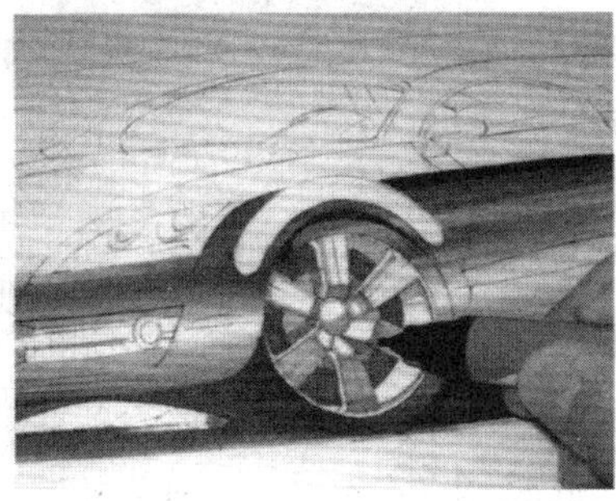

b

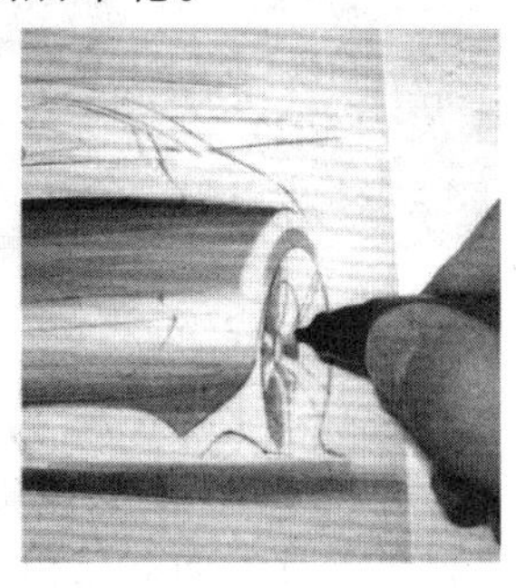

c

图 7–39　马克笔与色彩画法第一阶段描绘（三）

如图 7–40 所示，图 7–40a 用较深冷灰马克笔绘制前裙板处的进风孔；图 7–40b 加重并概括刻画隔栅及车牌部位，注意对比强弱变化；图 7–40c 绘制汽车侧面车窗反光处。

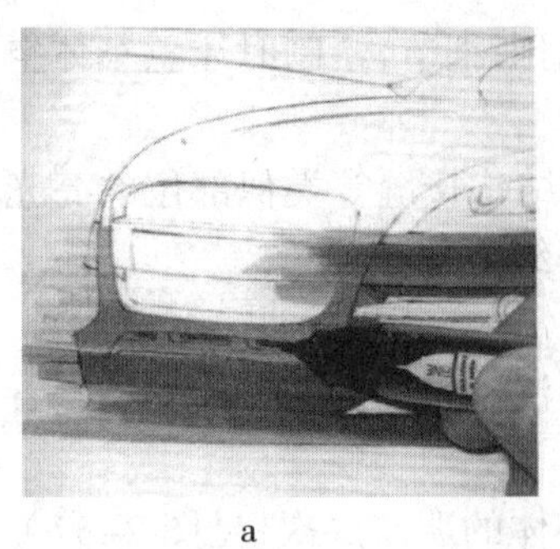
a

b

c

图 7-40　马克笔与色彩画法第一阶段描绘(四)

如图 7-41 所示,图 7-41a 为有轻重地画出前挡风玻璃;图 7-41b 为绘制汽车侧面玻璃的肌理,丰富玻璃质感;图 7-41c 为刻画前引擎盖的暗部;同时画出车体的背景。注意笔触渐变效果。

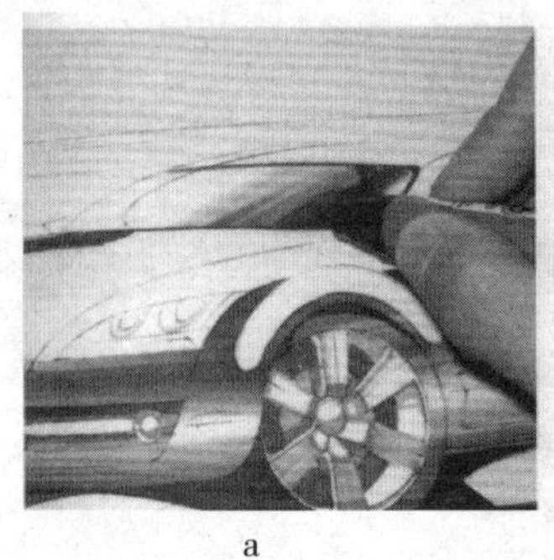
a

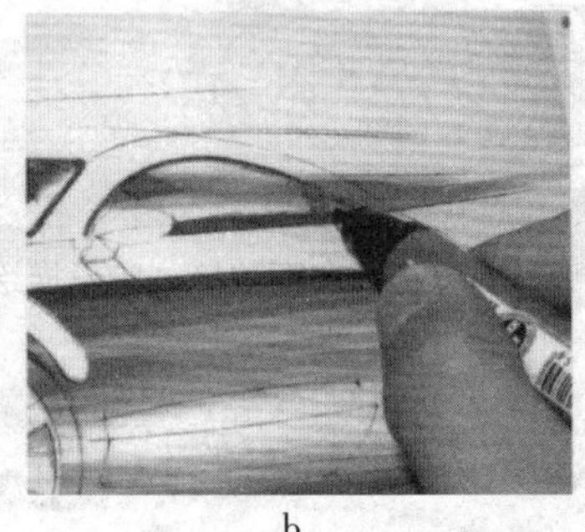
b

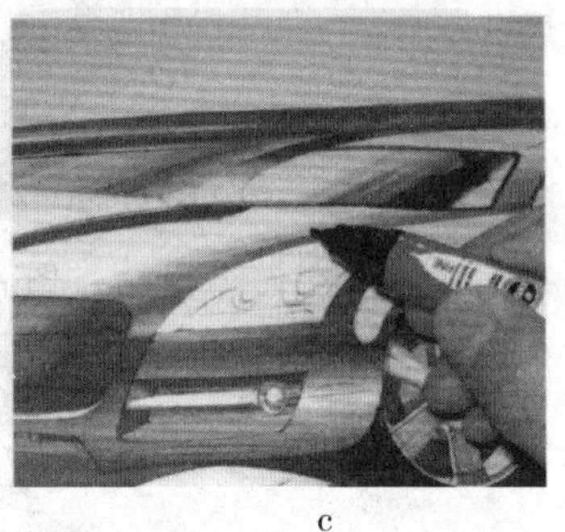
c

图 7-41　马克笔与色彩画法第一阶段描绘(五)

如图 7-42 所示,图 7-42a 利用反光的处理手法绘制车灯;图 7-42b 深入刻画车灯,将车灯玻璃罩质感表现充分;图 7-42c 概括绘制后视镜的明暗效果。

a

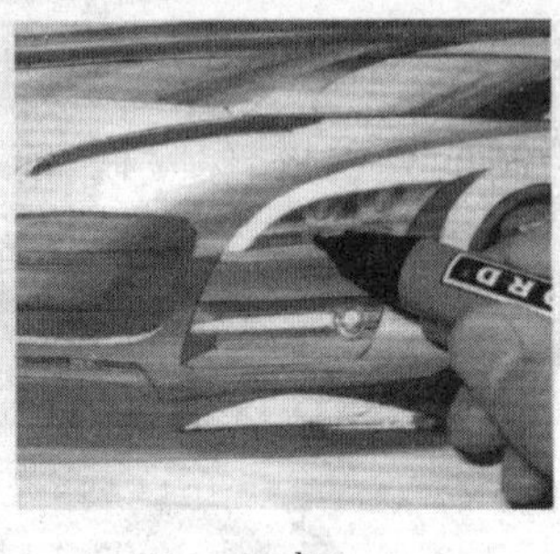
b

c

图 7-42　马克笔与色彩画法第一阶段描绘(六)

第二阶段:主要使用色粉画车身的主题颜色。注意在调色粉时,掺兑少量的爽身粉,能使绘制在车身表面的色粉更光顺(见图 7-43c)。如图 7-43a 所示,将高级美容巾叠好后,蘸取调好的色粉(色粉的主要成分有墨绿、浅灰等),轻轻地概括地铺画引擎盖、保险杠、前裙板、翼子板、腰线下端的车门、车腰线上曲面等部位。注意在铺画色粉时用力均匀,逐渐加重色彩的颜色,直至达到满意的效果为止。如图 7-43b 所示,按照同样的技巧,铺画车门底端的暗部,A 柱、车顶、B 柱等部位。色粉画完后,用橡皮拭去不需要色粉的位置,使用橘红色的马克笔绘制出转向灯的颜色。

a

b

c

图 7-43　马克笔与色彩画法第二阶段描绘

第三阶段：用黑色水溶性彩铅刻画车身的结构，增加汽车结构感与体量感（见图 7-44c）。图 7-44a 借助曲线板刻画车身的结构。这里重点要强调的是车灯、隔栅、前裙板进风口、车轮轮毂、车腰线、车门转折处。图 7-44b 为刻画车灯。车灯属细小的结构，要把笔削得尖一些来刻画。另外加重强调车门的形体起伏效果。

a

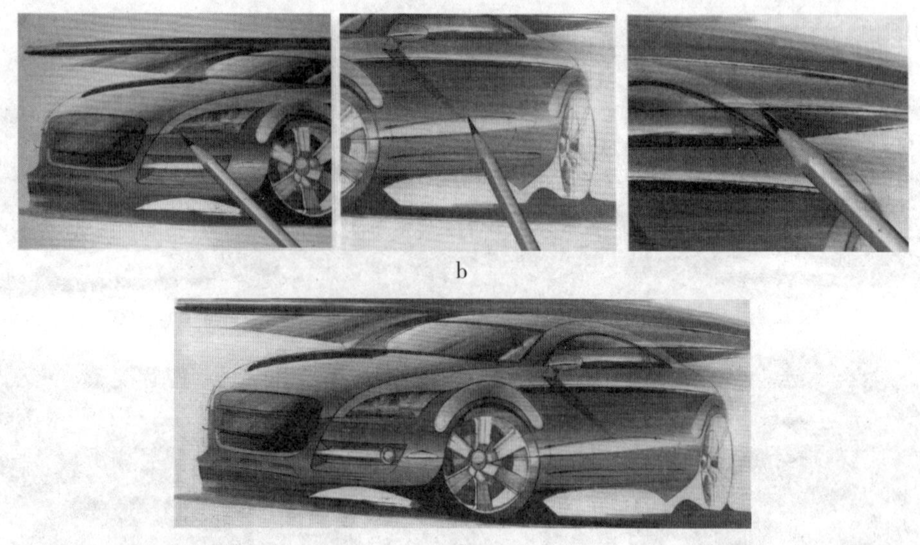

b

c

图 7-44　马克笔与色彩画法第三阶段描绘

第四阶段：用白色水溶性彩铅绘制车身的受光细节（见图 7-45c）；如图 7-45b 所示，借助曲线板，将白彩铅笔削尖，分别绘出车牌、隔栅、进气孔、车灯、车轮等受光部位；如图 7-45b 所示，绘出前柱、车门前后缝隙、车门底部等较微弱的受光细节。

a

b

c

图 7-45　马克笔与色彩画法第四阶段描绘

第五阶段：用勾线笔蘸取白色水粉颜料绘制车身的高光（见图 7–46c）。如图 7–46a 所示，重点刻画前车灯的受光细节，逐渐提亮车灯高光处。另外，要提亮车窗玻璃受光处，丰富玻璃反射的细节。注意用笔技巧，勾线笔的笔尖质软，刻画出线条时注意用劲均匀，保证画出的白线流畅光顺。如图 7–46b 所示，为确保较大弧度的高光线能流畅画出，通常会借助槽尺等工具来绘制。为加重前车轮颜色对比效果，使用较深的马克笔绘制轮毂暗部。

a

b

c

图 7–46 马克笔与色彩画法第五阶段描绘

4）马克笔与色彩画法的要领

马克笔与色彩画法的要领主要体现在以下几个方面。

（1）培养正确使用工具的好习惯。在练习中，培养正确使用工具的好习惯是必要的。现实中，所有形体都是由弧线和直线构成的。如果要每个设计师都徒手绘制精密的形体几乎是不可能的，因为人手具有惯性和方向性，对于弧的控制尤其困难，特别在画透视图中的圆弧时，因在不同角度的视高点观察下，所形成的弧度都不一样。因此，为了画出正确的形体，就必须借用精密的辅助工具才行。

还应考虑新旧笔的选择运用，以实现不同表现之需求。着色时尽量避免多次重复而且不要太靠近轮廓线，以免将色彩涂出轮廓外。运笔轻重控制适当，切忌重压，以免损害笔头。与其他色彩笔混合使用时，应先使用马克笔绘制出轮廓，然后再用其他色彩笔涂抹。另外，马克笔用后应盖紧收藏于阴暗处，避免阳光直射。

（2）画出潇洒、规整的笔触。很多琐碎的笔触叠加在一起，会破坏一个画面的完整性，尤其在画反光面时，更容易出现笔触琐碎的情况。因此，笔触必须一气呵成，贯穿始终，有头有尾，避免因犹豫不定而产生的顿挫、重复、中断、轻重不一样的现象。

（3）涂色应生动。开始马克笔画技法的练习时，要仔细观察产品结构与各个面上的光线变化，哪怕是反光与投影都要用适当的笔触加以表现。不但要表现出光线的微妙变化，还要以笔触突出它们明度、色相的不同特征，这样才不会使画面呆板失真。因此，不能仅仅在画面上看似相同的地方平涂同一色彩了事。

4. 其他画法

1）水粉画法

水粉色泽鲜艳、浑厚、不透明，覆盖力强，较易于掌握，是设计师常用的表现手法。水粉画法表现力很强，能将产品的造型特征精致而准确地表现出来，但费时较长，故常用于描绘较精细的效果图。

2）透视图画法

透视图画法是在机械制图原理的基础上，直接借助平面投影图进行明暗和色彩的表现。其特点是表现产品比例准确、直观、严谨、精细，作画步骤与别的画法相同，但颜色不宜过厚，要保持通透感。

3）综合画法

"法无定法"，在设计表现图绘制中各种画法的最终目的是将设计构思更好地表现出来，至于采用什么画法并不重要。为了更好地表现物体，综合采用多种画法进行绘制，采用的工具和材料也多种多样。综合画法不拘于具体的步骤和技法，仅以精细表现产品。

五、三视图及基本尺寸图

三视图是为了体现产品各个面的图形关系与尺寸，只要能清楚地表达出来就可以了，具体需要几个面的视图，要视情况而定。有的产品只需要两面视图，有的需要三面视图，有的可能需要六面视图。不管是几面视图，都统称为三视图。

三视图的表现可以用两种方式进行表达，一种是线图的形式（见图 7-47），另一种是效果图的形式（见图 7-48）。

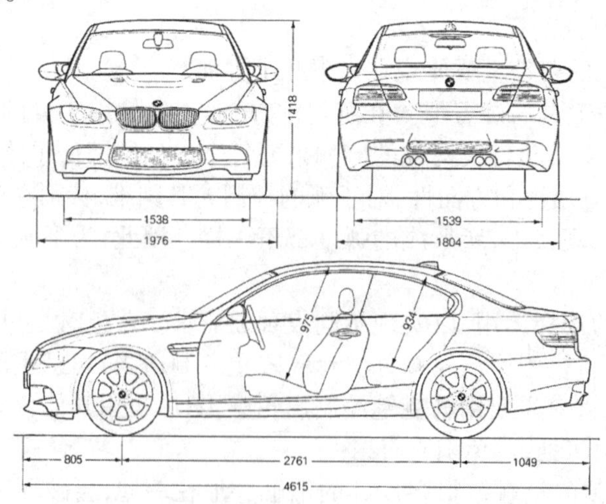

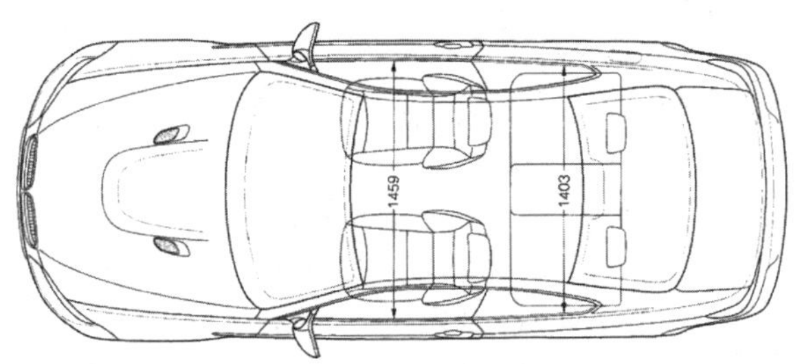

图 7–47　三视图

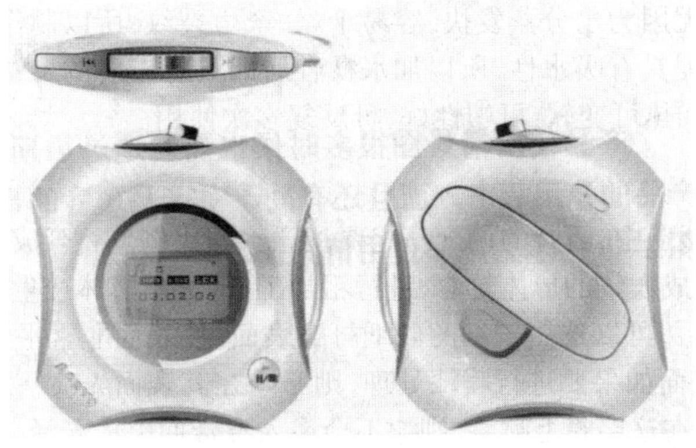

图 7–48　三视效果图

对于初学者来说，只要能标清产品的基本尺寸（长、宽、高以及重要的尺寸节点）就可以。

第三节　产品设计的模型制作

一、模型制作概述

模型的制作是产品设计过程中的一种表现形式，是一种最贴近人的感觉的三维设计表现，同时它也是设计师设计思考创造的过程，是设计师在进行设计的过程中运用各种媒介、技巧和手段来说明设计构思即设计信息的一种工作，如 2D 概念草图、虚拟 3D 的 2D 渲染图和 3D 模型制作等。产品设计师在设计的产品正式投产之前，除了通过模型求证自己的设计优劣之外，也必须向与产品生产有关的人员，诸如企业决策人员、工程技术人员、营销管理人员，以及使用产品的消费者等求证，说明该产品的产品设计的有关因素，以便其做出评价与建议。

在设计的过程中，借助模型来发展和完善设计的方案，借助模型来观察和研究产品设计上的问题是十分有效的。这是因为模型是立体的实物，人们可以从模型上切实地看到构想中产品的形态、结构、色彩、肌理和质感等外在特征。任何不完善的地方在模型上都无法隐蔽或被“虚处理”。总之，模型是人通过感官直接感受到 3D 模型的设计说明和陈述的最佳形式。

二、模型制作的材料与工具

(一)模型制作的材料

1. 泥

在产品设计模型塑造中,泥可分为三种,即雕塑黄泥、陶泥、油泥。泥较石膏质地柔软,更易加工成形。雕塑黄泥因为水分蒸发快,容易干燥,产生裂纹,所以制作间歇阶段可用湿毛巾或薄塑料膜覆盖。陶泥具有吸水性,所以加水糅合后即具有较好的可塑性。油泥是与油混合而成,油泥经过烘烧,加热可变软,可塑性好,可反复多次使用。

2. 石膏

在产品设计模型塑造中,石膏的调配一定要注意水的比例。石膏成型多为灌铸,通常用玻璃板,木板或纸板围合成大致的形体轮廓,进行粗加工,待大致形体产生,然后再对其进行精加工。当形体完全干透后,可以选用较细的砂纸打磨表面,使表面非常平整、柔顺和光滑。需要注意的是,石膏形体表面如果要进行喷漆处理,则必须在其表面先喷一层乳胶液,干后会在其表面形成一层膜,然后在这层膜上喷漆,则漆不会渗入石膏而失去光泽。

3.ABS 塑料

ABS 塑料是一种三元共聚的热塑性工程塑料。具有优良的耐冲击韧性,加热到 120℃就会变软并可加工到预想的形态。在模型塑造中,可依据模具,加热、施压和成型。因此它是一种韧、硬、刚兼具的出色工程塑料。作为著名的工程塑料,ABS 塑料具有良好的机械性能,强度和刚度都很好,耐磨、尺寸稳定,适合机械切削加工及黏接加工,化学稳定性好。

ABS 模型使用最多的是板料,主要供切割黏接和热压成型方法加工制作。和仿真模型类似的典型热压成型工业产品有冰箱内胆、汽车仪表台、工具箱和旅行箱等。

4. 实木材与密度板

实木材有天然的年轮纹理,表面不易处理平滑。而密度板与实木材的特性接近,加工方法也相同,但密度板密度均匀,易于加工,可以制作得比较精细。密度板经过涂饰处理可以模仿多种材质的效果,且可以与其他材料结合。这两种材料在制作 ABS 压模过程中,作为原型模具,比其他材料更有优势。

5.PU 塑料

PU 是一种结构细密和密度均匀的泡沫塑料。发泡 PU 塑料具有良好的加工性,不变形、不收缩而且质轻耐热(90 ~ 180℃以上)。采用聚甲基丙烯酸制成的发泡 PU 材料,质量比较好,也是最贵的材料,是专为航天航空工业进行结构模型制作而使用的材料。这种材料强硬、紧凑而均匀,有相当的强度,有相当光滑的表面。它的加工特性介于 ABS 塑料与苯板之间。

6. 玻璃钢

玻璃钢即纤维强化塑料,它是一种以化学树脂为基底和结合材料的一种增强塑料。在手糊成型技术中,最常用的是玻璃纤维织物,它的优点是形变性好、易被树脂浸润、能提高 FRP

制品的刚度以及耐冲击性好、价格便宜和成型制件时节省时间等。

7. 苯板

苯板是制作草图模型极好的材料。它的分量轻、质地软，用刀很容易削制成型。苯板在削制出大致形体后，可以用细砂纸对其表面进行打磨，使表面光滑。另外，在打磨表面上可以刷一层立德粉，待干后，再打磨，打磨完成后可在其表面进行喷漆处理。如果没有立德粉保护，油漆会腐蚀苯板。

(二)模型制作的工具

1. 测量类工具

1)钢直尺

钢直尺是用不锈钢制成的一种量具，是最基本的一种测量工具，可以用来测量工件的长度、宽度、高度和深度等尺寸。钢直尺测量出的数值误差比较大，1mm 以下的小数值只能靠估计得出，因此不能用作精确的测量。

2)游标卡尺

游标卡尺是一种中等精度的量具，可以直接量出工件的外径、孔径、长度、宽度和孔距等尺寸。游标卡尺的结构形状如图 7-49 所示。

3)宽座直角尺

宽座直角尺是制作模型时常用的测量与校验工具，是测绘垂直或平行线的导向工具，多用来校验模型面与面之间的垂直关系，还可用来校正模型在平台上的垂直位置，如图 7-50 所示。

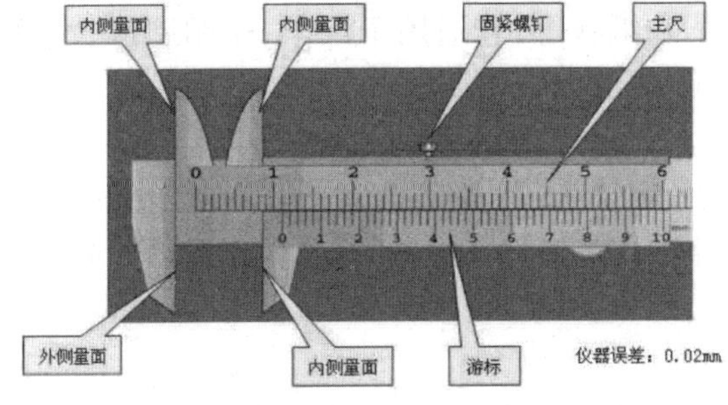

图 7-49　游标卡尺

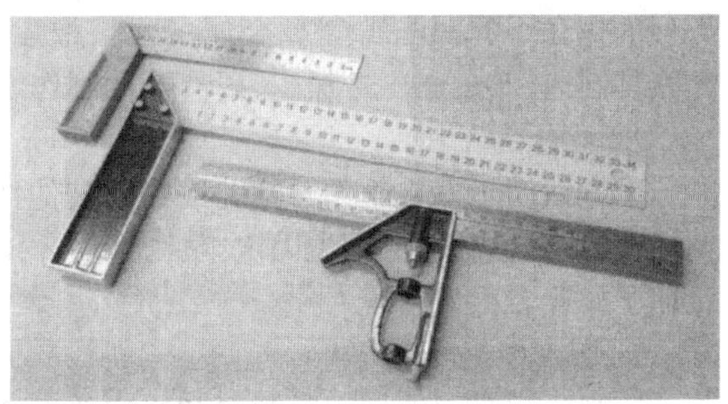

图 7-50　宽座直角尺

2. 裁切类工具

1)美工刀

美工刀主要功用是切断薄纸或者薄的塑料板(见图 7-51)。美工刀不使用时刀刃要收缩回刀体，废弃刀刃不能和一般垃圾混在一起。使用时，刀刃的状态应该是锋利的，在薄纸或者薄塑料板切割直线时，需使用界尺进行工作。应该使用较厚的尺，如果使用的尺是薄的，刀片就会划到尺上，会使按在尺上的手割破。

2)手锯

手锯是模型制作时用来锯削材料和形体的手动工具，一般由操作手柄和锯条两部分组成(见图 7-52)。手锯按锯条长度及齿距不同可分为粗、中和细三种。粗锯主要用于锯割较厚的木料；中锯主要用于锯割薄木料或苯板；细锯主要用于锯割较细的木材和苯板。

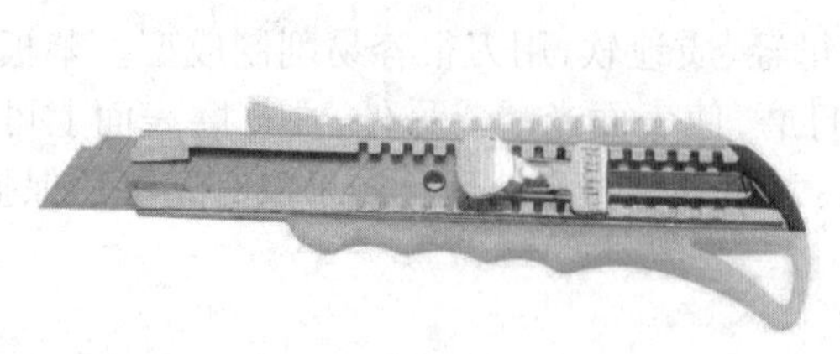

图 7–51　美工刀

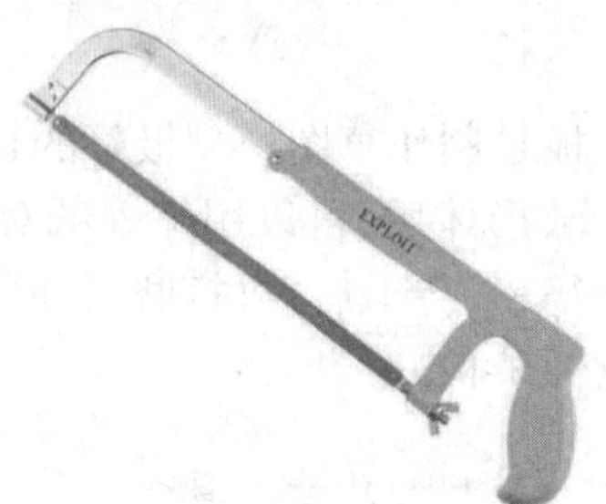

图 7–52　手锯

3. 锉削类工具

锉削类工具主要有锉刀等(见图 7–53)。用锉刀对模型的表面进行加工,使其尺寸、形状、位置和表面粗糙度等达到要求的加工方法称为锉削。它可加工模型的内外平面、内外曲面、内外角、沟槽和各种复杂形状的表面,还可在装配中修整模型。

图 7–53　锉刀

4. 电动类工具

1)曲线锯

曲线锯可以在各类板材上锯割出具有较小曲率半径的几何图形(见图 7–54)。更换不同齿型的锯条,可以锯割木材、金属、塑料、橡皮、皮革和纸板等,它适用于汽车、船舶制造、木模和家具制造、布景和广告加工,还有模型制作。

2)手电钻

手电钻用于模型制作时钻孔或辅助其他技术(见图 7–55)。需要注意的是,在较小的工件上钻孔时,在钻孔前必须先固定工件,这样才能保证钻孔时工件不随钻头旋转,作业质量高,也保证了作业者的安全。

3)切割电锯

切割电锯是制作模型时裁料和修边的专用工具(见图 7–56),有介铝切割电锯、曲线电锯、带电锯等多种类型,各自有不同的使用功能。需要注意的是,在使用切割电锯时,应按照切割样品形状及其大小尺寸,正确调整辅助导向板位置,确保切割平稳；在操作切割样品的整个过程中,操作者严禁戴手套作业,头和手严禁接近锯片。

4)电砂轮

电砂轮可以把模型中不需要的部分打掉,是模型制作必不可少的工具(见图 7–57)。需要注意的是,使用电砂轮前应检查砂轮是否完好(不应有裂缝、裂纹或伤残),砂轮轴是否安装牢固、可靠。砂轮机与防护罩之间有无杂物,是否符合安全要求,确认无问题时,再开动砂轮机。在同一块砂轮上,禁止两人同时使用,磨削时,操纵者应站在砂轮机的侧面,不要站在砂轮机的正面,以防砂轮崩裂,发生事故。砂轮不准沾水,要常常保持干燥,以防湿水后失去平衡,发生事故。

5）台钻

台钻使用在模型工件需要钻孔的时候，与手电钻相比较，钻的孔洞较垂直、工整（见图 7–58）。台钻的种类很多，常用的有台式钻床、立式钻床和摇臂钻床三种。需要注意的是，使用钻床时，绝对不可以戴手套，变速时必须先停正再变速。钻通孔时，使钻头通过工作台让刀，或在工件下垫木块，避免损伤工作台面。要紧牢工件，尤其是薄金属件，避免甩出伤人。

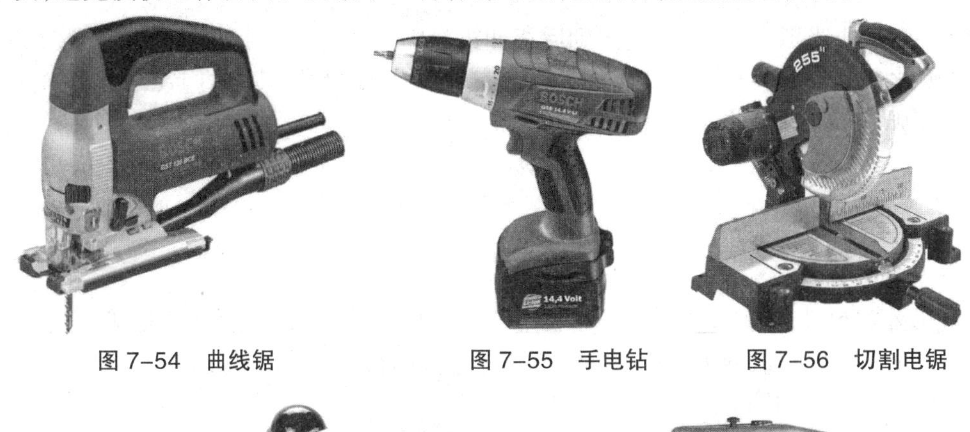

图 7–54　曲线锯　　图 7–55　手电钻　　图 7–56　切割电锯

图 7–57　电砂轮

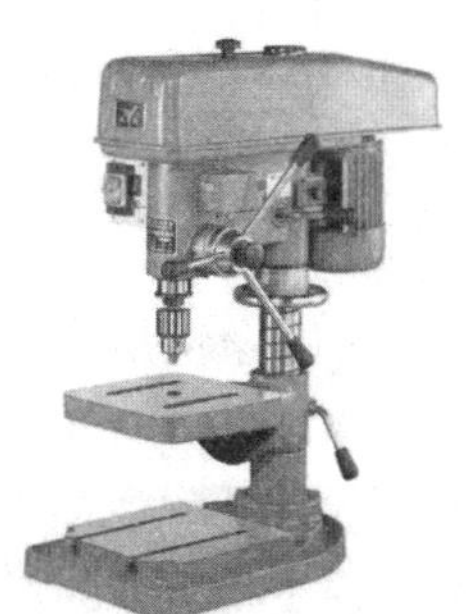

图 7–58　台钻

三、模型制作实例

以下以某台式饮水机的泡沫草模（如图 7–59 所示）为例来分析 EPS 泡沫塑料草模的制作过程。

图 7–60 为该饮水机的整体设计效果图。为了和企业开发部门沟通，设计师需要制作泡沫草模以评价设计的实际外观感觉、体量、多位置使用便利性、工艺性等。

图 7–59　饮水机泡沫草模

图 7–60　饮水机整体效果图

（一）结构特征构思

该草模形状比较复杂，不能用简单的方法直接一次加工成形。其结构特点主要有两个。

（1）正面面板呈内凹弧形，分别与头部及接水盒成相贯造型，相贯线为弧面 90° 无圆角相交。

（2）头部是曲线拟合体，圆弧过渡到后背和机身圆角融合，两侧有叠加的曲面装饰物。

（3）因此，需要考虑将头部、机身、接水盒、装饰体拆分制作，其中的重点是分解整机，使正面面板凹形弧面顺畅加工并获得准确的 90° 相贯形状。

（二）制作过程

1. 机头的制作

按机头外观尺寸备料。如果有足够大小的泡沫块料可以整体制作，但如果使用板料需要叠层黏合后加工的，应该把上下交界的分型面作为黏合的分界面，如图 7–61 所示，这样做若加工失误时，可只换一块材料。

黏接位置可以按坯料黏叠的情况使用计算机确定。如图 7–62 所示，将成型后的机头计算机三维模型按泡沫板高度沿 Z 方向（高度方向）横剖平切开，可获得多个 XY 剖面轮廓，其原理和地图等高线相似。

可以看到，每层的边缘就是该层坯料的样板曲线。用打印机打出曲线后复制到纸板上，剪除线内部分，即可获得剖切面的外形样板。

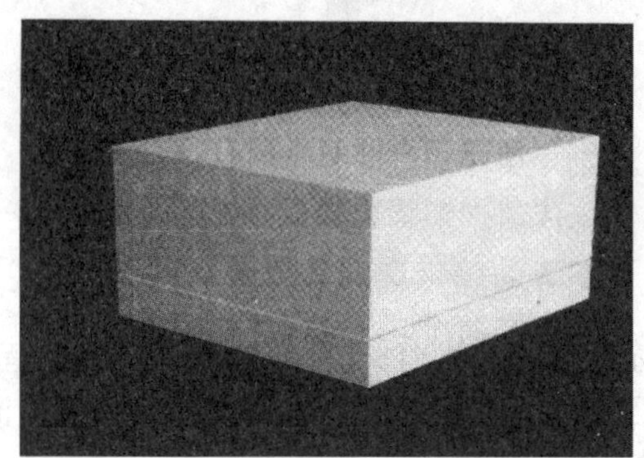

图 7–61　以分型面作为黏合分界面

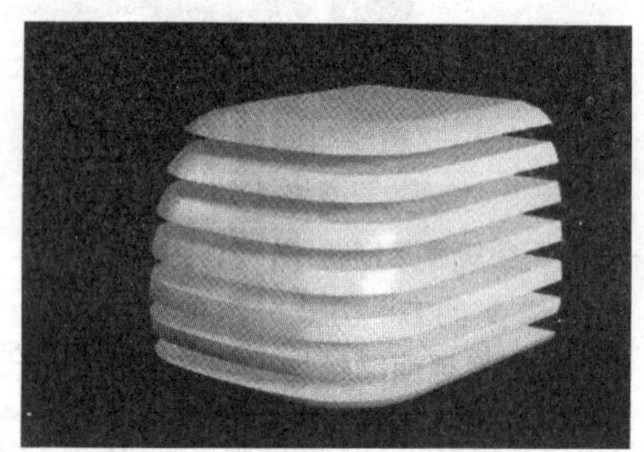

图 7–62　确定各层坯料的轮廓

样板既是轮廓成型制作的依据，也是黏合材料不露出轮廓的界线。这个道理同样适用于其他需要黏合成型的坯料，如机身。大块的 EPS 材料很难买到，因此通常都用厚度适当的板料按图 7–63 所示围成坯件。

使用各高度的对应剖面样板可以准确控制机头 X、Y、Z 三个方向的形状，制作完毕的头部如图 7–64 所示。从理论上讲，剖面样板提取越多，控制精度也越高。但对草模而言，按板料厚度决定剖面数量已经足够，因此不必太费工夫。

草模的后面暂时保持坯料平面，不要加工，如图 7–65 所示，这是为了留在机头装配上后整体制作头部与机身后面的圆角。

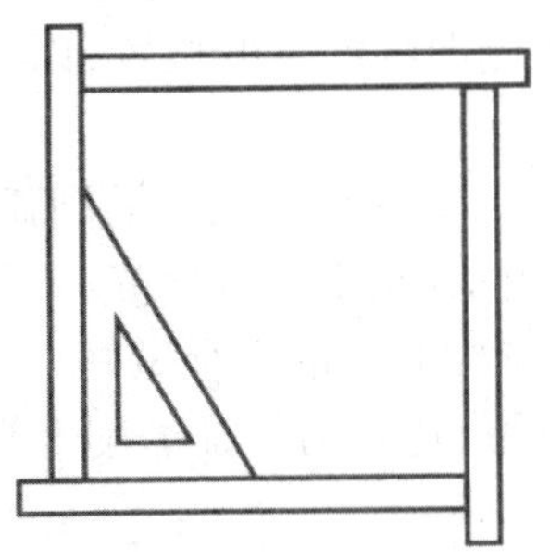
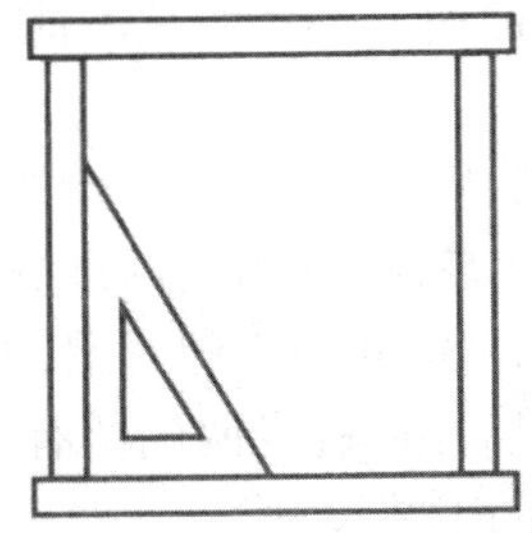

图 7-63　空心壳体的黏合

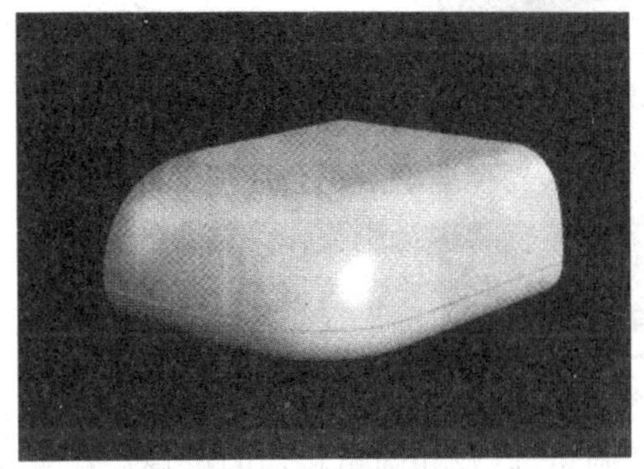

图 7-64　头部制作完毕

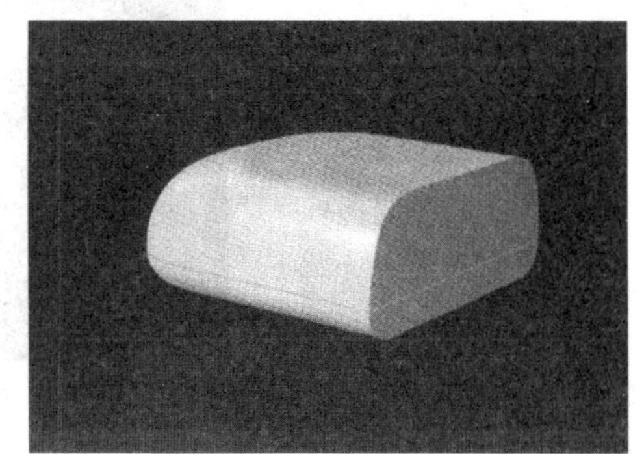

图 7-65　草模后面暂时保持坯料平面

2. 机身的制作

机身和机头相交部分是该草模的制作关键。头部和机身在正面是清晰的相贯结构，但侧面应表现为一体。这意味着拆分为两个零件后，机身的上端两侧会因此形成渐薄渐尖的边缘。

如图 7-66 所示，机身两侧有尖锐的平面，和机头下侧的弧形体在两侧相切，这里有个难点：因为 EPS 泡沫材料疏松脆弱，不可能承受应力集中尖锐的加工，发泡材料颗粒必然会被锉片或砂纸的切削力剥落，造成形状不规则的缺口甚至大片折断。

为了克服 EPS 泡沫塑料在悬空状态下无法精确磨削的困难并保持边缘完整不碎，需要制作一个尺寸精准的临时工艺过渡性支承辅助件，代替头部参加机身的相贯成型加工，以获得机身正确形状。如图 7-67 所示。

图 7-66　机身形态分析

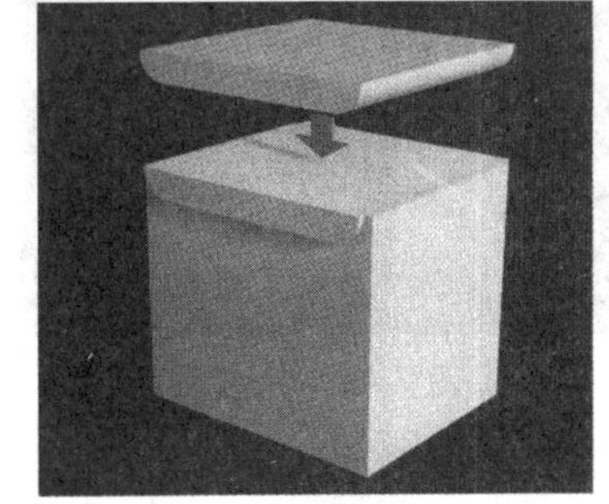

图 7-67　制作支承辅助件

该辅助件为用完即弃的临时工艺件，只需制作与机头嵌入机身、与之相贯的曲面部分，前后两端不必加工。注意机身坯块左右两侧留有工艺余量。辅助件制作完毕后用双面胶带黏合到机身和机头相贯的曲面上去。注意不能黏在两侧即将锉薄的位置,以免拆开时损伤尖锐处的完整形状。

辅助件填充在机头位置后,可以开始加工机身。首先加工正面的圆弧凹面,用样板在左右划线的中间位置内锉出轮廓,然后用砂纸绑在曲面的衬板上仔细磨光,不要留余量。这是因为机头一旦黏上,上端加工空间被立即封闭,因此必须在此之前完全做好。

从图 7–68 中可以看出,机身两侧留有工艺余量,这是为保证磨削上端与机头吻合的凹形时有足够强度而预留的工艺尺寸。

图 7–68　加工机身两侧

在正面凹形加工完毕后,需要加工正面两侧的圆角,以及和圆角相切的机身左右两侧面。为了保证圆角方便、正确地加工,应该首先将两侧面的工艺余量去除,锉到所需尺寸(此时左右尖锐形状也制作成形),然后再用图 7–69 所示样板控制做出圆角。

3. 底部的制作

两侧圆角加工完毕后,机身的正面形状已经完成。如果把上端辅助件向上提起一些,会看到一条相当复杂尖锐的三维相贯线。不过辅助件暂时还不能撤除,以保持尖锐部分的安全。

如图 7–69 所示,底部坯料是一块和机身黏合的矩形材料,采用板料叠合的实心结构即可。用样板控制做出底部的投影形状,注意边缘保持向下垂直(见图 7–70)。

图 7–69　底部坯料

图 7–70　加工底部

底部的弧面、机身后面和机头后面的圆角在机头装上机身后整体配做。机头安装时要注意前后位置正确,并保护机身两侧与之相贯的尖锐形状薄弱部分。

配做时除了用样板局部测量控制外,还要非常注意整机的形状精度,做到横平竖直、圆角相切流畅(见图 7–71)。缺乏经验的制作者往往会忽视这一点,结果尽管某些圆角尺寸相当精确,但模型整体上是歪的,非常难看。

配做意味着多个零件接受跨越加工,因此容易在交界处产生破损。例如,打磨交界结合处时要注意磨削方向,一般应该沿黏合交界线而不是垂直于黏合交界线运动,同时承受加工切削,避免在交界处因切削突变而造成明显缝隙。

图 7-71　整机的配做

4. 整体修饰

最后将饮水机两侧的装饰件和机顶聪明座口的圆圈分别制作完成后粘贴到正确位置,各部分即制作完成。

修饰模型可以模仿舞台美术做泡沫塑料道具的思路,在模型表面贴上纸或纱布之类,然后在这些表面上色和画画。贴上纸不但可以掩盖一些加工痕迹和缺陷,还能保护泡沫不被碰坏。不过在曲面部位需要用小面积裱贴成型。

图 7-72 为该 EPS 泡沫草模的实物,由多层板料叠合用双面胶带黏接后制作。机身空心,前面为制作圆弧凹形叠了两层,其余都是一层。模型形状正确,误差很小,水嘴使用实物,标牌、指示灯和型号等用打印机打印在纸上后剪下贴在相应位置。模缝线处用灰色揭示贴裁切的细条粘贴装饰,有很好的真实效果。

图 7-72　整体效果图

第八章　计算机辅助产品设计的技术与实践研究

第一节　计算机辅助技术——CAID

一、计算机辅助产品设计的内涵

（一）什么是计算机辅助产品设计

计算机辅助设计（Computer Aided Industrial Design，CAID）的现代含义是指以计算机硬件、软件、信息存储、通讯协议、周边设备和互联网等为技术手段，以信息科学为理论基础，包括信息离散化表述、扫描、处理、存储、传递、传感、物化、支持、集成和联网等领域的科学技术集合[①]。

传统的产品设计一般由概念草图设计→效果图、三视图表现→草模型制作→工程制图→样机模型制作→（为工业化生产做准备的）三维数据采集→开模生产……组成。随着计算机技术的飞速发展和各种商业设计软件的不断推出，目前在整个工业界，以及产品设计、生产、流通的各个领域，计算机辅助设计技术得到广泛的应用。通过在各个领域大量采用CAID技术，使得产品传统的设计、生产、流通方式发生了根本的变化，产品设计周期大大缩短，设计质量出现质的飞跃，产品生产效率极大提高，CAID/CAM技术和网络技术的不断发展，使得处于不同地域的技术人员可以通过Internet网络平台，实现协同设计、并行设计，以及网络化的设计与制造。

（二）计算机辅助产品设计系统

计算机辅助产品设计系统实质是交互式计算机图形信息系统，是由用户和硬件平台、软件平台组成并协调运行的系统。图8-1为一个包含加工和各种分析评价的CAID系统示意图。

（三）计算机辅助产品设计的作用

计算机技术对产品设计的变革，不仅仅表现在计算机作为设计工具这一手段层面，而且更主要的是直接地影响了人类设计的实践活动，改变了传统的设计程序与设计方式，冲击着产品设计自包豪斯以来不断积淀并逐步形成的现代设计理念、设计方法与设计规范。

① 薛澄岐．产品设计基础[M].南京：东南大学出版社，2012.

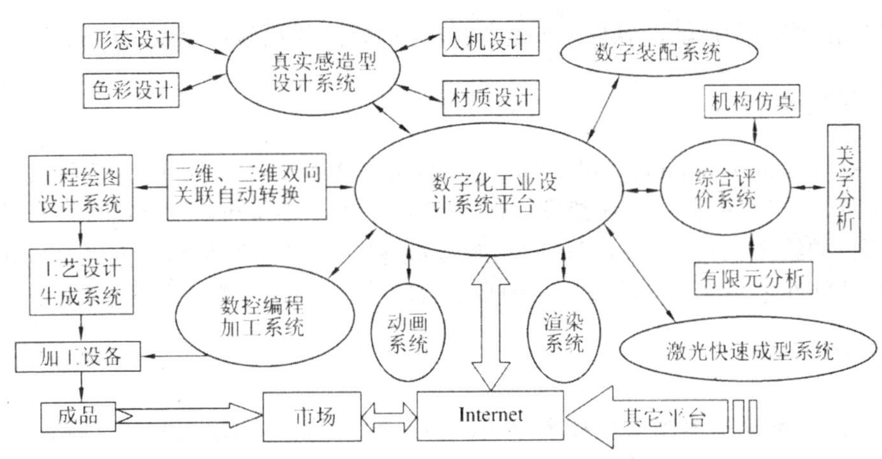

图 8–1　计算机辅助产品设计系统示意图

1. 拓展了产品设计的对象范围

计算机软件中与人进行信息交流的人机界面成为产品设计的一个崭新领域。人机界面的设计直接影响软件的使用效果与工作效率,因此,软件的人机界面设计不仅是审美设计问题,更是认知心理学、符号学的问题。

2. 优化设计方式与过程

计算机技术、网络技术与数据库技术的结合,使设计信息、资源实现了共享,在因特网上可以随时快速查询设计所需的信息,对原先设计的过程进行调阅、修改,缩短了设计周期,使得并行工程、协同设计、网络化的设计与制造成为可能。

社会与设计的发展,使人的文化需求成为产品性能的主要因素之一,设计师要为产品注入更多的文化因素,使产品中的技术更为人性化、社会化、智能化而各尽所能。因此,需要多方面的专家和具有各种知识背景的人加入产品的创意与设计中,形成设计师合作群体,相互协同工作,为设计贴近社会需求的目标而共同努力。这种设计发展方向正符合以现代信息技术为基础的计算机辅助设计的特点,但要求设计师的知识结构、职业技能、工作程序及设计管理等各方面都要调整到一个较为合理的层次。

3. 丰富了设计的表达效果

计算机辅助设计的表达效果较传统的表达更逼真,更节约时间;而且所建的三维产品模型像放在手中的实物模型一样能随心所欲地做实时动态展示,可及时发现和纠正错误,这已超越了传统静态效果图的意义。

二、计算机辅助产品设计常用软件

目前世界上大型的 CAD/CAM/CAE 软件系统如 Pro/E.EDS, UG, Solidwork 等都提供了有关产品早期设计的系统模块,它们称为产品设计模块、概念设计模块或草图设计模块。

Pro/E 包含产品设计模块 Pro/Design,用于支持自上而下的投影设计,以及在复杂产品的设计中所包含的许多复杂任务的自动设计。此模块工具包括用于产品设计的二维非参数化装配布局编辑器、用于概念分析的二维参数模型的布局以及用于组件的三维布局编辑器。

现今常用的产品设计辅助软件主要有平面绘图软件、建模软件以及渲染软件 / 插件。

（一）平面绘图软件

Auto CAD（Auto Computer Aided Design）是美国 Autodesk 公司于 1982 年首次生产的自动计算机辅助设计软件，用于二维绘图、详细绘制、设计文档和基本三维设计。现已经成为国际上广为流行的绘图工具。AutoCAD 的功能越来越强大和完善，是当今世界上最为流行的计算机辅助设计软件之一。在产品设计中的平面阶段使用，可输出精确的平面图。

（二）建模软件

Pro/Engineer 系统是美国参数技术公司（PTC）的产品，属高端工程设计软件。1988 年它刚一面世，就以其先进的参数化设计、基于特征设计的实体造型而深受用户的欢迎。Pro/E 采用了模块方式，可以分别进行草图绘制、零件制作、装配设计、钣金设计、加工处理等，保证用户可以按照自己的需要进行选择使用。基于以上原因，Pro/Engineer 在最近几年已成为三维机械设计领域里最富魅力的系统。

CATIA（Computer Aided Tri-Dimensional Interface Application）是法国达索公司的产品开发旗舰产品，是现今最流行的汽车设计软件，同时广泛应用于航空航天、造船工业、加工和装配等领域。CATIA 拥有远远强于其竞争对手的曲面设计模块，它可以帮助制造厂商设计他们未来的产品，并支持从项目前阶段、具体的设计、分析、模拟、组装到维护在内的全部产品设计流程。

（三）渲染软件

3D Studio Max，简称 3ds Max 或 MAX，是 Autodesk 公司开发的基于 PC 系统的三维动画渲染和制作软件。其前身是基于 DOS 操作系统的 3D Studio 系列软件。其功能不仅包括实体建模，且搭配 VRay 插件可达到逼真的渲染效果，常用来作为渲染工具。发展至今，其建模功能也在迅速发展。

以上软件在不同功能上各有侧重。产品设计中，一件产品的前期软件处理过程往往是几种软件的结合，因此常用软件之间一般可相互导入，以追求最佳产品概念效果。

第二节 计算机辅助产品设计的材质与色彩设计

一、计算机辅助产品设计的材质

（一）材料的分类

材料的分类方法有很多，有按照物理状态划分的材料，有按照用途划分的材料，这里主要按材料的来源划分进行简单介绍，并对金属材料、非金属材料、功能材料等进行简单概括。

按材料的来源划分可以分为天然材料、人造材料、综合材料。天然材料指天然形成，未经加工或几乎未经加工的情况下即可使用的材料。这类材料又可以分动物材料、植物材料、矿物材料等。

动物材料有皮、毛、丝、骨、角等。不同动物的骨骼在构造上极为接近。这是因为许多动物之间，包括与人类之间都存在机能上的类同性。这是自力量进行了有机的设计。在天然材料运用中，皮在日常生活中也是比较普遍的。骨架结构和皮结构引申到建筑设计中则具有相当重要的意义，无论是摩天大厦还是平房小屋，首先要有柱和梁支撑，早期是木材，现在是钢筋水泥，形成的依然是一个框架结构，然后是装饰，最后才是设计作品的完成。

植物材料有木、棉、竹、漆、草、麻等。木材环保、材质轻、弹性好、韧性高、易加工，是自然材料中和人关系最为密切的天然材料之一，它给人温暖柔和、花纹自然和色泽朴素的视觉和触觉肌理美感，在现代设计中经常用此材料（见图 8–2）。由于木材是自然的有机材料，故也容易变形开裂，易蛀易燃。

图 8–2　木材肌理在设计中的运用

纸采用的是天然植物纤维原料，具有质地随和、光滑简洁和容易加工的特点，是现代生活不可缺少的材料，用它来制作装饰绘画是理想的材料，在广告设计等领域也经常被用到。

矿物材料有土、石、玉、金属等，金属材料坚固耐久、质感丰富、品种繁多，随着科技的进步，金属材料会越来越发挥它的优越性。如不锈钢、铝合金、太空铝等金属材料，它们铿亮、坚硬、耐磨、耐腐蚀的物理和机械性能，都给人以刚毅、冷酷、时代感的基本语义。另一类金属如黄金、银、白金等具有高贵感，更是一种财富地位的象征。

玻璃既可产生视觉的穿透感，也可产生效果极佳的隔离效果；既有晶莹剔透的明亮，也有若隐若现的朦胧美；既可营造温馨的气氛，也可产生活泼的创意表现，能够产生光怪陆离、浪漫、梦幻般的感觉。图 8–3 为三维玻璃器皿设计。

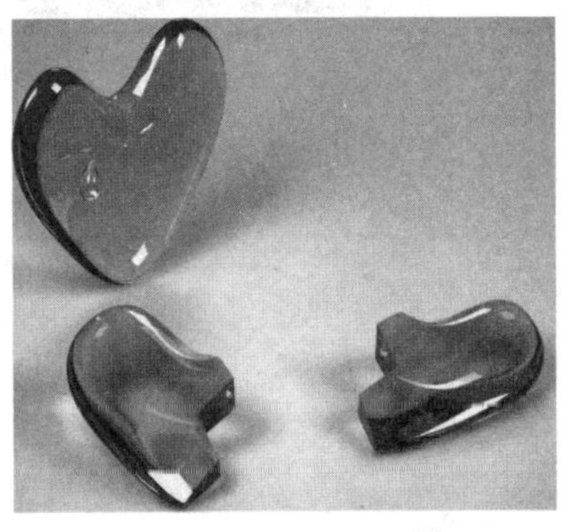

图 8–3　三维玻璃器皿设计

胶合板是用三层或多层奇数的单板热压胶合而成,各单板之间的纤维方向相互垂直、对称。胶合板的特点是幅面大,平整、不易干裂、纵裂和翘曲,适用于制作大面积板状部件。

金属材料是指金属元素或以金属元素为主构成的具有金属特性的材料的统称,包括纯金属、合金、金属材料和特种金属材料等。最常见的就是金、银、铜、铁、锡,以及工业化社会普遍使用的钢管、铝材。如果没有铝合金的出现,飞机的设计构想恐怕很难成为现实(见图 8-4)。

图 8-4　飞机用铝材主要是铝合金厚板

非金属材料是由非金属元素或化合物构成的材料,如水泥、陶瓷、橡胶、合成纤维、玻璃等。图 8-5 为用橡胶制成的飞机轮胎。

图 8-5　飞机轮胎

功能材料主要有电工材料、光学材料、耐腐蚀材料、耐火材料等。光学材料是用来制作光学零件的材料,如光学晶体、光学塑料等(见图 8-6、图 8-7)。

图 8-6　光学晶体

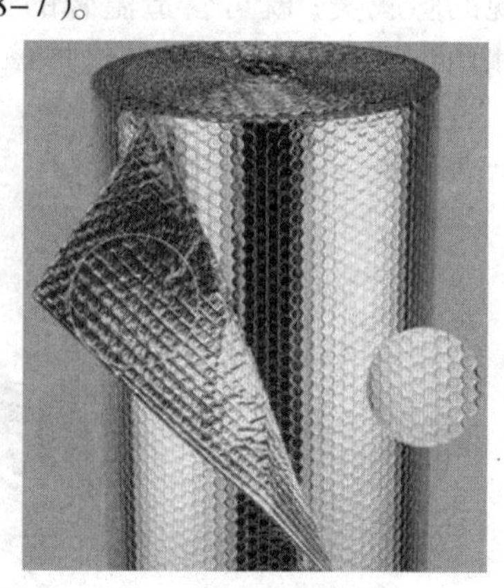

图 8-7　隔热材料

（二）计算机辅助材质设计原理

1. 基于色光的材质设计

1）材质表现离不开光

没有任何光线照射的物体看起来是漆黑一片，人眼没有任何感觉，再漂亮的材质也体现不出来。从光学角度讲，材质就是从物体反射的光刺激人眼后产生的感觉。这个感觉取决于两个方面，一方面是光，另一方面是材料的反射特性。现实世界中的光很复杂，为了简化问题，人们建立了很多光学模型。最常见的是把光分解成红、绿、蓝三原色，相应地，对材料的反射特性也根据这个方法进行相应的分解。一般的计算机辅助材质设计就是采用红、绿、蓝三原色的反射特性的不同，构成不同的材质，这种表现材质的方法对于计算机辅助材质设计非常有用。

2）基于色光的材质参数模型

与光线对应，材质具有独立的环境反射、漫反射和镜面反射颜色成分，分别决定了材质对环境光、漫反射光和镜面光的反射能力。

3）利用材质参数模拟常见物质

根据上述材质模型，通过试验的方法，调节模型中的参数（ambientC，diffuseC，specularC，shininessC），可以调整出逼真的材质效果。表 8-1 为计算机模拟铝、黄铜、青铜、金的材质参数。

表 8-1　用试验方法得到的部分材质的参数

效果	ambientC（R，G，B，A）	diffuseC（R，G，B，A）	specularC（R，G，B，A）	shininessC
铝	0.30，0.30，0.30，1.00	0.30，0.30，0.50，1.00	0.70，0.70，0.80，1.00	10.0
铜	0.26，0.26，0.26，1.00	0.30，0.11，0.00，1.00	0.75，0.33，0.00，1.00	12.0
金	0.40，0.40，0.40，1.00	0.22，0.15，0.00 1.00	0.71，0.70，0.56，1.00	10.0
铅	0.30，0.30，0.30，1.00	0.23，0.23，0.23，1.00	0.35，0.35，0.35，1.00	15.0
陶瓷	0.45，0.45，0.45，1.00	0.70，0.70，0.70，1.00	0.20，0.20，0.20，1.00	12.0
蓝塑料	0.31，0.31，0.31，1.00	0.12，0.10，0.55，1.00	0.20，0.20，0.20，1.00	15.0
红塑料	0.31，0.31，0.31，1.00	0.60，0.10，0.10，1.00	0.20，0.20，0.20，1.00	15.0

2. 基于纹理映射的材质设计

1）纹理映射原理

基于色光的材质设计很好地说明了计算机辅助材质设计的基本原理，但是在实际设计过程中更多地使用纹理映射来实现材质，这是由于对物体赋予通过调节基本材质参数而得到的材质，物体就会表现出一定的真实感（见图 8-8）。

（a）　（b）　（c）

图 8-8　木纹、石材及斑马纹的材质效果

2）材质贴图法

以材质设计为目的的贴图称为材质贴图。其主要贴图类型如下。

（1）Bitmap 贴图：这是最直接的一种贴图方式。首先通过图像确定贴图位置，即指定贴图坐标，将图像直接贴在物体上。

（2）材质类贴图：这种贴图指的是如 Marble 贴图、Water 贴图、Wood 贴图、Smoke 贴图等类型。通过程序实现真实材质的模拟，适当调节其参数，则可以调出非常逼真的材质效果。

（3）效果类贴图：这种贴图指的是 Noise 贴图、Dent 贴图等类型。这也是一种程序式贴图，但它模拟的是现实世界中的某种效果。

（4）灰度类贴图：这种贴图指的是如 Mask 贴图、Bump 贴图等类型。这种贴图利用的是图像中的深度信息。Mask 贴图由深度信息来决定物体中原有颜色的可见程度，而 Bump 贴图则利用图像的灰度信息来控制物体的凸凹程度。

3）贴图坐标

贴图坐标使用 U，V，W 来代表坐标轴，U，V，W 坐标平行于 X，Y，Z 坐标的相对位置。如果观察一个 2D 贴图，会发现 U 相当于 X，代表贴图的水平方向；V 相当于 Y，代表贴图的垂直方向；W 相当于 Z，代表垂直于贴图之 UV 平面的方向。如图 8-9 所示。

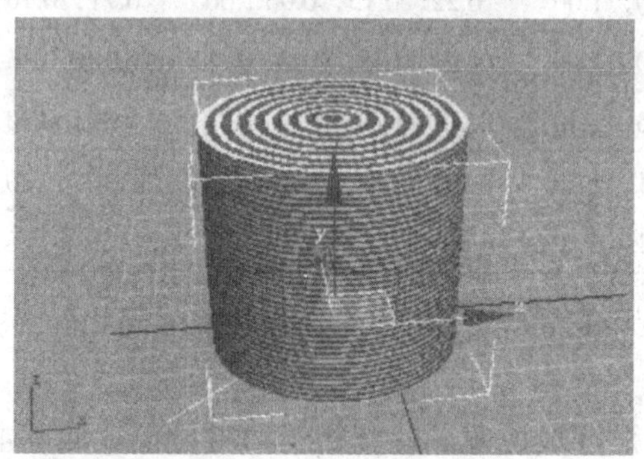

图 8-9　XYZ 与 UVW 坐标

贴图坐标一般有以下几种基本类型：

Planar（平面式）；

Cylindrical（圆柱式）；

Spherical（球体式）；

Shrink-wrap（收缩包裹式）；

Box（方体式）；

Face（面式）。

Planar 直接将图像映射到平面上；Cylindrical 用图像包裹住对象的侧面，而图像重复的部分会扭曲显示于上下两端的平面上；Spherical 是用图像包裹住整个对象，在它的顶端及底部收敛起来；Shrink-wrap 与 Spherical 类似，但只留下一个收口；Box 是从 6 个方向应用的平面贴图；Face 把贴图分别贴在模型的每一个面上。

4）纹理贴图中间框架

纹理映射本质上是一个映射过程，对于复杂一点的物体表面，如果直接进行纹理空间到物体空间的映射，纹理则难以控制。为了对映射纹理进行有效控制，需要利用中间框架对纹理作进一步的控制，这样，就把原来从纹理空间（Texture Space）到物体空间（Object Space）的一步映射变成了从纹理空间到中间框架再到物体空间的两步映射，即

map 1：Texture Space → Middle Frame

map 2：Middle Frame → Object Space

纹理贴图的中间框架通常有平面框架、立方体框架、圆柱体框架和球形框架几种类型，可根据待施加纹理的物体形状自行选取适当的中间框架。下面以圆柱体框架为例，说明此种材质设计方法的过程。如图 8-10 所示。

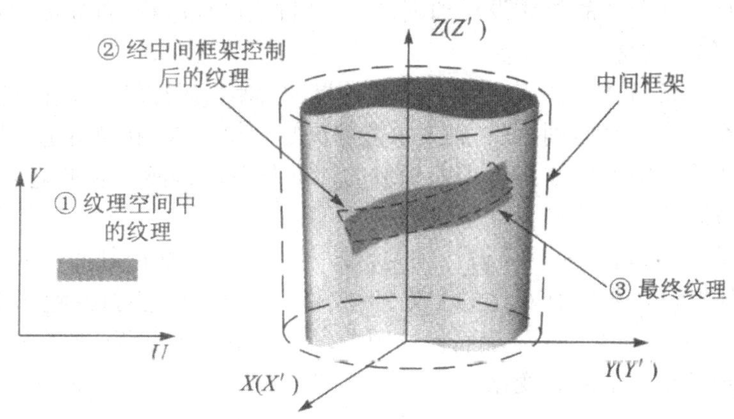

图 8-10　中间框架对纹理的控制示意图

（三）计算机辅助材质设计实例

机床控制面板效果图如图 8-11 所示。从效果图可以看出，该控制面板造型较简单，由一些基本体素组合而成，此时材质设计就非常重要，对最终设计效果具有显著的影响。

在图 8-11 中，暗紫红色的托板、灰色的贴板、急停开关等均使用基于色光的方法实现材质设计效果仿真。控制面板中的显示屏显示了加工中心操作过程中的某个状态画面，其材质设计使用基于纹理映射的贴图方法实现。把手的材质需要综合色光材质模型和贴图材质对其进行设计，设计过程如下。

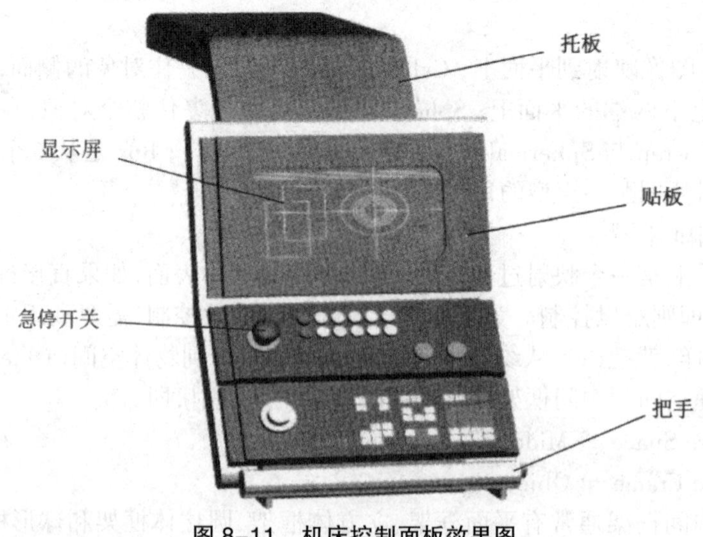

图 8-11 机床控制面板效果图

1. 选择各部件的材质

依据材质设计导则及产品材质设计细则,按产品材质设计流程,首先需要在分析设计需求的基础上,选择各部件的材质。

控制面板是机床部件中与人关系最为密切的界面,总体要求布局合理、色彩和谐、显示清晰、操作方便、安全可靠。具体到材质,则要求能够满足环境要求、触感舒适、结构坚固、易于维护及清洁;同时从质感中可以体现出工业领域的标准化及冷静感。除此之外,还应考虑操作者的心理感受,材质、色彩应体现人性化的特点。

对总体要求分析后,可按照材质设计细则,进一步选用、搭配控制面板的各部件材质。如细则中要求"各部位材料表面有对比的变化,形成材质对比、工艺对比、色彩对比",在此实例中,托板选用暗紫红色亚光钣金,显示面板选用拉丝灰色不锈钢贴板,把手选用高光不锈钢,3个组件在材质、色彩、工艺上均有变化。

2. 制作三维草模并进行材质仿真

按产品材质设计流程,在各部件材质确定后,制作三维草模并进行材质仿真。具体的步骤如下。

1)托板材质仿真

在场景中选中托板。选取物体的方法很多,可以直接在场景中单击进行选取;也可以用Select by name 工具,依据部件名称进行选取。选中后的物体将被一个立方体框架所包围,以区别于其他未选中的物体,如图 8-12 所示。

在工具栏上单击 Material Editor 按钮,打开材质编辑器,如图 8-13 所示。

在材质编辑器上选择一个材质球,命名为"托板材质"。此时,被选中的材质球被一个白色的方框所包围,表示该材质是当前正在被编辑的材质,如图 8-14 所示。

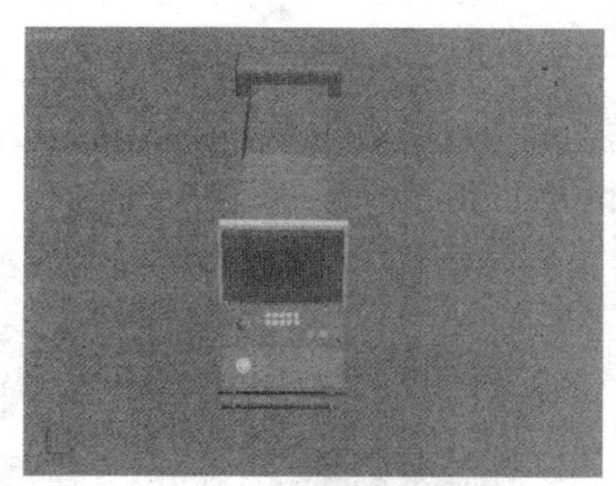

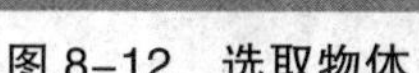

图 8-12　选取物体

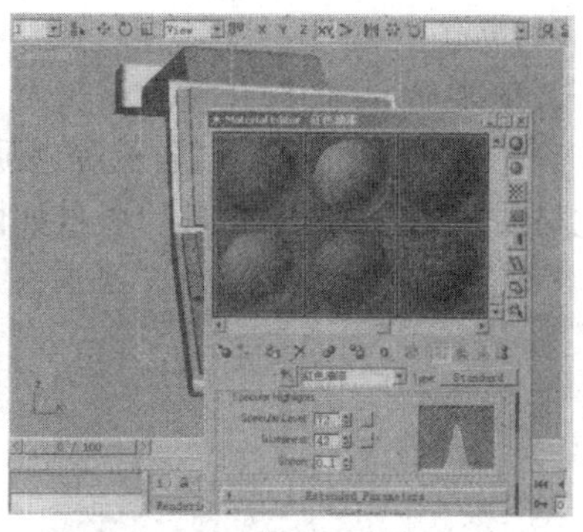

图 8-13　场景示意图(一)

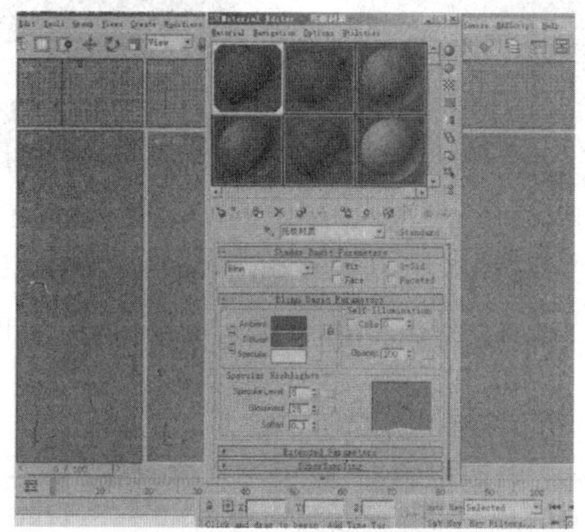

图 8-14　材质球选择

调节色光模型中的材质基本参数。带白色方框的球体为正在编辑的样本球体,它可以实时地表现它所代表的材质,在材质编辑器的参数列表中,Ambient 为材质模型中的环境色,Diffuse 为漫反射色,Specular 为高光色,Specular Level 用于控制高光的强度,Glossiness 用于控制高光的范围,Soften 用于控制高光区的过渡效果,如图 8-15 所示。

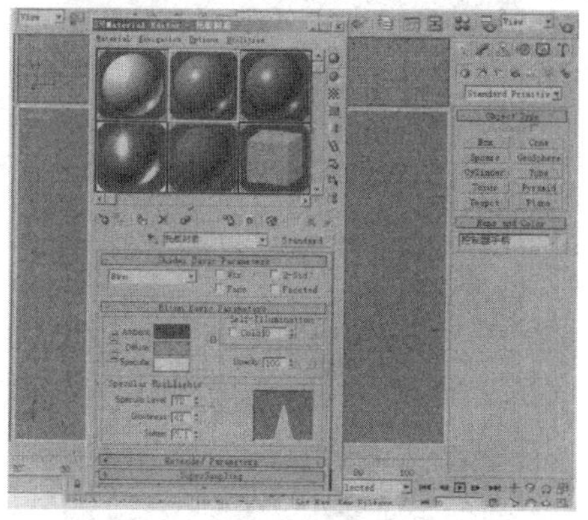

图 8-15　材质球的材质基本参数

调节参数完成后,可以看到被编辑的材质球显示出光洁的桃红色油漆的材质效果。单击材质编辑器中的 Assign material to selection 按钮,将材质赋给托板。托板材质仿真效果如图 8-16 所示。

2）显示屏材质仿真

同步骤 1),选取显示屏,打开材质编辑器。

（1）选择一个材质球,命名为“显示屏材质”,单击材质编辑器中的 Assign material to selection 按钮,将此材质赋给显示屏,此时的场景如图 8-17 所示。

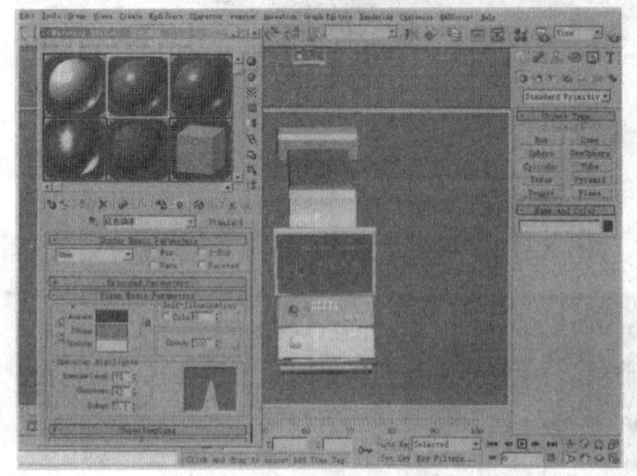

图 8-16 场景示意图(二)

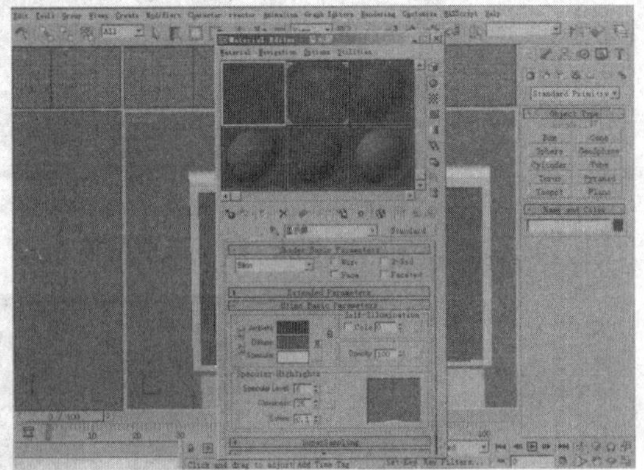

图 8-17 场景示意图(三)

（2）编辑“显示屏材质”。与上例不同,在此例中,调节的不是色光材质模型中的基本参数,而是直接以一张图片来代替材质。单击 Diffuse 旁边的按钮,从弹出的材质浏览器中选择编辑好的一张图片。

改变材质球的形状为立方体,便于观察贴图状态。

调节图中的子物体 Gizmo 贴图投影面、映射类型等,如图 8-18 所示。观察场景中显示器的材质变化,选择合适的贴图坐标,并调整贴图位置。

单击材质球下面的 Show Map In Viewport 按钮,将贴图材质在场景中显示出来,被编辑的显示屏上显示出此前选择的图片,如图 8-19 所示。

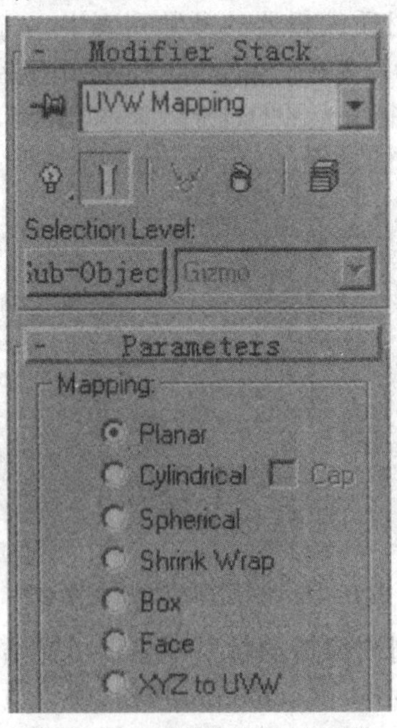

图 8-18 映射类型控制面板

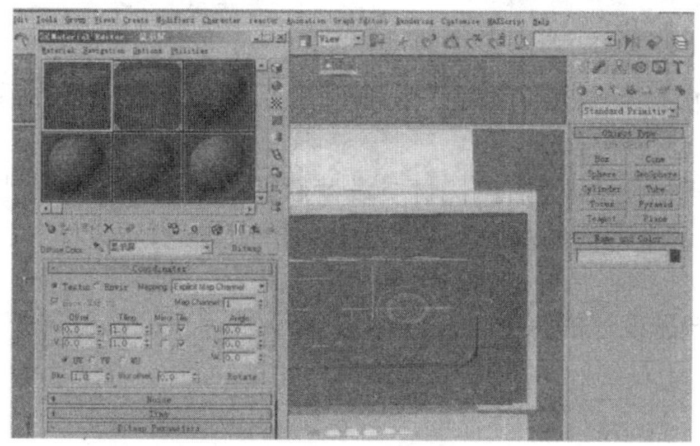

图 8-19　场景示意图(四)

3)把手材质仿真

(1)选取把手,打开材质编辑器。调节色光参数,如图 8-20 所示。

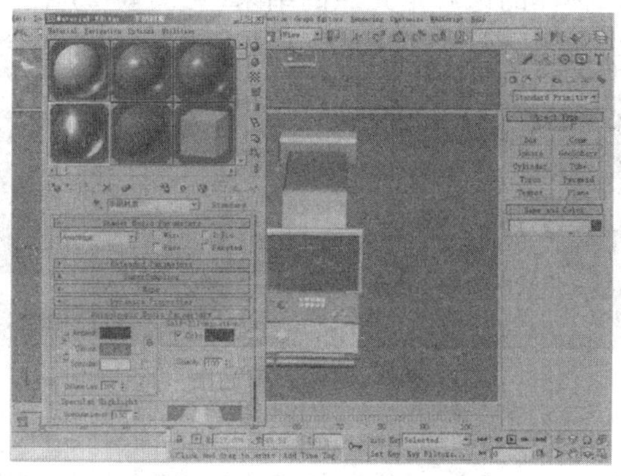

图 8-20　场景示意图(五)

(2)添加反射贴图材质。打开贴图材质面板,单击 Reflection 旁边的按钮,浏览并选择所需要的图片,如图 8-21 所示。

(3)进一步调整 Reflection 右边的微调按钮,可以混合基本材质与反射贴图材质的综合效果,从材质球上可以实时观察最终的材质效果,直至调整出光洁的金属材质效果。

(4)单击材质编辑器中的 Assign material to selection 按钮,将材质赋给把手。把手材质效果如图 8-22 所示。

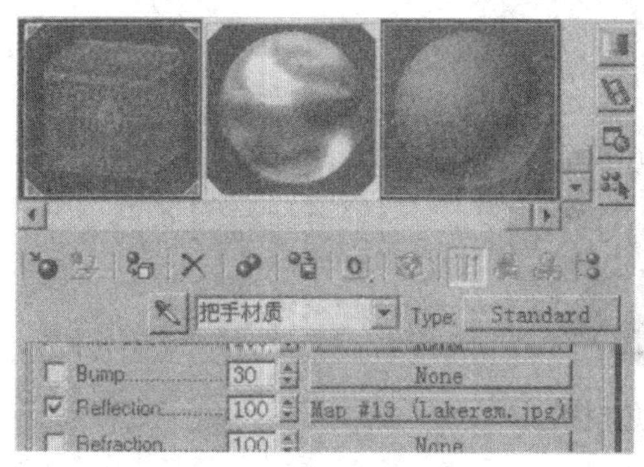

图 8-21　添加反射贴图

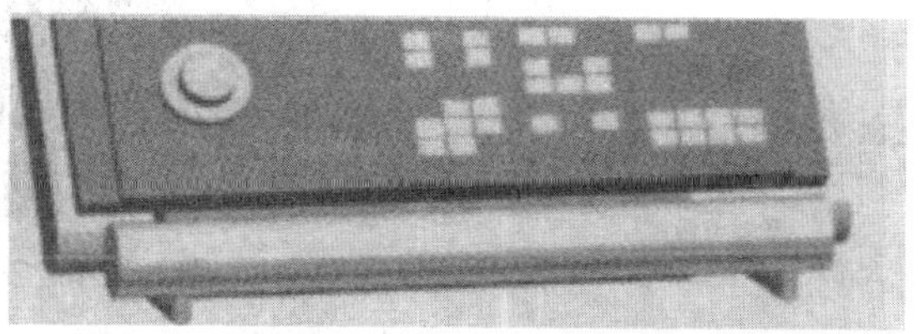

图 8-22　把手材质效果图

3. 后期处理

经过评价，若此方案尚未达到预期目标，则进入后期处理程序。在后期处理过程中，可根据产品材质设计细则进行详细修改。

需要说明的是，机械地去学习、记忆材质设计软件中的各种参数是非常困难的，初学者一定要在理解材质设计基本理论的基础上多加实践，才能掌握材质设计方法。

二、计算机辅助产品设计的色彩

(一)色彩概述

1. 色彩的属性

色彩是一种光的现象，物体的色彩是光照的结果(见图 8-23)。

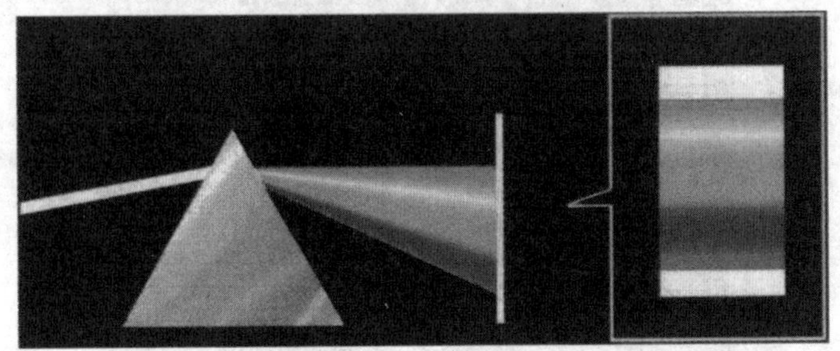

图 8-23　太阳光谱

1)色相

色相是指色彩不同的相貌。最初的基本色相为红、橙、黄、绿、蓝、紫。在各色中间插入一个中间色，其头尾色相，按光谱顺序为红、橙红、橙、黄橙、黄、黄绿、绿、绿蓝、蓝、蓝紫、紫。基本色相间取中间色，即得十二色相环，再进一步便是二十四色相环(见图 8-24)。在色相环的圆圈里，各彩调按不同角度排列，则十二色相环每一色相间距为 30，二十四色相环每一色相间距为 15[①]。

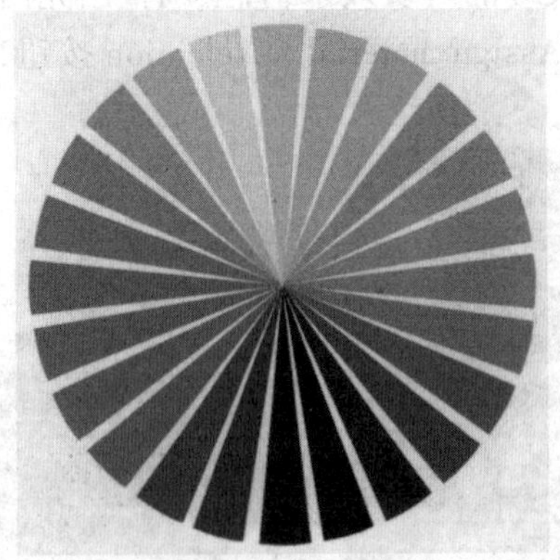

图 8-24　24 色相环

① 萧冰，李雅．设计色彩[M].上海：上海人民美术出版社，2009.

在设计中，设计师在一个色系中找到合适的色相是要仔细斟酌的。甚至在直觉性选择之外不得不借助理性的分析，才能做出决定。比如红色在设计中的使用，朱红、大红、深红等各种红色之间存在相当大的差别。

2）明度

色彩的明度指的是色彩的明暗程度，也称光度、深浅度。

为了更有效地使用色彩，我们应该知道每种颜色的标准明度。这种标准明暗在色轮上看得很清楚，色轮上的颜色按照中性明度的水平从黑到白依次排列。

3）纯度

色彩的纯度又称饱和度，它是指色彩的鲜艳浓度和纯净度。纯度的高低决定了色彩包含标准色成分的多少。在自然界，人类视觉能辨认出有色相感的色，都具有一定程度的鲜艳度。然而，不同的光色、空气、距离等因素，都会影响到色彩的纯度。比如，近的物体色彩纯度高，远的物体色彩纯度低，近的树木的叶子色彩是鲜艳的绿，而远的则变成灰绿或蓝灰等（见图 8-25）。

图 8-25 同一色相之间的色彩度变化

2. 色彩的混合

1）加色混合

加色混合也称为光的混合，是色光与色光的混合方法。混合的色光越多，混出的色明度就越高。

将太阳光中的朱红、翠绿和蓝紫三种色光等量混合后可以得到白光（见图 8-26），而且用这三种色光可以混合出所有的其他无数种色光，但是用其他任何色光也不能混合出这三种色光。因此，红、绿、蓝色光被称为三原色色光。

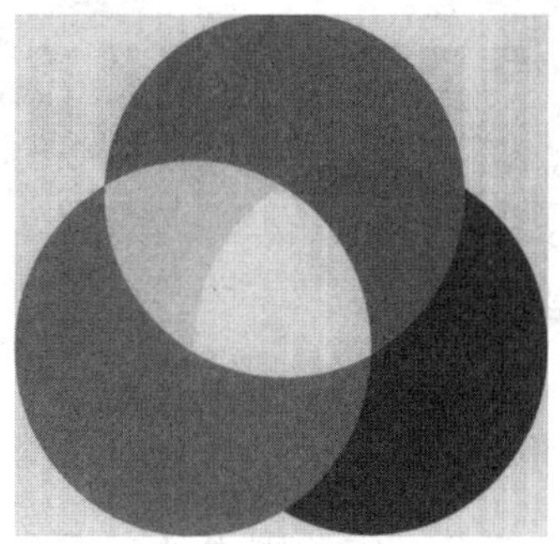

图 8-26 加色混合

2）减色混合

减色混合即色料或物体色之间的混合，指物质性的、吸收性的色彩混合，主要分颜料混合和叠色混合两种形式（见图 8-27）。

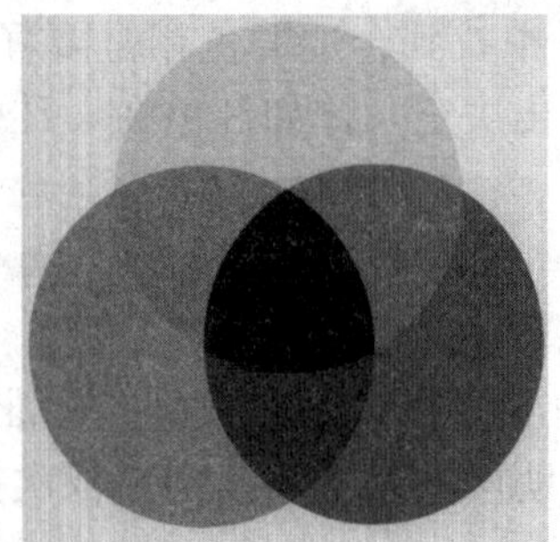

图 8-27 减色混合

（1）颜料混合。

颜料混合三原理混合关系如下：

品红色 + 柠檬黄色 = 橙色

三原色柠檬黄色 + 蓝绿（青）色 = 黄绿色三间色

蓝绿（青）+ 品红色 = 紫色

色料的直接混合因其加入混合色料的增多，混合出的色明度就会降低，越混合颜色就越接近灰色，而被称为减色混合，这也是它区别于色光混合的主要特征。

（2）叠色混合。

除发光物体给人以色感之外，投射光也可以给人色感，如我们常用的彩色透明玻璃，印刷油墨等。当上述物体相叠也可以产生新色，这种方法称为叠色。

3）中性混合

中性混合色有两种，一种是旋转混合色，另一种是空间混合色。

（1）旋转混合。

将色彩等面积地涂于色盘上，利用机械力量使其转动，并使它们迅速旋转，即可以将色彩混合起来产生新色。如图 8-28 所示为红、绿两块颜色的旋转，混合生成橙红色。

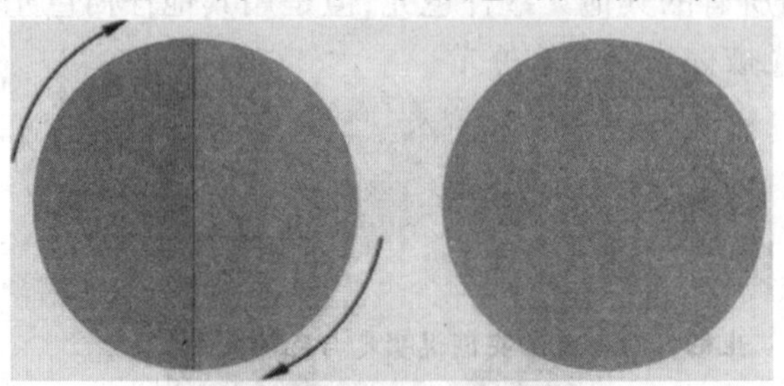

图 8-28 旋转混合

（2）空间混合。

将不同的色彩并置，我们的眼睛在一定范围之外观看时将其混合成新色。这种因视觉与空间的变化混合色彩的方法，称为空间混合，简称空混。

在平日里，我们会看到许多美观的画报、杂志和广告，会为上面绚丽的色彩而感叹，实际上这些色彩丰富的印刷品，也是根据这个原理制作、生产的。印刷油墨的三原色，它们分别由英文字母 Y（Yellow 黄），M（Magenta 品红），C（Cyan 青）三色表示，常用的四色印刷，就是在三原色的基础上加 B（Black 黑）形成四色版，经过叠印成为全彩图像。我们从印刷好的纸表面见到的是色点反射光。把印刷品的一部分用放大镜放大，便可看到这当中既有黄、品、青三色，也有这三色叠印后的红、绿、紫、黑等色，而我们所看到的是一种在空间上混合后的效果。

（二）计算机色彩表达

1. 色彩定性表达

1）视觉语言定性表达

人类能够辨别200多万种色彩，自然语言能直接表达的色彩非常有限，一般限于生活中常用的色彩。例如，用红、橙、黄、绿、青、蓝、紫表达自然界所有色彩时，红色表达具有红色色相的所有色彩；用红、黄、蓝表示三原色时，红特指纯红色颜料或单指红色色相。尽管使用红、橙、黄、绿、青、蓝、紫等色彩名称把色彩分成了7个不同的色彩区域，但它们表示的色彩范围较大，具有模糊、不确定，甚至歧义性。自然语言的组合性与逻辑性特点是对其模糊、不确定性的弥补，例如可以用枣红、火红、暗红、通红直接表达色彩，也可以用比较红、太红、不够红等逻辑性语言在特定场合下表达色彩信息。

2）心理语言定性表达

语言除了能表达色彩的色相、明度、饱和度三属性外，还能够表达更深层面的生理和心理色彩信息。从认知学角度看，色彩心理语言（语义）表达的深度分为以下3个层次。

（1）共感觉（Synesthesia）。色彩心理语义表达的第一个层次是共感觉。色彩的共感觉存在广泛，常见的有色彩温度感、色彩距离感、色彩轻重感、色彩强弱感以及色彩味觉、色彩嗅觉等，因此，色彩感觉可以通过其他感觉描述。例如，色彩可以用冷暖感觉描述：红色给人温暖的感觉，可以用温暖、热、暖色来表达；蓝色给人凉爽、冰冷的感觉，可以用凉爽、冷、冷色来表达。

（2）联想（Association of ideas）。色彩心理语义表达的第二个层次是联想事物。色彩感觉本身以及共感觉与某些事物有联系，从而形成丰富的联想。例如，血是红色的，看到红色会联想到鲜血；红色是暖的、热的，这是色彩温度感，又因为暖、热，从而联想到火、太阳。对同一色彩的联想事物往往因人而异，这种色彩联想的个性差异取决于性别、年龄、文化程度、个人经验等。另外，色彩的联想受历史文化、自然风物的影响，在某一特定地域存在很大的共性。作为一名设计师，在设计产品色彩时，需要权衡色彩联想的个性与共性的作用。

（3）象征（Symbol）。色彩心理语义表达的第三个层次是象征。一旦某种色彩联想与该社会的文化紧密结合，就会被固定为一种象征符号，色彩象征比联想有更多的文化性和社会性。例如在中国，红色象征革命、喜庆，白色被视为不吉利、恐怖或悲哀，因此结婚庆典上多用红色，丧事多用白色；在日本传统婚礼上，新娘通体挂白，白冠、白履，新郎浑身披黑，左右胸前绣白花。色彩象征在不同社会、不同国度表现不同，具有歧义性。古代中国曾用青、朱、白、玄（黑）象征四季和四方，故有“青春、朱夏、白秋、玄冬”以及“东为青龙，南为朱雀，西为白虎，北为玄武”之说。色彩象征具有广泛的社会性、民族性，在产品中使用象征色时需要谨慎选择。

2. 色彩定量表达

为了使色彩表达更直观，易于辨识，人们根据色彩建立了相应的量化表达体系，并建立了量化模型，也称色立体或色彩空间。在计算机软件中，根据不同的需要可选用不同的色彩空间来记录、显示、传递色彩信息。常见的色彩模型包括RGB（见图8-29），CMYK，Lab以及HSB。

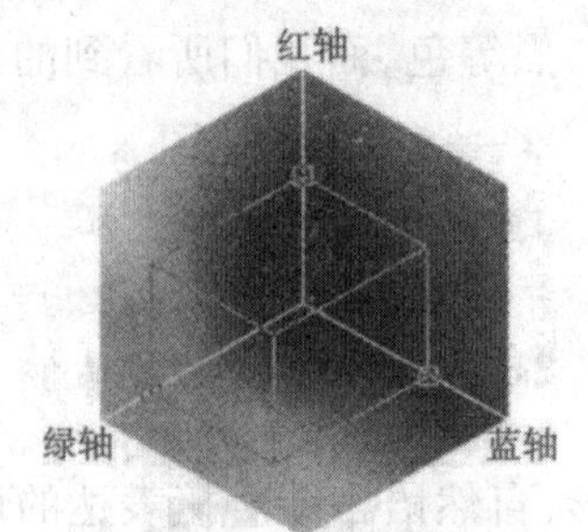

图 8-29　RGB 色彩空间模型

（三）计算机色彩后期处理

1. 图像色彩效果显示与处理

1）图像的概念

矢量图是用数学的方式来描述一类图形。编辑这种矢量图形的软件通常称为绘图程序，如 Autodesk 公司开发的 AutoCAD 软件，Corel 公司开发的 CorelDRAW 软件。矢量图可以分解为点、线、面等基本几何元素。图形元素可以被移动、缩放、旋转、复制、改变形状、改变属性（如线条的宽窄、色彩等）。

2）色彩深度

色彩深度又称为深度或像素深度、图像深度，是指位图中记录的每个像素点所占的位数，即某色彩编码所占地址位数目。显示深度表示显示缓存中记录屏幕上一个点的位数（Bit），与计算机系统设置的显示模式有关。

3）色彩分辨率

（1）图像分辨率。

图像分辨率指组成一幅图像的像素点的密度，用每英寸的像素点数表示。对于同一尺寸的图像，像素点数越多，像素点的密度越大，图像数据量越大。位图可以通过对自然图像进行模数转换（模拟信号转换成数字信号）的方式来获取，这个过程称为图像的数字化。

（2）显示分辨率。

不管矢量图还是位图，最终都需要通过显示器显示。显示分辨率是指显示屏幕上显示图像的区域的像素点数目。

（3）分辨率与图像文件大小。

分辨率越高，细节表现越细腻，色彩层次越丰富，相应的图像数据量（即图像容量）也越大，大小可用下面的公式来计算：图像数据量 = 图像的总像素 × 图像深度 /8（Byte）。例如，一幅 640 像素 ×480 像素、真彩色的图像，其文件大小约为 640×480×24/8=1（MB）。

由于图像数据量很大，因此，数据的压缩就成为图像处理的重要内容之一，人们研究出多种图像压缩方法并定义对应的文件格式。

在图像色彩设计与处理过程中，要考虑的重要因素：一是图像的容量，二是图像显示或打印输出的色彩效果。图像的分辨率越高、图像深度越深，数字化后的图像效果越逼真、图像数据量越大，同时图像占用的存储空间和计算时间以及其他计算机资源也越多。因此，在产品设计色彩效果输入、输出、处理、表达或展示时，更应考虑好图像容量与色彩效果的关系。

2. 图像模式用法

计算机显示器上显示的色彩由红、绿、蓝 3 种色光混合产生。在进行色彩设计时应该使用 RGB 色彩模式,如使用 Photoshop 图像处理软件输出,可在图像上方标题栏内显示这一信息;如果是其他模式,可在 Mode 菜单中单击 RGB 命令。对于待打印的图像,用 RGB, Lab, HSB 或 Indexed Color 作为图像色彩模式均不合适,原因在于: Lab 模式仅限于 Postscript Level 等几种打印机,一般的彩色打印机均不能识别; Indexed Color 模式是一种比较差的色彩模式,它将一幅图像的色彩限制在 256 种; RGB 和 HSB 是视频专用色彩模式,显示色彩空间比打印色彩空间要宽,提供给打印机一些无法准确表示的色彩; 只有 CMYK 是一种分离图像,适合印刷、打印使用。

第三节　装饰设计前提与流程、处理

一、装饰设计前提

(一)装饰设计的概念

装饰泛指一切装饰行为和装饰现象,是给物体加一些附属物使其美观的创造性活动。装饰设计作为一种艺术方式,它要求秩序化、规律化、程式化、理想化,改变或美化事物,形成合乎人类需要、与人类审美理想统一、和谐的美的形态。

装饰设计又是社会文化发展到一定阶段,进入一个相对成熟阶段的一种产物,因而装饰设计也成为文化的构成要素,成为区分不同文化类型和文化层次的主要参照。装饰具有文化的所有品格,它能以文化的方式艺术化。

装饰设计也是人类从事创造性设计的一种思维和活动,它和产品设计的关系非常紧密。产品的装饰设计是产品设计全过程的一部分,是产品设计过程的外观处理阶段。但是装饰设计由于其本身所涉及的范围广泛,因而并不完全属于产品设计的研究领域,如手工艺品、纯艺术品的装饰设计则属于另一类设计范畴。

用 CAID 理论、方法和系统辅助的装饰设计,称为计算机辅助产品设计装饰设计,即对产品外观加以装饰和美化。计算机辅助产品设计的装饰设计是一个复杂的过程,它和形态设计、色彩设计、材质设计等常常交互进行,而它本身又是一个以设计师为主导的循环迭代过程,需要反复修改,直到完善。

(二)装饰设计的分类

装饰设计按其空间的分类见表 8-2。

表 8-2　装饰设计的分类

分类	内涵	表现形式	归属类别	与装饰设计相关的 CAD 技术
二维装饰	材质、肌理、图案等	二维图形	表面装饰	图像技术
三维装饰	产品造型的线型、样式、风格等	三维装饰	形态装饰	建模、纹理映射、贴图、灯光等三维图形技术
四维装饰		环境布置		
无装饰的装饰	材质、结构、功能等	材质、结构、功能等特质	无装饰的装饰	建模、纹理映射、贴图、灯光等三维图形技术

在设计中,对不同的设计目标,需要采用不同的方法和手段。例如线型装饰这一问题需要采用布尔运算和放样等技术,标志装饰则会使用到纹理映射、贴图等方法。针对这一特点,按照形、色、质三方面不同的特征,同时考虑装饰的工艺特性,可将计算机辅助装饰设计方法归结为表面装饰、形态装饰以及无装饰的装饰三大类。

(1)表面装饰包括色带装饰、标志装饰、纹理装饰、面板装饰等。

(2)形态装饰包括明显装饰和暗线装饰。

(3)无装饰就是不用故意外加饰物,只利用产品自身物性表现美的一种设计方法。无装饰设计作为一种客观的形式,其审美价值和特点是极具优势的,无装饰的产品设计,最大限度地发挥了设计创意与产品功能在创作中的可能性,抛弃了纯装饰的诱惑,摆脱了繁杂多余的累赘。通过产品造型的语意功能、使用功能和人性化结构的优势,利用各种美学原理和造型手法来进行产品创新设计,最大限度地体现出设计的理念与创造性,做到设计的理性和创意的浪漫相结合,开拓崭新的设计观念及表现形式,把设计元素升华成充满无限创意的视觉语言、产品语言以及空间语言。

传统的信息传达方式以及人们的审美习惯都随着时代的更替而发生着变化,现代产品设计中的装饰意味逐渐淡化,对简洁、有效的视觉元素的运用以及视觉效果与个性化设计的有机组合,形成了信息化时代无装饰设计的一大特征。无装饰设计与设计的新观念、新思维、新理念密不可分。

二、装饰设计的流程

计算机辅助装饰设计系统如图 8-30 所示。其中,表面装饰在产品设计中比较常见,如在表面添加色带、标志等,以达到装饰美化的效果。表面装饰主要有以下几种方法:色带装饰、标志文字装饰、表面纹理装饰、面板装饰。另外,在机械产品艺术造型设计中,为配合产品主体的几何造型,加强总体造型的统一、协调,常在产品上添加一些附件进行装饰,即形态装饰。这种装饰方法仅在小范围内改变产品的形态,往往能起到画龙点睛的作用。本章将介绍形态装饰中的线型装饰,它能够加强总体造型的统一、协调、分割、联系、平衡等艺术效果。其装饰方法主要有明线装饰和暗线装饰。

计算机辅助装饰设计,即把产品设计中,不同类型的装饰设计利用计算机辅助工具来表达。而产品设计的范围广泛,不同的设计目的、设计主体、设计领域都有不同的设计特点,其设计流程不能一概而论,因为设计流程与设计过程紧密联系,装饰设计流程既有普遍性又相对独立,有各自设计的特征。

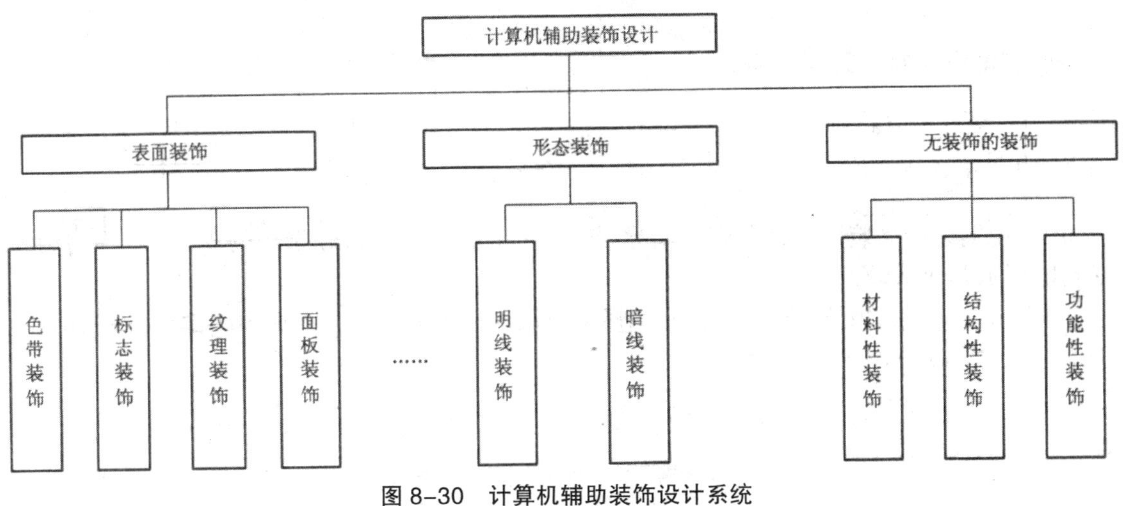

图 8-30　计算机辅助装饰设计系统

三、装饰设计的处理

（一）装饰方法及装饰元素调整

装饰设计方案的优劣，是通过设计评价（详见第十章）决定的：评价结果符合设计目标，说明装饰设计方法正确，装饰元素恰当，方案合理。而产品、视觉传达和环境设计三大领域的内容不同，所采用的设计元素、装饰设计方法及方案也各不相同，自然在后期处理阶段，也应分别对待。

（二）装饰设计效果调整

1. 技术及软件方面导致的效果调整

一套完整的效果图，包括材质的体现、空间角度的选择、总体的构图关系等很多方面，利用辅助设计完成的效果图往往不是一件成功、完整的作品。受到所使用技术以及软件等的限制，直接得到的效果图往往存在画面黯淡、噪点多、画面缺乏层次、偏色等问题。

2. 不可预知的设计效果调整

由于刚开始制作效果图时没有预测到问题的存在，而导致在作品快要完成或已经完成的时候，还要对作品不断地修改、调整。例如，在环境设计中，要权衡绿化是不是到位，人物摆放的位置是否合适，还有没有其他的摆设，远景和近景的层次关系是否明确等。

鉴于此，需要对设计文件进行后期处理。可以通过 Photoshop 等专业图像软件对所得到的效果图进行色彩、明暗对比度、亮度等方面的调整和各种处理。

四、装饰设计的实例

(一)产品装饰设计实例

图示说明以产品装饰设计导则为指导,按产品装饰设计流程,在选用的 3ds max 中进行机床标志装饰设计的步骤。

首先,在 3ds max 中打开机床模型,选择需要添加标志的部位。将选中的部位(件)用白色边框包围,如图 8-31 所示。

图 8-31 标志装饰设计步骤(一)

要将标志图形贴在产品表面,就要去掉标志图形周围的背景。因此,打开材质编辑器,单击漫反射光模型右侧的方形按钮,选择 Mask 贴图类型,如图 8-32 所示。

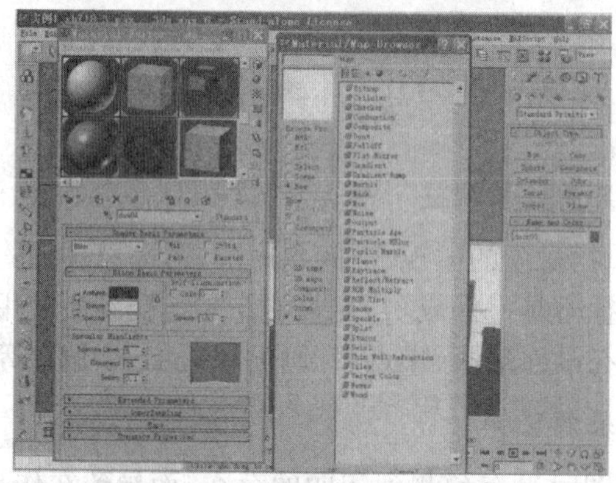

图 8-32 标志装饰设计步骤(二)

添加 Map 和 Mask,如图 8-33 所示。

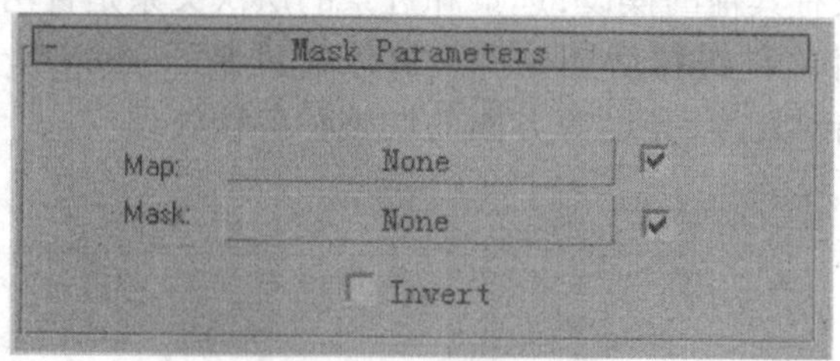

图 8-33 标志装饰设计步骤(三)

在 3ds max 贴图类型中选择导入位图的贴图类型 Bitmap，导入标志图形，如图 8-34 所示。

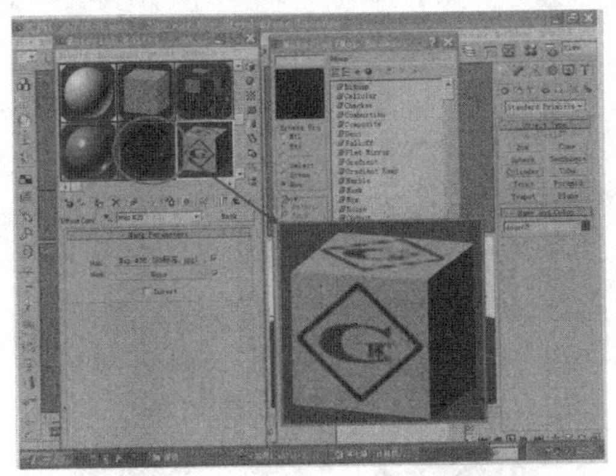

图 8-34　标志装饰设计步骤(四)

根据装饰设计细则选定参数，选择标志蒙板图形，完成 Mask 贴图后的参数，如图 8-35 所示。

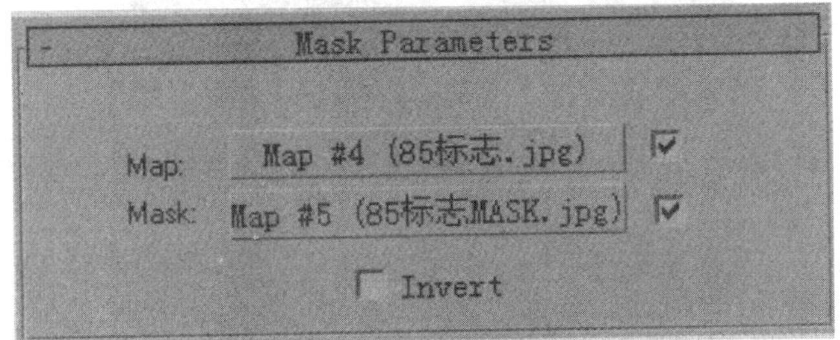

图 8-35　标志装饰设计步骤(五)

贴图后的机床模型如图 8-36 所示。

图 8-36　标志装饰设计步骤(六)

依据装饰设计基本导则的形式美法则的比例与尺度等诸条导则，按标志设计流程，依据面板构图调整贴图 Gizmo，结果如图 8-37 所示。

经过以上步骤，最终完成机床上标志装饰的添加，如图 8-38 所示。

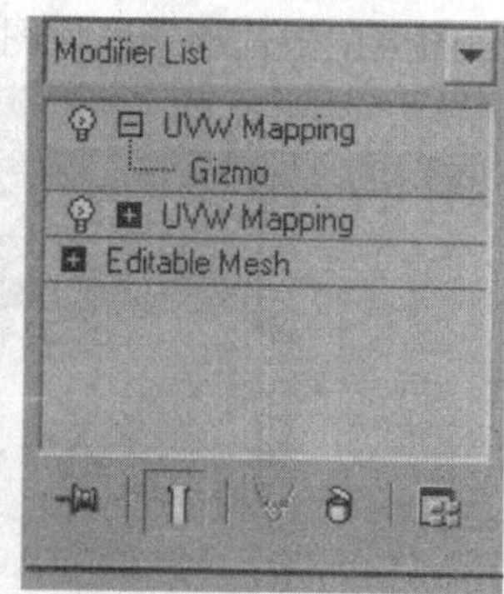

图 8-37　标志装饰步骤(七)

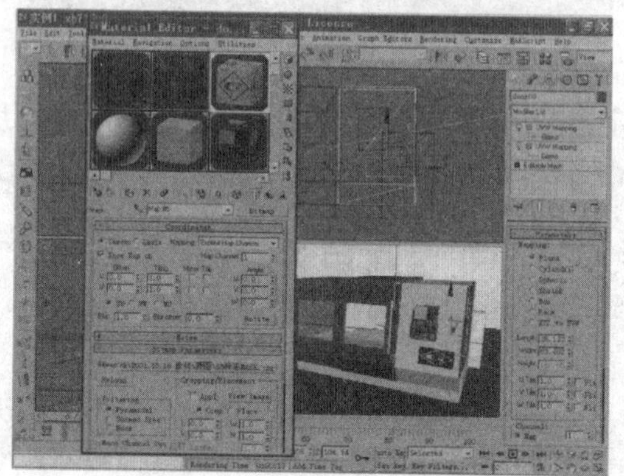

图 8-38　标志装饰设计步骤(八)

根据形式美法则,整体协调各因素,如图 8-39 所示。

图 8-39　机床标志装饰设计效果图

经过评价看到现有设计结果尚不尽如人意,故需作后期处理。

依据软件选用导则,按照产品装饰设计流程,选择运行 Adobe Photoshop 软件,单击“文件”—“打开”命令,按路径打开要进行后期处理的效果图,如图 8-40 所示。

(1)裁切图像。在工具面板中选择裁切工具,裁切图像中多余的部分,微调整效果图的取景及画面。

(2)调整图像。依照形式美原则,使色彩平衡。

饱和度、亮度以及色彩平衡处理。单击“图像”—“调整”—“色阶”、“色彩平衡”与“色相饱和度”命令,在弹出的对话框中移动滑块,提高饱和度、亮度,调整色彩使其平衡。

柔光及模糊处理。

▲单击“图层”—“新建图层”命令创建新图层，调整所复制的图层亮度和对比度。

▲拼合图层。设置“图层—副本”层的混合模式为“柔光”，将“图层 0”和“图层 0 副本”层拼合为“图层 0”。

▲模糊新图层。为使色彩自然生动再次复制图层，单击“滤镜”—“模糊”—“高斯模糊”命令，在弹出的“高斯模糊”对话框中移动滑块，模糊“图层 0 副本”层。

(3)转换图像。

将图像转换为 Lad 模式。单击“图像”—“模式”—“Lad 颜色”命令，进入“通道”选项卡，在通道 L 进行 USM 锐化，单击“滤镜”—“锐化”—“USM 锐化”命令，在弹出的“USM 锐化”对话框中移动数量的滑块，设置锐化数量。

在 A 通道使用高斯模糊，单击“滤镜”—“模糊”—“高斯模糊”命令，在弹出的“高斯模糊”对话框中移动半径的滑块，设置参数。

在 B 通道使用高斯模糊，单击“滤镜”—“模糊”—“高斯模糊”命令，在弹出的“高斯模糊”对话框中移动半径的滑块，将半径设置为 1.1。

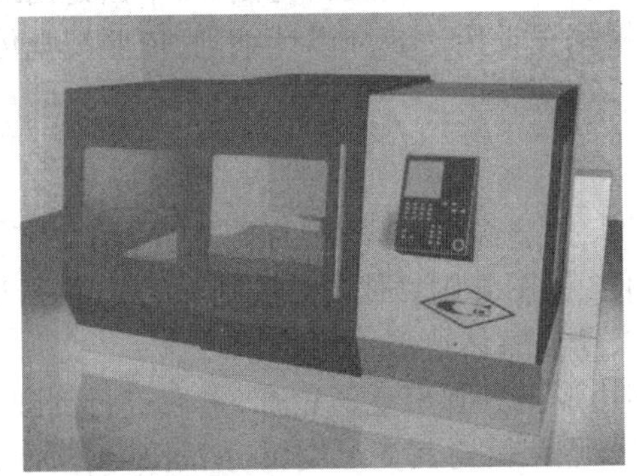

图 8-40　后期处理前的产品效果图

单击“图像”—“模式”—“Lad 颜色”命令，将图像还原为 RGB 模式，效果图如图 8-41 所示。

图 8-41　经过后期处理的机床效果图

图 8-42 是后期处理前后效果图的局部放大图对比，很明显，经过处理的效果图解决了画面黯淡、噪点多、缺乏层次、偏色等问题，基本上达到预期装饰水平，设计结束。

（a） 后期处理前

（b） 后期处理后

图 8-42　产品效果图局部放大图

（二）视觉传达装饰设计实例——标志设计

对于标志设计制作，依据软件选用导则，一般选用 CorelDRAW 设计软件，在 CorelDRAW 环境下，从草图的创意开始，进行标志设计、编辑与制作，下面是西北工业大学产品设计研究所为攻关项目标志重新设计，根据视觉传达装饰设计细则，依照视觉传达装饰设计流程，设计（制作）如下。

1. 基本造型

按视觉传达装饰设计的标志装饰设计导则，标新立异，用文字变形作标志的基本型，作图形化，采用半包含的包围构图（构图导则：形式美法则）方式，执行形式美法则的对称与均衡、轻巧与稳定法则使构图均衡，所以整体造型采用菱形。

首先，导入草图，利用多边形工具画出菱形轮廓，然后进行倒圆角处理。拉出标尺定位，用文字工具写上 CNC 后，利用节点工具对其变形编辑，如图 8-43 所示。

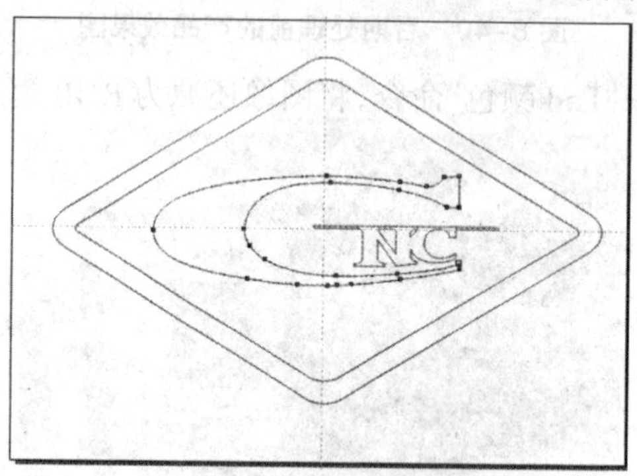

图 8-43　轮廓的勾画

2. 文字输入

根据构图导则，优选对应流程，用文字工具书写相应的文字内容，如图 8-44 所示。

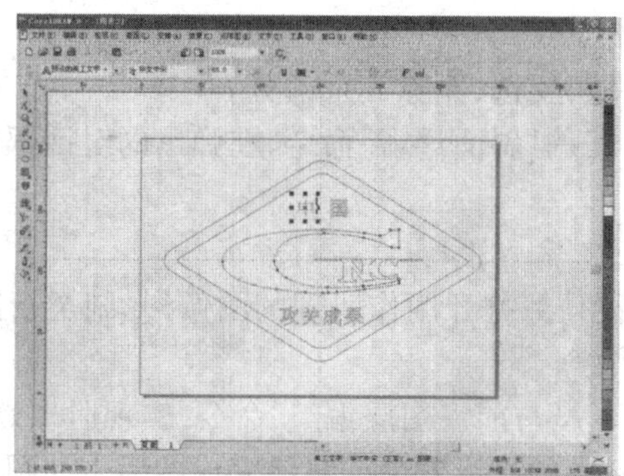

图 8-44　写上汉字内容

3. 图形视觉调整

依据形式美法则，按视觉传达装饰设计流程。编辑修改过程构图，其结果如图 8-45 所示。

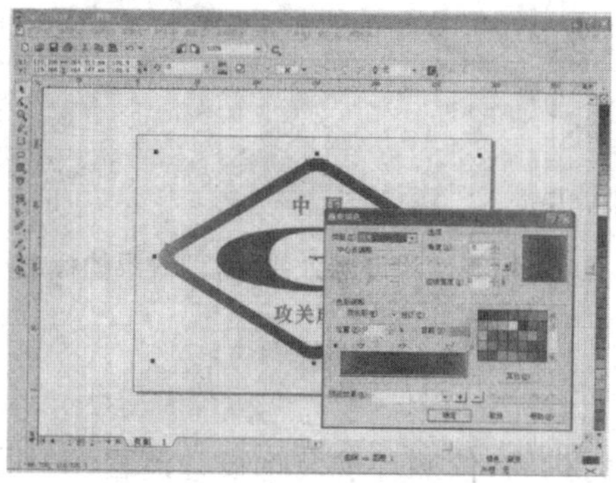

图 8-45　最终标志效果图

4. 最终样稿

设计完成的标志如图 8-46 所示。

图 8-46　最终标志设计效果图

5. 后期处理

依据软件选用导则，按照产品装饰设计流程，在 Adobe Photoshop 环境下，对设计基本完成的标志（见图 8-47）进行各种必要的处理，例如标志的立体化、浮雕、发光、肌理、材质等效果，都可由后期处理来完成。

1）增加浮雕效果

选择标志图形的有效区域，反选，删除其余部分。

单击“图层”—“图层样式”—“斜面浮雕”命令，在弹出的对话框中将“样式”设为浮雕效果，移动滑块，调整参数。

2）增加肌理效果

在标志图层上方增加新图层，打开用作肌理的图像，复制至新图层，使得肌理的图像大于标志图像。

在肌理图层单击“图层”—“与前一图层编组”命令，实现肌理效果。还可以通过“滤镜”—“渲染”—“灯光”命令，调整标志的光影效果。最终完成的标志如图 8-39 所示，达到预期效果，停止设计。

（a） 浮雕效果　　（b） 肌理效果

图 8-47　增添浮雕效果、肌理效果的标志

（三）环境装饰设计实例

现以环境装饰设计导则为指导，依照环境装饰设计流程，对西北工业大学蒋氏基金中心室内环境装饰重新设计如下。

（1）按照所限定的空间，应用软件选用导则优选软件系统，按选用流程导则，选用 3ds max 软件，创建室内环境基本模型。

（2）依据装饰设计总则、基本导则以及环境装饰设计细则，按环境装饰设计流程，增加基本装饰设计部件，修改基本模型。

（3）依据装饰设计总则、基本导则以及环境装饰设计细则，创建灯光，增加贴图，初步渲染的环境效果如图 8-48 所示。

图 8-48　初步渲染图

（4）依据装饰设计总则、基本导则以及环境色彩与照明装饰设计细则，增加软装饰部件、灯光，赋予材质，如图 8-49 所示。

图 8-49　室内环境效果图

（5）依据相应装饰设计总则、基本导则以及环境装饰设计细则，调整灯光（不同色调），调整渲染视角，结果如图 8-50 所示。

图 8-50　室内环境效果图——调整

（6）环境装饰设计后期处理主要调整、修正渲染效果图像的装饰效果，按软件选用导则优选 Photoshop 软件，借助滤镜效果，进行图像细节处理。参考产品装饰设计后期处理思路，如图 8-50 所示，得到经过后期处理的效果图，如图 8-51 所示。

图 8-51　后期处理后的环境效果图

同理，最后需要经过评价，若已实现预期目标，即可结束设计；否则，就要返回相关阶段修改设计，直到制作出最佳效果，才能将设计交给下一个设计阶段，如人机工程设计等。

第四节　计算机辅助产品设计的人机工程学与设计

一、人机工程 CAD 系统的内涵

人机工程 CAD 系统(Computer Aided Ergonomics Design System, CAEDS),由计算机硬件和能协助人进行人机工程设计的软件共同构成。

由于硬件的飞速发展,原来只能在工作站上运行的 CAD 软件如今可以在 PC 上流畅运行,应用桌面操作系统(工作站上的 CAD 软件需运行于 UNIX 操作系统),并大幅度降低售价,使得人机工程 CAD 系统的桌面化和普及成为现实。

人机工程 CAD 软件,则在近年呈现加速发展的趋势。

(一)人机工程 CAD 软件的基本功能

人机工程 CAD 软件,一般具有工作空间及产品建模、三维人体建模、人体活动范围生成与分析、视听觉分析等人机工程功能。所建立的人体模型,是在计算机生成空间(虚拟环境)中人的几何与行为特性的表示,也叫虚拟人(Virtual Human)。设计者应用上述功能,可以对建立的产品或工作空间进行人机分析,考察评估其适宜性,调整设计,使它符合人机学安全、舒适、高效的要求。

(二)人机工程 CAD 的优越性

1. 节约时间和成本,提高设计效率

人机工程设计的基本理论、方法和常用资料,包括人体尺寸数据、肢体活动范围以及人的视觉、听觉、肢力、体力特性等,都已经包含在人机工程 CAD 软件之内,可以作为基本 CAD 数据嵌入到数字设计流程中去,从而可大大提高设计效率,缩短产品开发周期,节约成本。

由于提供了一个进行人机工程设计的工作平台,使得人机工程设计的工作负担得以减轻,可省略很多查找数据资料、核对技术标准等具体工作。

2. 计算机模拟方法能降低人机测试经费,避免人员和设备的事故

一些重大设计项目常需投入巨额人机试验经费,且涉及人身和设备的安全,例如载人航天、核反应堆维护、新武器系统设计研制、多兵种军事演练、医疗手术的模拟与训练、交通车辆事故分析等。传统方法是用真人实物进行实验测试,获取生存空间、技术参数与人身安全、工作效率的关系,为此要耗费巨额人力物力与时间,而且可能造成设备损毁、人员伤亡的后果。采用计算机模拟方法研究这些问题,利用虚拟的产品“模型”和“虚拟人”进行“实验测试”,则安全、快捷、经济,可从根本上避免真人实物不幸事故的发生。对中小型的产品、设备、设施与工作生活空间设计,人机工程 CAD 的这一优越性同样是明显的。

二、CATIA 人机工程模块功能与操作[①]

(一)人体建模(Human Builder)模块

打开 CATIA V5 软件,在菜单栏中逐次单击下拉式菜单中的选项:Start(开始)—Ergonomics Design&Analysis(人机工程设计与分析)—Human Builder(人体建模),由此进入人体建模设计界面,见图 8-52。

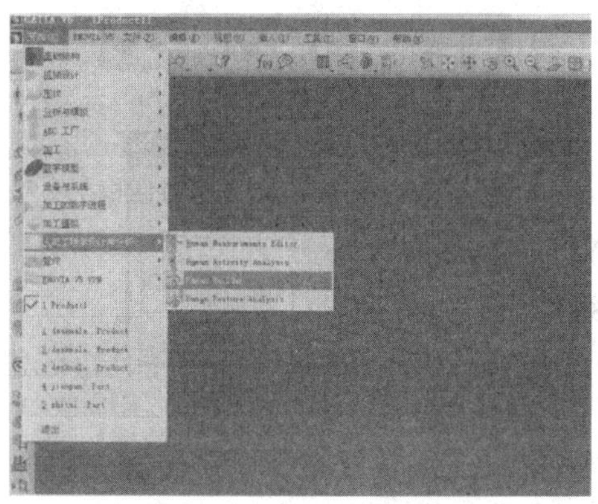

图 8-52　进入人体建模设计界面

运用人体建模模块可以实现以下功能。

1. 建立标准人体模型

在菜单栏中,逐次单击 Insert(插入)—New Manikin(新建人体模型)菜单(图 8-53)。或在 Manikin Tools(人体模型工具)工具栏(图 8-54)中单击 Insert a New Manikin(插入新人体模型)图标,弹出如图 8-55 所示的对话框。该对话框中有两个选项栏,分述如下。

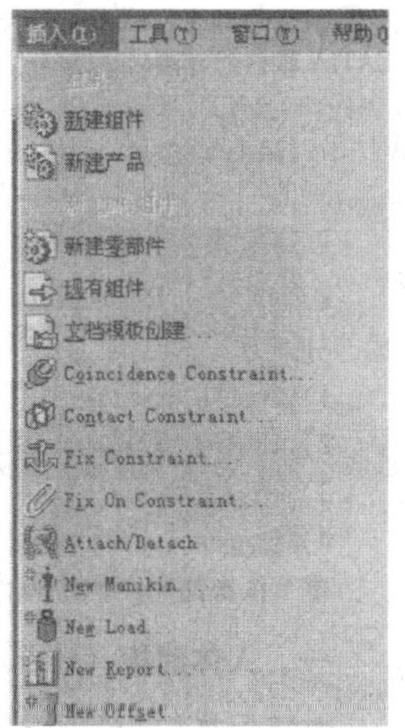

图 8-53　新建人体模型菜单

① 阮宝湘等.产品设计人机工程[M].北京:机械工业出版社,2010.

图 8–54　人体模型工具栏

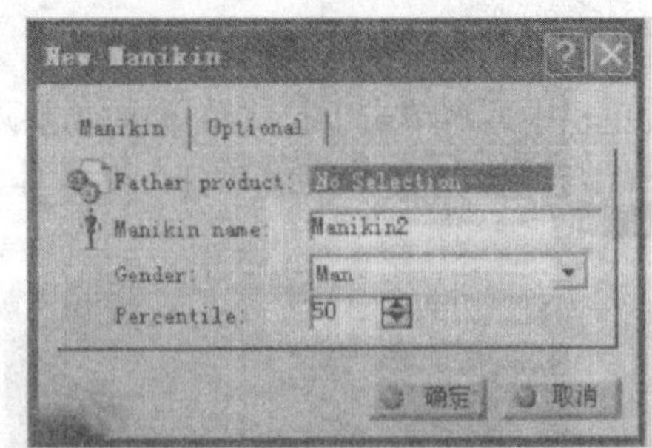

图 8–55　新建人体模型对话框

1) Manikin（人体模型）栏

(1) Father product（父系产品）。

要求用户选择新建人体模型时的位置、地面、设施等元素，这些元素一般要求事先建立，在树状目录中点选。

(2) Manikin name（人体模型名称）。

用户可以自定义人体模型名称。模型的默认名称是 Manikin1、Manikin2、Manikin3 等。

(3) Gender（性别）。

可选择 Man 或 Woman。

(4) Percentile（百分位）。

由用户确定人体模型的百分位数，供选择或输入的范围为 0.01 ~ 99.99。

2) Optional（选择）栏

(1) Population（人群）。

用户可在图 8–56 所示的下拉列表中选择设计所针对人群的国籍。

(2) Model（模型）。

选择所要建立的模型类型，如 Whole Body（全身）、Right Forearm（右前臂）、Left Forearm（左前臂）等，见图 8–56。

(3) Referential（参考点）。

选择人体模型的基准点，如 Eye Point（眼睛）、Left Foot（左脚）、Right Foot（右脚）等，见图 8–56。

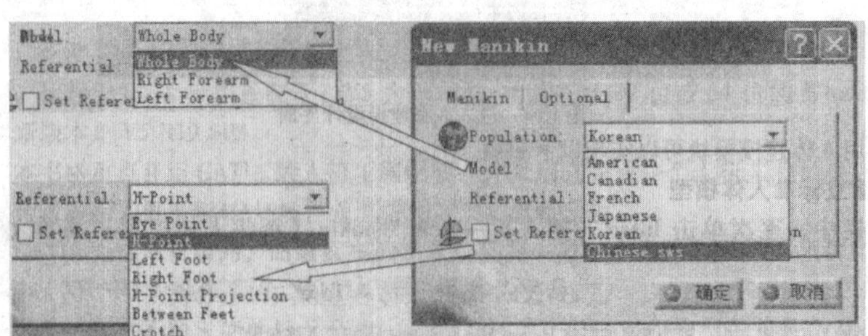

图 8–56　Optional（选择）栏

2. 设置人体模型姿态

处理某些人机工程问题,需预先设定人体模型的姿态,此时可用 Manikin Posture (人体姿态)工具栏(见图 8-57)实现。

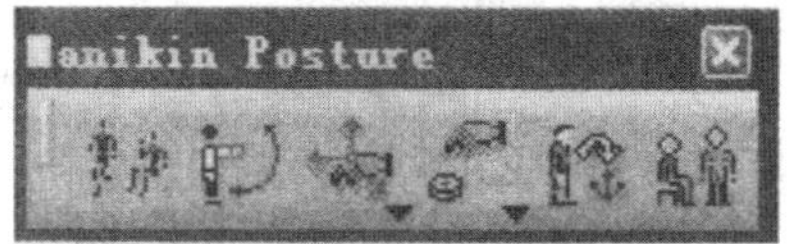

图 8-57 人体姿态工具栏

在树状目录中点选人体模型,单击 Posture Editor (姿态编辑)图标,弹出 Posture Editor (姿态编辑)对话框(见图 8-58)。在该对话框的 Segments 栏内选择部位,选择相应部位的自由度,在 Value 栏内设置好百分位数,即可对人体模型选中的部位进行姿态编辑。

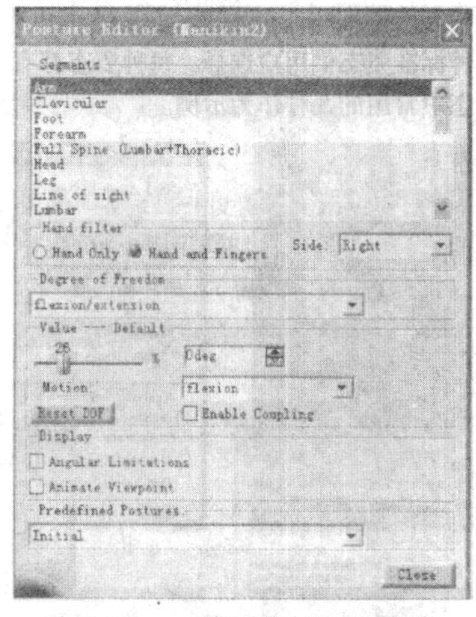

图 8-58 姿态编辑对话框

在 Manikin Posture (人体姿态)工具栏中单击 Forward Kinematics (向前运动)图标,在人体模型上选择要分析的肢体,按住鼠标左键,前后拖动,则选中的肢体就会沿着箭头方向绕相应关节前后摆动。软件中的人体模型与人体骨骼关节结构的实际情况一致,各肢体的运动均有其极限位置。如果需要左右摆动,首先在人体模型的某一肢体上(如左臂)单击右键,在菜单(见图 8-59)中选择 DOF2,按照上述操作方法即可实现左右摆动。

单击 Standard Posture(标准姿态)图标,在树状目录中选择人体模型,随后弹出如图 8-60 所示的对话框。

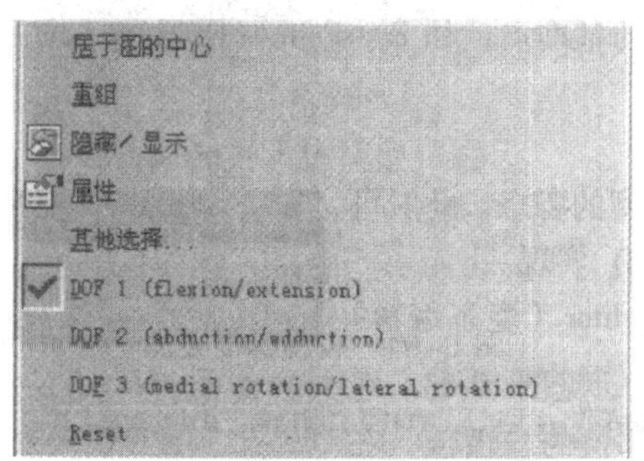

图 8-59 自由度快捷菜单

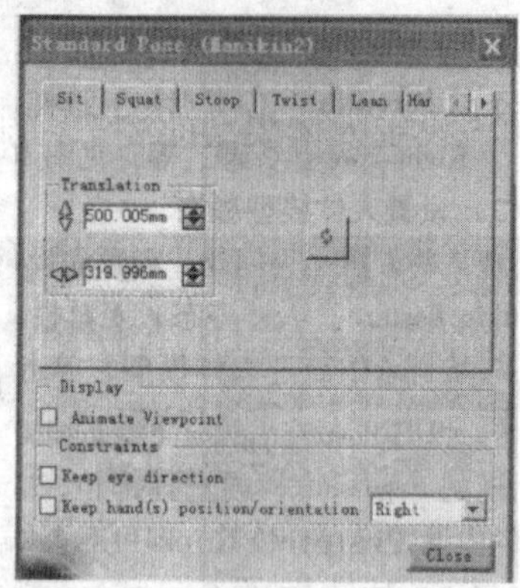

图 8-60　标准姿态对话框

对话框中列出 7 种标准姿态供用户选择，每种姿态都有高度和角度的调整栏。图 8-61 中给出了 7 种标准姿态中常用的 5 种作为示例。

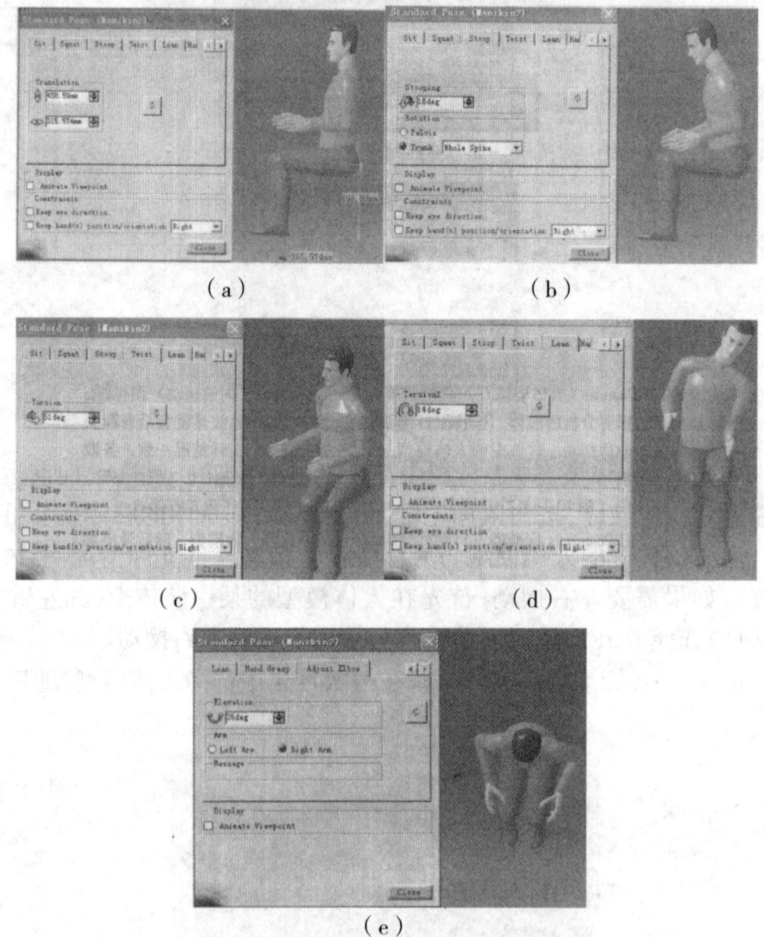

（a）　（b）

（c）　（d）

（e）

图 8-61　各种标准姿态

（a）Sit（坐姿）；（b）Stoop（弯腰）；（c）Twist（扭腰）；（d）Lean（侧弯）；（e）Adjust Elbow（肘部调整）

3. 人体模型的属性编辑

仅以改变部位颜色为例进行说明，其余属性设置方法相同。

选中要改变颜色的部位（按住 <Ctrl> 键可同时选中多个部位），在菜单栏中逐次点击 Edit（编辑）（或在所选部位右击）→ Properties（属性）菜单，见图 8-62。在弹出的属性对话框内 Surface Color 栏中，单击颜色框的下拉箭头，随后出现各种颜色，见图 8-63，选定颜色后单击“确定”按钮。

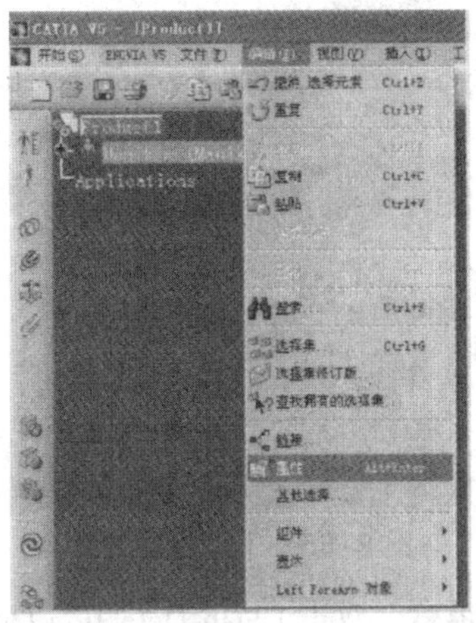

图 8-62　在菜单栏中选择“属性”

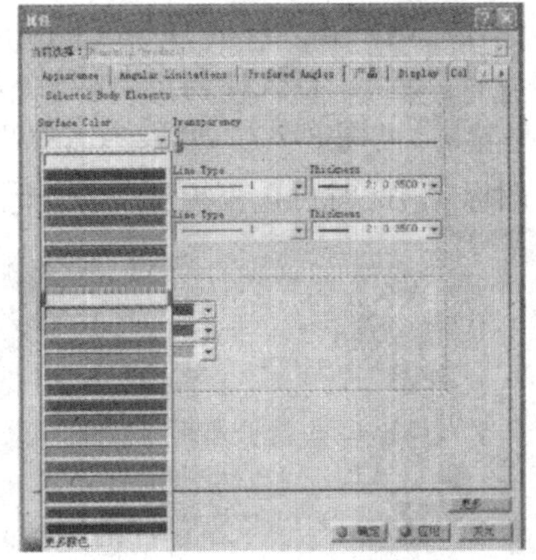

图 8-63　属性对话框

4. 人体模型的高级设置

1）干涉检验、终止干涉

人和机器在空间各占据一定位置，二者不得互相干涉。为避免产生干涉，需要进行检验。如图 8-64 所示的 Clash Detection（干涉检验）工具栏有此项功能。

检验前要进行相应的设置。在主菜单逐次单击 Tools（工具）—Options（选项）菜单，弹出 Options（选项）对话框。在左侧树状目录中选中 Digital Mockup（数字模型）—DMU Fitting（DMU 配置），然后在 DMU Manipulation（DMU 操作）栏的 Clash Feedback（干涉反馈）选项中激活 Clash Beep（干涉报警），见图 8-65。

图 8-64　干涉检验工具栏

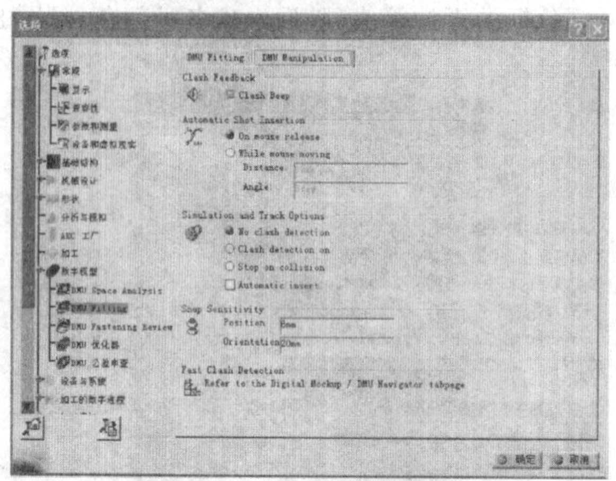

图 8-65　干涉检验设置

设人体模型和设备间有一定距离。双击 Clash Detection On（干涉检验）图标，使其高亮。用罗盘拖动人体模型，当人体模型与设备出现重合干涉，则干涉部分变成高亮轮廓，见图 8-66。

欲使人体模型和设备避免干涉，则双击 Clash Detection Stop（终止干涉）图标，使其高亮。用罗盘拖动人体模型向设备靠近，一旦人体与设备接触，人体即停止向前移动。继续拖动罗盘，只显示干涉部分的高亮轮廓，见图 8-67。如果不需要再进行干涉检验，可双击 Clash Detection Off（关闭干涉检验）图标，此时再重复上述操作，干涉问题不再显示。

图 8-66　干涉检验

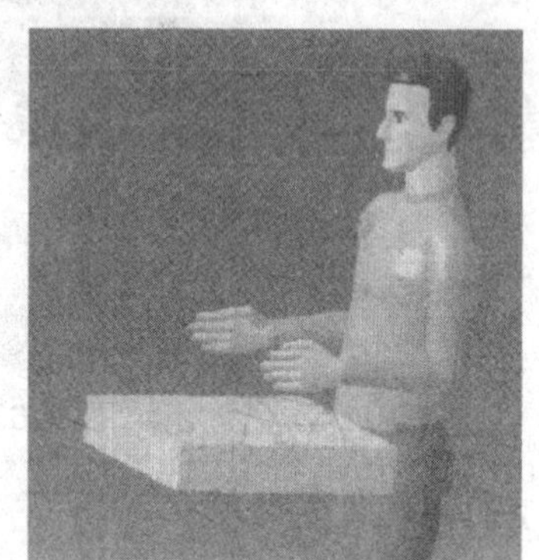

图 8-67　终止干涉

2）放置人体模型

设人体模型原来站在地板的一角，见图 8-68（参考点在左脚），操作者可将人体模型转移放置到任意位置。

在 Manik Posture（人体姿态）工具栏内单击 Place Mode（放置模式）图标，将罗盘移至需要的位置（见图 8-69），在树状目录中单击人体模型，则人体模型自动移至罗盘所在的位置（见图 8-70）。拖动罗盘可使人体模型作各方向的移动或转动（见图 8-71），再次单击图标，人体模型放置完毕。

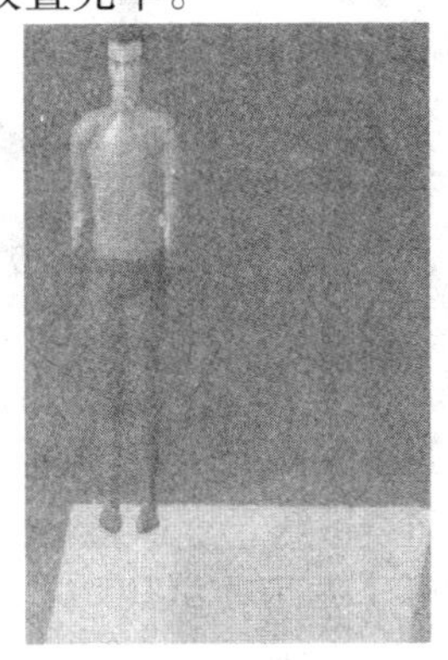
图 8-68　地板上的人体模型

图 8-69　移动罗盘

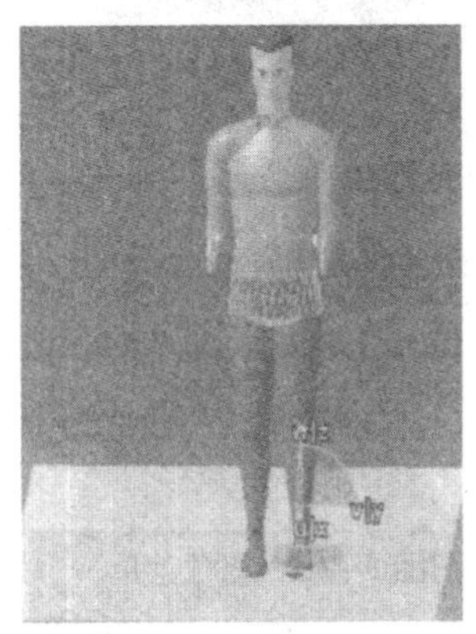
图 8-70　放置人体模型

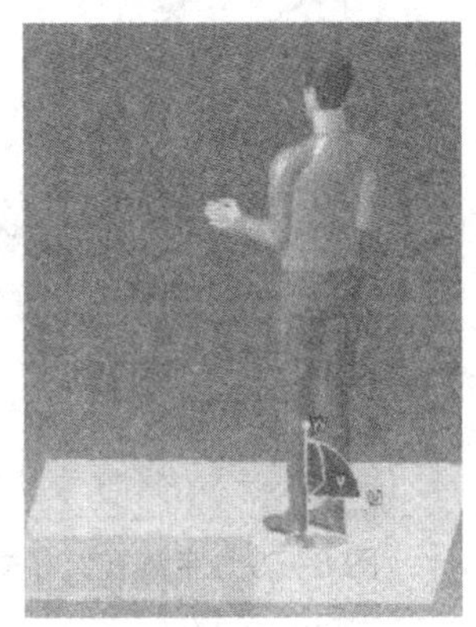
图 8-71　转动人体模型

3）视野

设空间中有人体模型和物体，欲显示人体模型视野中的图像，操作过程如下：单击 Maniki Tools（人体模型工具）工具栏中的 Open Vision Window（打开视野窗口）图标，弹出的视野窗口见图 8-72。右击视野窗口，出现视野窗口菜单（见图 8-73）。图 8-73 中的 Capture（捕获）选项，即可用来对视野窗口以图片的形式进行删除、保存、打印、复制等操作。单击 Edit（编辑）菜单，出现 Vision Window Display（视野窗口显示）对话框，见图 8-74。激活其中不同的选项，可实现不同的功能。单击 View Modes 按钮，会出现如图 8-75 所示的 Customize View Mode（定制视野模式）对话框，其中有不同的选项，对应视野窗口不同的显示图像。

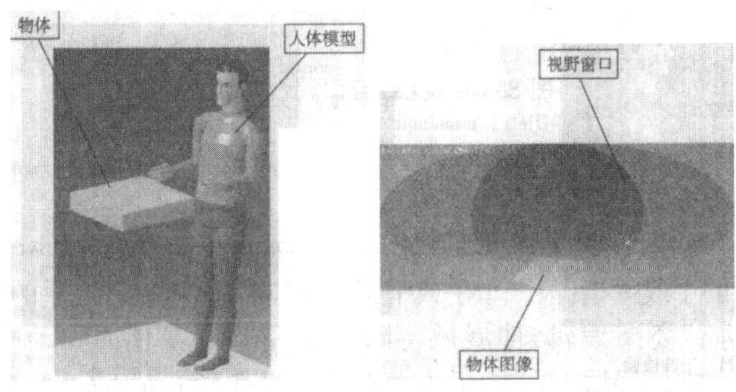

图 8-72　视野窗口

在属性菜单(见图 8-76)的树状目录上右击 Vision 条目,然后在弹出的菜单上选择 Properties (属性)菜单,弹出 Properties (属性)对话框(见图 8-77)。

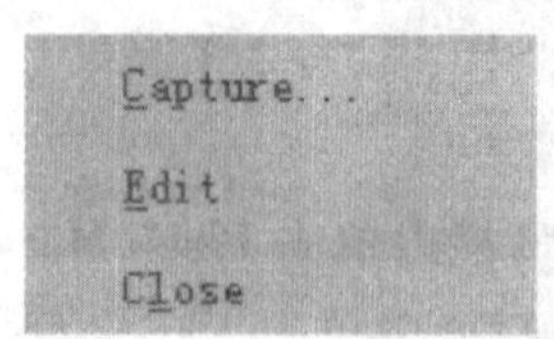

图 8-73　视野窗口菜单

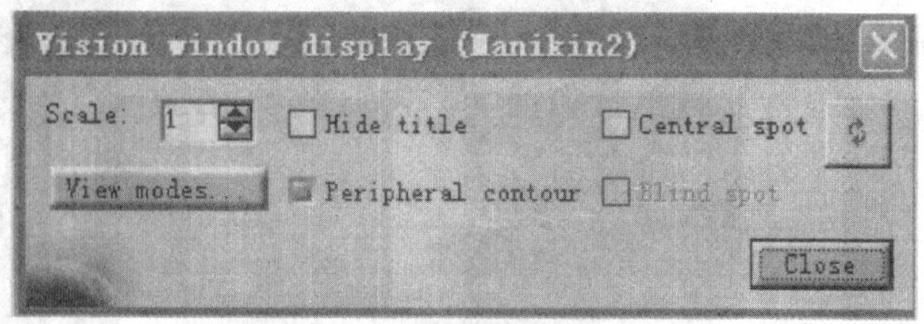

图 8-74　视野窗口显示对话框

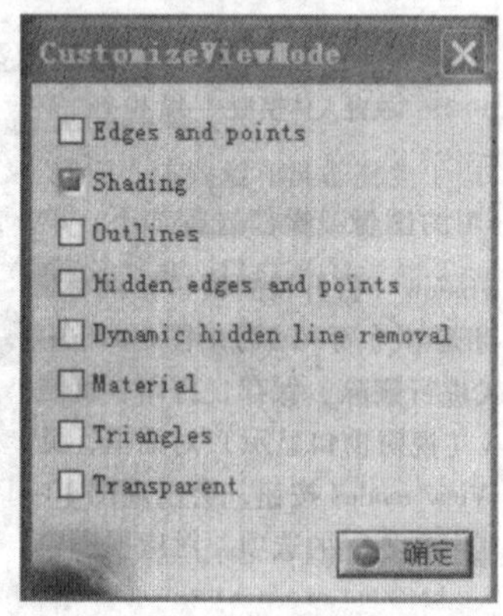

图 8-75　定制视野模式对话框

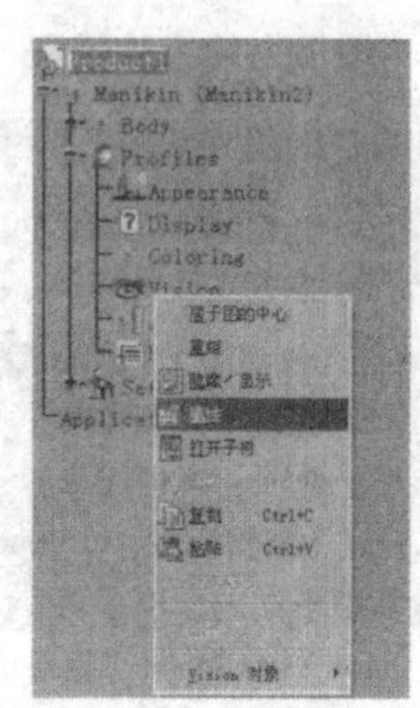

图 8-76　属性菜单

该对话框中 Type 栏列出了双眼、左右合一、右眼、左眼、立体 5 种视野类型可供选择(图 8-77)。还有 Field of View (视野范围)栏、Distance (距离)栏提供相应选择。距离栏中常用的是 Focus distance (焦点距离)。

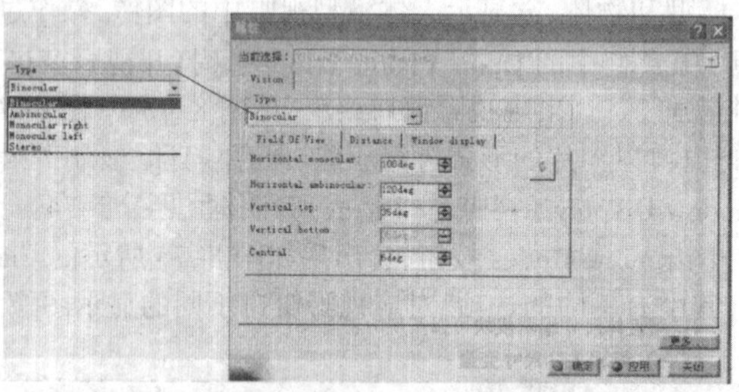

图 8-77　视野窗口属性对话框

4)上肢伸展域

上肢伸展域是工作空间设计的基本依据。

在 Manikin Tools (人体模型工具)工具栏内单击 Computes a Reach Envelope (计算伸展域)图标,再单击人体模型的手或手指(只限于手或手指),例如左手,则展现左手的伸展域(见图 8-78)。接着可对人体模型进行姿态编辑,伸展域将随人体姿势的变化而移动,图 8-79 是人体姿态编辑后的左手伸展域。在伸展域上右击,并在菜单中逐级选择 Left Reach Envelope Object(左手伸展域)→ Delete (删除),则伸展域被删除。

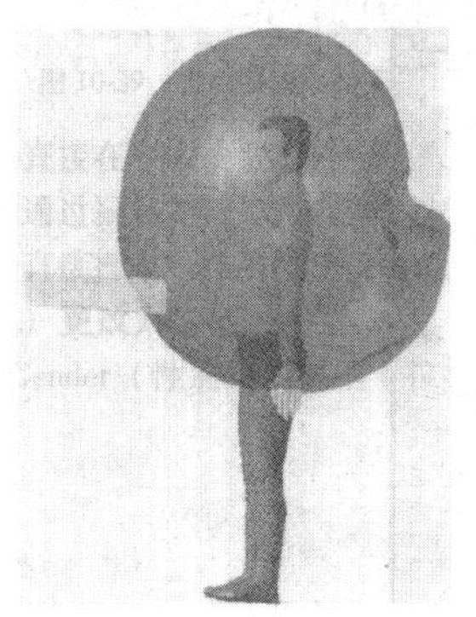

图 8-78　左手的伸展域

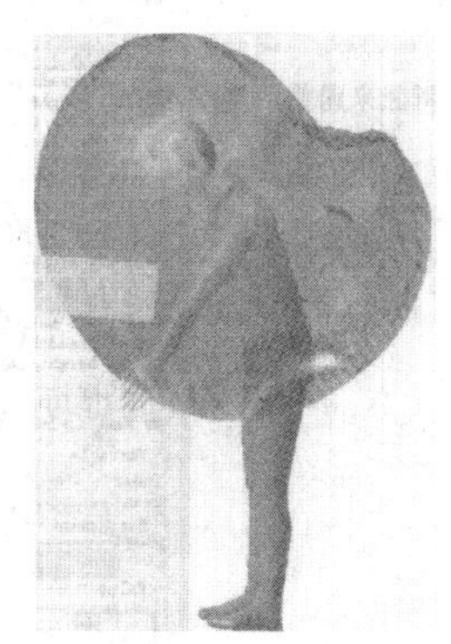

图 8-79　人体姿态编辑后的左手伸展域

(二)人体尺寸编辑(Human Measurements Editor)模块

在菜单栏中逐次单击下拉菜单的选项：Start (开始) —Ergonomics Design&Analysis (人机工程设计与分析)→ Human Measurements Editor(人体尺寸编辑)进入人体尺寸编辑界面(见图 8-80)。

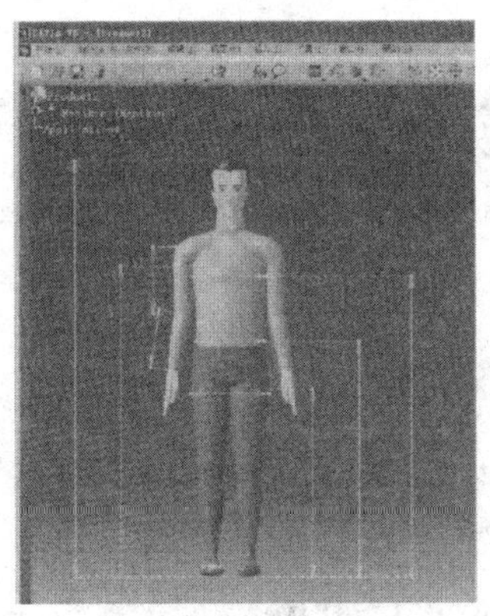

图 8-80　人体尺寸编辑界面

运用人体尺寸编辑模块可以实现的功能如下。

1. 编辑人体尺寸变量

从 Anthropometry Editor (人体尺寸编辑)工具栏(见图 8-81)中单击 Display the Variable List (显示变量列表)图标，弹出如图 8-82 所示的 Variable Edition (变量编辑)对话框。选择任一变量，即激活该变量，显示该变量的数值，它在界面上的颜色由黄变紫。

图 8-81　人体尺寸编辑工具栏

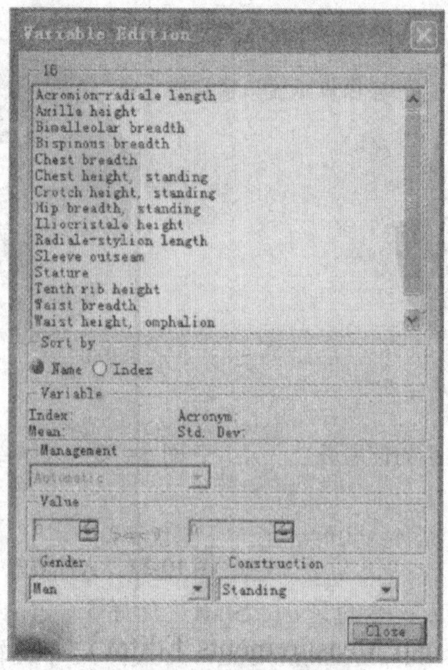

图 8-82　变量编辑对话框

例如选定身高变量，显示的尺寸编辑界面(见图 8-83)。

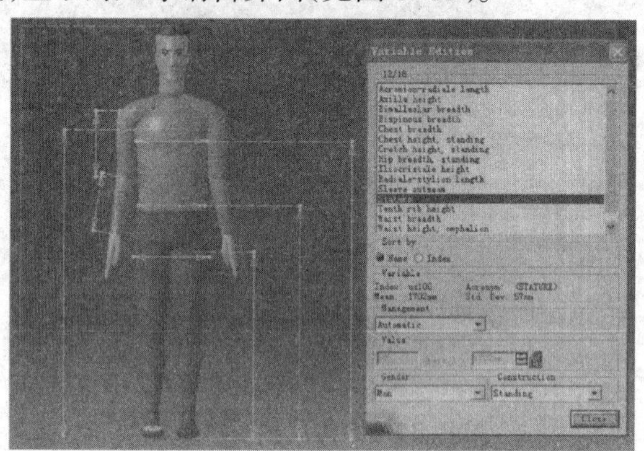

图 8-83　身高变量尺寸编辑界面

2. 输入新的数值

进行变量编辑时可手动修改人体尺寸数值。在图 8-83 的 Management（操作）中选取 Manual（手动），见图 8-84，可用如下几种方法修改人体尺寸数值：

在 Value（数值）栏 perc.（百分位）中输入一个新的百分位数，该变量即自动设置为相应的数值(见图 8-85)。

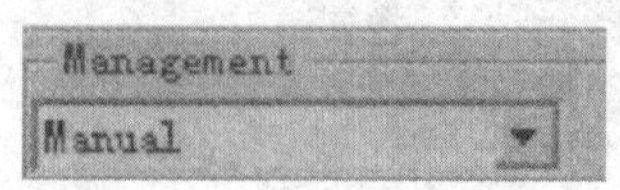

图 8-84　选择手动编辑变量

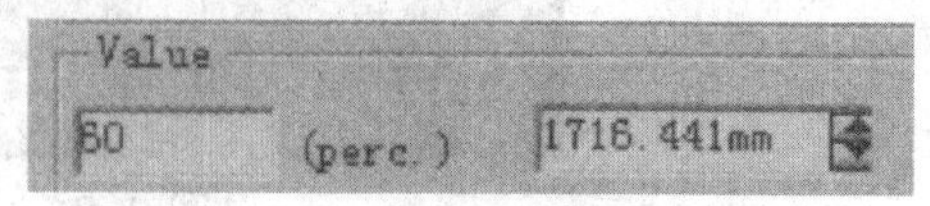

图 8-85　通过修改百分位数值来编辑变量

直接在后面的变量栏中输入新数值，前面的百分位数也会发生相应变化。

通过鼠标左键单击数值栏中的上下箭头一步步增加或减少数值大小。

直接操纵三维视图中的红色箭头来编辑人体尺寸的数值。

3. 更改人体模型

性别在 Gender（性别）对话框下拉菜单中选择 Man 或 Woman，见图 8-86。

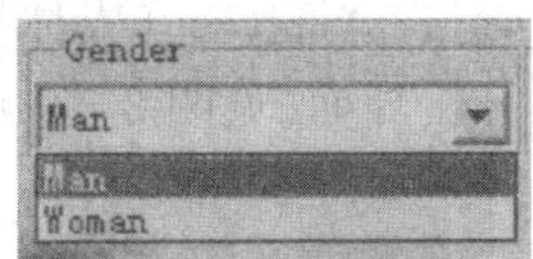

图 8-86　修改人体模型性别

4. 恢复初始设置

通过 Anthropometry Editor（人体尺寸编辑）工具栏中的图标，可将手动修改后的人体尺寸恢复为初始的设置。

5. 预设人体姿态

人体尺寸模型有三种预设的姿态：Stand（立姿）、Reach（前平举）、Span（侧平举）。可在 Anthropometry Editor（人体尺寸编辑）工具栏中点击倒三角箭头展开 Posture（姿态）工具栏（见图 8-87）进行人体姿态的选择和更改。

图 8-87　姿态工具栏

6. 人体尺寸过滤器的应用

在 Anthropometry Editor（人体尺寸编辑）工具栏中单击 Filter（过滤器）图标，弹出人体尺寸过滤器对话框（见图 8-88）。对话框中显示了与当前分析相关的人体尺寸变量。通过点选可以过滤不需要的尺寸变量。单击图 8-88 中的 Reset 按钮，将回到初始的默认设置状态。

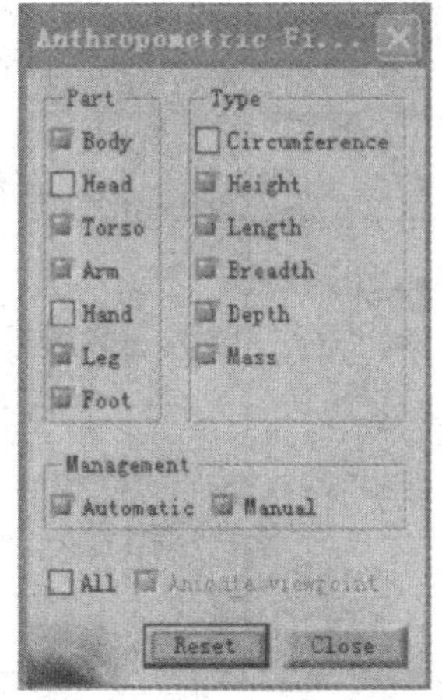

图 8-88　人体尺寸过滤器对话框

(三)人体姿态分析(Human Posture Analysis)模块

在菜单栏中逐次单击下拉式菜单中的选项：Start（开始）—Ergonomics Design&Analysis（人机工程设计与分析）—Human Posture Analysis（人体姿态分析）选项，再单击要编辑的人体模型任意部位，进入人体模型姿态分析界面(见图 8-89)。

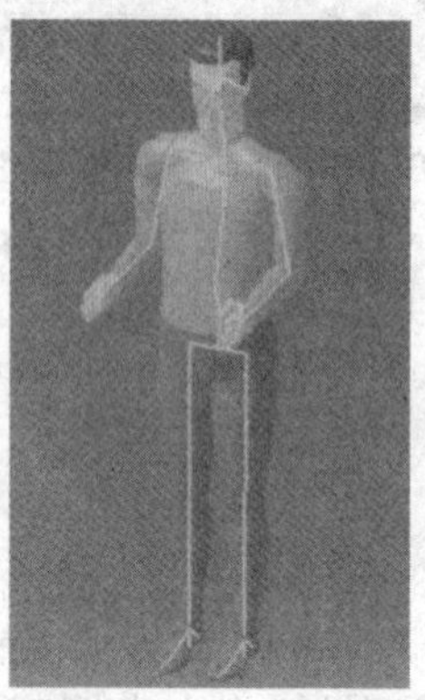

图 8-89　进入人体模型姿态分析界面

人体模型姿态分析有以下 4 种功能：(1)姿态的编辑；(2)自由度的选择与编辑、角度界限的编辑与显示；(3)优选角度的编辑；(4)姿态评估与优化。

1. 姿态编辑

单击工具栏中的 Posture Editor（姿态编辑）图标选中要编辑的部位，打开姿态编辑器对话框，如图 8-90 所示。对话框提供了 5 个选项：Segments（部位)、Degree Of Freedom（自由度)、Value（数值)、Display（显示)、Predefined Postures（预设姿态)。

Segments 选项中列出了所有可以编辑的部位，其中具有对称结构的部位，可以在 Side 项中选择 Right 或 Left。

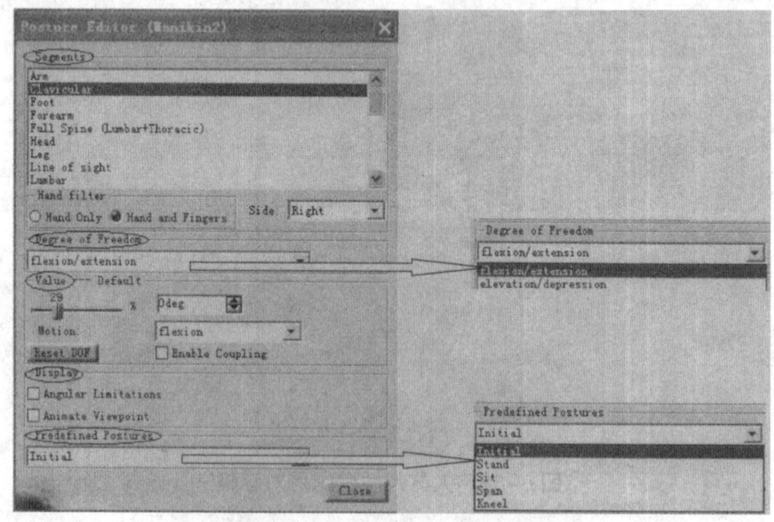

图 8-90　姿态编辑器对话框

Degree Of Freedom（DOF)包含屈 / 伸、外展 / 内收、外旋 / 内旋 3 个下拉选项。选中后，拖动 Value 中的数值滑动器，可对选中部位进行姿态编辑。

Value 选项可用来精确定位人体某一部位转动的角度。

Display 栏有 2 个选项：Angular Limitations（角度界限）和 Animate Viewpoint（动画视角）。选择 Angular Limitations 选项，可使每个自由度在隐藏（默认状态）或显示角度界限间转换，图 8-91 为角度界限的显示状态。其中，绿色箭头表示旋转角度的上极限，黄色箭头表示下极限，蓝色箭头表示当前位置。

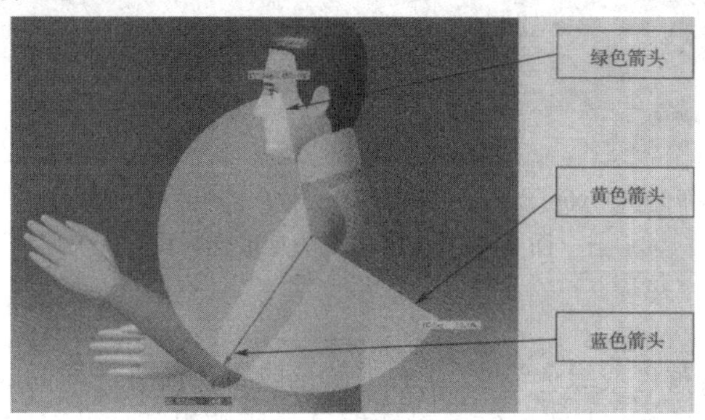

图 8-91　显示角度界限

Predefined Postures 的下拉菜单中有 5 种姿势可供选择，见图 8-90。

2. 自由度的选择

以人体模型左臂为例说明操作方法如下：

选择模型左臂，在 Angular Limitations（角度界限）工具栏（见图 8-92）中单击 Edit Angular Limitations（编辑角度界限）图标，左臂会显示角度界限，默认显示 DOF1 上的角度界限。在左臂上右击（见图 8-93），可切换至 DOF2、DOF3。系统会显示左臂各自由度的最佳方位，如图 8-94 所示。

图 8-92　角度界限工具栏

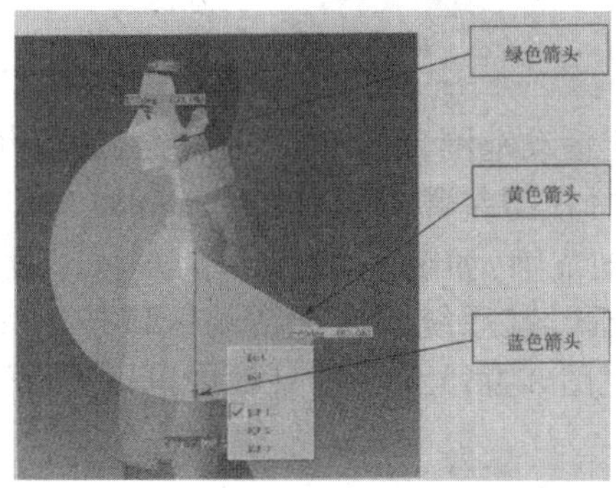

图 8-93　自由度切换

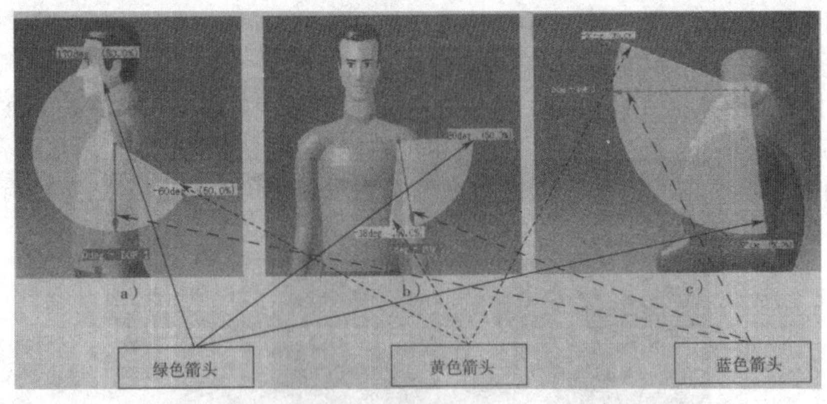

(a)DOF1 最佳方位　　(b)DOF2 最佳方位　　(c)DOF3 最佳方位

图 8-94　左臂各自由度最佳方位

3. 角度界限编辑

在图 8-93 中双击黄色或绿色箭头(或右击黄色或绿色箭头选择 Edit),打开 Angular Limitations (角度界限)对话框(见图 8-95),对话框显示所编辑部位的名称、自由度形式、极限角度值等。在对话框中按下 Activate Manipulation (激活操作)按钮,激活对话框,即可通过鼠标拖动百分位滑动按钮或调节微调控制箭头来重设角度的上下限。

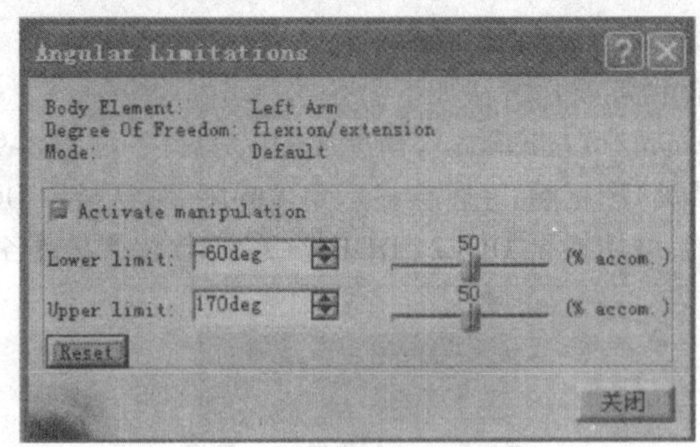

图 8-95　角度界限对话框

4. 优选角度编辑

人体模型各部位均有一定活动范围,可针对当前的姿态进行合理性评定。

仍以左臂 DOF1 为例,选择模型左臂,单击 Edit Angular Limitations (编辑角度界限)图标,系统显示编辑部位的活动范围,如图 8-93 所示的灰色区域。右击灰色区域打开快捷菜单,选择 Add 项,可添加划分区域(系统默认把活动区域按 50% 划分),同时显示 Preferred Angles (优选角度)对话框(见图 8-96),在该对话框中可以进行优选角度的编辑。

5. 姿势评估与优化

确定人体模型各部位的优选角度后,即可进入人体模型的姿态分析阶段。例如编辑人体模型左臂、右臂和左肩的优选角度后,在工具栏中单击图标,打开 Postural Score Analysis(姿态评估)对话框,如图 8-97 所示。

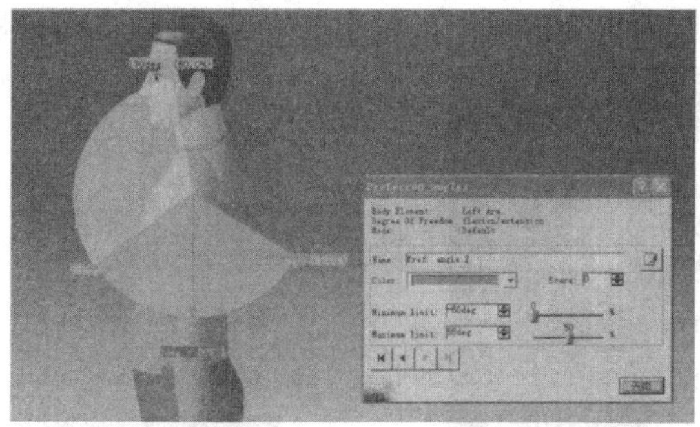

图 8-96　划分区域并进行优选角度编辑

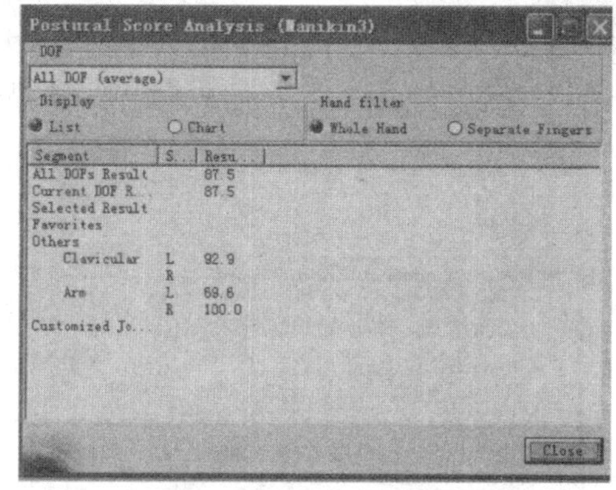

图 8-97　划分区域并进行优选角度编辑

单击 Find Best Posture（寻找最佳姿态）图标，人体模型即处于最佳位置，人体模型各部位将处于优选角度分值最高的区域，如图 8-98 所示。

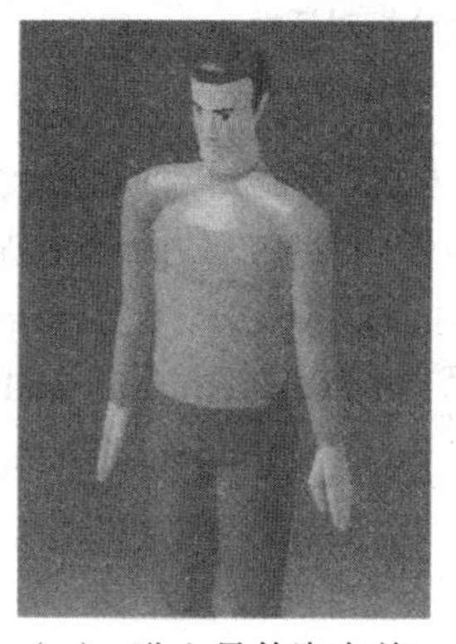

（a）　进入最佳姿态前

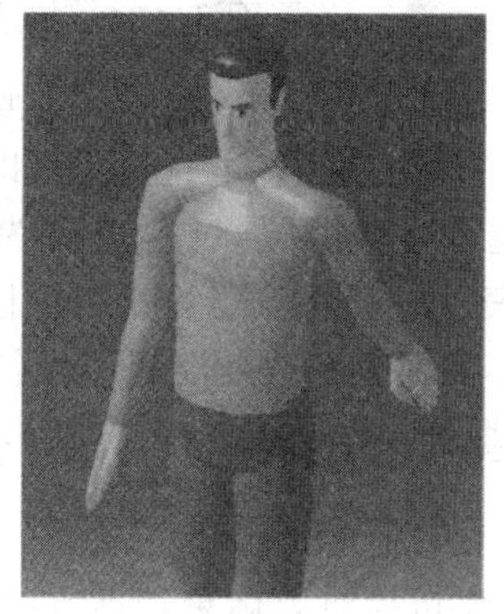

（b）　进入最佳姿态后

图 8-98　人体模型的最佳姿态优化

（四）人体行为分析（Human Activity Analysis）模块

1. 上肢评价

若上肢在某个姿势下承受一定的负荷，本模块能对此给出人机工程的评价。假设人体姿势如图 8-99 所示，在 Ergonomics Tools（人机工程工具）工具栏（见图 8-100）中，单击

RULA Analysis（快速上肢评价分析）图标，弹出 RULA Analysis 对话框，如图 8-101 所示。

图 8-99　人体姿势

图 8-100　人机工程工具栏

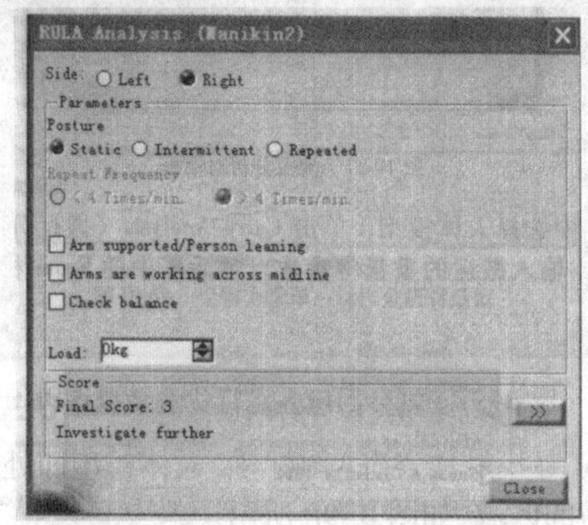

图 8-101　快速上肢评价分析对话框

在 RULA Analysis 对话框中，输入工作负荷参数，如静负荷或循环负荷、负荷的频率（每分钟 4 次以上或以下）、负荷量值（千克数）等，即可得到人机工程分析的得分，显示在 Score 栏内，同时有彩块直观显示得分情况。1 ~ 2 分为绿色，表示可接受，对话框中提示“Acceptable”；3 ~ 4 分为黄色，表示应研究该姿势是否加以改变，对话框中提示“Investigate further”；5 ~ 6 分为橙色，表示要尽快研究和改变姿势，对话框中提示“Investigate further and change soon”；7 分为红色，表示要立即研究并改变姿势，对话框中提示“Investigation and change immediately”。

2. 推拉分析

分析推拉式工作负荷对人体是否适宜，得出结论。

在树状目录中选择人体模型，单击 Push-Pull Analysis（推拉分析）图标，弹出 Push-Pull Analysis 对话框，输入推拉的力值（牛顿数）、推拉距离等参数，对话框中的 Score 栏内给出分析结果，见图 8-102。

3. 搬运分析

分析搬运的重量对人体是否适宜，得出结论。

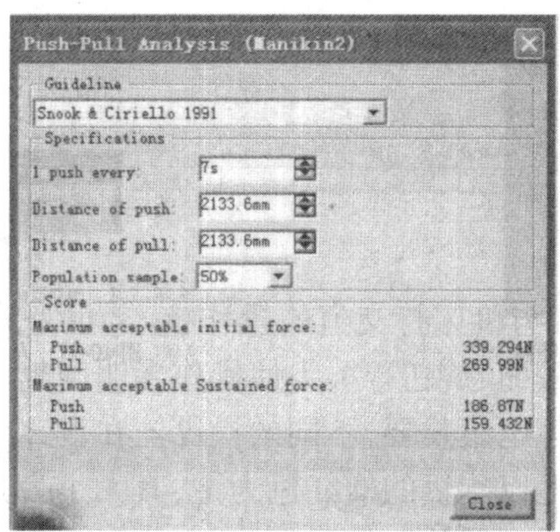

图 8-102　推拉分析对话框

在树状目录中选择人体模型，单击 Carry Analysis（搬运分析）图标，弹出 Carry Analysis 对话框，输入搬运的重量等参数，对话框中的 Score 栏会给出分析结果，如图 8-103 所示。

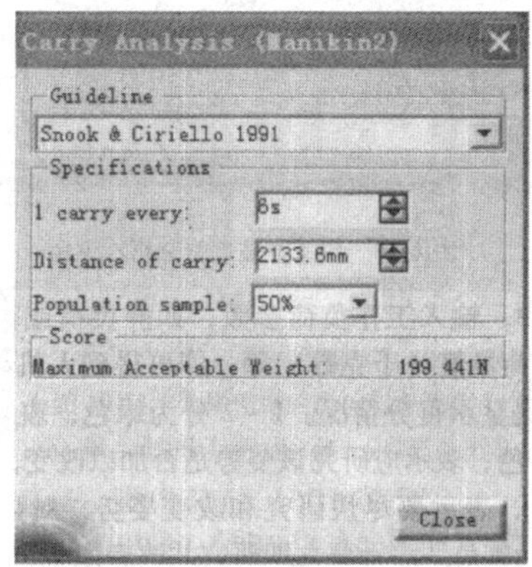

图 8-103　搬运分析对话框

4. 生物力学单一动作分析

基于人体生物力学的研究，在人体单一动作方面已经发布很多数据资料，例如腰椎的合理负荷、人体关节受力和运动的适宜量值等，它们已经存储在 CATIA 的 Ergonomics Design&Analysis（人机工程设计与分析）模块中。因此调出生物力学单一动作分析对话框（见图 8-104），根据给定的姿态，输入工作数据，即可获得评分结论。

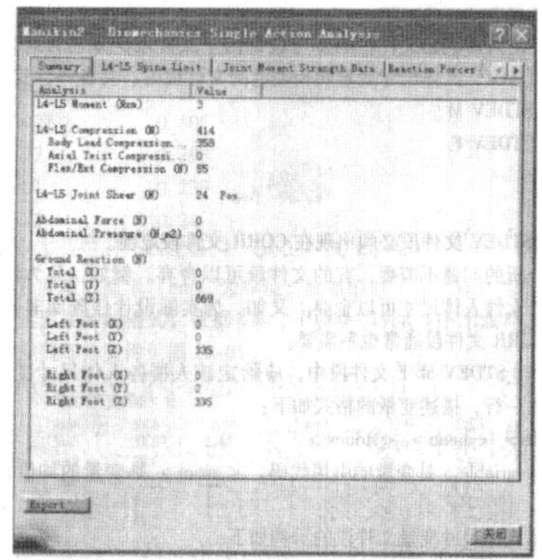

图 8-104　生物力学单一动作分析对话框

三、人机工程设计实例

(一)产品人机工程设计

机床的控制面板是操作者与机床打交道的操作核心,也是人机工程设计的典范。控制面板上的各种操纵器很多(各种按钮、旋钮等),为使操作者明确其功能,不发生误操作,操纵器的布局要整齐。操纵器的编码设计也很重要,不同的操纵器在设计时要标识编码,对于急停按钮,要放在最醒目的位置上,色彩上以醒目的橘红色为主,其大小为其他操纵器的 3 倍以上。

依据产品人机设计导则,操纵器放置的角度、高度都跟人的高度以及视野范围有关。根据产品人机流程,设计过程如下。

第一,导入由依据形态设计导则完成的机床模型,如图 8-105 所示。

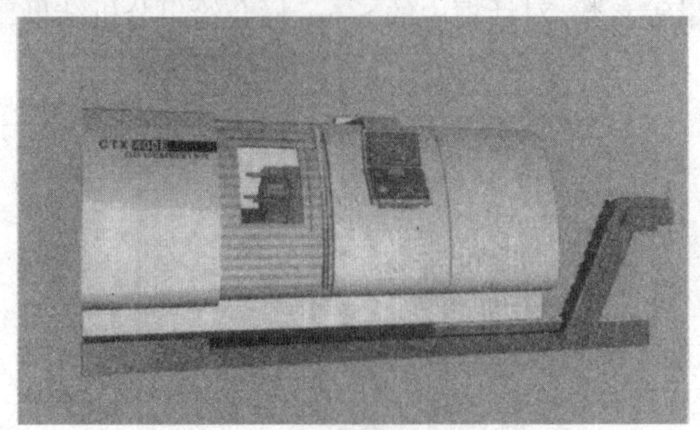

图 8-105 机床模型

第二,制作并导入成年男子第 50 百分位数下的人体模型,如图 8-106 所示。

图 8-106 第 50 百分位数下的成年男子人体模型

第三,根据视觉显示装置设计与布局导则,调整人体模型的视觉范围。作业者在操纵控制面板时,会同时监视机床玻璃门内机器的运转状态,因此操纵控制面板应与玻璃门平面平行,以确保操作者的视野范围(视平线向下 10° 左右为最佳);调整控制面板的高度不仅要保证保操作者的视野范围,还要满足作业者站姿操作时手臂的操作范围(略低于肘部高度为最佳)。调整人体模型的操作姿态(手臂高度),使其呈最佳操作姿态,调整控制面板的高度使其在人体模型的操控之下，如图 8-107 所示。

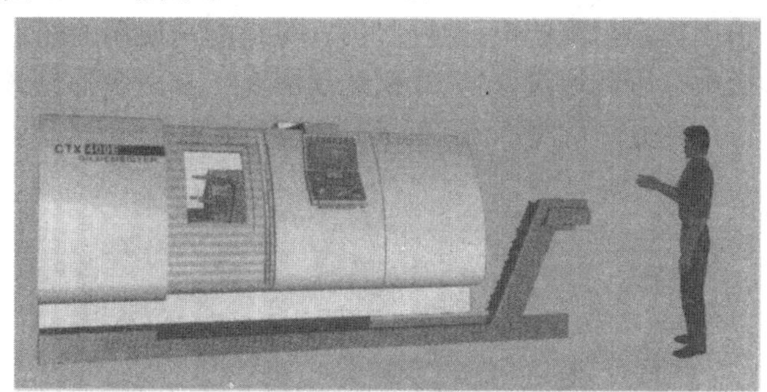

图 8-107　调整人体模型

第四，在上述调整过程中，一旦发现机床模型无法满足人体模型的尺寸要求，就要对其进行修改，并重新测试调整，直至满意为止，最后输出最佳方案，如图 8-108 所示。

图 8-108　机床的人机工程设计最佳方案

（二）视觉传达人机工程设计

标志符号作为一类典型的信息常被用于表示机器的功能、运转状态或指示方向、标识产品名称等。因此，在标志符号的设计中，不仅要注意其设计的形状美观，色彩的搭配也应符合人的视觉要求。这里以西北工业大学产品设计研究所博士生导师陆长德教授为"八五"公关成果设计的标志为例，介绍人机工程学准则在标志符号设计中的应用。

该标志在 CorelDRAW 软件中完成。在色彩的搭配设计中，首先用填色工具为该标志填充黄色前景色和填充白色，如图 8-109 所示。

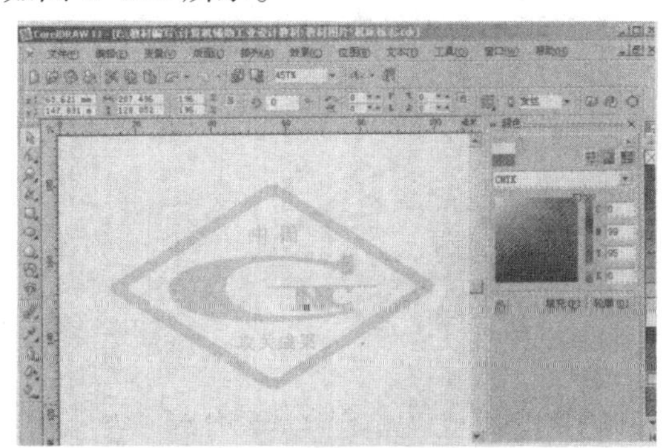

图 8-109　视觉传达（标志）的色彩搭配设计（白—黄搭配）

用填色工具为标志填充黄色前景色和黑色背景，如图 8-110 所示。

根据人机工程学关于色彩搭配的设计导则，白—黄搭配是模糊的配色关系，而黑—黄搭配则是一对醒目的色彩搭配。因此通过比较，我们选择图 8-110 所示的色彩方案。

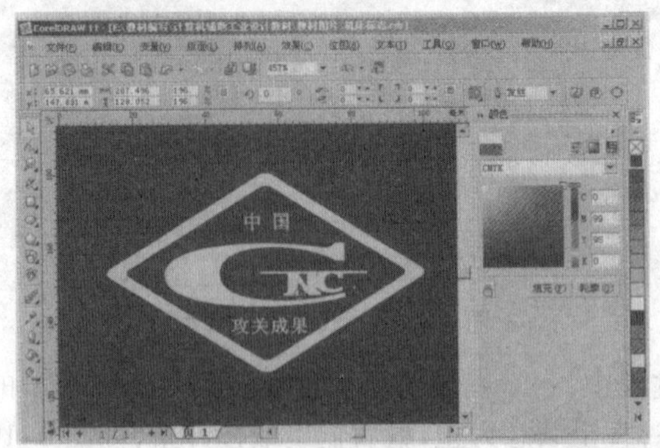

图 8-110　视觉传达（标志）的色彩搭配设计（黑—黄搭配）

再看其他色彩的配色方案。用填色工具为标志填充红、蓝两色前景色，背景选择黑色，如图 8-111 所示。

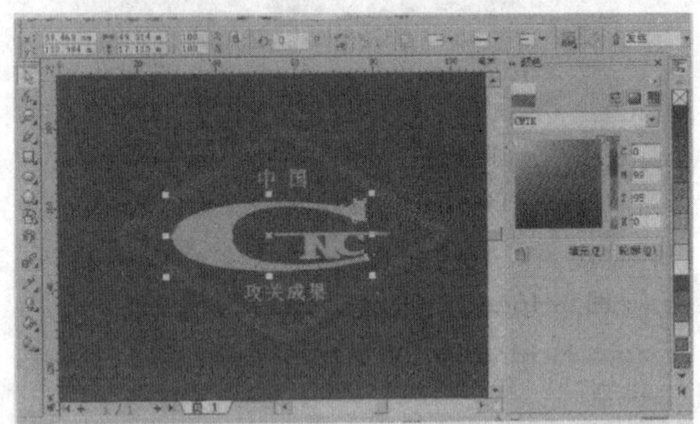

图 8-111　视觉传达（标志）的色彩搭配设计（黑—红、蓝搭配）

在图 8-112 中，标志的色彩不变，仍为蓝、红色，背景改为白色。

根据人机工程学关于色彩搭配的设计导则，黑—红、白—红都是较醒目的色彩搭配，而黑—蓝搭配是模糊的配色关系，白—蓝搭配是一对醒目的色彩搭配。因此，图 8-111 中的标志相对不够清晰、醒目，只有红色图形在两种背景中均达到较好的视觉效果。因此我们选择图 8-112 所示的色彩方案。

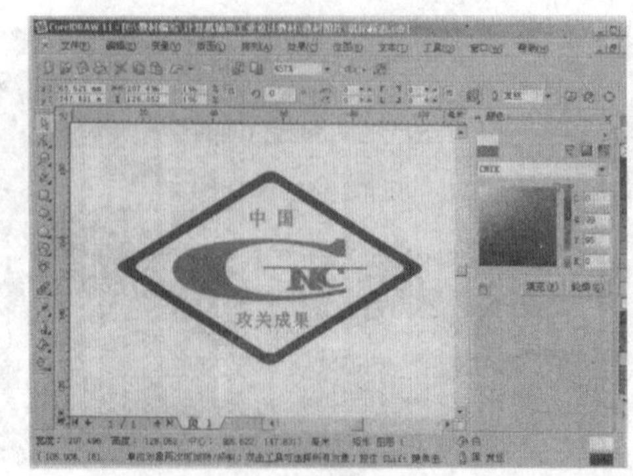

图 8-112　视觉传达（标志）的色彩搭配设计（白—红、蓝搭配）

标志作为符号信息的一种,其标示的位置也应符合视觉规律,以达到美观、醒目的目的。这里仍以机床的标志为例,进行布局设计。

根据人机设计流程,分别将标志作为贴图贴在 3ds max 软件中机床的左上(见图 8-113)、右上(见图 8-114)、左下(见图 8-115)、右下(见图 8-116)位置。根据视觉显示装置设计导则中的视觉规律,左上限位置是最佳观察范围,因此选定左上限为最佳方案。

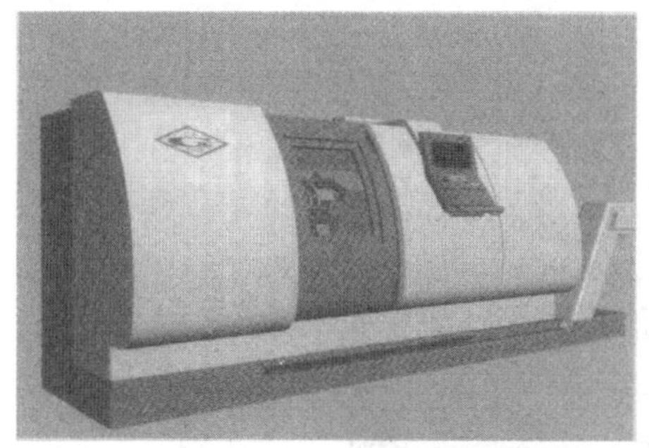

图 8-113　标志布局于机床左上角

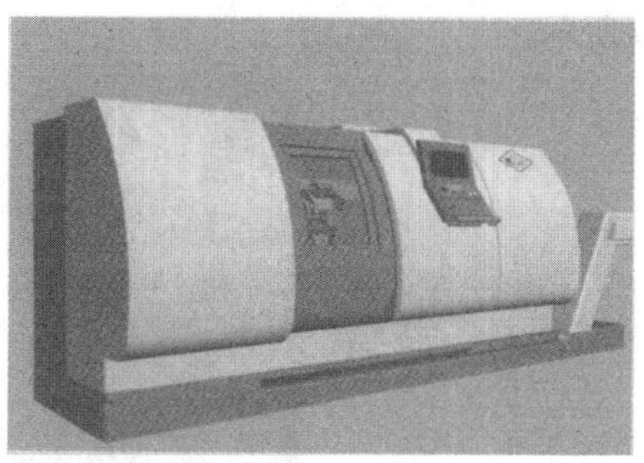

图 8-114　标志布局于机床右上角

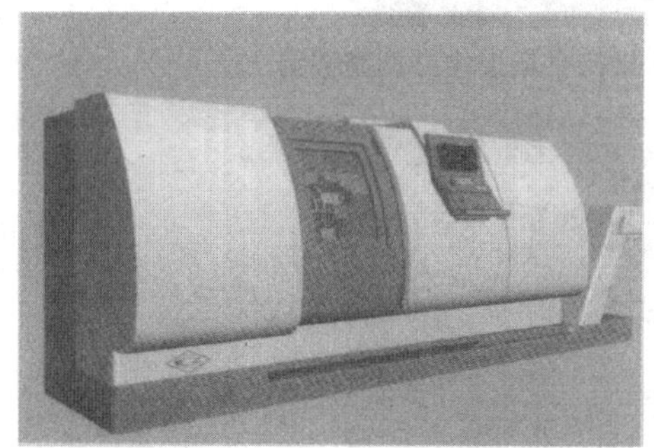

图 8-115　标志布局于机床左下角

图 8-116　标志布局于机床右下角

(三)环境人机工程设计

通过人体模型在空间中的活动模拟,可以合理地设计接待台的高度(由模型的站姿肘高决定)、座椅的高度(由于经常起立,因此接待员可选择站姿或座面较高的座椅)。根据作业空间的设计方法和导则,接待台的人机设计过程如下。

根据接待工作性质,确定其使用人群为青年女性。

根据国标人体测量数据,采用人体模型软件制作青年女性的虚拟人体模型,如图 8-117 所示。

图 8-117　青年女性的虚拟人体模型

采用 VR 软件或其他产品建模软件建立接待台模型,并将青年女性的人体模型导入接待台模型虚拟场景中。

调整模型的姿势,根据作业姿势设计导则,检测接待台与人体模型之间是否发生碰撞,接待台的尺寸是否满足人体模型的需求,如图 8-118 所示。

实时修改或更换不适合的方案,进一步完善设计,最终输出满意的作业空间设计方案,如图 8-119 所示。

图 8-118　将人体模型导入接待台场景中并调整姿势

图 8-119　室内的人机工程设计最终方案

第九章　产品设计的思维创新

第一节　产品设计的思维方式创新

一、产品设计中传统的思维方式与创新的思维方式

（一）传统的思维方式

传统的产品设计思维首先是一种"形象思维"。虽然对形式的美与丑、视觉元素之间和谐与对比的关系的判断存在着个体的差异，但是这种能力却存在于每个人的身上，这就是一种审美感知能力，它是以客观物象为基础而进行的再造想象，在整个思维过程中如影随形，是多数人与生俱来的能力。同时，产品设计思维又是"抽象思维"与直观的动作思维。每一件创新产品的开发构想，每一种别出心裁的设计，都是设计师思维的体现。设计思维在设计师的创造活动中发挥着越来越重要的作用，随着设计艺术的不断发展，传统设计思维也逐渐形成。

传统的思维方式具有一定的哲学性、直觉性、逻辑性与系统性。"一切都是漂亮的"，安迪·沃霍尔这位神化消费世界及其符号的艺术家标榜了一种新的生活美学，而和远离现实生活的抽象艺术分庭抗礼。"国家和金钱是万恶之首"，则显示出博伊斯这位道德主义者的严肃无情。博伊斯的言论核心是"社会雕塑"，就是想创造一个理想国，每个人在各个领域发挥无限自由的创造性。因此艺术对博伊斯而言，必须具有打破一切常规和贯穿各种学科的功能和责任。这种独特的观点迅速影响、传递到了艺术学、社会学、哲学、医学、经济和政治各个领域。一般而言，艺术与设计所奉行的基本哲学是冲突的，只有在理想和实验的基础上，或可寻找到共同的东西。这一方面体现了设计对艺术批判的消解力，另一方面也反映出一种相对于主流文化的亚文化拓展自己思想空间的努力。新浪潮重视设计中的直觉，以及形式语言的表现力。孟菲斯设计对个性化、反功能化的离经叛道理念的追求，在孟菲斯派创始人艾托·索特萨斯强调的"艺术设计中的历史文脉、诗性叙述因素和文化底蕴，比实际功能更重要"这样的观点中体现出来。在对体制文化、主流文化的反驳与批判中显示出个性的思考，证明着多元互补存在的必要性。

心理学家威尔森·冯·度山认为想象力和直觉并不是逻辑分析的产物。"直观"与"直觉"相联系，但直观侧重于"观"，而直觉侧重于"觉"。在德国哲学家康德看来，"直观"是视觉形象的最高形式。日本设计组合在谈到自己的设计理念时说：不要想，去感觉！……当然你用你的大脑来思考，但使用你的整个身体、所有感觉来感知事物特别重要。日本在 1999 年开展

了一个设计活动，名为“没有思想”。活动的目的就是要寻找一个所谓根本的设计方式，来回应和表达人们在日常生活中所呈现的真正的感觉，从共同的感觉和记忆中寻找简单的设计方案。“没有思想”意味着对生活经验的感觉的重视和体现。这种设计的使用和刹那间引起的感觉具有明显的直接性、微妙性。

逻辑思考通过因果律和假定进行推断，目标在于分辨与分类，按规律的方式进行思考，运用精确的语言来描述，以解决问题为目的，偏重于外在世界的探索，而尽量排除个人的主观认识，而直觉与其相对，它揭示的则是内在世界及个人经验的奥秘。因此，对于产品设计，思想的逻辑表达作用是有限的。逻辑的有限性事实上是艺术对思想表达的一种反思，也就是说，逻辑是理性的，艺术指向非理性。艺术观念的表达就是从理性到非理性的过程。理性保证着非理性的品质，反过来，非理性吸纳着理性的营养，释放着理性的能量。因此，艺术的真正形态是自然的、自由的、不可辩驳的、无法预知的、匪夷所思的。换句话说，是一种逻辑作用下的非逻辑形态。而设计一般呈现着相反的状态。通常，设计的定位，是一个逻辑性很强的理性思维。德国乌尔姆设计学院是强调设计理性最为鲜明的设计教育学院，它坚持理性与社会性优先原则的设计思想，奉行使用与制造的判断准则，在设计的各个领域贯彻“最低消耗”、“最高成效”的要求，并及时将各种新学科知识引入设计学科教育中，将设计思维作为一门科学加以看待。

（二）创新的思维方式

创新思维是突破思维定式的思维方式，以打破惯性思维为特征，是以直观、感性、想象为基础的大胆的思维活动。创新思维是综合运用抽象思维、形象思维、知觉思维、发散思维、跳跃思维等多种思维形式的思维，与情感、意愿、动机、意志、理想与信念等紧密相连。创造与创意能力是设计艺术最根本和最核心的能力，创造能力的培养是设计教育的重点。一切创造都存在两个过程：知觉与表现。对我们而言，创造性思维和情感、意志、个性、意念密切相连，在感觉、知觉、记忆、情绪、思想、审美等心理活动中发挥作用。

创新包含两个阶段，获取解决问题所需知识的阶段和产生潜在问题解决方案的阶段。创新需要解决设计的思维如何以更快的速度和更好的品质在“获取”和“解决”的过程中发挥作用的问题。应用性质完全不同的要素，强制毫不关联的事物发生关联，把问题转化成其他问题，联想就有了极大的空间，设计也在一切事物之中。

设计的创新思维意味着新的理念应当超越过去的理念，并且这个新理念不断地与已有的其他理念冲撞、融合。在理念整合的过程中，设计师通过变化和转换的方式努力对一个理念进行更大的优化。

新与旧的元素都有可能被很好地包含在创新中，这样的创新是承前启后的。所谓的超前在很大程度上在未来是有实效的，而含有旧的要素的创新，则很好地起着过渡的桥梁作用。

对产品设计师而言，创新需具有“有用性”，这种有用性对于设计是如此重要，以至于超过了“新”。有用是一个较为恒定的设计标准，产品设计需要经过客户与无数消费者的应用而得到认定，这是一种自然的检验，有效而且客观，起着优胜劣汰的作用。显然，这种认定的重要性超越了产品设计师个人的满足。

成功的创新意味着对历史有着很好的了解，意味着对过去的理念进行了超越。在此过程中，理念的组合与协调非常重要，单独的理念很难出新，而理念的组合与协调则有可能突破一个理念本身的局限，建立相关理念的联系。一可以生二，二可以生三，三可以生万物，同时，一加一可以等于三,三加三可以等于三十三。更深刻的理念可以从理念的融合中获得。因此,理念外向的导引及其与其他理念相互碰撞就变得重要,理念超越的推力可能来自理念自身的系统之外。

创造性思维不受时空的限制,也不受概念陈规的约束,借助想象、联想、幻想的虚构来进行具象思维,以创造新的形象为己任。逻辑思维可以减少形象思维的偏差,但逻辑思维绝不能成为形象思维的羁绊。在这个阶段,逻辑思维和形象思维同样包含了多种思维方式,如发散、聚集、联想、逆向、均衡等。

二、思维方式创新的方法与训练

(一)思维方式创新的方法

1. 想象与联想

"想象"指在原有感性形象的基础上创造出新的形象。或者说,能从真正的自然界所呈供的素材里创造出另一个想象的景象。想象是一种创造性的认知过程。想象力体现人的内在自由精神,是文化生成和发展的源动力,也是设计师必须具备的一种重要能力。

"想象力"是形成表象并把表象联结于知性或理性的心灵能力。所谓"心灵能力"显然有"超验"的指向,即人能想象出从未感知过或实际上不存在的事物形象。围绕想象力的经验性和超验性,思想家一直多有争议,因此引出唯物和唯心之争。唯物论认为想象内容须来源于客观现实,而唯心论则认为,想象是自觉、意志的领域,与客观无关。或者我们可以这样认为:想象乃是基于客观现实的一种自觉意志的张扬。

人的想象力是快乐的源泉,也是绝望的种子。思想需要想象力,又要逃脱想象力的阴影。癫狂与清醒等情绪与心境都会通过艺术与设计表现出来。好的思想家,是用绝妙的理性透视最不可理解的区域。人的想象性感验能力,是对人类想象力和非理性进行思考。因此,想象力的能力是一种艺术想象力。一个好的艺术家,也会是一个好的思想家,只是,他更愿意听从心灵与形式的想象。而产品设计师,则必须尊重他所要达到的设计目的,尊重他的潜在受众。

想象力与设计的原创精神紧密相连。设计需要想象力,想象力通过设计转变成创造力,如果没有想象力,难以想象人类的今天会是什么样。所有生活的舒适与便利,从宏大的设计如天上的飞机,地上的磁悬浮列车到许多微不足道的设计,如纽扣、餐具等,都是建立在想象的基础上的。艺术想象力始终是艺术创造最有决定性的要素。这一点对设计也同样重要,与艺术的漫无边际的想象相比,现实的需要是设计想象的基础。

联想存在着如下几种:类比的联想、相对的联想、相似的联想、关系的联想、性质的联想、功能的联想、从属的联想、因果的联想、概念的联想、相关的联想、间接的联想、飞越的联想等。并且联想也可以基于感官的基础上,可以是视觉的联想、触觉的联想、嗅觉的联想、需求的联想、听觉的联想。通常,这类联想也会发生通感的现象,比如,听到一段音乐所引发的联想。

创造性的联想,包括图形的循环联想、异质同构联想和常见物象的多向联想,可促使大脑积极构思出具有个性和魅力的形象,再经过反复的艰苦的思维活动进行分析和判断,选取最具代表性、最有意义的形象,重新组合后创造出新的形象。除了词组组合转移联想,还有设计物品用途联想、图形组合变异联想等，根据各个设计领域的不同，呈现出专业的特征、丰富的社会生活知识和精神的专业技巧形成了联想的基础。

积极暗示能够开发头脑中的思维潜能，学会拒绝和抛弃那些压抑思维潜能的消极暗示，让暗示积极地在意识中出现，其表现形式即为灵感、直觉、想象。客观事物通过各种表象、意义、性质、感觉、因果、从属、相似、对立等方式发生联系，这种联系成为联想的基础。不同的知识结构或可引起不同的联想，因此联想有它合理的一面，但是过多的知识也可能会约束联想。而想象可以彻底地摆脱现实和知识的约束而自由飞翔。梦想是一种具有想象力的思考，以热忱、精力、期望作后盾。

2. 灵性与灵感

就普遍的思维而言，感性和理性形成了人性的基本内容，另外就是灵性的存在。灵性并非是感性、理性的升华，感性、理性也不是灵性的放射。灵性是人性的超越性维度。在宗教的解释中，灵性则是个人在各种相处关系中达到平衡的最佳状态。或许这个概念也可以引申到产品设计中。

设计的灵性是人与物的意义打交道时所昭示的一种力量或状态，并通过和谐平衡的设计折射出来。设计的灵性往往形成设计的意义。设计的灵性不在血肉之躯；设计的意义也不在物化的形式，二者形成的是一种精神关系。这种关系既可在瞬间被激活，也可转化为持久的个人信念。灵性是人与意义交往的精神能力。凭借灵性，人从设计的生存转入设计的体验，在现实世界发现设计的价值，在精神世界提升设计的品质，在受必然支配的自然和社会中获取设计实现的意义。

产品设计在社会中求生存与求意义是同时逆向的两种活动。同时指的是：在求生存的同时也求着意义。“逆向”指的是：求生存的活动走在“出”的方向，而求意义的活动则走在“归”的方向。人若不从自身走出去，就无法维持自己的生存，而所有的设计基础目标都是为了生存。但人若一味地远出，则可能迷失其中，失去了设计本真的追求。意义追求与灵性体验就是引人归入设计的途径。产品设计有灵性，显然是指对设计的专业和巧妙有聪明的体会与机智的体现。创新，是产品设计工作的最高境界，也是优秀设计的魅力所在，具备灵性的创新设计，使人有耳目一新的视觉享受，这就是创新的价值所在。

和灵性比起来，灵感就形而下了许多，灵性有素养和气质积蕴的意思，而灵感则有灵机一动，瞬间产生念头的感觉。然而，灵感自然也不是凭空冒出来的，需要有大量素材和平日思考的积累，在某个时间突然碰撞产生奇思妙想。灵性的灵感突现让设计具有精神性。

保持对生活的敏锐直觉是重要的，如今年轻一代依赖于从电脑中获取信息，这种生活方式使得他们在语言和思考上带有程式化的倾向。灵感的触发和产生是个人化的行为，它取决于人的综合感知能力。灵感来自生活。例如现代灯具（见图9-1）的设计与咖啡桌（见图9-2）设计。

从创造性思维的心理机制考虑，合理和科学地解释灵感，并非轻松的事情。思想放松、思维发散对改变思路有强有力的影响，而知识广博、头脑灵活是改变头脑中存在的思维定式，获得新颖、别具一格的设计灵感的条件。与有意识的思维比较，无意识思维具有发散的特性，因而最可能产生创造性的新思维。

设计灵感的获得有赖于日常的寻找和积累。因此，要注意平时对事物的细致观察，以储备丰富的表象材料，积累知识经验，时时保持积极的思维活动。

图 9-1　现代灯具

图 9-2　咖啡桌

美国设计师戴米恩·科勒尔认为：松散、开放的心态和方式，才能吸收到更多的灵感。“没有馊主意，只有不合适的主意”，这是对自由思想的最大激励。注意力高度集中于创造的对象上，意识活动清晰、敏锐，思维活跃，在这样的状态下思如泉涌，众多新事物、新形象、新观念涌入脑中，相互结合、聚集、碰撞、强调、突出，旧有的记忆被唤起……这些都是灵感出现的基础。创造思维能力、高水平的表象改造能力、丰富的情绪生活都会激发灵感的产生，它是想象者个人在长期生活实践中勤于积累经验的结果。

（二）思维方式创新的训练

1. 想象训练

想象力是人类赖以创新的源泉，古希腊哲学家亚里士多德说：想象力是发明、发现及其他创造活动的源泉。如果从人类的早期历史追溯，我们可以找到无数例子来说明，想象力如何促进了人类社会的发展，这种想象力的绚丽精彩也在早期设计的产品和艺术作品中流传下来。想象力是一种强大的创造力量，人类依托它从实际自然所提供的材料中，创造出了丰富多彩的第二自然。黑格尔说：“说到本领，我认为最重要的艺术本领就是想象。”设计的发展，离不开设计师丰富的想象力和创造力。人类由于发明虎头钳而使大拇指强健有力；发明铁锤而使拳头和手臂的肌肉发达，这些身体的进化也都是想象力的恩赐，而设计让我们身体舒适的同时，也让我们变得更加懒惰。

丰富的想象力来源于饱满的创新激情，人类的心灵渴望它们。对于人生而言，缺乏想象力就缺乏了宏阔的视野，缺乏了人生理想境界之美的追求，就有可能导致人生目标的过分现实化和功利性。想象力可以将我们带入一个虚拟的世界，实现现实生活中不可能实现的梦想。想象力使我们享受快乐，享受惊奇，享受自由，享受现实世界从来都没有的感受。

科学到了最后阶段，便遇上了想象。爱因斯坦则说：“想象力比知识更重要，因为知识是有限的，而想象力概括世界上的一切，推动着进步，并且是知识进化的源泉。”

虽然产品设计思维以理性见长，但是想象力的作用保证设计具有一种符合人性的活力，不断推动设计向更高的层面发展。想象也总是和理解结合在一起，将想象在设计中合情合理地加以落实。

2. 想象表达

超现实就是一种想象，例如将时间、地点和意图上彼此分离的形象偶然地放置在一起，从而产生一种新的离奇的意图。超现实主义作为一种绘画语言，体现了想象和联想的能力，营造出一个非现实的形象空间，表达出潜意识的知觉，形成视觉的诗学，并从这种场景中揭示出一种意义。人们总是对新奇的东西充满好奇，体验想象的奇妙是一种震惊的感觉，一种激动人心的迷惑和兴奋，一种惊颤带来的情感骚动。它让无情理性的世界重新充满了魅力。如图 9-3（a）（b）（c）（d）为 BCXSY 工作室设计的鱼缸，形式新颖，具有魅力。

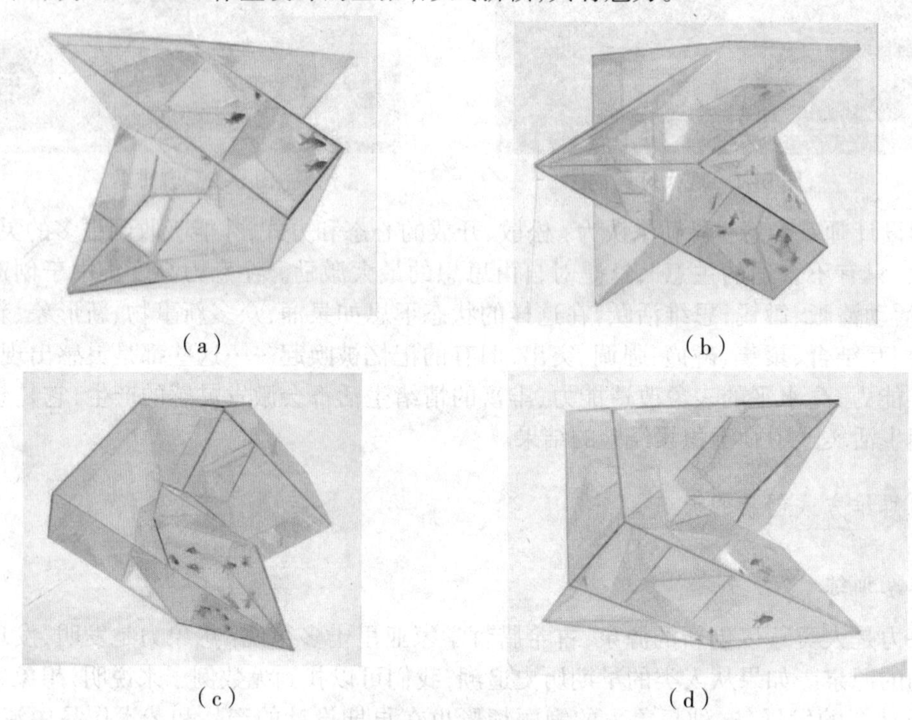

（a） （b）

（c） （d）

图 9-3 鱼缸

西班牙超现实主义画家达利（Salvador Dali）也设计了具有梦幻般色彩的“螯虾电话”和性感的“红唇沙发”（见图 9-4）。而超现实主义的设想和方式在广告中常可以看到。

图 9-4 红唇沙发

第二节　以思维为主的创造法

一、模仿创造法

人的创造源于模仿。大自然是物质的世界、形状的天地。自然界把无穷的信息传递给了我们,启发了我们的智慧和才能。模仿创造法是指人们对自然界各种事物、过程、现象等进行模拟、类比而得到新成果的方法,如图 9-5 所示。

图 9-5　模仿创造

世上的事物千差万别,但并非杂乱无章。它们之间存在着不同的对应与类似,有的是本质的类似,有的是构造的类似,也有的仅仅是形态、表面的类似。有人说人为的造型活动是模仿自然法则的精华。如飞鸟的展翅高飞引发人类创造纸鸢、滑翔机甚至飞机等一连串的研究与发明;庄稼汉的竹编龟甲形雨具仿自乌龟的保护壳,不但防雨水,而且不妨碍工作;甚至近代建筑也模仿有机体的造型,如台湾东海大学鲁斯教堂,就是双手合十的祷告造型式样。

图 9-6 是鹦鹉螺的剖面图,我们可以从中窥见一个整齐有序且令人叹为观止的呈一定级数增大的类似盘绕的形态,此形依贝壳容积的改变而改变。图 9-7 则是一款灵感来自鹦鹉螺的服装设计。

图 9-6　鹦鹉螺剖面图

图 9-7　鹦鹉螺纹服装

图 9-8 中的造型来自自然界中的动物——蛇，在设计师不同的思维下演变成了各式各样的蛇形灯具。

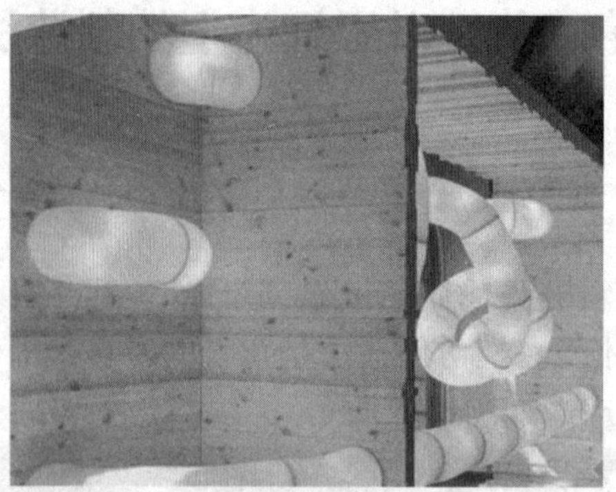

图 9-8　蛇形灯具

在设计师的眼中，自然界的任何事物都是可以模仿的，看看这些可爱的设计吧。小鸟，打开后才发现它原来是一把椅子（见图 9-9）。鱼骨头灯做得太像真的了，连这只小猫都被迷惑了（见图 9-10）。蜘蛛？不，别怕，这只是一盏吊灯而已（见图 9-11）。

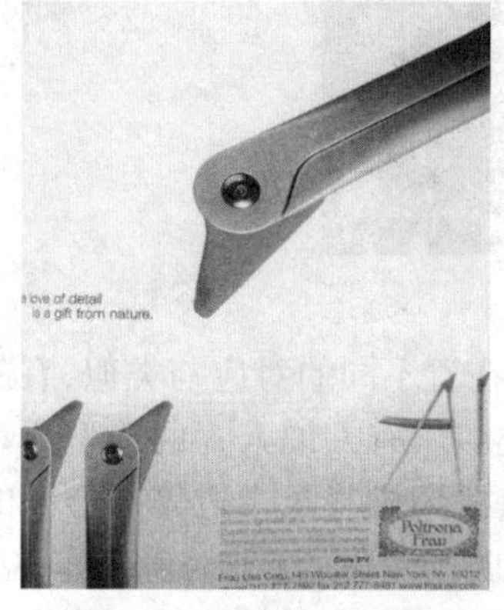

图 9-9　小鸟造型椅子

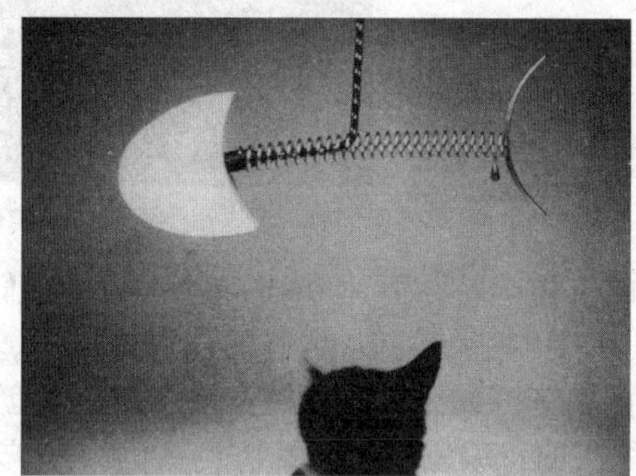

图 9-10　鱼骨头灯

图 9-11　蜘蛛形吊灯

二、趣味设计法

趣味是心理上产生的一种热情和欲望。我们在对自然现象进行观察的过程中，总会发现许多有趣的事，而这种趣味可以转化为一种心理上的能量，激发我们去创造，并从中得到心理上的满足和愉悦。从自然现象中发现有趣味的审美情结和艺术形象，通过设计把这种趣味传达出来。心理学的研究告诉我们：如果人们改变了正常的视觉习惯，心理上就会产生新奇感。把各种不相干的形象用各种不相干的手法结合在一起，形成有趣的设计形式，使人看后感到新奇、不可思议，引发人们的兴趣，引起心理上的震撼。从创造性思维的角度来说，各种类型的趣味都是言谈举止方面所表现出来的一种创意。也就是说，对于大家都知道或者都能猜到的事物，我们是不会发笑的。能够引我们发笑的，一定是出乎意料的新东西，因为它改变了我们的习惯性思维。把几种本来没有任何关系的思想或事物突然结合在一起，就产生了趣味。所以趣味性能让一件很平常的作品或事物变得光彩照人，魅力无穷。

你见过这样的座凳吗？这个设计堪称经典，给人一种错觉，好像三位大屁股的人坐在那儿，非常有趣（见图 9–12）。图 9–13 中的婴儿奶嘴的设计，大胆有趣且充满童心，使人一看就忍俊不禁，印象深刻，产生购买的欲望。独特的抱枕也同样给人过目难忘的印象（见图 9–14）。

图 9–12　座凳

图 9–13　婴儿奶嘴

图 9–14　抱枕

三、功能分析法

功能分析法是以事物的功能要求为出发点广泛进行创新思维，从而产生新产品、新设计的方法。任何产品都是为了满足某种需要而产生的，而需要的根本是功能，抓住了功能就抓住了本质，如图 9–15 ~ 图 9–18 所示。

图 9-15 凳子

图 9-16 桌子(一)

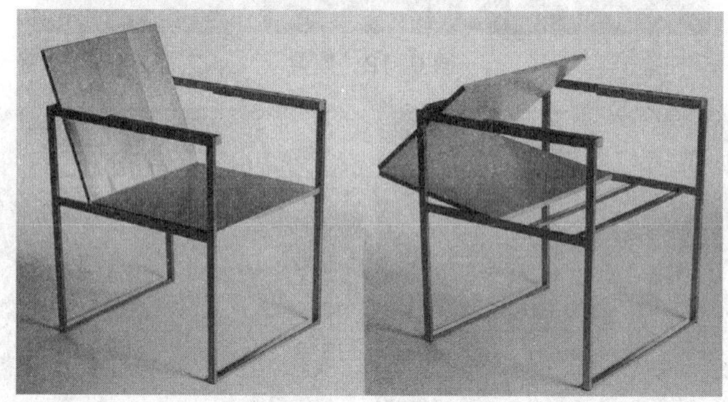

图 9-17 椅子

图 9-18 桌子(二)

有时我们在需要用电筒或应急灯时，会遇到电池没电的情况。这个时候又找不到地方去买电池，怎么办？手摇发电、太阳能代替电池已经司空见惯，现在有一款叫 lume 的手电筒，运用的是帕尔贴效应（即当有电流通过不同的导体组成的回路时，除了产生不可逆的焦耳热外，在不同导体的接头处随着电流方向的不同还会分别出现吸热、放热现象），当你握住它的时候，就会将你手上的热量转化为电能。只要电筒在手，无论停电多久都能常亮，再也不需要担心电池没电的问题了。

可不要小看这张小小的塑料桌子（见图 9-19、图 9-20），它的功能可不是一般的小边桌可以比拟的。它可以是个小花瓶，可以是个大花盆，可以是个水果盆，还可以是个坚果盘。当然，它还是一张小桌子。

图 9-19　桌子（三）

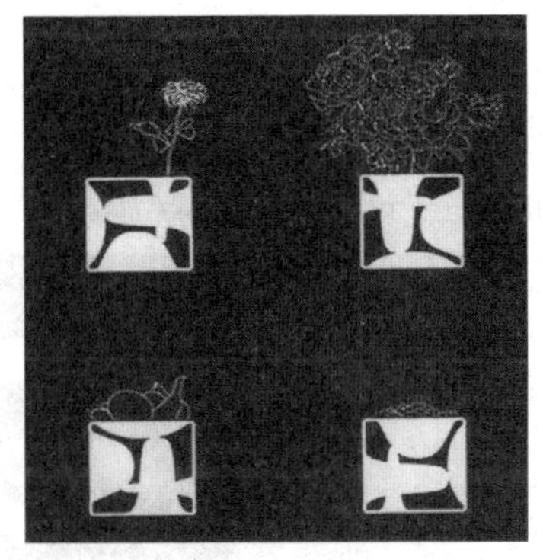

图 9-20　桌子（四）

功能是因为需要而产生的。所以在设计一款产品之前，要了解用户最需要什么，哪些需要是亟待解决的，而哪些需要是可有可无的。夏天去沙滩玩的时候，泳装和沙滩裤都不适合装钱包、钥匙，但是这些东西又必须得带上。怎么办呢？设计师根据人们的需求，为沙滩鞋开发了一个新的储物功能。将藏在鞋底的"抽屉"拉开，钥匙、卡片和零钱终于有个安全的地方存放了（见图 9-21）。

图 9-21　带储物功能的沙滩鞋

为原有的产品开发新的功能。2014 年的米兰家具展场中展出了一款特殊的画框或相框，这款相框改变了我们平时将相片挂在一整面墙上的习惯，不管是弧形的墙还是有转角的墙，都可以挂上这款特殊的相框（见图 9-22）。

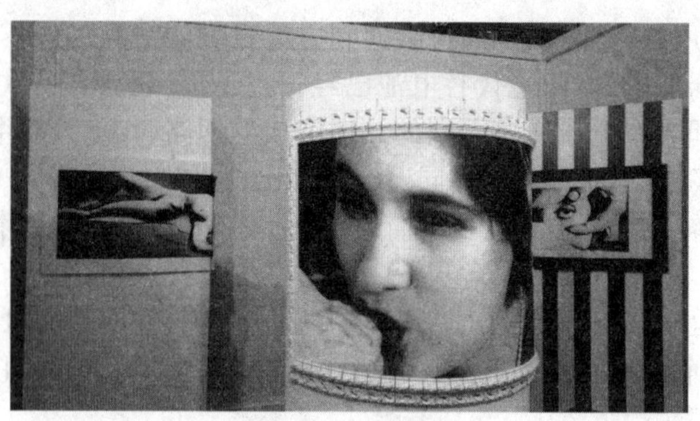

图 9-22 相框

同样是在墙上的设计，这个置物架（见图 9-23）把艺术和实用性结合得非常好。当置物架上不需要摆放东西时，所有的板子都可以向上推，这时整面墙上就是一幅完整的画。拉下其中任意一个板子，就可以在上面摆放东西。既方便实用、节省空间，又充满艺术气息。

图 9-23 置物桌

四、坐标分析法

坐标分析法是将两组不同的事物分别写在一个直角坐标的 X 轴和 Y 轴上，然后通过联系将它们组合到一起。如果它是有意义并为人们所接受的，那么就会成为一件新产品。这一思考方法在新产品设计中应用更广，是一种极为有效的多向思考方法。比如你在设计一种新式钢笔时，以钢笔为坐标原点，然后画出几条与设计钢笔有关联的坐标线，在坐标线上加入具体内容（坐标线索点），最后将各坐标线上的各线索点相互结合，与钢笔进行强制联想，可以产生许多新设想。

如将钢笔与历史结合，可以联想到设计一种带有历史图表或刻有历史名人字样的钢笔。将钢笔与圆珠笔结合，可设想开发一种不用抽墨水的钢笔或不同笔帽的钢笔。将“钢笔”“温度计”“笔杆”联系在一起，可以想到笔杆带温度计的钢笔等。比如汽车具有说话的功能，就是会说话的汽车；锁具有说话功能的，就是会说话的锁。如果这些组合都已经实现，在图上我们用“△”符号表示。而如果汽车和太阳能结合在一起，就成了太阳能汽车，而这一组合是有可能实现的，但又存在一定的难度，我们用符号“·”表示。如果把锁和催泪弹结合在一起，可以用在保险箱上，而实现这个的难度并不大，我们用符号“○”表示。但是如果把锁和游泳结合在一起，就没有什么意义了，所以我们用符号“×”表示（见图 9-24）。

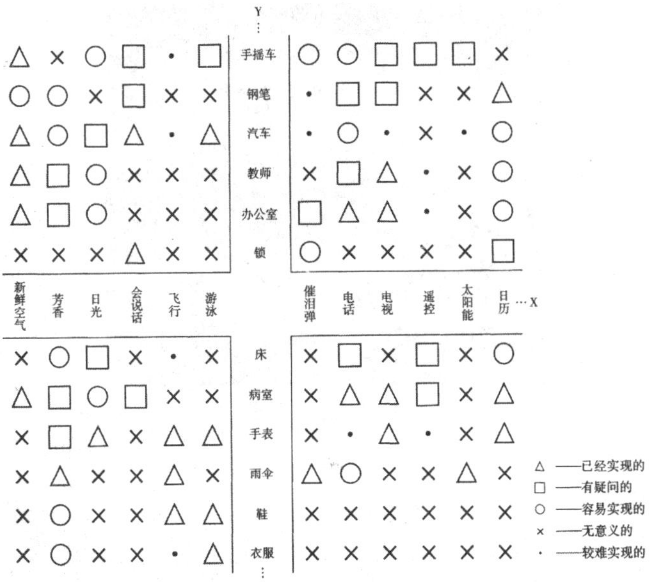

Y	新鲜空气	芳香	日光	会说话	飞行	游泳	催泪弹	电话	电视	遥控	太阳能	日历 …X
手摇车	△	×	○	□	·	□	○	○	□	□	□	×
钢笔	○	○	×	□	×	×	·	□	□	×	×	△
汽车	△	○	□	△	·	△	·	○	·	×	·	○
教师	△	□	○	×	×	×	×	□	△	·	×	○
办公室	△	□	○	×	×	×	□	△	△	·	×	○
锁	×	×	×	△	×	×	○	×	×	×	×	□
床	×	○	□	×	·	×	×	□	×	□	×	○
病室	△	□	○	□	×	×	×	△	△	□	×	△
手表	×	□	△	×	△	△	×	·	△	·	×	△
雨伞	×	△	×	×	△	×	△	○	×	×	△	×
鞋	×	○	×	×	△	△	×	×	×	×	×	×
衣服	×	○	×	×	·	△	×	×	×	×	×	×

△——已经实现的
□——有疑问的
○——容易实现的
×——无意义的
·——较难实现的

图 9-24　坐标分析法

天津市南开中学的语文教师田家骅，曾将这个方法用于指导学生写作文。一次，田老师让学生围绕校园这个大主题写一篇作文，在 10 多分钟内，学生们都定好了题目，相互一通报，发现基本是雷同的，什么《校园的春天》《校园里的一件小事》《我的老师》等。这样下去，学生们写文章哪还会有创新啊！田老师为启发学生，先画出一张坐标图，“校园”为坐标原点，由此引申出 8 个坐标轴，每个轴类事物上面又包括许多具体事物（线索）。然后，她让学生们按照这个图，对“校园”与各思考线坐标上的每个线索进行强制联想。果然，学生们想出了许多以前没有想到的新颖题目，如《校园月色》《春雨浇开校园花》《2000 年的校园》《夏日的教学楼》等。

以上是任意列举一些事物加以排列组合。另外，还可以有意识地针对某一问题将事物加以分类，并进行排列组合。这样就能给人们以启发，促进新产品的开发。

五、移植法

移植法就是将某一领域里成功的科技原理、方法、发明、创造等应用到另外一个领域中去的创新技法。现代社会高速发展，不同领域的相互交叉、渗透是社会发展的必然趋势。如果运用得法就会产生突破性的成果。比如把电视技术、光线技术移植到医疗行业，就产生了纤维胃镜、内窥镜等，既减少了病人的痛苦又提高了医疗水平，是一件一举多得的好发明。

1905 年美国发明家贾得森发明了拉链并申请了专利，这成为 20 世纪最伟大的发明之一。拉链在我们的生活中无处不在，如衣服、家具、文具、钱包……现在，这个技术被移植到了医疗行业中：美国的一位外科医生将拉链技术移植于人体进行胰脏手术后的腹部，将一根长 1.8cm 的拉链消毒后直接缝合在病人的刀口处。这样医生可以随时拉开拉链检查腹腔内的病情，而不用多次开刀、缝合，同时康复率也得到提高。“皮肤拉链缝合术”由此诞生。

如图 9-25 所示的裙子，就是设计师把折纸的技法移植到了服装上，产生独特的肌理效果，使人耳目一新。

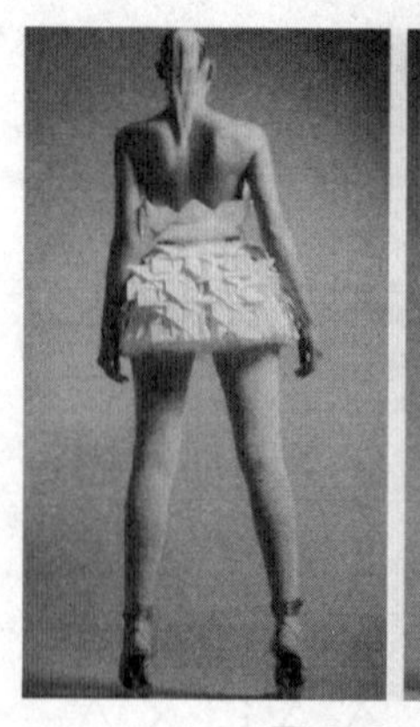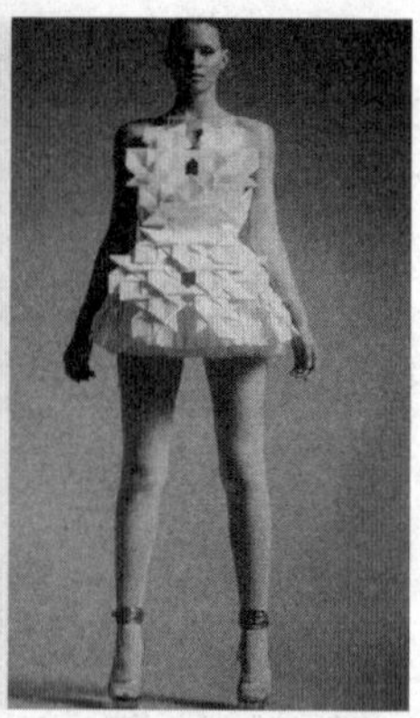

图 9-25 裙子

六、强制性创新思考法

(一)强制列举思考法

在创新思维中,强制列举法可以扩展人的思路,使信息膨胀并增值。

所谓列举,就是将一个事物、想法或事物的各个方面的思维活动一一列出。列举者先是对对象进行拆分,分成各种要素,要素可以是事物的组成、特性、优缺点,也可以是该事物所包括的各种形态。然后将已有的各个部分或细节用列表的方式展开,使之一目了然,通过对这些正常情况下不易想到的要求进行思维操作,可以产生许多独创性设想。

人们提出了一些强制的让人按一定线索去列举的方法,也就是强制列举型扩展思路法。

(1)强制列举的方式、步骤。将事物的组成部分,如元件、部件、机构、材料、特性等一一列举出来。列举的顺序一般为:组成强制列举—特性强制列举。组成强制列举是列举事物的组成要素及所用材料,试着以局部改进、替代等方式寻找思路。这种方式对已经发现事物缺点却苦于不知从何入手解决的人特别有用。

特性强制列举是对事物的特性进行分解和列举。特性列举的一般程序如下:感观特性(颜色、声音、气味)—外观特性(形状、大小、重量)—用途特性(运用领域、运用对象、用途)—使用者特性(使用者年龄层、职业、使用方式、使用频率)。通过特性的分解,可以逐一考虑所列的每一要素,试着寻找创新的思路,如将某种特性改成与之相近或相反的特性,或者在一种用途基础上增加新的用途,或者寻找新的使用者,扩大应用领域等。

(2)要素组合。许多人常认为,独创必须是创新的东西,这是一种误解,许多独创性设想就其组成要素和性质而言并非都是全新的,如果以创新的角度看待旧事物,或将现有事物的要素进行重新编排组合,仍为创新。

要素组合方式就是以系统的观点看待事物,在将研究对象的组成要素和属性分解的基础上,以各种新方式探讨要素的新组成,从而实现整体创新。在要素列举阶段,利用这种方式应掌握的原则是:所选择的要素在功能上要相互独立,能代表一个独立类型;要素数量不宜太多;尽可能寻找重要的、起关键作用的要素。要素列举后,还要进一步多向思考,列出可能实现每一要素的所有手段和形式,它们也称要素载体。将故事中的可变要素提取出来,加入各种可能的载体,通过组合可以构思出成千上万个故事。如书生:旧式书生、现代大学生、音乐家、未成名的工程师、画家、外国书生、未成功的企业家、医生、女性书生等。落难:没有路费、被冻在风雪之中、途遇强盗、患病、游泳遇险、车祸、工程受到意外损失、未婚妻变心、演奏完时昏倒、在国外打苦工挣钱等。小姐:千金闺秀、酒店女服务员、歌星、外国女学生、女导游、游泳健将等。搭救:赠款、跳下水去营救、与坏人搏斗营救、长年看护在病床前、帮人补课、赞助留学费用、帮助安插一个职位等。后花园:公园、书房、咖啡馆、飞机上、游泳场、途中、山顶上、医院里、大剧院、邻居家等。订终身:接吻、订婚、郊游、通信、送定情物、男女对唱、给予鼓励等。应考中榜:旧时中状元、获博士学位、演奏会盛况空前、考取国外大学、做官、成名、大病痊愈、搞出一项发明等。衣锦团圆:结婚、环球旅行结婚、家庭同意婚事、私奔、机场邂逅等。当然,按这个思路,也可以总结出爱情悲剧的几大要素,并通过要素载体搜寻与要素组合,构思出一幕幕富有独创性的悲剧故事情节。

(二)强制联想思考法

强制联想法就是运用联想的原理,强制使用两种或多种从表面看没有关系的信息,使之发生联系,产生新的信息,从而产生创新设想。在常规情况下,人们思考问题时容易受传统知识经验的束缚,常常提出一些大众化的想法,而强制联想法则是依靠强制性步骤迫使人们进行联想,从而将思路从熟悉的领域中引开,到陌生领域中寻找启示和答案。这一方法促使人克服思维定式,使有限的信息增值。

强制联想分为并列式和主次式两种类型。并列式强制联想一般是从一些产品样本、目录或专利文献中随意地挑选两个彼此无关的产品或想法,利用联想将它们强行联系在一起,从而产生一些新想法,或找到可以进行创新的某种突破口。这种方法尤其适用于需要不断创新的工作,譬如构思文章、设计和制作广告等。然而,这种强制联想往往缺乏某种内在的联系,所得到的设想中常会有毫无道理的“畸形想法”,因此,思考者还需要对所产生的设想不断地进行分析、鉴别,不断变换方式重新进行联想。例如,从一个产品样本中选出“电梯”与“刷子”这两个事物。从表面上看,这两者没什么联系,但强制联想一下,硬是让你找一找它们的联系,你可能会想到:电梯可以升降,如果发明一个可升降的刷子如何?由此便想到让刷子的把手杆可以自由地伸长缩短,刷子上的毛的长短也可以调节,这样就可以控制刷毛的软硬度。另外,刷子是为了清洁用的,从清洁的角度在电梯上做文章,也会产生独创性设想。如可以在电梯内安放空气清新剂;还可以发明一种无须用手接触按钮的声控指令电梯。

主次式强制联想是以需要解决的问题或要改进的事物为主成分,以随意自由地选定一个或多个刺激物为次成分,然后将主、次成分强行联系在一起,以次成分中的内容刺激和影响主成分,从而对主成分产生创新设想。以改进牙刷为例,将牙刷作为主成分,再随意地选定一两个刺激物,如选择杠铃和剃须刀。将杠铃与牙刷“强拉硬扭”在一起,利用联想可能会产生下列设想:杠铃两头的负重可以卸换,可否将牙刷头设计为可卸式,给牙刷配上备用刷头,有硬刷头、软刷头等。由杠铃会想到健身与比赛,可以开发对牙齿有保健作用的牙刷,也可以通过有奖竞赛等方式进行牙刷的市场促销。当然,以剃须刀为刺激物可以想到电动牙刷、便于旅行携带的牙刷等。

第三节　创造性思维的形式

一、创造性思维的基本概述

(一)创造性思维的一般含义

思维是人脑对客观事物间接的和概括的反映,它既能动地反映客观世界,又能动地反作用于客观世界。思维是人类智力活动的主要表现方式,是精神、化学、物理、生物现象的混合物。思维通常指两个方面,一指理性认识,二指理性认识的过程。思维有再现性、逻辑性和创造性。它主要包括抽象思维与形象思维两大类。

创造性思维(Creative Thinking)是一种具有开创意义的思维活动,即开拓人类认识新领域,开创人类认识新成果的思维活动,它往往表现为发明新技术,形成新观念,提出新方案和决策,创建新理论,对领导活动而言,其表现在社会发展处于十字路口时所作出的重大抉择等,这是狭义上的理解。从广义上讲,创造性思维不仅表现为做出了完整的新发现和新发明的思维过程,而且还表现为在思考的方法和技巧上,在某些局部的结论和见解上具有新奇、独到之处的思维活动。创造性思维广泛存在于政治、军事决策中和生产、教育、艺术及科学研究活动中。如领导工作实践中,具有创造性思维的领导者可以想别人所未想、见别人所未见、做别人所未做的事,敢于突破原有的框架,或是从多种原有规范的交叉处着手,或是反向思考问题,从而取得创造性、突破性的成就。

"创造性思维"又称"变革性思维",是反映事物本质和内在、外在有机联系,具有新颖的广义模式的一种可以物化的思维活动,是指有创见的思维过程。创造性思维不是单一的思维形式,而是以各种智力与非智力因素为基础,在创造活动中表现出来的具有独创的、产生新成果的、高级的、复杂的思维活动,是整个创造活动的实质和核心。但是,它绝不是神秘莫测和高不可攀的,其物质基础在于人的大脑。

创造性思维的结果是实现了知识即信息的增殖,它或者是以新的知识(如观点、理论、发现)来增加知识的积累,从而增加了知识的数量即信息量;或者是在方法上的突破,对已有知识进行新的分解与组合,实现了知识即信息的新的功能,由此便实现了知识即信息的结构量的增加。所以从信息活动的角度看,创造性思维是一种实现知识即信息量增殖的思维活动。

创造性思维的实质,表现为"选择""突破""重新建构"三者的关系与统一。所谓选择,就是找资料、调研、充分地思索,让各方面的问题都充分想到、表露,从中去粗取精、去伪存真,特别强调有意识的选择。法国科学家H.彭加勒认为:所谓发明,实际上就是鉴别,简单来说,也就是选择。所以,选择是创造性思维得以展开的第一个要素,也是创造性思维各个环节上的制约因素。选题、选材、选方案等均属于此。

在创造性思维进程中,绝不去盲目选择,重点在于突破,在于创新。而问题的突破往往表现为从"逻辑的中断到思想上的飞跃"。孕育出新观点、新理论、新方案,使问题豁然开朗。

选择、突破是重新建构的基础。因为创造性的新成果、新理论、新思想并不包括在现有的知识体系之中。所以,创造性思维最关键之点是善于进行重新建构,有效而及时地抓住新的本质,筑起新的思维支架。

总之,创造性思维需要人们付出艰苦的脑力劳动。一项创造性思维成果往往需要经过长期的探索、刻苦的钻研,甚至多次的挫折之后才能取得,而创造性思维能力也要经过长期的知识积累、智能训练、素质磨砺才能具备。创造性思维过程还离不开推理、想象、联想、直觉等思维活动。所以,从主体活动的角度来看,创造性思维又是一种需要人们,包括组织者、创造者付出较大代价,运用高超能力的一种思维活动。

产品创新设计离不开创造性思维活动,设计的内涵就是创造,设计思维的内涵就是创造性思维。

(二)创造性思维的基础

1. 生理学基础

关于创造性思维活动的生理学基础的研究主要体现在以下两方面。

一是现代神经生理学家对大脑两半球认知功能及其协调共济机制的研究。现代神经生理学研究表明:大脑分为左右两个半球,通过脑桥的大量神经纤维相互贯通。左右半球在思维功能上是不对称的。一般来说,大脑左半球在语言思维、逻辑思维以及运算思维能力上比较出色,因而又被称为理性的脑。与之相比较,右半球则在形象思维、直观思维以及对空间的把握、形象辨识等方面比较出色,被称为感性的脑。

二是有学者表示,至今的智力开发,过分注重于大脑左半球,即以逻辑思维、闭合思维的智力开发为重点,而对创造性思维具有重要作用的大脑右半球的机能开发得很不够。要想开发一个人的创造力潜能,绝不能忽视右半球的想象力、直观思考等重要思维力量,而应尽可能使大脑两个半球的作用统一起来,使左边的语言脑与右边的形象脑的相互联系活跃起来,也就是使形象思维与语言思维、直观思考与逻辑思考、开放性思考与闭合性思考,以及共时的信息与历时的信息处理彼此协调统一起来。

近年来,许多科学家开始对人脑的独特贡献,即创造性思维过程产生浓厚的兴趣。但总体而言,科学家还没有发现天才人物与普通人在大脑生理结构方面的明显不同之处。不管最终的结论如何,对大脑进行创造性思维的生理活动机制的研究只是对大脑潜能的认识,是对创造性思维活动得以进行的可能性研究。要使这些潜能和可能性变为现实,主要取决于一个人与社会其他因素的互动作用。

2. 心理学前提

创造性思维活动的进行,不仅具有生理学的基础,还具有重要的心理学前提。创造性思维活动是人的心理活动过程,它既以知觉作为其活动的前提和条件,又以意象和内觉等作为其成果再现和实现的内在机制和必要中介。创造性思维的心理学本质根源于人的大脑感知能力的局限性和大脑识辨能力的不确定性和可拓展性。

知觉是创造性思维的前提条件,创造性思维呈现的基本要素是经验和图像,而知觉是获得这些要素的前提条件。

意象是创造性思维再现的基本机制,是产生和体验形象的过程。与依赖于外在感官的知觉相反,意象纯粹是一种内心活动。意象不仅可以再现不在场的事物,它还能使我们保持对不在场的人或事所拥有的感受和情感。比如,母亲的形象能唤起儿女对她的爱。意象可能成为外在对象的替代物,它实际上是一种内在的事物,即人脑的产物。当然,为了获得母亲的形象,我们必须在外在的世界中确实看到过她才行,然而这种形象一旦形成,她就成了我们自身的组成部分,属于我们的内在生活。因此,意象不仅能帮助人更好地理解世界,而且还帮助人创造出一种外部世界的代用品。不管一个人靠意象和随后的认识过程觉察到或体验到了什么,它们都会成为这个觉察者或体察者内心世界的组成部分。

内觉是创造性思维呈现的心理中介。要把意象变成有益的创造产品还有赖于一系列心理中介,内觉就是其中之一。内觉是对过去经验、知觉、记忆和意象的一种原始性的组织。它虽然超越了意象阶段,但由于还不能再现出任何类似知觉的形象,因此不易被认识到,不能转化为语词的表达而停留在前语词的水平。与意象相比较,内觉在认识上已经得到相当的扩展,但这种扩展仍然是以主观上不能觉察为代价的。内觉只有在被转化为其他的表现形式时才能传达给别人,如转化为语词、音乐、图画等。没有这种转化,对内觉的认知或许是不可能的事。

(三)创造性思维的特征

1. 科学性

产品设计思维的科学性表现为一种理性,一种对于从设计到物化为产品过程的客观规律的尊重。任何艺术作品的设计都源于生活,离不开对客观规律的运用与探索。

2. 形象性

线条或色彩本身是没有任何情绪的,但由于经验的积累,才使人感受到粗线的坚实,细线的纤柔,快速的线条有流畅感,断挫的线条有滞凝的感觉,不同的颜色有了不同的情绪象征意义。每一个人都可以判断美与丑、和谐与冲突的差异,这种能力有别于知识性的思考,可称为"形象思维"。成功的设计者,就是利用"形象思维"来思索点、线、面的构成,设计推演出有效的唤起美感经验的作品。

3. 丰富性

设计可以从多种渠道获得创意灵感,其思维以丰富的理念为特征。抓住生活中比较细微且关键的方面作为设计的出发点,用一种比较简单随意、易操作易理解的表达方式来表现设计创意,使生活更加简单化和情趣化。

例如手机设计,日系手机领导品牌 Panasonic,引进 VS3 手机,该款手机不只是可自由置换面板,消费者更可运用自己的想象力与喜好,自行在面板上创作,真正拥有"自我"形象的手机,让消费者感受手机"突破框架创意无界限",这款手机在日本引起 DIY 设计热潮的手机面板设计作品,完全突破一般人对于手机面板花样的想象。

4. 独创性

创造性思维贵在创新,它或者在思路的选择上,或者在思考的技巧上,或者在思维的结论上,具有"前无古人"的独到之处,具有一定范围内的首创性、开拓性。希望事业有成或生活出意义来或做一个称职的领导人,就要在前人、常人没有涉足、不敢前往的领域"开垦"出自己的一片天地,就要站在前人、常人的肩上再前进一步,而不要在前人、常人已有的成就面前踏步或仿效,不要被司空见惯的事物所迷惑。因此,具有创造性思维的人,对事物必须具有浓厚的创新兴趣，在实际活动中善于超出思维常规，对完善的事物、平稳有序发展的事物进行重新认识，以求新的发现，这种发现就是一种独创、一种新的见解、新的发明和新的突破。

5. 灵活性

创造性思维并无现成的思维方法和程序可循，所以它的方式、方法、程序、途径等都没有固定的框架。进行创造性思维活动的人在考虑问题时可以迅速地从一个思路转向另一个思路，从一种意境进入另一种意境，多方位地探索解决问题的办法，这样，创造性思维活动就表现出不同的结果或不同的方法、技巧。创造性思维的灵活性还表现为，人们在一定的原则界限内的自由选择、发挥等。一般来讲，原则的有效性体现在它的具体运用上，否则，原则就变成了僵死的教条。

6. 艺术性

创造性思维活动是一种开放的、灵活多变的思维活动，它的发生伴随有想象与直觉。创造性思维活动的上述特点同艺术活动有相似之处，艺术活动就是每个人充分发挥自己才能，包括利用直觉、灵感、想象等非理性的活动，艺术活动的表面现象和过程可以模仿，如凡·高的名画《向日葵》，人们都可以去画向日葵，且大小、颜色都可以模仿，甚至临摹。然而，艺术的精髓和内在的东西及凡·高的创造性创作能力只属于个人，是无法仿造的。同样，创造性的领导活动的内在的东西也是不可模仿的。因为一旦谈得上可以模仿，所模仿的只是活动的实际实施过程，并且自己是跟在他人后面，一步一个脚印地学习他人。尤其是创造性的思维能力无法像一件物品，如茶杯，摆在我们面前，任我们临摹、仿造。因此，创造性思维被称为一种高超的艺术。

7. 潜在性

创造性思维活动从现实的活动和客体出发，但它的指向不是现存的客体，而是一个潜在的、尚未被认识和实践的对象，因此，人们只能猜测它的存在状况；或者是人们虽然有了一定的认识，但认识尚不完全，还可以从深度和广度上加以进一步认识的客体，这两类客体无疑带有潜在性。

8. 风险性

由于创造性思维活动是一种探索未知的活动，因此要受着多种因素的限制和影响，如事物发展及其本质暴露的程度、实践的条件与水平、认识的水平与能力等，这就决定了创造性思维并不能每次都取得成功，甚至有可能毫无成效或者得出错误的结论。创造性思维活动的风险性还表现在它对传统势力、偏见等的冲击上。传统势力、现有权威都会竭力维护自己的存在，对创造性思维活动的成果抱有抵触的心理，甚至仇视的心理。

此外，创造性思维在方向上具有多向性、求异性，在进程上具有突发性、跨越性，在效果上具有整体性、综合性，在结构上具有广阔性、灵便性，在表达上具有新颖性、流畅性等。掌握创造性思维的特点有利于我们创造力的发挥，更好地进行产品创新设计。

（四）创造性思维的作用

（1）创造性思维可以不断地增加人类知识的总量，不断推进人类认识世界的水平。创造性思维因其对象的潜在特征，表明它是向着未知或不完全知的领域进军，不断扩大着人们的认识范围,不断地把未被认识的东西变为可以认识和已经认识的东西,科学上每一次的发现和创造,都增加着人类的知识总量,为人类由必然王国进入自由王国不断地创造着条件。

(2)创造性思维可以不断地提高人类的认识能力。创造性思维的特征已表明,创造性思维是一种高超的艺术,创造性思维活动及过程中的内在的东西是无法模仿的。内在的东西即创造性思维能力。这种能力的获得依赖于人们对历史和现状的深刻了解,依赖于敏锐的观察能力和问题分析能力,依赖于平时知识的积累、拓展和人生的经历。而每一次创造性思维过程就是一次锻炼思维能力的过程,因为要想获得对未知世界的认识,人们就要不断地探索前人没有采用过的思维方法、思考角度去进行思考,就要独创性地寻求没有先例的办法和途径去正确、有效地观察问题、分析问题和解决问题,从而极大地提高人类认识未知事物的能力,所以,认识能力的提高离不开创造性思维。

(3)创造性思维可以为实践开辟新的局面。创造性思维的独创性与风险性特征赋予了它敢于探索和创新的精神,在这种精神的支配下,人们不满于现状,不满于已有的知识和经验,总是力图探索客观世界中还未被认识的本质和规律,并以此为指导,进行开拓性的实践,开辟出人类实践活动的新领域。在中国,正是邓小平同志对社会主义建设问题进行创造性的思维,提出了有中国特色的社会主义理论,才有了中国翻天覆地的变化,才有了今天的轰轰烈烈的改革实践。相反,若没有创造性的思维,人类躺在已有的知识和经验上坐享其成,那么,人类的实践活动只能留在原有的水平上,实践活动的领域也非常狭小。

创造性思维是将来人类的主要活动方式和内容。历史上曾经发生过的工业革命没有完全把人从体力劳动中解放出来,而目前世界范围内的新技术革命,带来了生产的变革、全面的自动化,把人从机械劳动和机器中解放出来,从事着控制信息、编制程序的脑力劳动,而人工智能技术的推广和应用,使人所从事的一些简单的、具有一定逻辑规则的思维活动,可以交给人工智能去完成,从而又部分地把人从简单脑力劳动中解放出来。这样,人将有充分的精力把自己的知识、智力用于创造性的思维活动,把人类的文明推向一个新的高度。

二、创造性思维的主要形式

(一)反向思维

反向思维是创新思维的主要形式。人类认识事物的方式之一就是二元论的认知,黑白,阴阳、正负、左右、都是对立统一的认识,表现出人类思维中归于宇宙规律的朴素认知。在解决问题的思维过程中,常常在一个方向上遇到困难的时候,有必要从相反的角度去考虑问题,反而可能发现新创意,通常人们把这种思维方式表述为逆反思维或者反向思维。逆反思维是求异的一种简单方式。日本丰田汽车创始人丰田喜一郎曾经说:“如果我取得了一点成绩的话,那是因为我对于什么问题都倒过来思考。”

纵观艺术与设计历史,流派的产生往往也是对传统进行反叛的结果,就像波普艺术对抽象表现艺术的逆反一样,后现代主义对现代主义的逆反,风格与流派发生的转换,就是一个个思维向相反方向寻找出路所致。思维的这种逆向表现在材料上,如波普艺术家昆斯的雕塑兔子,从材料而言,是金属对石料的逆反,是现代材料美感对传统古典材料的逆反,类似的例子有梅拉·欧本海姆的《毛皮杯碟》(见图 9-26),设计上的逆反思维在材料上则有荷兰 Crastal

Cable 公司的几乎全水晶的音箱设计，以玻璃水晶代替通常的木头或塑料制造透明的音箱外壳。

图 9-26　毛皮杯碟

一般的人都习惯于正向的思维，而逆向的思维则显示出生动有趣的特点，也发人深思，可以说是对常规思维的挑战。从通常解决问题方式的反面入手，寻求问题的解决，提供了设计的另一条思路，也就避开了不能够解决或者难以解决的问题。这不是回避问题，而是将问题进行化解和消弭。就像当年圆珠笔制造，每写到 2 万字的时候就会漏油，许多设计师费尽心机想要解决这个技术问题，而日本发明家中田藤山郎则放弃人们通常要解决笔珠磨损问题的思维方式，直接减少油量就简单地解决了这个问题。在解决问题的思考进入瓶颈之后，常常需要反其道而思之。只要找到做事情的新方法，就是一种创新。创新是对常识的逆反，但也可能来自常识。但是，创意最大的敌人是偏见和习惯。对于创造而言，生活和艺术之间没有藩篱，方法和规范之间没有界限，艺术与设计之间没有鸿沟。而观念上的逆反思维，则揭示出另一面的意义所在，我们生活在一个多元而非一元的世界，事物常常呈现二元的性质，中国有许多成语也揭示了事物发展和相互转化的这种规律，例如喜极而泣，福兮祸所依等。太极则是这种宇宙二元阴阳对立统一又和谐并存的最好图形设计。

逆反思维让艺术家对惯性提出了挑战，对常识发起攻击。例如，曼佐尼的作品《百分之百纯艺术家的粪便》（见图 9-27）对罐头食品生产技术的蔑视性利用，消费时代废弃产品成为艺术利用的对象，而艺术家也通过设计来展现一种全新的艺术产品样式。

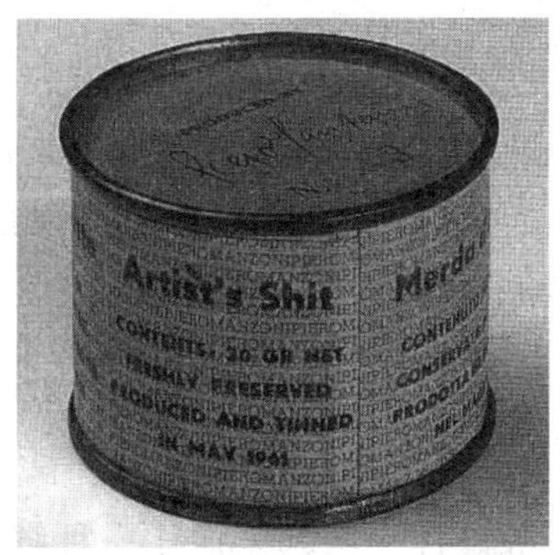

图 9-27　百分之百纯艺术的粪便

（二）发散思维

创新思维的另一种形式是发散思维。发散思维是创造性思维的主要方式，相比于逆反思维的相反方向,发散思维是从问题的中心点向各个方向延伸,从不同的角度和侧面对中心问题进行思考,来寻求最佳的设计方案。发散的思维方式有这样一个命题:有个装满水的杯子,请你在不倾斜杯子或不打破杯子的情况下,设法取出杯中的全部的水。而答案是非常多的,绝大多数方法都是加入任何可利用的东西,来取出杯子里面的水。例如冰冻然后取出,利用海绵吸水取出。实际上有些问题并非只有一个答案,富于创造性思维的人可以从各种途径角度去考虑问题,扩散开来,而富于创见地提出自己的答案。

发散思维也包含了顺向思维,即沿着所习惯的思维方式和思考路径不断延伸。这种延伸逐渐发展出一种不仅仅止于设计的产品,并且延伸到需要创造一种产品体验的语境,在这种语境中,来创造一种使用的美学。完整的语境有利于人们在使用设计物品时明晰有效地进行正确理解和有效选择。这种顺向尊重了消费者和使用者的心理惯性,而不是脱离这样惯性的轨迹,因此有设计师在市场中体会到,创新的行为无论多么合理,都需要把握变化的尺度,不至于让设计脱离现实,从而在创新的吸引力和熟悉的安全感之间找到平衡。

发散思维在形式上可以是组合的,也可以是辐射的。可以根据因果关系进行发散,还可以根据事物特性进行发散。与发散思维相反的则是收敛思维,围绕中心问题收缩,排除干扰性的非本质问题,在判断各种信息,考虑各种相关因素的基础上将问题集中在最本质的核心上,提出设计的解决方案。这种思维的优势之处在于迅速找到问题的中心点,直接快捷地产生符合逻辑的设计构想。与发散思维的感性理性交织相对应,收敛思维呈现出更多的理性和逻辑思维特征。

(三)跳跃思维

创新思维还有一个重要形式——跳跃思维。跳跃性思维更具有创新的可能性,因为跳跃性思维不依据思维的惯性思考,而是力图突破习惯性的思维方法,进行富于联想的跳跃式思考。它不遵循思维明确的线性路径,而是相隔的、穿插的、变动的,从以往各式各样的模式和规范羁绊下解放出来,依据灵活的思维联想,捕捉生动的感觉和转瞬即逝的灵感,而既定的规范并不具有思维的约束力。跳跃性思维是灵感的基础,善于发现被简单和熟悉所遮掩起来的事物,并加以生动的表达。

(四)解构重组

一般而言,思维是因,方法是果。但是设计的方法反过来也可以影响思维的方式。从已有的事物因果关系,反过来由“果”去发现新的“因”,去发现设计的可能性。瑞士裔美国摄影师弗朗索瓦·罗贝尔发现许多事物都有脸的特征,这或许是一个万物有灵论者,在每一个事物中都会看到一个灵魂。他曾经多年收集衣服架,“我对它们的不同形状很是感兴趣,也好奇于人们如何用他们的想象力去找到解决他们遇到的问题的方法”,于是衣服架子就成为他设计摄影的素材。

戏拟、拼贴、改写、混杂、挪用等设计手法均来源于一种解构的思维模式,是对既定秩序的戏弄和颠覆,也贯穿于后现代的艺术思维中。在设计中则是反中心、反固定化、元素的碎片化、即兴、错位模糊。就如同当代法国哲学家、符号学家、文艺理论家和美学家、解构主义思潮创始人德里达所主张的那样:通过“从某个理论当中抽出一个典型的例子,对它进行解剖、批判、分析、通过自我意识确立对于事物真理的认识。”说到真理,在这里有一些夸大,但是由此推翻既定的设计界限、概念、范畴、制度，进行新的可能的探索，倒不失为一种新的设计思维方式。须知，设计奇异的内容与风格总是来源于奇异的思维方式。

混搭主义的设计手法自由随意，常常混淆了时尚与经典、嘻哈与庄重的界限，模糊了奢靡与质朴、烦琐与简洁之间的区隔，自由的搭配混合了不同时空、文化、风格、阶层的元素，极大地彰显了个人化的风格。从时装界引发的这种"混乱美学"，作为一种设计思潮，不仅迅速蔓延到与时尚有关的饰品设计领域，并进而作为一种个性表达出现在形象设计方面。而作为生活方式和美学标志又影响了其他设计方式。作为一种文化立场和意识形态表现出来的混搭主义则与上述解构主义的挪用、拼贴、混杂、组合、反讽等博用手法不谋而合。

有的设计师喜欢将"错误的"东西混合到一起的感觉。通过改变物品的概念，从而改变它们自身所要传达的信息，以及它们原本的用途和目的。毫不相关的各种元素可以融合在一起，而功能合一的设计则是将类似的功能合成一个产品，例如中国设计师朱志康设计的"咚咚锵"（见图 9-28），将寻常的板凳变成了躺椅。作者在谈论灵感时说，我相信灵感大多数是从记忆里找出来的，就像从数据库里翻东西一样，把翻到的东西在脑袋里重组是一种记忆的拼凑，就像作者对于板凳的记忆来自庙会休闲的两种坐具：板凳和躺椅。

图 9-28　"咚咚锵"躺椅

比利时设计师马汀·马杰拉设计的"Artisanal Line"（见图 9-29），用许多皮带制成皮衣，用大量手套制成外套，用一串串珍珠链制成晚装裙，用扑克牌做成无袖衫，则是将材料等概念进行转换搭配，其思维体现的想象能力令人叫绝。这似乎也体现出安特卫普美术学院的教学方式，从不教学生任何方法去设计，而是教最基本的东西，由了解本质来刺激新的创作灵感，没有什么限制，设计总是充满了试验性，呈现自由的思维方式：一切皆有可能。

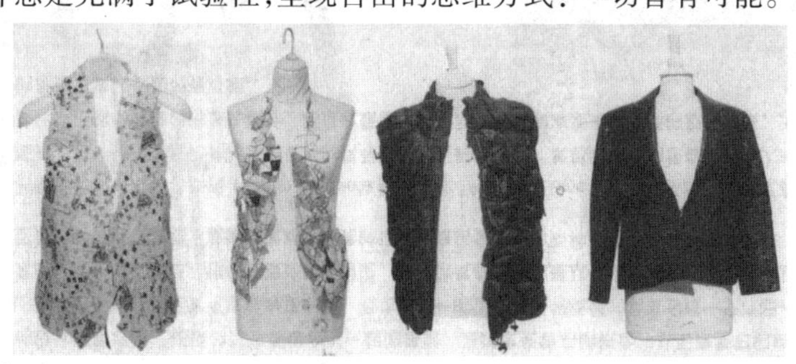

图 9-29　Artisanal Line

在设计思维和方法上，我们应该了解不同角度的看法。比如，一般总是在提倡设计形式的原创，认为设计师应该为自己的设计创造属于自己的形式，但是阿曼德·默菲斯和琳达·范·德尔森组合设计工作室，则认为世界上已经拥有太多的形式，如果形式制造延续下去，最终我们将迷失在形式的海洋里而失去信息的航向。因此，他们收集、观察、分析和重组现成的形式，相信通过合理的选择和编辑，在新的语境中，已经被废弃的形式将能够组合成新的形式，焕发新的生机，其原本所带的信息和意义也将在解构和重构中建立起新的意义。

同样，良好的设计会考虑到产品语义的操作提示性，把自然的匹配作为思维的基础，并且，明晰地利用反馈使产品和使用者之间形成互动关系，在人与物之间建立完整的语境关系。不论形式如何复杂多变，要充分尊重人们的接受限度。切记不要过分追求形式创新，使人们对新设计敬而远之。

的确，有人也会认为，最糟糕的设计是那些过于强调设计的设计，过于强调风格的设计。也许，这不过是提醒我们，完全没有顾及和考虑的设计，不够自然而然地解决现实的问题，而是陷入了自我迷恋的境地中去。大部分存在的设计是隐藏在生活之中而不被注意到的，它们在不经意中为我们服务，潜在地发挥着自己的功能。过分强调自己的存在，可能反而违背了设计的初衷。

总之，创造性思维品质表现在对于问题的敏感性、发现问题的流畅性、变通问题的灵活性、解决问题的独创性、落实设计的精致性等方面。人类的需求总是千奇百怪，这也造成了思维必须洞见这种人类心理的变化，例如《午夜凶铃》的作者铃木光司设计推出印有最新恐怖小说《跌落》的卫生纸（见图 9-30），文字用蓝色墨水印在卫生纸上，内容也是发生在公共厕所的故事。从已有事物的因果关系，反过来由“果”去发现新的“因”，去发现设计的可能性。在文化领域，由此衍生的相关设计产品也形成了链状开发。

由 25 个年轻设计师组成的荷兰新的设计工厂在设计理念上与其说是注重解决问题，倒不如说是通过设计努力增加生活趣味。因此，其设计功能简洁明了，形式独特另类、轻松幽默，也带有些许自嘲反讽，显示出年轻设计力量对各类思维的偏爱，以及对充满新潮意味的材料工艺的运用。例如，荷兰年轻设计师安娜·特·哈的椅子设计“Buitenbeentje”（见图 9-31），用五彩缤纷的凝固树脂代替了木头椅子的一条腿，看起来柔软流动，实际上非常坚固，充分显示出材料置换的艺术思维。

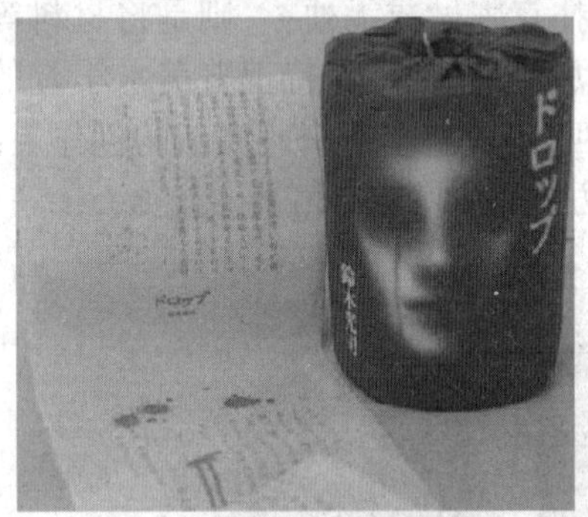

图 9-30　印有恐怖小说的卫生纸

图 9-31　Buitenbeentje

第十章　产品创新设计案例解析

第一节　公交车收费装置设计

设计者：安晓夏

上下公交车的时候，尤其是上车时，人潮涌动。有的车是无人售票的投币车，乘客投币时会在门前停留一下，上车速度放慢。非投币车，人多时售票员很难售票、查票，如图 10-1 所示公交投币排队上车情形。

图 10-1　公交车

超市的防盗门可以在人出门时扫描出未付款的商品，如图 10-2 所示的超市防盗扫描收费装置。

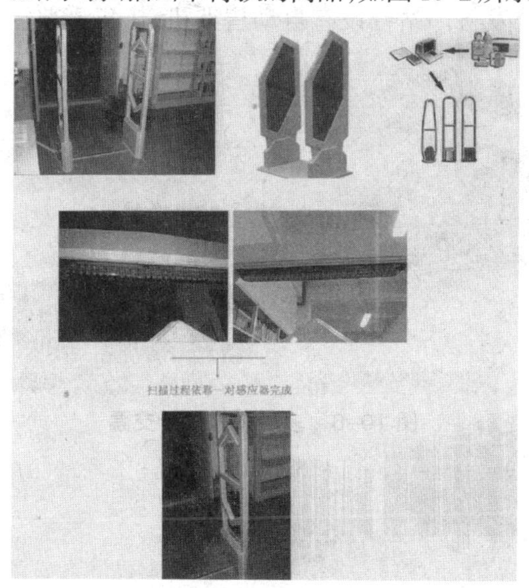

图 10-2　超市防盗门

总结：我们在车门处安装如超市防盗门一样原理的扫描板，如图 10–3 和图 10–4 所示的扫描仪设备可以安装在很多设备上。

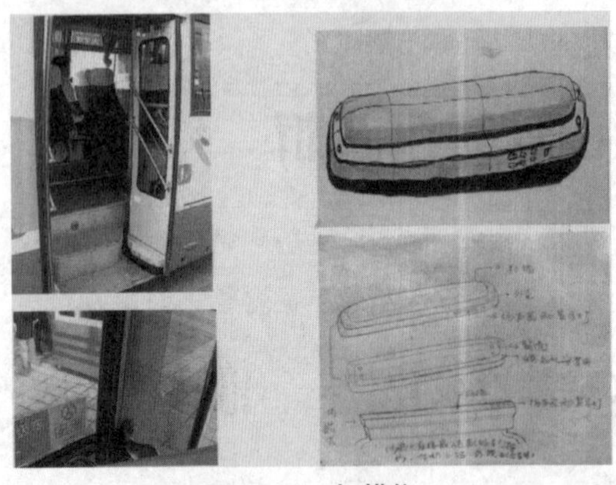

图 10–3　扫描仪

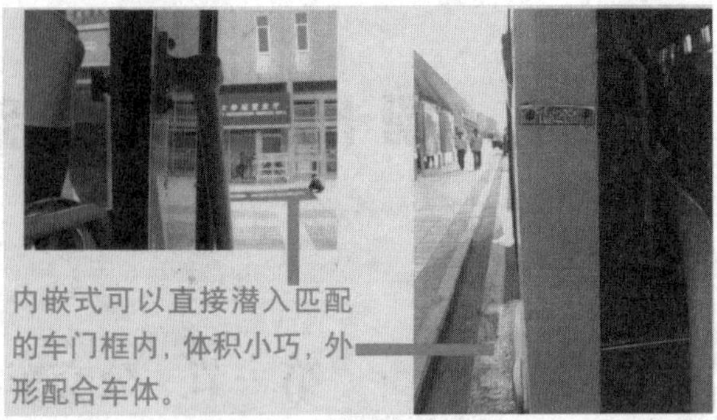

图 10–4　内嵌式扫描仪

乘客使用条码票或条码卡（可多次充值）乘车，无须专门停留投币或刷卡，刷卡伴随上车自动完成，在上车时记录下上车站点（并不扣费），在下车时根据乘车里程扣除费用。这样使上车速度加快，方便乘客，节约时间，如图 10–5 所示的条码票设计。

图 10–5　条码票

可以做成各种形状的别针、钥匙扣、吊坠等随身物品（见图 10–6）。原理与超市的防盗扣相同。

票除了有零售单张票外，还有多种面值的多次使用票。不干胶设计，可以方便地贴于钱夹等处。在报刊亭、超市等处发售。站台设有自动售票机，出售零票。

图 10–6　多种多样的公交票

第二节　贝尔塔·美杜莎耳机设计

项目背景：

产品已上市，荣获 IF 国际大奖。

时尚、多彩是这款耳机的亮点。亮雾面的对比，让耳机更加时尚，也更“潮”。

挑战：

在造型上打破常规耳机的形态，以简单的单一曲面的变化作为产品设计元素，让美杜莎耳机做到极简（见图 10–7）。外壳为整体成型，无须拆件；内部为流线型设计，改变头戴式耳机一贯的耳罩式设计，让耳机更具特色，在市场上与其他的产品相比有更大的差异，传达神秘、魅惑、时尚的产品气质。

图 10–7　美杜莎耳机

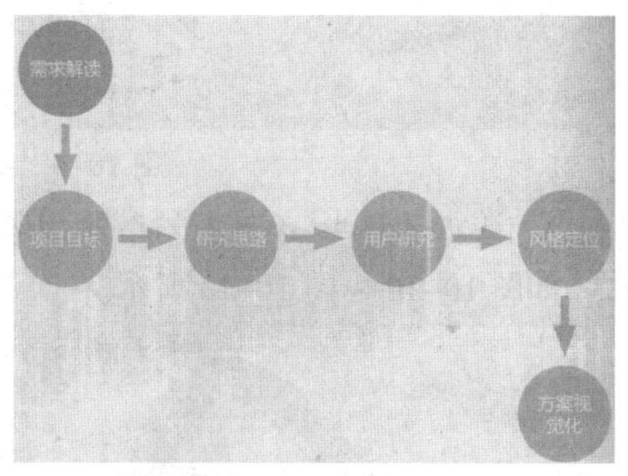

图 10–8　需求解读

需求解读：向变化的世界学习（见图 10–8）。

“90 后”在出生时，改革开放已取得显著成效，同时也是中国信息飞速发展的年代，所以“90 后”可以说是信息时代的优先体验者。由于受中国计划生育政策的影响，“90 后”普遍为独生子女。由于时代的发展和变化，“90 后”的思想和理念与老一辈中国人有很大的不同。虽然社会上不乏对“90 后”的批评，但“90 后”的社会价值也渐渐得到了许多人的认可。在这批 1990 年后出生的一代中国公民中，“95 后”以年轻、活跃、勇于接受新鲜事物的态度，被大众定义为“玩得酷、靠得住”的一代。“95 后”“玩得酷、靠得住”的性格标签也逐渐成为“90 后”这一代人共同的先锋宣言。

项目目标：

打造吸引目标用户的时尚耳机，突出人群特征。

研究思路：

生活方式特点（衣食住行娱）

↓

产品角色定义（用户生活中腕带手机扮演的角色）

↓

产品风格定义（吸引目标用户的外观风格特征）

给谁用的——人群

干什么用的——功能、环境

为什么喜欢用——吸引点、记忆点

↓

差异化特征——创新概念

用户研究：

深度访谈法、焦点小组法，具体用户研究方法流程如图 10–9 所示。

图 10–9　用户研究

“微夸张”另类但不异类，个性但不个别，出位但不出轨。“微夸张”已经成为“90 后”的一种生活方式，如图 10–10 ~ 图 10–13 所示。

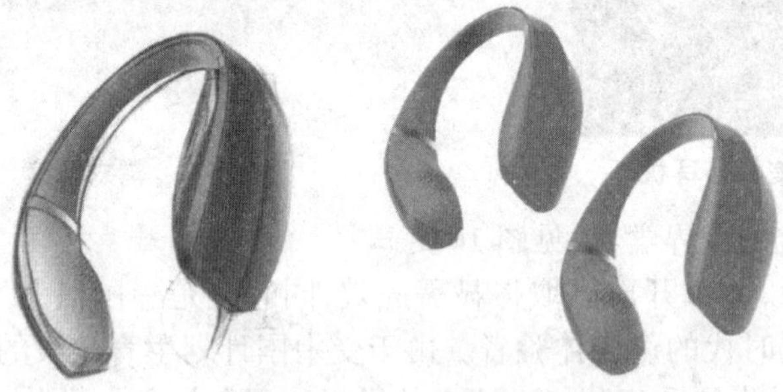

图 10–10　“微夸张”

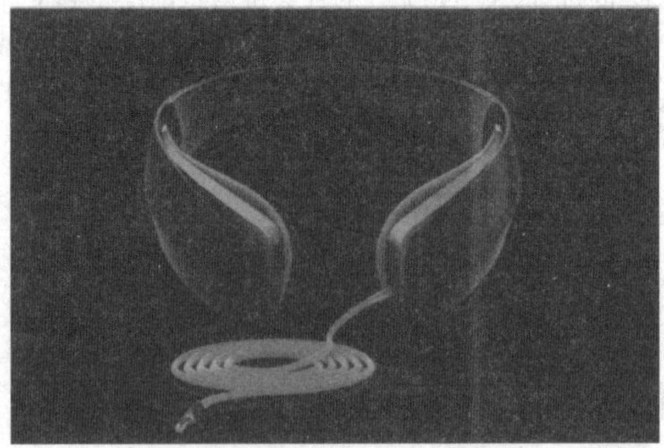

图 10–11　个性但不个别的设计

图 10-12　贝尔塔耳机的个性化设计

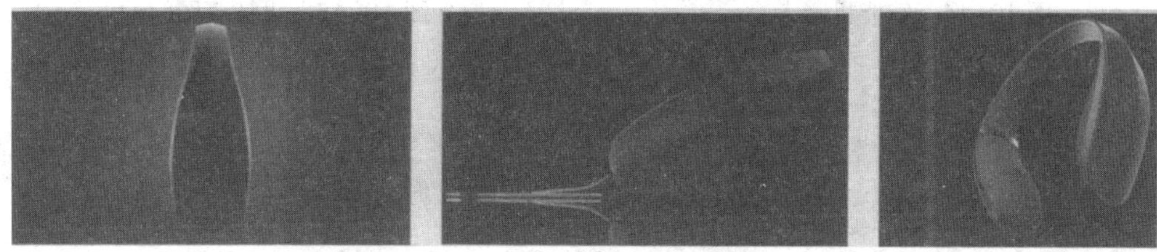

图 10-13　设计解读微夸张

第三节　众德迪克机器人

随着时代的发展和科技的进步,机器人的利用率日益提高,开始出现在我们生活中的每一处,众德迪克机器人产品已经上市,荣获 IF 国际大奖。众德迪克机器人项目的创新点在于外形上采用人体曲线感,内部结构通过仿生人体脊柱骨架,令整体重心后移,增加各个方向的装机稳定性。

设计服务型机器人在于如何把握机器人从非人到拟人的度,同时机器人需要大量高难度的机械结构的设计与研发。所以,在设计过程中工程师创作出了大量设计图,才最终达到想要的效果,如图 10-14 ~图 10-19 所示。在服务理念上设计机器人,对于如何切入服务接触点是一个难题!

解决方案:

我们把设计的机器人风格定义为科技萌,“科技萌”这一词汇也是洛可可为机器人独创的风格意向,我们同步深度分析服务历程及机器人与用户之间的关系,打造了一款超级智能机器人。

成果总结:

产品已经上市,在几个高端餐厅里,我们已经能够享受到此类机器人的服务了!在 2015 年米兰世博会上,它代表中国的先进机器人技术进行了深度亮相!

图 10-14　智能机器人

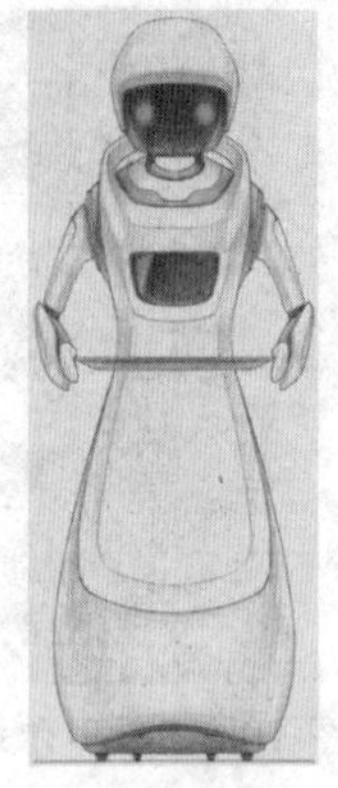

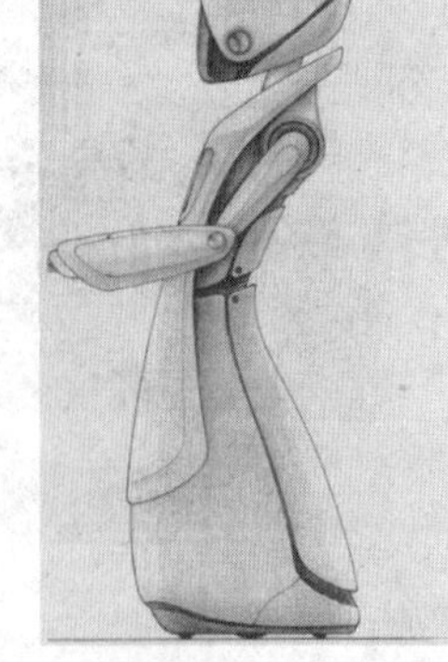

图 10-15　设计草图(一)

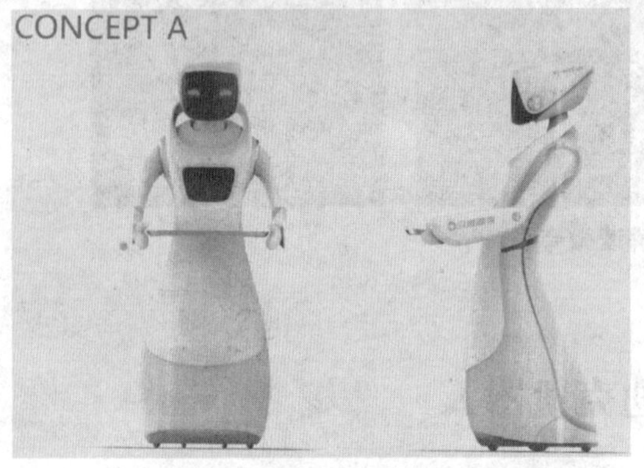

图 10-16　设计草图(二)

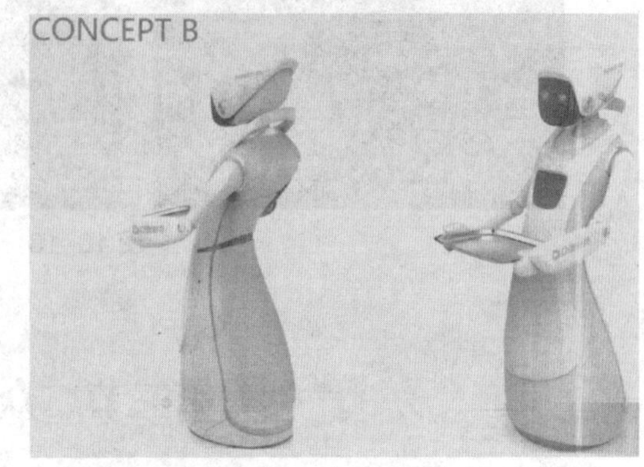

图 10-17　设计草图(三)

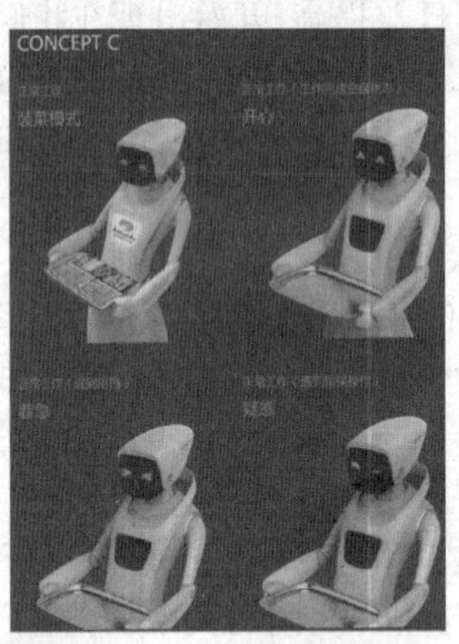

图 10-18　设计草图(四)

图 10-19　成品效果图

第四节　手动叉车稳定性改良设计

一、设计现状分析

手动叉车是一种高起升装卸和短距离运输两用车，是物料搬运不可缺少的辅助工具，搬运轻便，最主要的是任何人均可操作。用手可方便地操纵起升、下降和行走控制杆，使用起来轻便、安全、舒服。由于不产生火花和电磁场。特别适用于汽车装卸及车间、仓库、码头、车站、货场等地的易燃、易爆和禁火物品的装卸运输，该产品具有升降平衡、转动灵活、操作方便等特点。舵柄的造型适宜，带有塑料手柄夹，使用起来特别舒服。操作者的手由坚固的保护器保护。坚固的起升系统，能满足大多数的起升要求，车轮运转灵活，并装有密封轴承，前后轮均由耐磨尼龙做成。总而言之，它具有重量轻，容易操作；使用机电一体化液压站；可靠耐用的高强度钢铁货叉结构；价格低，经济实用等优点。

载物行驶时，如货物重心太高，会增加叉车总体重心高度，影响叉车的稳定性；转弯时，必须禁止高速急转弯。高速急转弯会导致车辆失去横向稳定而倾翻，这是非常危险的，容易造成人员受伤，严重的甚至死亡。由于车轮呈三角布局，叉车载物品时，应按需调整两货叉间距，使两叉负荷均衡，不得偏斜，物品的一面应贴靠挡物架，否则容易造成货物左右摇摆或者倾翻。当叉车需要上坡时，如果货物的重心太高，特别容易发生货物后倾和下滑，这些情况都是非常危险的。

二、设计目的

本实用新型设计提供了一个安全稳定的手动叉车，主要解决叉车载物在转弯和上坡时的稳定性，以及叉车的受力平衡的问题，防止出现叉车倾倒的危险。

三、产品构思

通过增加支撑点和调整支撑位置来增加支撑面积，使手动叉车更加稳定。其特征在于以下几个方面。

（1）加高的货物靠板两侧分别增加了一个支撑轮杆机构，轮子均为万向轮。实现四点支撑，可防止载货叉车在转弯的时候，因惯性倾倒，同时可有效防止因货物重量左右分布不均匀造成的侧向倾倒，同时支撑面向后延伸，叉车在载有重心较高的货物时，可以在有坡度的地面和坡道上安全使用，而不至于向后倾倒对使用者造成伤害。

（2）轮杆机构与靠板为轴连接，需要的时候可以放下，并且用加强支撑杆固定，不需要的时候将轮杆机构收起，也可将轮杆机构整体拆卸下来。这时的叉车与普通叉车使用方法没有区别。

（3）实现轮杆的固定支撑，先将轮杆放下，再将加强支撑杆放下，使加强杆上的凹槽与轮杆上的突起结构配合，使轮杆、加强支撑杆、靠板三者之间形成稳定的三角支撑结构。

（4）轮杆上的突起结构是可90度旋转的，当整体机构有足够的间隙，可以收起和放下。

（5）轮杆收起，将轮杆和支撑杆向上收起，在靠板上有支撑杆放置的凹槽，支撑杆和轮杆到位后，旋转限位旋钮，完成收起。其创意设计如图10-20～图10-22所示。

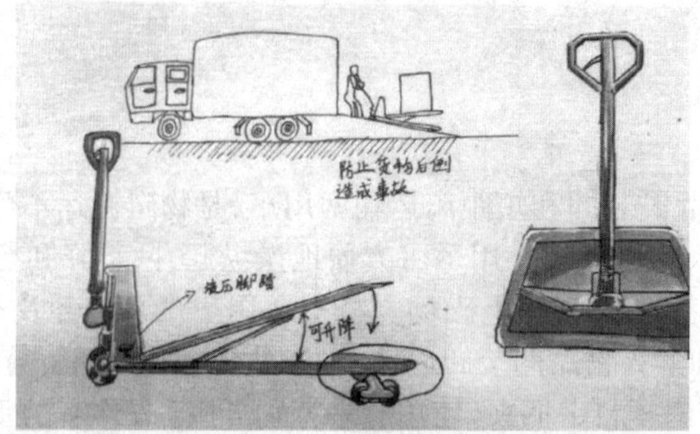

图10-20　创意方案（一）

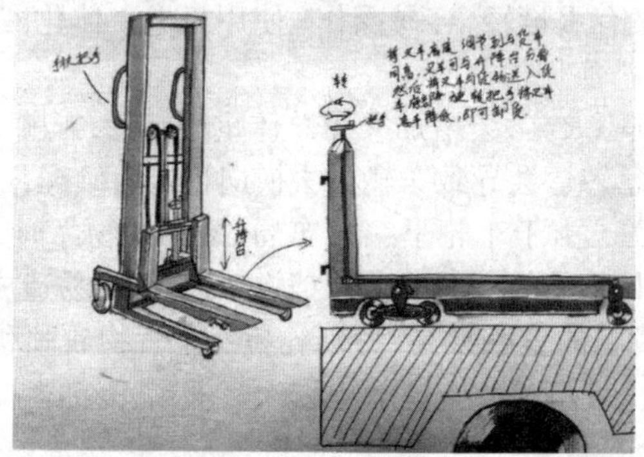

图10-21　创意方案（二）

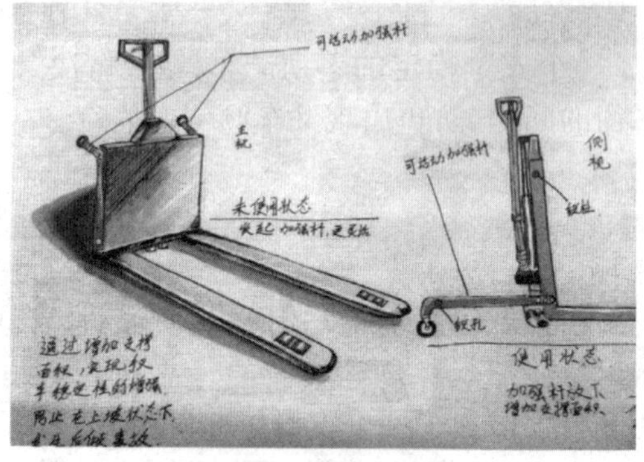

图10-22　创意方案（三）

四、产品设计内容

本设计相比普通叉车采用可变的5点支撑方式，使叉车更加稳定，解决了叉车载物行驶时，因货物重心太高，使叉车和货物容易倾覆的问题。本实用新型叉车可以以较高速转弯，而不会致使车辆失去横向稳定而倾翻，避免造成人员受伤和死亡；叉车载物品时，不需刻意调整两货叉间距，不需要两货叉负荷均衡，当叉车需要上坡时，较高的货物也不会后倾，稳定安全；

结构简单、易于制造、故障率低、便于操作。最终设计效果展示如图 10-23 所示。

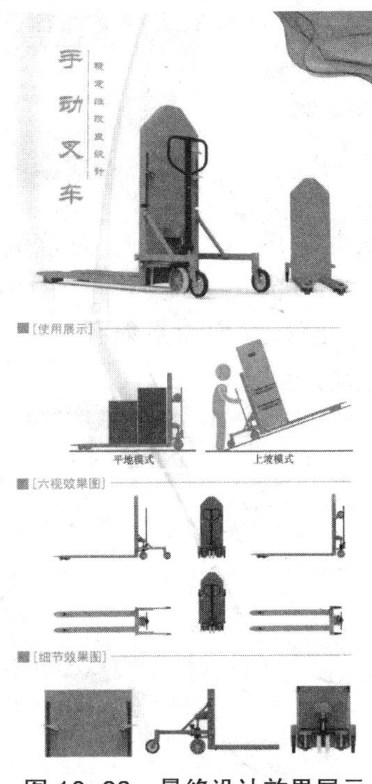

图 10-23　最终设计效果展示

第五节　多人使用救生圈设计

一、研究现状分析

现如今救生圈通常由软木、泡沫塑料或其他比重较小的轻型材料制成，外面包上帆布、塑料等，采用圈体一次整体成型工艺制造或者采用圈体外壳整体成型、内部填充材料的工艺制造。上述材料以及制造工艺是目前最合适的救生装备材料和制造工艺，但由于这些工艺及材料制造出来的救生圈价格较高，一般配备较少，并不能供应到每个人的需求，而溺水者往往会有多个，或因个人自私将救生圈据为己有，导致有人没有救生圈，或因救生圈距离溺水者过远，而溺水者并没有更多的力气去抓住救生圈，从而导致溺水事故。

二、研究目的

本实用新型发明解决了现有技术救援范围不够大，以及供应不足的问题。这种新型救生圈对传统的救生圈加以改良，它扩展的功能使得救援更加容易和快捷。一方面，当有多个人溺水的时候，周围不一定有足够数量的救生圈，因此溺水者会因对求生的强烈欲望而争夺救生圈，导致更加严重的事故发生。这个可以扩大的救生圈可以供多个人同时拉住救生圈，因此大大减少了此类事故的发生。而另一方面，通常当一个救生圈被扔出去帮助那些溺水者的时候，不一定恰好能扔到溺水者的边上,溺水者还需要更多的努力才能抓住救生圈,尤其是当它落在远一些距离的时候,往往因为溺水者没有更多的力气来抓住救生圈而失去生命,这个可扩大范围的救生圈对溺水者来说就是生命的延续。

三、产品构思

产品构思图如图 10-24 所示,其中图 10-24（a）为救生圈主圈体顶视图,图 10-24（b）为救生圈主圈体侧视图,图 10-24（c）为把手顶视图,图 10-24（d）为把手侧视图。结构 1 为把手卡槽,用来插入把手,结构 2、结构 3 均为系绳孔,它们之间通过细绳索相连接,结构 4 为弹性把手,能更好地卡在圈体结构 1 卡槽里。

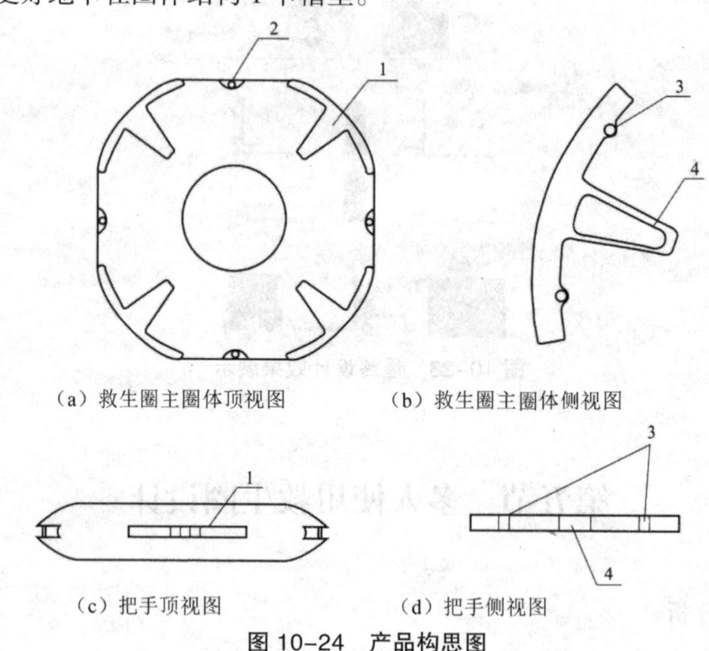

（a）救生圈主圈体顶视图　（b）救生圈主圈体侧视图

（c）把手顶视图　（d）把手侧视图

图 10-24　产品构思图

1—把手卡槽；2,3—系绳孔；4—弹性把手

具体实施方法如下：

在本装置放置不使用时,四个把手主要通过结构 4 会恰当地卡在圈体结构内,每个把手还有两条绳索,绳索将圈体结构 2 和把手结构 3 连接起来,不使用时,可以将整个装置放置在河边、湖边、船等支架上(放普通救生圈的支架)。

当出现溺水者时,搜救人员需要用力将此装置往溺水者方向掷出。当本装置用力掷出时,圈体上的 4 个把手会因受到离心力的作用下,向 4 个方向散开,但又由于绳索的存在,会形成一个扩大范围的“救生圈”。当溺水者伸手抓住救生圈四个把手的时候,岸上的搜救人员可以通过拉动系在救生圈上的绳索,而把手又会因为系在救生圈圈体上的绳索而被拉上岸,实现救援。

四、产品设计内容

本发明结构简单，只由救生圈圈体、绳索，以及把手构成，主体采用圈体一次整体成型工艺制造，操作简单，只要搜救人员用力掷出即可，发明简单，救生能力却强大。

设计效果图如图 10-25 ~ 图 10-27 所示。

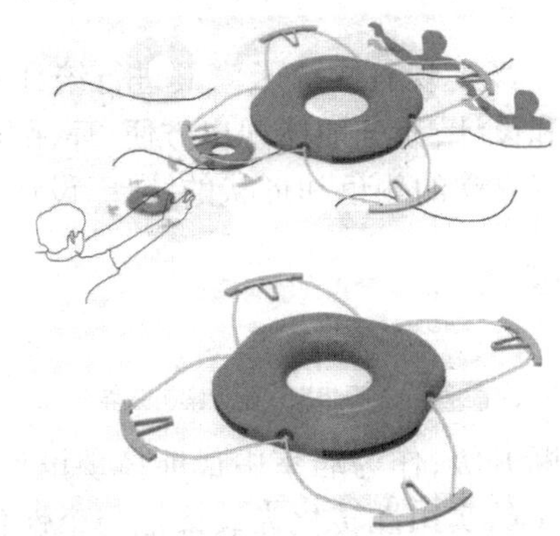

图 10-25　设计效果图展示(一)

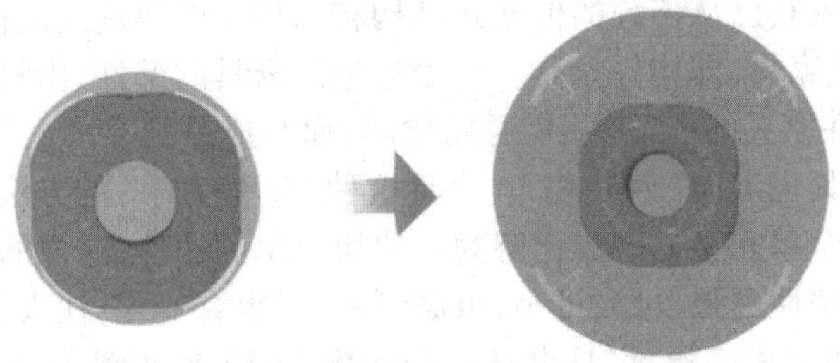

图 10-26　设计效果图展示(二)

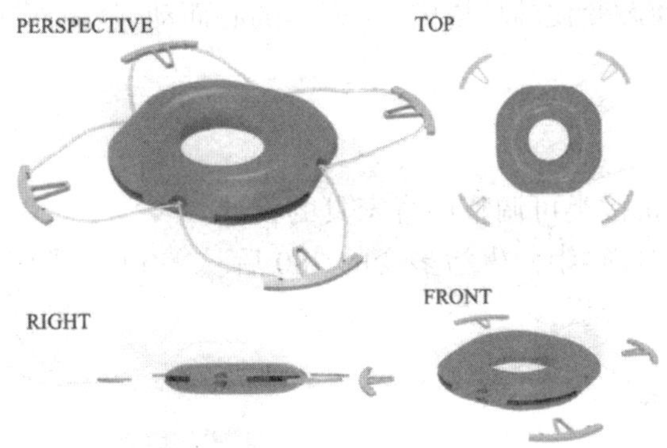

图 10-27　设计效果图展示(三)

第六节　组合拼接家具设计

一、设计方向

运用现有的相关资料以及市场上现有的椅子家具进行统计和分析，通过对现在市场上已有的创意家具的种类进行改良和设计，充分地体现出方便、环保和多功能的特点。针对当代人的审美观和通过对组合家具普遍喜欢的颜色和形状的统计，设计出一款新型、具有古典元素的组合式创意家具。

二、调研分析

随着近年来家居装饰的不断升级，作为居室中最能体现设计和文化内涵的家具也在发生明显的变化。家具已从过去单一的实用性转化为装饰性与个性化相结合，因此各种五花八门的新潮家具也相继上市。家具将不再是单一的形态，而是可变化的。

从家具结构来看，家具已从传统的框架式结构转向如今的板块式结构，典型的代表是在国外已流行多年的拆装式家具，即构件家具。厂家只生产家具的部件，由消费者自己像搭积木一样自由组合家具。构件家具的"部件"是通用化的，而其成品则显露出消费者的个性，可经常变换家具的款式，使家具也走向"时装化"。家具这种"化整为零"的方法是先将整个家具化解为若干个小单元，而每个单元又进一步化解为一块块简单的构件，这样的构件组合家具其价格比传统家具更便宜，可塑性更强，可大可小，可添可减，可组合变化，让人常有新鲜的感觉。

未来的生活将更加丰富多彩，家具也日趋个性化、多样化、时装化。人们更喜欢新鲜变化的东西，家具也应走一条新颖变化的路子，打破一成不变的家具式样，赋予家具以鲜活的变幻魅力。让家具环境处于动态变化的环境中，让家具随心而动，随需而变。

三、设计定位

（1）最终设计方向：拼接类可调整创意家具的设计。

（2）针对人群：追求时尚、崇尚生活多变的"80后"、"90后"青年一代。

（3）材料选择：压缩胶合板。

四、手绘创意设计方案

根据本课题运用思维风暴和模仿法来定制组合家具设计及外形设计，融入了古典钩花元素，让简单的椅子能组合成柜子和桌子。如图 10-28 至图 10-30 所示方案，即便携式家用办公桌、椅创意方案。

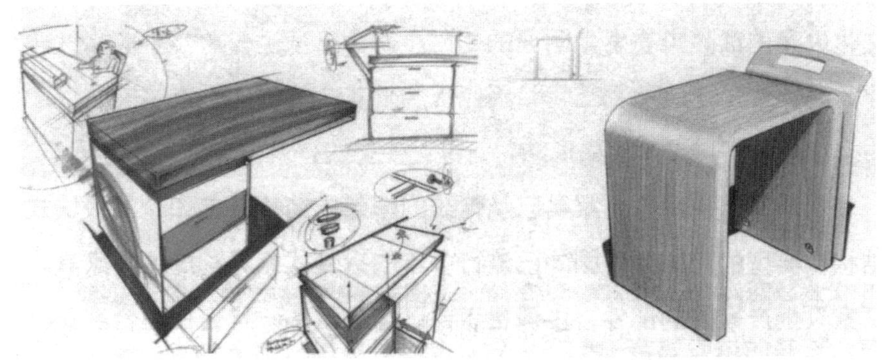

图 10-28　家具创意方案(一)——座椅 + 办公桌设计

图 10-29　家具创意方案(二)—家用书柜创意方案

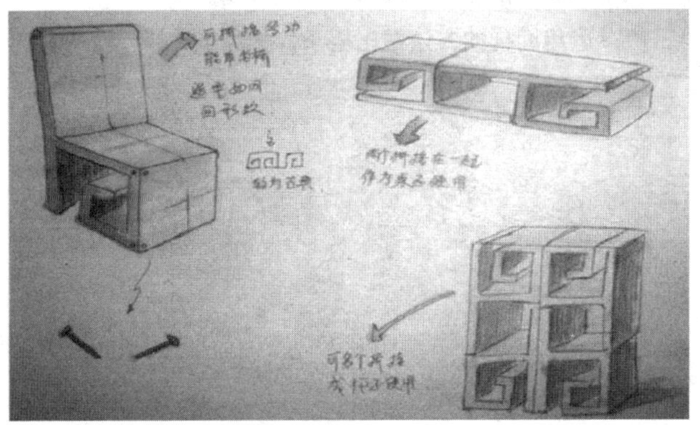

图 10-30　家具创意方案(三)——拼接家居创意

五、三维软件建模过程

第一步:打开犀牛 5.0,绘制单张椅子的线框图,如图 10-31 所示。

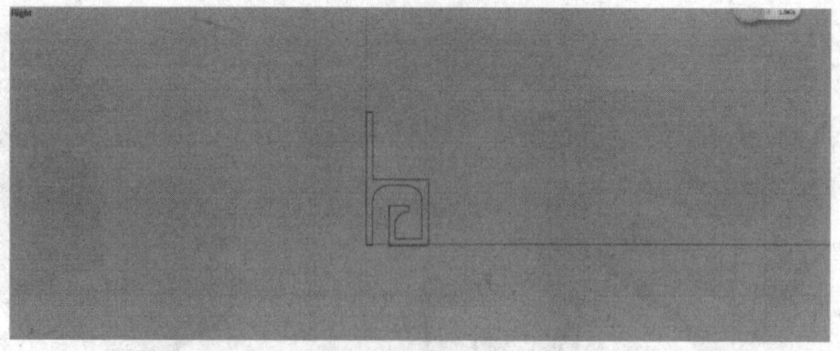

图 10-31　Rhnio 建模——线框图

第二步：对所绘草图进行拉伸，如图 10-32 所示。

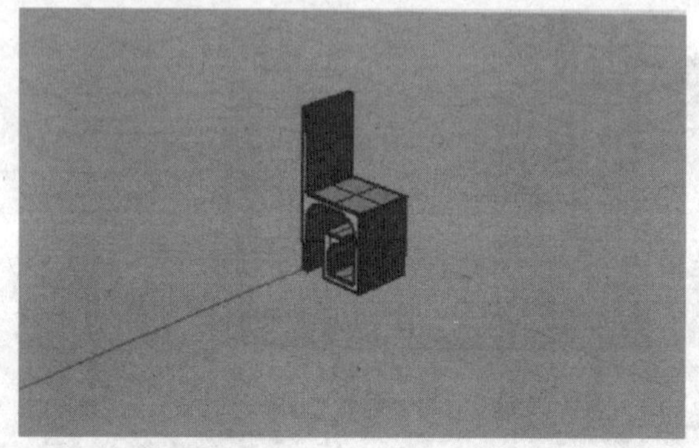

图 10-32　Rhnio 建模——拉伸

第三步：运用同样的方法做出柜子，如图 10-33 所示。

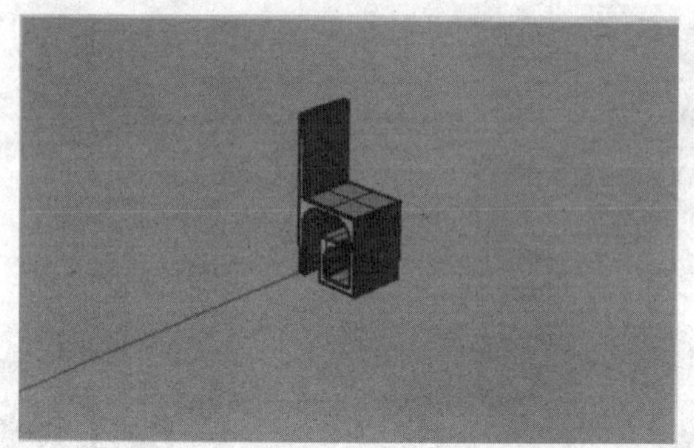

图 10-33　Rhnio 建模——效果图

第四步：运用同样的方法做出桌子，如图 10-34 所示。

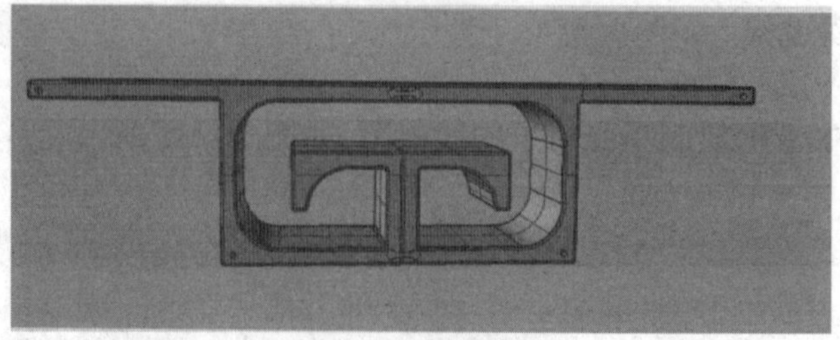

图 10-34　Rhnio 建模——拼接效果图

六、设计渲染及效果图

一张椅子的设计效果如图 10-35 所示；也可以组装桌子，如图 10-36 所示。

图 10-35　一张椅子

图 10-36　两张椅子拼成桌子

可以组装柜子和书柜，如图 10-37 和图 10-38 所示。

图 10-37　两张椅子拼成柜子

图 10-38　拼接效果图——书柜

整体拼接家具如图 10-39 和图 10-40 所示。

图 10-39　拼接示意图

图 10-40　各种拼接效果展示

第七节　其他经典产品创新设计案例

一、发现生活中的小问题并提出解决方法

作为一个成功的设计师,应该具备敏锐的观察力。这个课题主要是培养学生的观察能力。通过几个星期的练习,看着学生交来的作业,会发现原来生活中有这么多的小问题平时被我们忽略了。而当我们想到了解决的办法后,又会发现原来枯燥无味的生活可能因为一个小小的改变而变得丰富多彩。

(一)调味纸

问题:当我们出远门的时候,可能会吃不到习惯的口味

设计者:安晓夏

重庆妹子到了苏杭一定会总想着辣子,我走到哪里都会找醋,可带着调味品又很麻烦,怎么办?

现在市面上有一种很常见的香皂纸,十分轻薄,遇水就可以溶化使用。

我们小时候常吃的酥糖里有一层糯米做的薄纸(糯米纸),可以吃,溶于水。

现在市面上常见爽口含片。

方案:调味纸

原理:由糯米纸一类物质作基础原料,加入各种不同的调味剂合成。

特点:入水即化,方便携带。多种口味选择,生产技术较为简单便于推广,可实现个性化的口味定制。

适用于出差、旅行、越野、户外运动、驴友外出、科考、野战部队……可以满足个人口味的偏好和口味调剂的需要。

采用小盒装和袋装方式,可以有单一口味装和多口味套装,配以小包干燥剂。图 10-41 为盒装调味纸设计。

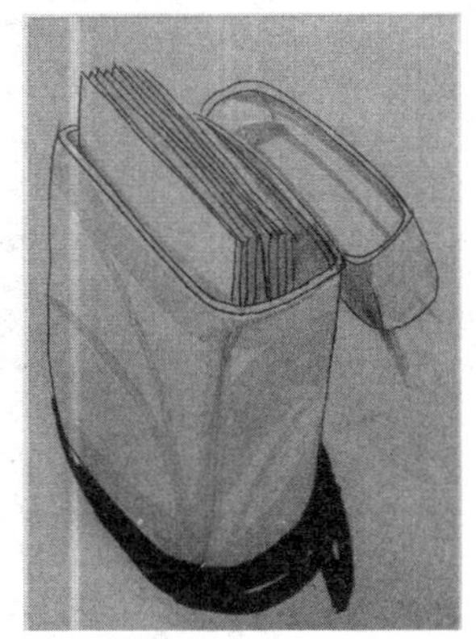

图 10-41　盒装调味纸设计

（二）瓶口卫生设计

问题：不卫生的瓶口

设计者：赵馨怡

一般的饮料瓶，它的瓶口与瓶身是一体的，一个瓶子就只有一个瓶口。当多个人使用同一个瓶子的时候，若共用一个瓶口是很不卫生的，如果瓶口可以分离成多个，就能解决这一问题。以下是针对这一问题所设计出的两种方案。

方案一：一次性可撕式瓶口

可将瓶口做成可撕式的，既方便又卫生。消费者可以直接用手沿着瓶口上的断口线撕开。对于一般的一次性饮料瓶来说，这种瓶口成本也较低。

方案二：可循环使用的标准件瓶口

1. 旋转式标准件瓶口

这种旋转式的可分离瓶口可直接安接在一般瓶子的瓶口上，多层的瓶口围绕一个中心轴旋转，并且层与层之间要紧密连接，使水不会漏出来。第二个人需要喝水的时候将第一层瓶口旋转开，使用第二层即可。

每一层下面都加上一圈薄片，薄片的直径大于瓶口直径，使层与层之间有个阻隔，提示使用者不要将嘴唇触碰到下一层，这样使用起来更为卫生。

2. 拆离式标准件瓶口

这种瓶口每一层是可以完全分离、拆开的，而且瓶口的每一层都是一模一样的，这样就更方便生产，消费者也可以根据自己的需要购买不同数量的瓶口层。每一层做成不同的颜色，不仅美观而且在使用的时候不容易拿混，可以起到区分的作用。

这种标准件瓶口的上层带有螺旋式齿口（见图 10-42、图 10-43），下面一层的内侧也是螺旋形状的齿口，这样便可以与下一层瓶口紧密结合，使水不会漏出来。

图 10-42　拆离式标准件瓶口

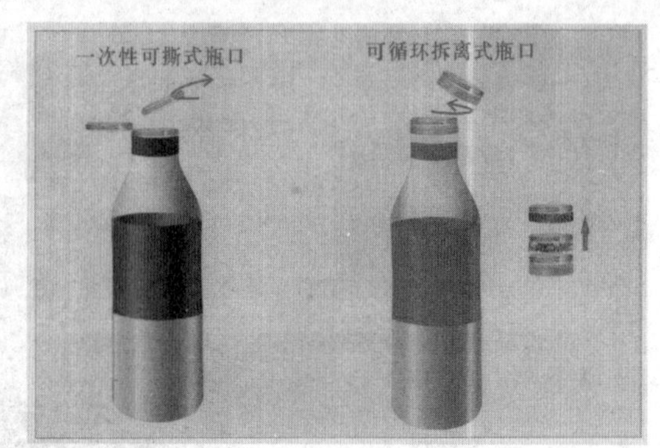

图 10-43　瓶口卫生设计

（三）新型毛笔

问题：毛笔画的线条总是不够硬

设计者：肖秋　许冲　钱伟　宋昆仑　陈念

传统的毛笔不可能靠在尺上面画线，用手直接画就会画出来弯弯曲曲的线，这样的线条是不严谨的，画高光线的时候这样的线条就会破坏画面效果。

对传统毛笔的改进方案：

新加的透明笔筒（见图 10-44）套住笔毛，只露出很短的一截，这样，透明的笔筒就可以直接靠在直尺或是曲线上画线，即可以画出来一条平滑的线，而且快速方便。

新型毛笔不论画直线还是曲线都有很大的优势，能做到又快又准地画出想要的线条（见图 10-45），而且经过调节伸出透明笔筒的笔尖的长度，能画出粗细不同的线条，该笔的设计草图见 10-46。

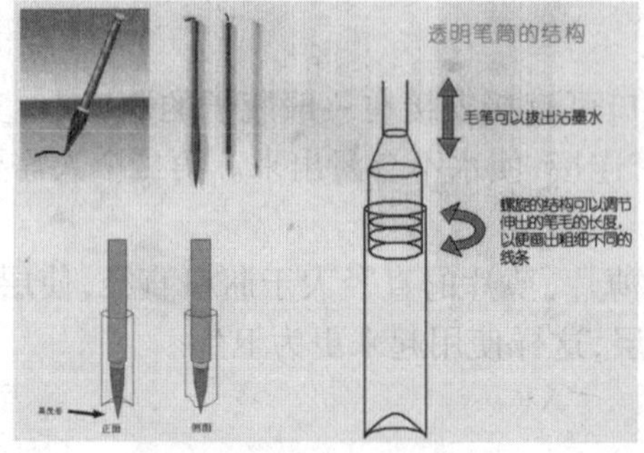

图 10-44　透明笔筒设计

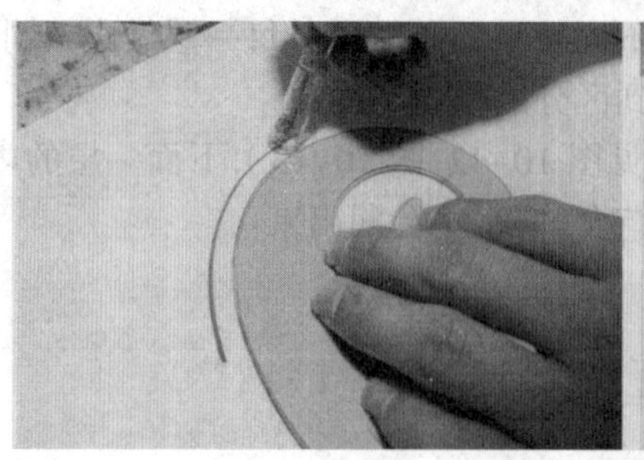

图 10-45　新型纸笔

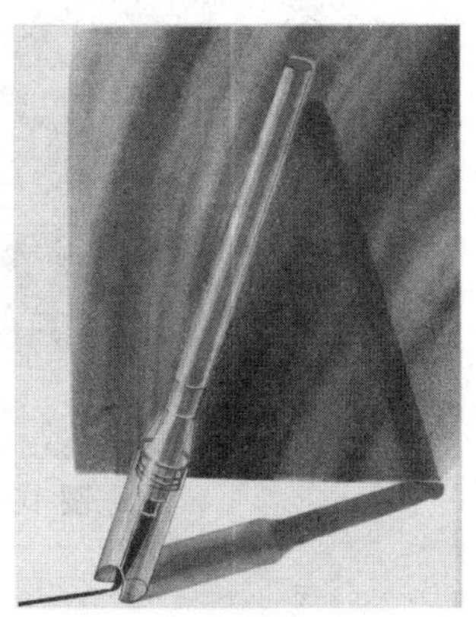

图 10-46　新型毛笔草图

（四）不方便的插线板

问题：不方便的插线板

这个问题很多同学从不同的角度切入并提出了解决的方法。

方案一：

设计者：许冲　肖秋　钱伟　宋昆仑　陈念

问题：

1. 电源插板的线总感觉不是太长了没地方放就是太短了不够用。

2. 电源插孔一般都是朝上的。在桌旁坐下时，视角太低看不到插孔，要站起来才能插上电源。

3. 拔插头时不方便。因为插得太紧，一般都要一只手按住才拔得出来。

解决方案：

1. 采用卷尺原理制成可伸缩式电源线，使用时整洁方便。

2. 倾斜的插孔面板（见图 10–47），打破了传统的插孔朝上的局限，无论是站着还是坐着都可以很方便地插拔。

3. 插板上的独特的屋檐设计使拔插头不再是件麻烦的事，而且能防止手指触到金属片，起到遮挡视线的作用。因为看不到金属，心理上会更有安全感。顶部凹槽方便使用者放置一些小物品，如图 10–48 ~ 图 10–50 的设计方案。

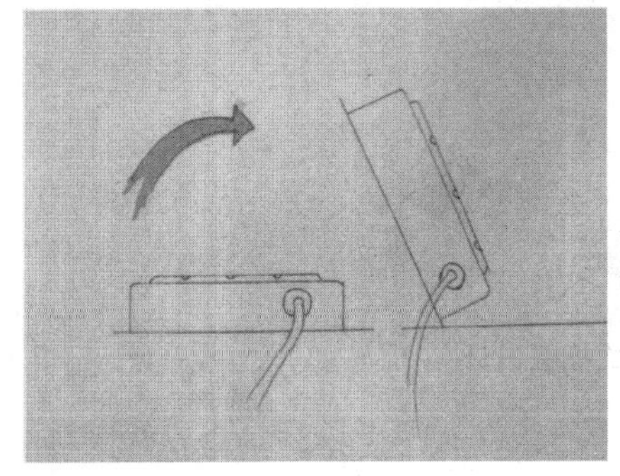

图 10–47　倾斜的插孔设计

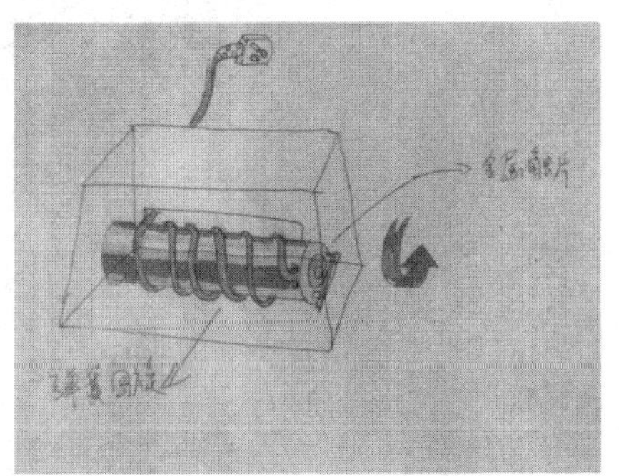

图 10–48　伸缩式电源线设计

图 10-49　屋檐设计

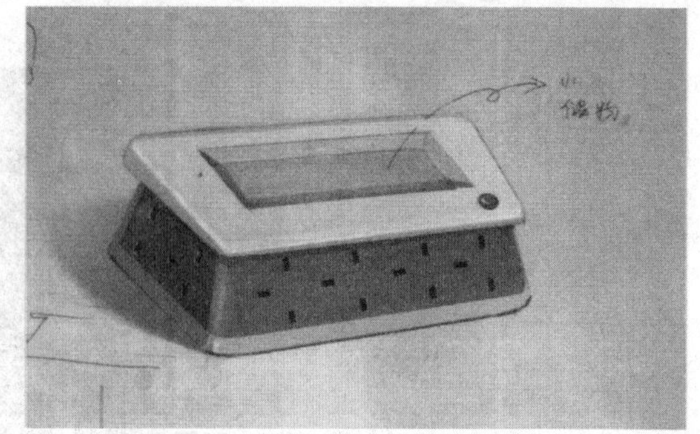

图 10-50　顶部凹槽设计

方案二：

设计者：张玲

问题：目前我们生活中常用的插板不适用于面积较大的电插头或充电器用电。

如图 10-51 所看到的，如果插线板插上一个大点的充电器，其余的位子就插不进其他的电插头了。

图 10-51　常见的插枝

解决方案：

这种插板外观与目前我们使用的插板没有什么区别，但却内藏玄机。在较多的电器同时使用时，我们可以根据自己的需要把插板的部分滑动出来（见图 10-52），这样使用面积大的充电器时就不会防碍其他插孔的使用了。

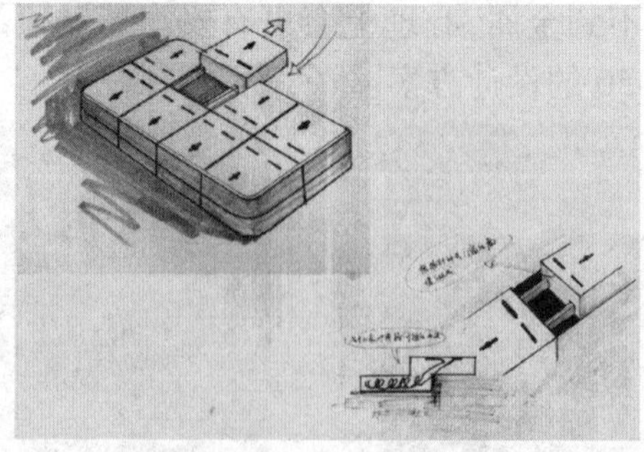

图 10-52　滑动式插板设计

（五）鼠标携带

问题：带笔记本电脑但却不想带鼠标

设计者：何阳　邢敏　金谦　佟立彪　汪星星

笔记本电脑虽然在电脑种类中已经是比较简洁的高科技产品，可是其鼠标设计常常给使用者带来不便。笔记本电脑上的触摸式鼠标活动很不灵活，操作有很大的局限性，因此人们常常使用外接式鼠标，可是其携带不便又给使用者带来了不小的麻烦。

为了携带以及操作方便，我们就以这种方案来改良，以抽放的形式解决备用鼠标携带的不便（见图 10–53）。

画圆标注的地方是为了固定鼠标隆起部分的卡槽，以保证在使用过程中鼠标的稳定性。

以折叠的方式节省了空间，并保证了使用时的舒适感，这种折叠给使用者增加了新的行为方式，这种行为方式增添了使用时的趣味性（见图 10–54）。

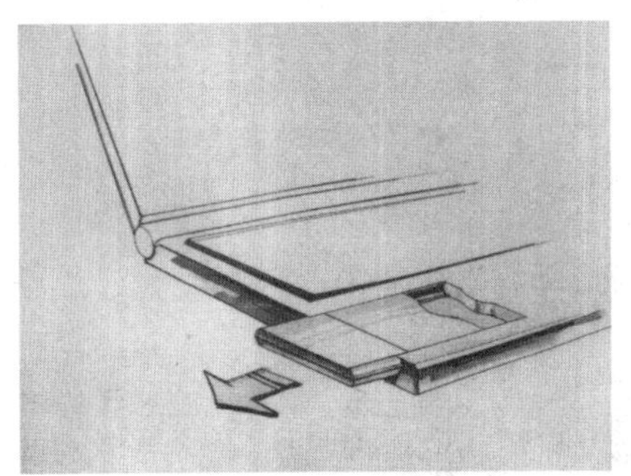

图 10–53　抽放式鼠标设计

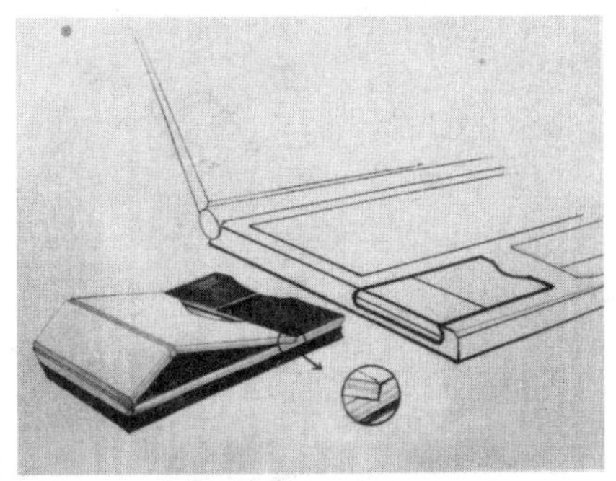

图 10–54　折叠式设计

特别要说明的是，在技术上采用现有的无线鼠标技术，并保留笔记本电脑原有的触摸式鼠标设计，使电脑在没有使用移动鼠标的环境下仍然可以使用。由此可见，这种便携式鼠标设计是创新性较强的产品，如图 10–55 所示。

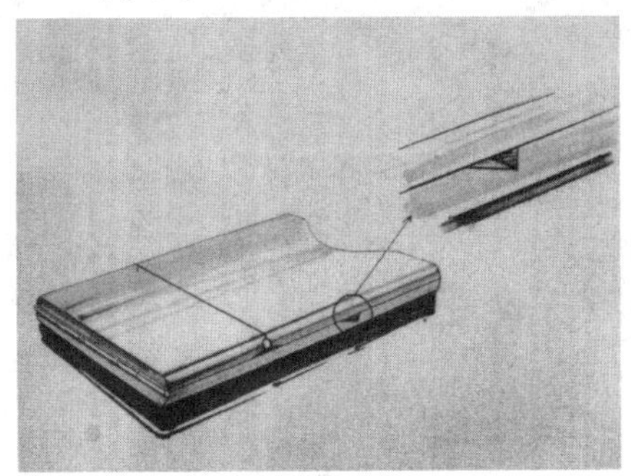

图 10–55　便于携带的鼠标设计

（六）趣味牙膏套

问题：怎样让刷牙也充满乐趣

设计者：申钊于

我们每天都要刷牙，对于大多数人来讲，牙膏只是保护我们牙齿的工具而已。这样的工作我们天天都在重复,怎样让这个动作不再枯燥而充满乐趣呢?作者设计了一款趣味牙膏套,可以套在牙膏嘴上,这样挤出来的牙膏就可以是任意可爱的形状,而不再是单调的圆筒状了。

最后使用效果图如图 10-56 ~ 图 10-58 所示。

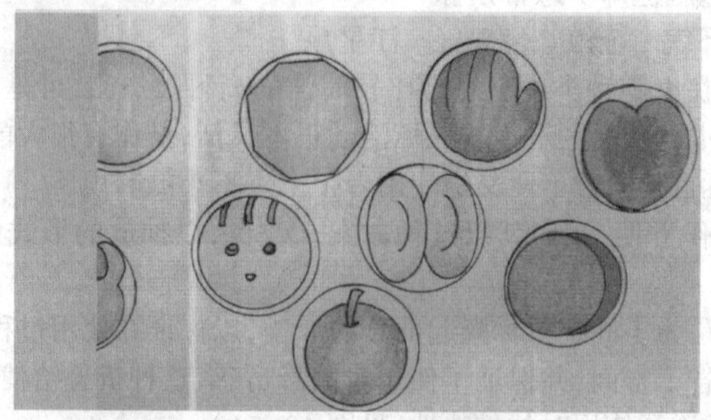

图 10-56　使用效果图

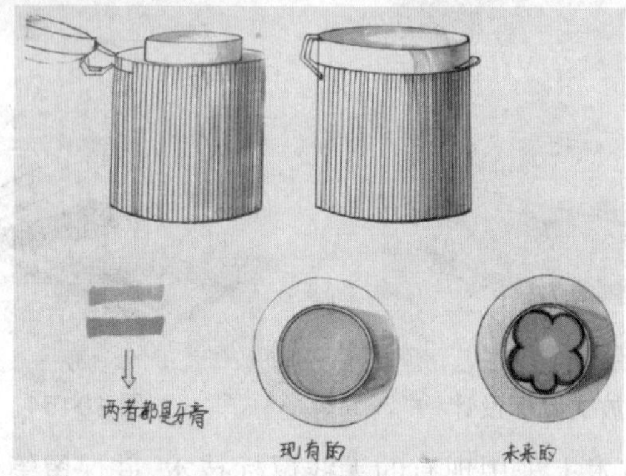

图 10-57　趣味牙膏套的设计

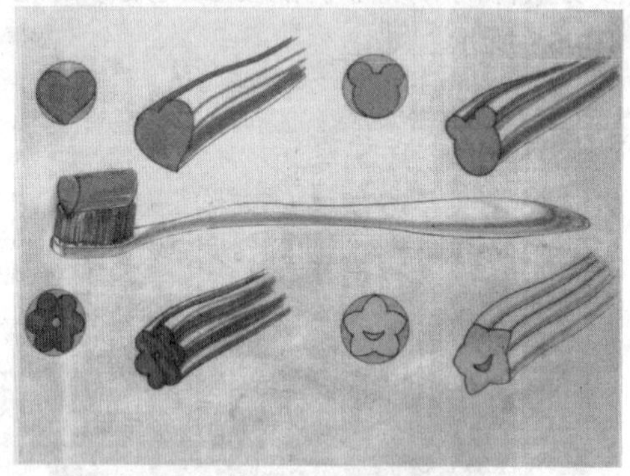

图 10-58　趣味牙膏形状

(七)雨伞放置

问题:公交车上雨伞的放置问题

设计者:汪星星　金谦　邢敏　佟立彪　何阳

下雨了,你打着伞上了车,可是一般的公交车内都没有放伞的地方,怎么办?

于是就设计出了一个方便雨伞存放的产品,如图 10-59 所示。

（1）这种产品的使用可以合理地利用座位下边的空间，使人的腿不容易触及湿的雨伞。

（2）雨伞放在前排坐椅后，能保证它在人的视线范围内，这样就不容易遗落。

（3）产品本身的构成可以在颠簸的公交车上保持雨伞的相对固定，以防止雨水四溅。

（4）由于产品的结构简单、小巧，所以耗材少，在材料上有很多选择，如钢铁、塑料、木材、铝合金等，成本低，易普及。

（5）使用方便简单，只需将伞骨移进缺口内就行。

有了这款新产品，从此就告别了在拥挤的车上手持湿雨伞带来的不便了！

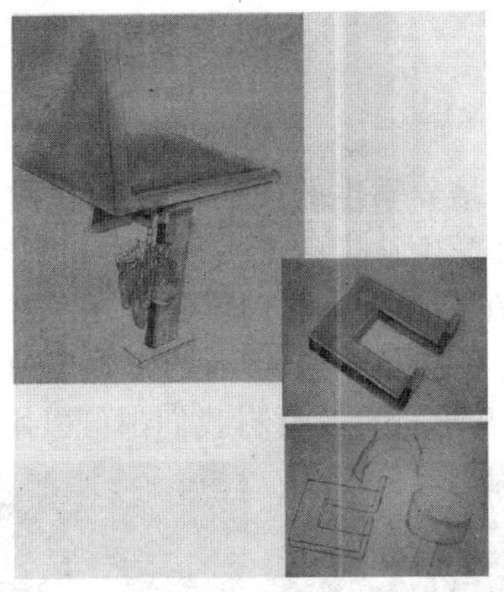

图 10-59　便于雨伞存放的设计

（八）鞋架空间

问题：鞋架的大小

设计者：黄贵刚　段晓能　熊远毅　袁诗逸　刘学

鞋架的空间一直是个问题，放鞋多的时候，占的空间就大，但是鞋子少的时候也占用很大的空间，如图 10-60 所示。

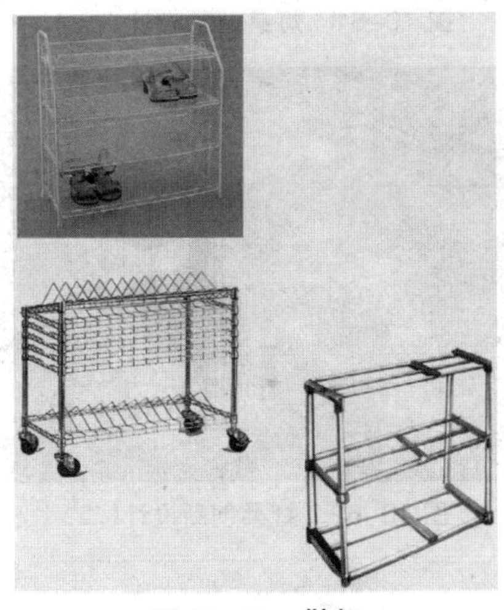

图 10-60　鞋架

这该怎么解决呢?

针对这个问题我们经过讨论,利用雨伞支架伸缩的结构原理设计了一个可以节省空间的鞋架。

(1)可任意调节鞋架的高度,这样就可以根据放鞋子的数量扩大或缩小上下使用空间,同时还可放其他小型物品。

(2)家庭空间得以更加灵活地利用。

(3)不会再有鞋摆一地的尴尬。

二、灯具创新设计

这个课题训练的主要目的是培养学生的观察能力和动手能力。因此关于灯具的设计主要不是在造型上而是在材料上。让学生从生活中发现各种材料,包括现成品,然后把这些平时大家都司空见惯的东西和灯联系在一起,做成灯具(见图 10-61 ~图 10-65)。通过这个课题的展开,我们发现创意实际上无处不在,存在于生活的每一个角落,只是我们平时忽略了它。当我们仔细观察后会发现,生活中几乎所有的材料我们都可以用来创作作品。

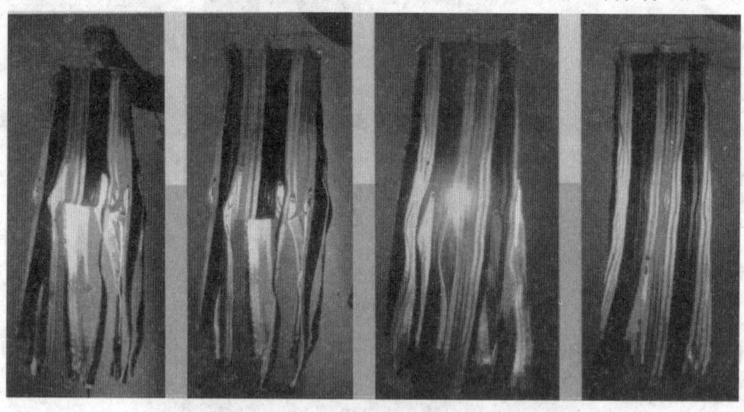

图 10-61 灯具创新设计(一)

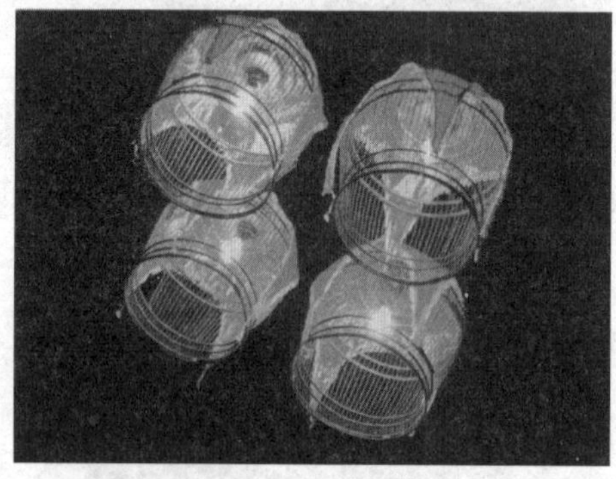

图 10-62 灯具创新设计(二)

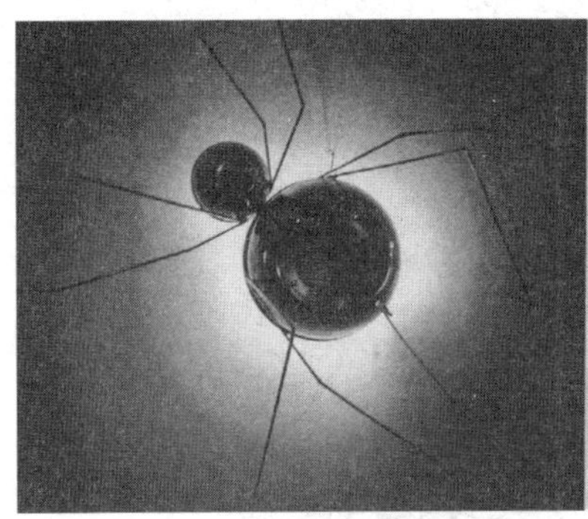
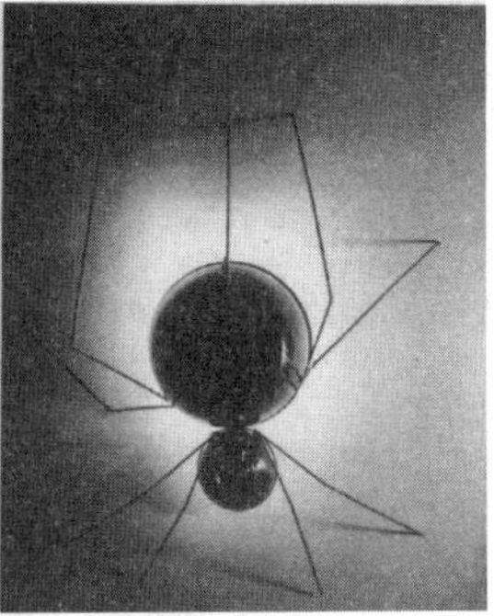

图 10-63　灯具创新设计(三)

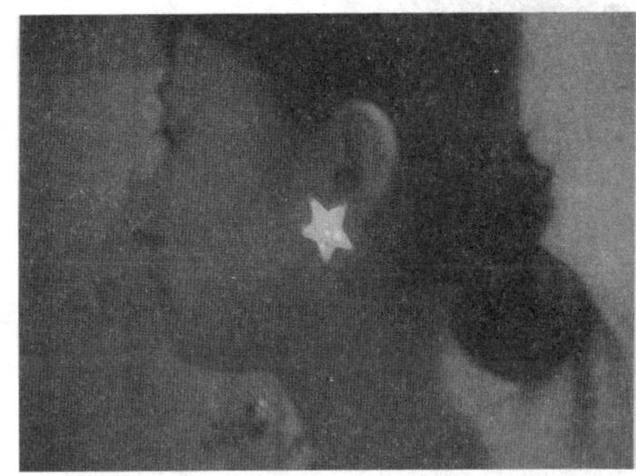

图 10-64　灯具创新设计(四)

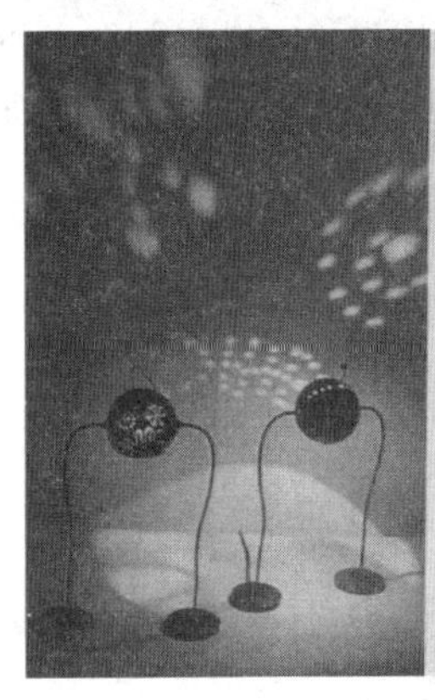
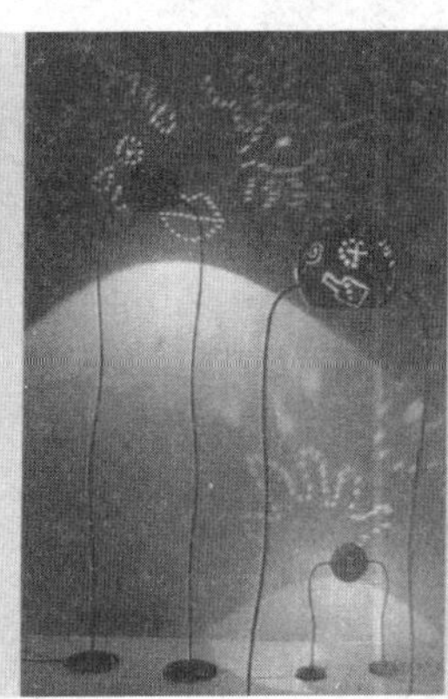

图 10-65　灯具创新设计(五)

三、母子救生圈设计

设计评析：现有救生圈往往比较单一，一般只能一人使用。而这款设计，很好地考虑了带婴儿妈妈在落水时的情况，既能自救还能很好地保护自己的孩子，设计上符合消费者的特殊使用需求，如图 10-66 所示。

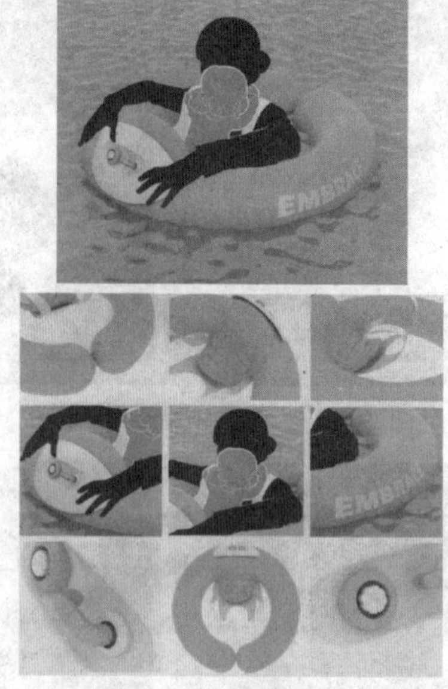

图 10-66　母子救生圈设计细节

四、户外防水插头设计

设计评析：户外防水插头不同于普通的家用插座，在商业汇演、商业宣传等方面经常使用，设计师以警示色为主打色，外形较为硬朗，在结合处加了橡胶环，外形制作封闭防水，以透明和不透明的设计方式，让用户操作方便、安心，整体尺寸符合人机工学，手握非常舒服。户外防水插头设计如图 10-67 所示。

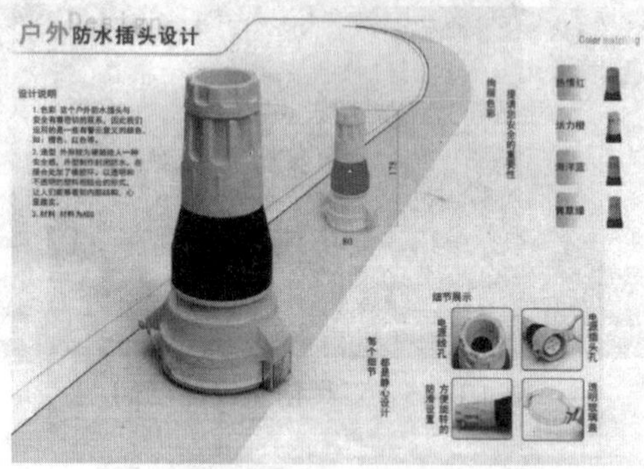

图 10-67　户外防水插头设计

五、可视化除菌水龙头

设计评析：此设计突破传统水龙头造型和功能形式，融合花洒的设计造型和结构，加上高科技紫外杀菌功能，每次洗手的时候只需要把手放在水龙头下方一分钟便可达到除菌的效果，而且可以看到手上细菌的密集程度。整个设计造型美观大方，细节设计完善，是一个经典的设计案例，如图 10-68 所示。

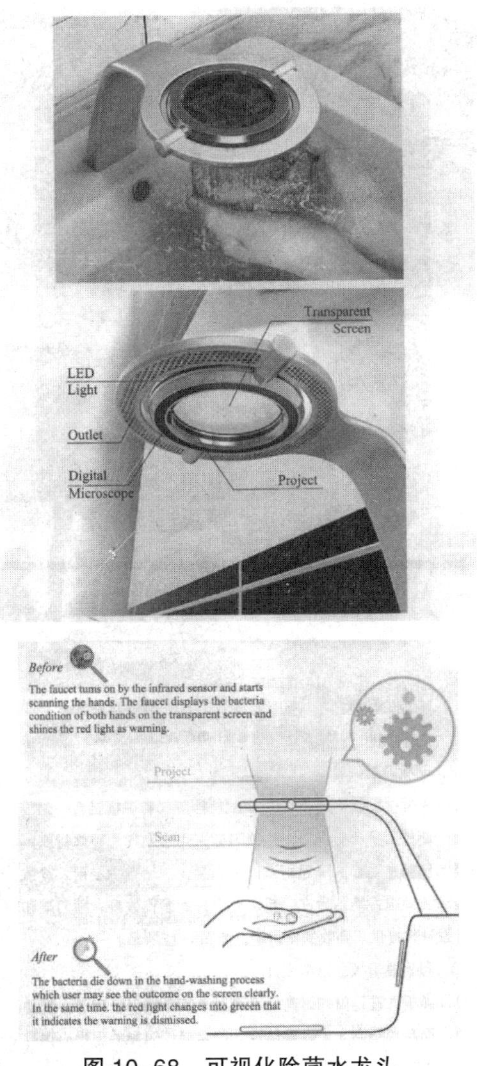

图 10-68　可视化除菌水龙头

六、高效捡网球的机器人

设计评析：这款名为 Tennis Ball Boy 的机械可以高效拾取很多散落在地面上的网球。设计师从真空吸尘器中获得灵感，并结合了超细纤维材料，就像魔术贴一样可以将网球黏起来。Tennis Ball Boy 内置了太阳能电池板，可以为用户提供更加清洁便利的使用方式。它的使用非常简单，只要在地上走一圈，就可以将网球收集在中间的存放仓内，有了这款机器人，我们就可以更加开心地打网球了。高效捡网球的机器人如图 10-69 所示。

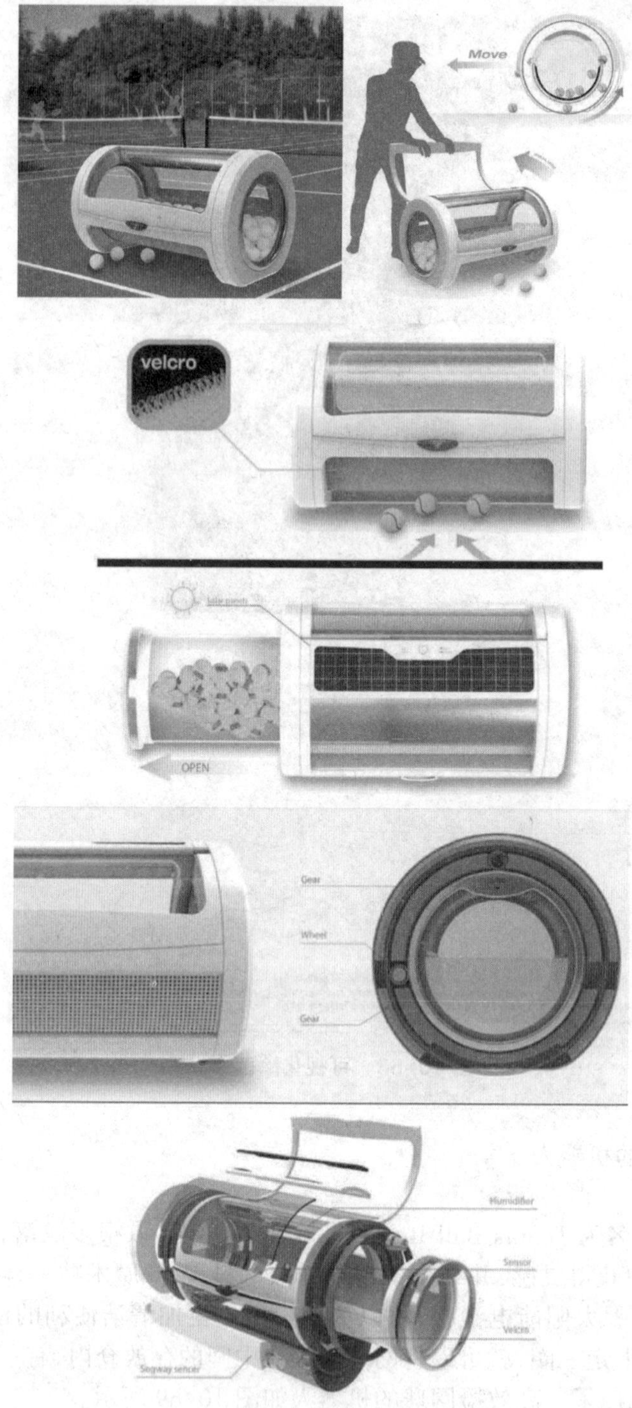

图 10-69 高效捡网球的机器人

参考文献

[1] 余建荣,王年文,胡新明 . 工业产品设计 [M]. 长沙：湖南美术出版社,2008.
[2] 程能林 . 工业设计概论 [M]. 北京：机械工业出版社,2011.
[3] 余强 . 设计学概论 [M]. 重庆：重庆大学出版社,2013.
[4] 郭振山 . 视觉传达设计原理 [M]. 北京：机械工业出版社,2011.
[5] 张骏霞 . 工业设计概论 [M]. 北京：海军出版社,2008.
[6] 吴翔 . 产品系统设计 [M]. 北京：中国轻工业出版社,2017.
[7] 许喜华 . 工业设计概论 [M]. 北京：北京理工大学出版社,2008.
[8] 佟强 . 产品设计概论 [M]. 哈尔滨：哈尔滨工业大学出版社,2014.
[9] 张明,陈嘉嘉 . 产品造型实务 [M]. 南京：江苏美术出版社,2005.
[10] 王军,陈思宇 . 产品设计材料与工艺 [M]. 北京：中国水利水电出版社,2013.
[11] 叶德辉 . 产品设计表现 [M]. 北京：电子工业出版社,2014.
[12] 程能林 . 工业设计概论（第二版）[M]. 北京：机械工业出版社,2005.
[13] 冯涓 . 工业产品艺术造型设计 [M]. 北京：清华大学出版社,2004.
[14] 刘永翔 . 产品设计 [M]. 北京：机械工业出版社,2008.
[15] 吴清,翁春萌 . 产品设计概论 [M]. 武汉：武汉大学出版社,2012.
[16] 徐勇民 . 产品设计表现技法 [M]. 武汉：湖北美术出版社,2009.
[17] 张骏霞 . 产品设计　　系统与规划 [M]. 北京：国防工业出版社,2015.
[18] 白晓宇 . 产品创意思维方法 [M]. 重庆：西南师范大学出版社,2016.
[19] 吴翔 . 设计形态学 [M]. 重庆：重庆大学出版社,2008.
[20] 李江 . 设计概论 [M]. 北京：中国轻工业出版社,2015.
[21] 李娜,李娟 . 设计概论 [M]. 成都：西南交通大学出版社,2013.
[22] 阮宝湘 . 工业设计人机工程 [M]. 北京：机械工业出版社,2005.
[23] 辛华泉 . 形态构成学 [M]. 北京：中国美术学院出版社,1999.
[24] 刘国余 . 产品设计 [M]. 上海：上海交通大学出版社,2000.
[25] 陈汗青 . 产品设计 [M]. 武汉：华中科技大学出版社,2005.
[26] 何晓佑 . 产品设计程序与方法 [M]. 北京：中国轻工业出版社,2003.
[27] 陈仲琛 . 工业造型设计基础教程 [M]. 沈阳：辽宁美术出版社,2000.
[28] 李亦文 . 产品设计原理 [M]. 北京：化学工业出版社,2003.
[29] 刘立红 . 产品设计工程基础 [M]. 上海：上海人民美术出版社,2005.
[30] 李砚祖 . 产品设计艺术 [M]. 北京：中国人民大学出版社,2005.
[31] 凌继尧 . 艺术设计概论 [M]. 北京：北京大学出版社,2012.

[32] 尹定邦 . 设计学概论 [M]. 长沙：湖南科学技术出版社，2002.
[33] 王介民 . 工业产品艺术造型设计 [M]. 北京：清华大学出版社，2001.
[34] 张展，王虹 . 产品设计 [M]. 上海：上海人民美术出版社，2002.

（完）